21世纪高等学校计算机专业
核心课程规划教材

Web程序设计
——ASP.NET项目实训
（第2版）

◎ 蒋冠雄 叶晓彤 戴振中 沈士根 编著

清華大學出版社
北京

内 容 简 介

本书是《Web 程序设计——ASP.NET 实用网站开发(第 3 版)—微课版》的配套项目实训教材。本书将带领读者开发完成"小明音乐库管理系统""企业 KPI 查询系统"和"小明电器商城"三个完整的 Web 软件项目。

书中的每个项目都按照小型敏捷软件开发的思想,介绍需求分析、功能设计、界面设计、数据库设计、系统架构搭建以及功能实现等整个过程所需要的思想方法和知识运用技巧。这三个案例从简单到复杂,所需要的知识和技能层层递进,形成一条螺旋式上升的学习路径。

书中内容紧密围绕案例展开,从实用出发进行编排,读者宜将学习重点放在软件开发思路上,另外,还应该掌握通过网络快速获取知识的能力。为方便教师教学和读者自学,本书提供了完整的案例源代码、素材和演示视频。

本书仅要求读者具备面向对象程序设计的基础,书中对于项目所用编程知识、数据库技术都有详细讲解,适合作为高等院校计算机相关专业的"Web 程序设计""网络程序设计""数据库原理与应用"等课程的项目实训教材,也适合对 Web 软件开发感兴趣的读者自学使用。

图书在版编目(CIP)数据

Web 程序设计:ASP.NET 项目实训/蒋冠雄等编著.—2 版.—北京:清华大学出版社,2020.1
(2024.1重印)
21 世纪高等学校计算机专业核心课程规划教材
ISBN 978-7-302-53933-9

Ⅰ.①W… Ⅱ.①蒋… Ⅲ.①网页制作工具-程序设计-高等学校-教材 Ⅳ.①TP393.092.2

中国版本图书馆 CIP 数据核字(2019)第 224391 号

责任编辑:闫红梅
封面设计:刘 键
责任校对:胡伟民
责任印制:宋 林

出版发行:清华大学出版社
网 址:https://www.tup.com.cn, https://www.wqxuetang.com
地 址:北京清华大学学研大厦 A 座 **邮 编**:100084
社 总 机:010-83470000 **邮 购**:010-62786544
投稿与读者服务:010-62776969,c-service@tup.tsinghua.edu.cn
质量反馈:010-62772015,zhiliang@tup.tsinghua.edu.cn
课件下载:https://www.tup.com.cn,010-83470236
印 装 者:三河市君旺印务有限公司
经 销:全国新华书店
开 本:185mm×260mm **印 张**:25.25 **字 数**:630 千字
版 次:2017 年 6 月第 1 版 2020 年 1 月第 2 版 **印 次**:2024 年 1 月第 4 次印刷
定 价:69.00 元

产品编号:083722-01

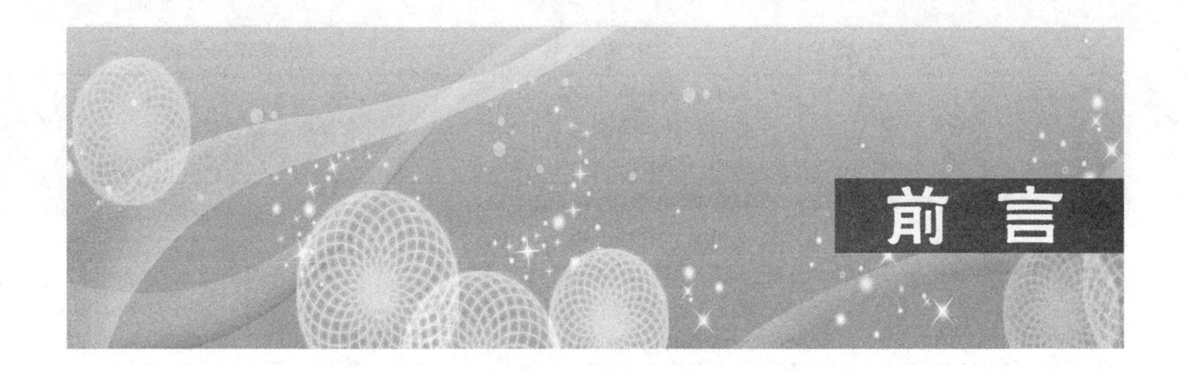

前言

传统的高校专业培养方案是将整个专业人才培养过程按照科目分解为一门一门的课程进行教学，而每一门课程的内容再按照知识的相关性组织成章节，学生依次学习各章节的内容，从而掌握这门课的内容，有时也会通过一些涉及多个章节的练习来掌握一些综合知识。其组织方式类似于生产线"工艺专业化"原则布局，可将其称为"知识模块化"组织方式。

通常来说，计算机软件开发类的课程所涉及的知识比较庞杂，其理论体系没有传统学科那么完备。以模块化的方式组织课程内容、开展课程教学，可以将庞杂凌乱的知识根据学习心理机制和认识、记忆规律组织起来，使其条理化。其最大的优势就在于知识传授效率的最大化。

但模块化组织方式最大的缺点在于学生缺少对整体框架的认识，停留在掌握知识的层面，而不会运用知识。例如，传统的 Web 开发技术课程内容通常按照 HTML、CSS、ASP. NET(或者 JSP 等其他动态 Web 开发技术)、ADO. NET(或者其他数据库访问技术)、JavaScript 等模块分别予以介绍和强化。经过反复训练，对每个模块学生都可以掌握得很好，但面对一个具体的软件开发项目时，学生会觉得无从下手。

针对模块化组织方式的缺陷，人们提出了综合化或者项目化的组织方式。也就是首先设定一个课程的应用型目标，然后通过一个或多个应用项目，将相关的知识串联起来。学生的学习过程始终围绕着应用项目开展，通过项目的需要来驱动学习。这种方式不但可以让学生快速掌握知识，而且可以更好地运用所学的知识。

综合化组合方式的主要问题在于具体的实施，其中项目的设计水平直接决定了综合化组织方式的实际效果，在实践中常常会存在以下问题。

(1) 综合性和实践性不足，无法从根本上满足学生对认识软件整体框架和完整开发过程的需求。

(2) 受教学大纲的限制，为了能够覆盖大纲规定的内容，不得不设计一些脱离实际应用的内容。

本书的编写从内容的组织上来说采用了综合化的方式。为了避免综合化方式可能产生的问题，设计了由简单到复杂的三个软件项目，通过这三个项目的有机结合，既保证了项目设计的合理性、综合性，又保证了内容的全面性。

由于开发一个 Web 应用软件，涉及"软件工程""Web 程序设计"和"数据库原理与应用"等方面的内容，这些内容从实践的角度看应该是互相融合、互相依赖的。要开发一个真正的软件系统，必须同时交叉运用这些课程所涉及的内容。为此，将这些课程由纵向分割改变为综合交叉，具体的 Web 项目和内容组织如下表所示。

项　目	内容分类	教学内容	实践作用分析
小明音乐库管理系统	软件工程	• 需求分析基本概念； • 界面设计基本概念； • 类图、活动图	需求分析和概要设计
	Web程序设计	• HTML框架、常用标签； • 网站发布和动态网站原理； • ASP.NET原理和基础； • Request对象和Response对象； • ASP.NET Literal控件	Web软件界面构造
	数据库原理与应用	• 数据库基本概念； • 概念模型设计(E-R图、类图)； • 关系模型设计； • 创建数据库表的SQL； • SELECT语句(单表、连接、嵌套)	• 数据库系统的基本概念； • 数据库表的设计、创建、操纵
	Web程序设计	• ADO.NET连接数据库、连接串； • DbCommand对象和DataReader对象的简单应用； • 单表和主从表的CRUD操作	• 通过ADO.NET操纵数据库； • 基本ASP.NET控件的使用
企业KPI查询系统	软件工程	• 角色用例分析； • 功能模块设计； • 界面设计	软件需求分析和概要设计
	Web程序设计	• CSS和DIV页面布局； • ASP.NET母版页	软件系统界面实现技术
	数据库原理与应用	• 概念模型设计(类图、数据流图、数据字典)； • 关系数据库理论基本概念； • 范式理论和模式分解； • 三级模式(索引和视图)； • 数据库实施(用户和权限)	正确、合理的数据库模型
	软件工程 Web程序设计	• 三层架构概念； • UI、BLL和DAL的项目创建； • EntityFramework； • 用户登录和身份验证； • 网站状态管理(SessionState/Cookie/HiddenField/QueryString)	• 软件系统架构的概念和实践； • ORM数据库访问技术； • 用户管理模块的实现； • Web应用状态管理的实现
	Web程序设计	• GridView控件和数据绑定表达式； • 状态管理的运用； • Visible属性控制； • TreeView树形控件	ASP.NET中的常用编程技巧
	Web程序设计	• JavaScript和DOM模型； • JavaScript日期控件； • jQuery和jQuery日期控件； • MsChart控件和jqPlot图表插件	Web界面综合设计

续表

项　　目	内容分类	教学内容	实践作用分析
小明电器商城	软件工程	• 业务流程图； • 功能模块图； • 界面设计	熟悉软件分析和设计方法
	Web 程序设计	• CSS 模板的应用； • 完整的三层架构； • 表单认证和角色控制	完善 Web 软件架构
	数据库原理与应用	• 数据库保护(触发器、事务、恢复)； • 数据库并发控制(乐观并发控制)； • LINQ 和 SQL 统计、分组统计	数据库应用的综合实践
	Web 程序设计	• Repeater 控件； • 分页机制； • 购物车	Web 程序设计的综合实践

本书根据近期的技术发展对第 1 版进行了修订，删除了 ASP. NET 成员资格管理的内容，采用 EntityFramework 的数据库访问技术取代 LINQ to SQL 技术，以 Visual Studio Express 2017 和 SQL Server 2017 Express 为开发平台，使用 C# 开发语言。为方便教师教学和读者自学，本书提供了配套的实例源代码、素材等，读者可到 http://www. tup. com. cn 下载。读者还可以扫描书中的二维码观看配套演示视频，进一步加深对书中内容的理解。

本书仅要求读者具备面向对象程序设计基础，书中对于项目所用编程知识、数据库技术都有详细讲解，适合作为高等院校计算机相关专业的“Web 程序设计”“网络程序设计”“数据库原理与应用”等课程的项目实训教材，也适合对 Web 软件开发感兴趣的读者自学使用。

本书第 1～9 章、第 13～15 章由蒋冠雄编写，戴振中编写第 10～12 章，叶晓彤编写第 16、17 章，全书由蒋冠雄和沈士根负责统稿。

本套系列图书《Web 程序设计——ASP. NET 实用网站开发》《Web 程序设计——SP. NET 上机实验指导》第 1 版、第 2 版、第 3 版(微课版)分别于 2009 年、2014 年、2018 年出版，《Web 程序设计——ASP. NET 项目实训》第 1 版于 2017 年出版。截至 2019 年 3 月，《Web 程序设计——ASP. NET 实用网站开发》累计印刷 25 次，《Web 程序设计——ASP. NET 上机实验指导》累计印刷 17 次，《Web 程序设计——ASP. NET 项目实训》累计印刷 3 次，受到了众多高校和广大读者的欢迎，很多不相识的读者发来邮件与我们交流并提供了宝贵意见。在此表示衷心感谢。

希望本书能成为初学者从入门到精通的阶梯。对于书中存在的疏漏及不足之处，欢迎读者批评指正，以便再版时改进。

编　者

2019 年 3 月

第1篇　小明音乐库管理系统

第 2 篇 企业 KPI 查询系统

第 3 篇 小明电器商城

第1篇

小明音乐库管理系统

第1章

需求分析和设计

学习目标

- 了解“小明音乐库管理系统”的系统建设目标；
- 认识需求分析在软件开发中的重要地位，了解需求分析的基本思路；
- 掌握用例分析中角色和用例的概念，掌握简单用例图的绘制；
- 了解简单的界面设计，掌握Web系统常见的首页、列表、编辑和详情页面布局；
- 了解类图，简单了解活动图。

1.1 需求分析

在系统工程及软件工程中，需求分析指的是在创建一个新的或改变一个现存的系统或产品时，确定新系统的目的、范围、定义和功能时所要做的所有工作。需求分析是软件工程中的一个关键过程。假如在需求分析时，分析者们未能正确地认识到顾客的需要的话，那么最后的软件实际上不可能达到顾客的要求，或者软件无法在规定的时间内完工。

1. 背景

作为一名音乐爱好者，小明非常想把自己收集的音乐资料分类整理整齐，在需要时方便地找到自己想要欣赏的音乐。为此，小明决定开发一款自己的音乐库管理系统。根据背景介绍，可以确定“小明音乐库管理系统”需要达成如表1-1所示的业务前景。

表1-1 业务前景表

编　号	目　标
P01	能够对音乐资料分类归档，方便地维护音乐资料
P02	随时随地能够找到音乐库中的音乐资料，查阅相关的信息
P03	对于数字化音乐，能够随时欣赏
P04	对于非数字化音乐，能够找到存放地点(包括外借情况)

确定业务前景是需求分析的第一步，后续所有工作都应该围绕业务前景来开展，凡是和业务前景无关的工作都不予考虑，除非调整业务前景。

为叙述方便，以后称这个管理系统为MPMM(Xiao Ming's Personal Music Management)。

2. 用例分析

对于复杂的系统，通常还需要涉众分析、业务建模等工作。由于本系统非常简单，所以这里直接进行用例分析。用例分析解决三个问题：什么“人”会和系统交互？用系统做什么？和系统之间的交互过程怎样进行？需要注意的是，回答这三个问题时，必须完全站在系统使用者的角度来看,不要考虑系统实现方面的细节问题。

用例分析中将"系统使用者"称为角色(Actor),因为使用系统的不一定是用户,还可能是和系统交互的其他系统。MPMM 中只有一个角色"小明",用更通用的称呼——"音乐爱好者"来给角色命名。使用 UML 建模工具,表示角色的图标如图 1-1 所示。

根据调研确定小明会使用系统完成以下操作:管理音乐资料、维护音乐分类、查找音乐资料、查看音乐资料、管理音乐资料去向、播放数字化音乐。这些需要的操作就叫作"用例(Use Case)",表示用例的图标如图 1-2 所示。

图 1-1 Actor 图标　　　　图 1-2 Use Case 图标

用例是对系统功能的描述,描述的是整个系统功能的一部分,这部分一定是在逻辑上相对完整的功能流程。在使用 UML 的开发过程中,需求是通过用例来表达的,界面是在用例的辅助下设计的,很多类是根据用例来确定的,测试实例是根据用例来开发的,包括整个开发的管理和任务分配,也是依据用例来组织的[①]。

将 Actor 和用例联系起来,才构成最终的用例图,也就是说没有只有用例的用例图。MPMM 具体的用例图如图 1-3 所示。

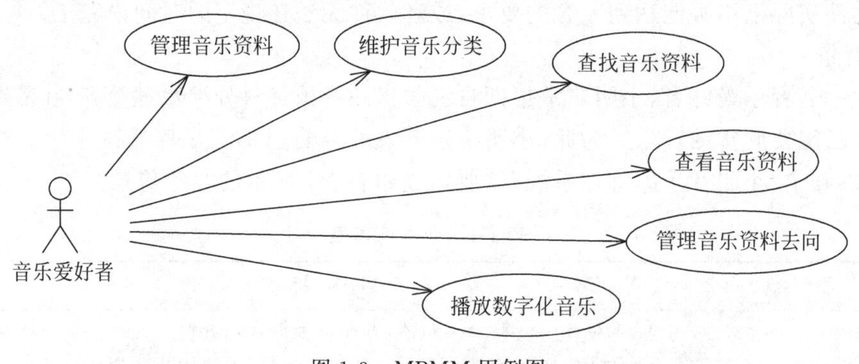

图 1-3 MPMM 用例图

用例图回答了本节前两个问题,对于第三个问题的回答需要通过对用例的描述来完成,当系统比较简单明确时可以略过。

1.2 概要设计

概要设计的主要任务是把需求分析得到的用例图转换为软件结构和数据结构。其中,软件结构设计的具体任务是将一个复杂系统按功能进行模块划分,建立模块的层次结构及调用关系,确定模块间的接口及人机界面等;数据结构设计包括数据特征的描述、数据结构

① http://baike.baidu.com/Use case。

特性的确定以及数据库的设计。

1. 界面设计

概要设计首先需要完成模块的划分，建立模块的层次结构和关系，然后为每个模块设计界面。MPMM 把两者结合在一起，也就是说通过完成模块界面设计，同时完成模块设计。

界面(User Interface，UI)设计是指对软件的人机交互、操作逻辑、界面美观度的整体设计。概要的界面设计最方便的工具就是纸和笔，也可以使用一些软件工具。

Web 应用系统首页的要素通常包括横幅标题、导航链接、快捷菜单、内容展示，结合 MPMM 管理对象为音乐分类和音乐资料，确定 MPMM 首页界面，如图 1-4 所示。

图 1-4　首页界面设计示意图

图 1-5 给出了管理音乐分类的界面设计，其中“添加”按钮用来增加新的分类；每个音乐分类的右侧有两个链接，分别用于修改和删除该分类。类似地，可以设计出音乐资料的管理界面。

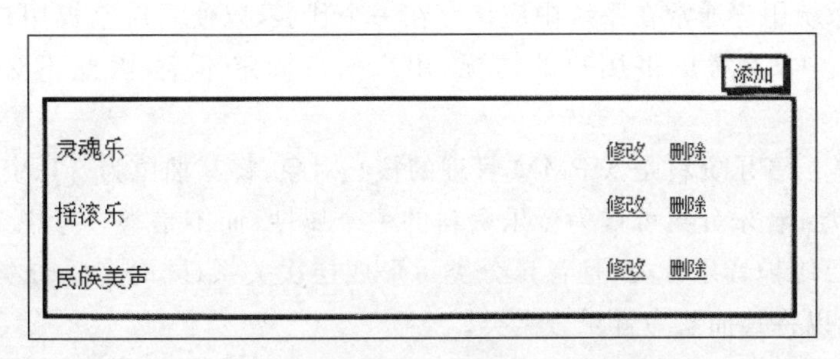

图 1-5　管理音乐分类界面设计示意图

音乐分类或音乐资料的添加/修改界面非常类似，因此这里只给出音乐资料的修改界面设计，如图 1-6 所示。

最后给出展现单个音乐资料的界面设计，包括了音乐资料的详细信息以及数字化音乐播放功能，如图 1-7 所示。

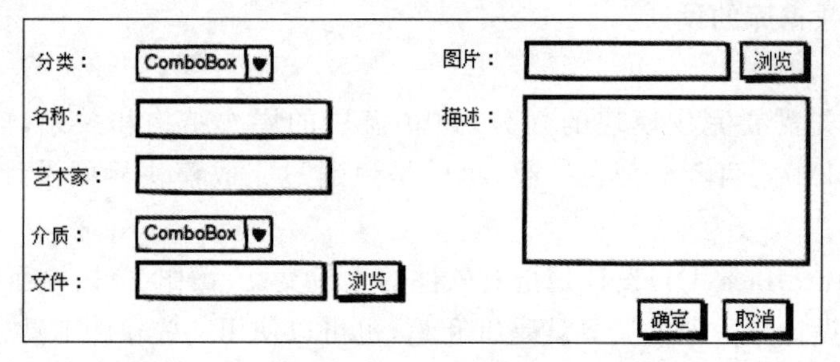

图 1-6　音乐资料修改界面设计示意图

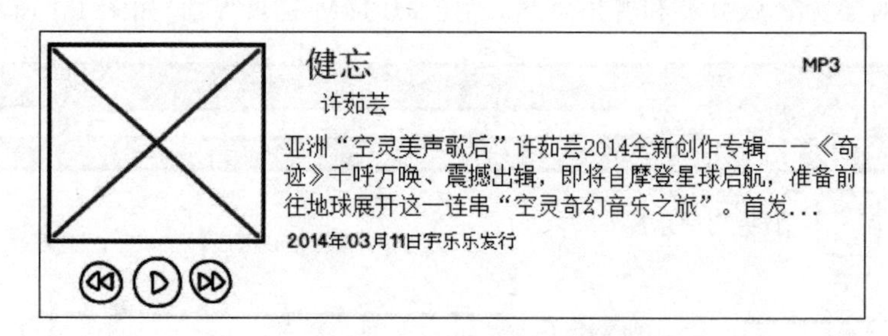

图 1-7　音乐资料详细信息界面设计示意图

本节只给出几个典型的界面设计，其他模块的界面设计请自行补充完善。

2. 类图

概要设计的另一个重要部分是数据结构设计，也就是确定软件系统管理对象以及对象间的逻辑关系用什么样的数据来表示。实际上，数据结构就是系统所管理对象的一个数据模型。

传统数据结构设计工具有数据字典、数据流图、E-R 图等，这里采用面向对象的设计方法——类图(Class Diagram)。类图显示了模型的静态结构。

类图的设计首先是找出类，通过在需求分析和设计文档中寻找名词可以得到可能的类。注意，设计阶段找出来的类不一定是全面、完善的，可在后面对其细化。

- 小明：系统用户通常在系统中应该存在一个代表，以便系统掌握用户的信息。但在 MPMM 中没有考虑多用户的情况，用户信息固定不变，因此不必考虑将其抽象为类。
- 音乐资料：音乐资料是 MPMM 管理的核心对象，将其抽象为音乐资料类。
- 音乐分类：音乐分类可作为音乐资料的一个属性，而不是类。考虑到 MPMM 允许小明自己维护音乐分类，且音乐分类可形成层次关系，同时音乐分类本身就有多个属性，所以将其抽象为音乐分类类。
- 数字化音乐：数字化音乐是特殊的音乐资料，具有不同的管理需求(可以在线播放)，所以将其抽象为数字音乐资料类，它是音乐资料类的子类。
- 非数字化音乐：非数字化音乐是除了数字化音乐以外的音乐资料，其不同的管理需求是需要掌握存放的去向，是音乐资料类的另一个子类。
- 存放地点：和音乐分类的道理一样，可以作为属性，也可以作为类，这里选择简化管理，将其作为一个属性。

表示类的图标如图 1-8 所示，图标分为 3 个部分，从上往下依次为类的名称、类的属性和类的操作（不一定有）。

确定类的内部结构后，进一步确定类之间的关系，可以得到如图 1-9 所示的类图。

类间连线表示类之间的关系。类图中能够表示的关系有泛化（Generalization）、实现（Realization）、关联（Association）、聚合（Aggregation）、组合（Composition）、依赖（Dependency）六种。图 1-9 中只用了关联和泛化两种，先掌握这最基本的两种。

类的名称 音乐分类(Category)
类的属性 +编码(Code) +名称(Name) +描述(Description)
类的操作 +增加(Add)() +修改(Edit)() +删除(Delete)()

图 1-8　音乐分类类的图标

- 关联：关联关系是一种拥有的关系，它使一个类拥有另一个类，或者通过一个对象能够找到相关的其他对象。例如，图 1-9 中的音乐分类和音乐资料，某个音乐分类可以拥有属于该音乐分类的所有音乐资料，而一个音乐资料可以拥有自己所属的音乐分类。关联可以是双向的，也可以是单向的。双向的关联可以有两个箭头或者没有箭头；单向的关联有一个普通箭头，指向被拥有者。
- 泛化：泛化关系是一种继承关系，子类继承父类则拥有所有父类的特征，但同时具有自己的新特征。例如，数字化音乐也是音乐，但额外具有音乐文件并且能够执行在线播放操作。泛化关系用带三角箭头的实线表示，箭头指向父类。

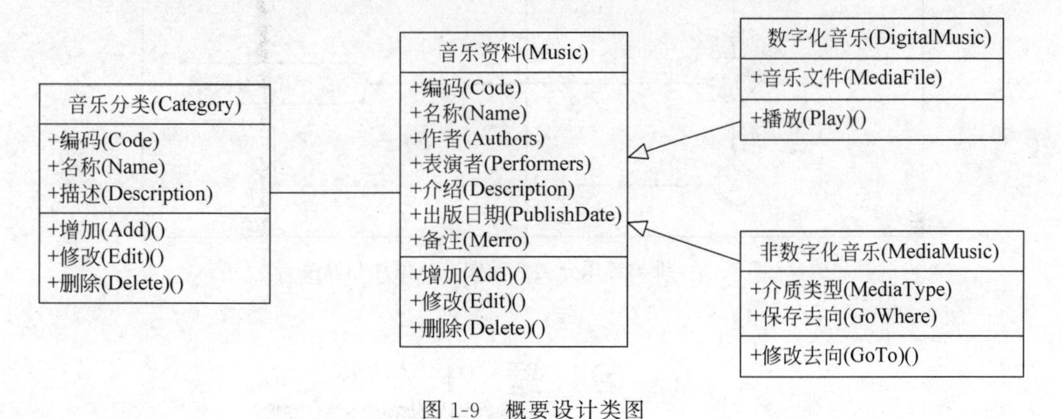

图 1-9　概要设计类图

3. 活动图

活动图通常用于描述业务用例实现的工作流程，和传统的流程图类似，但描述能力更强。图 1-10 给出了“维护音乐分类”的添加、修改流程。

图 1-10 中有小明和 MPMM 两条泳道（Swamlane）。泳道就是用实线将活动图划分为不同区域，每个区域代表整个工作流程的某部分职责由该泳道对应对象负责执行。

图 1-10 中各图标的含义容易理解，不再一一解释。MPMM 中工作流程都非常简单，基本上就是标准的数据库操作：增加、修改和删除。这里给出的是音乐分类管理的活动图，请读者自行补充其他活动图。注意在添加或修改音乐资料时需要指定音乐资料所归属的音乐分类，并且数字化音乐可以上传音乐文件。

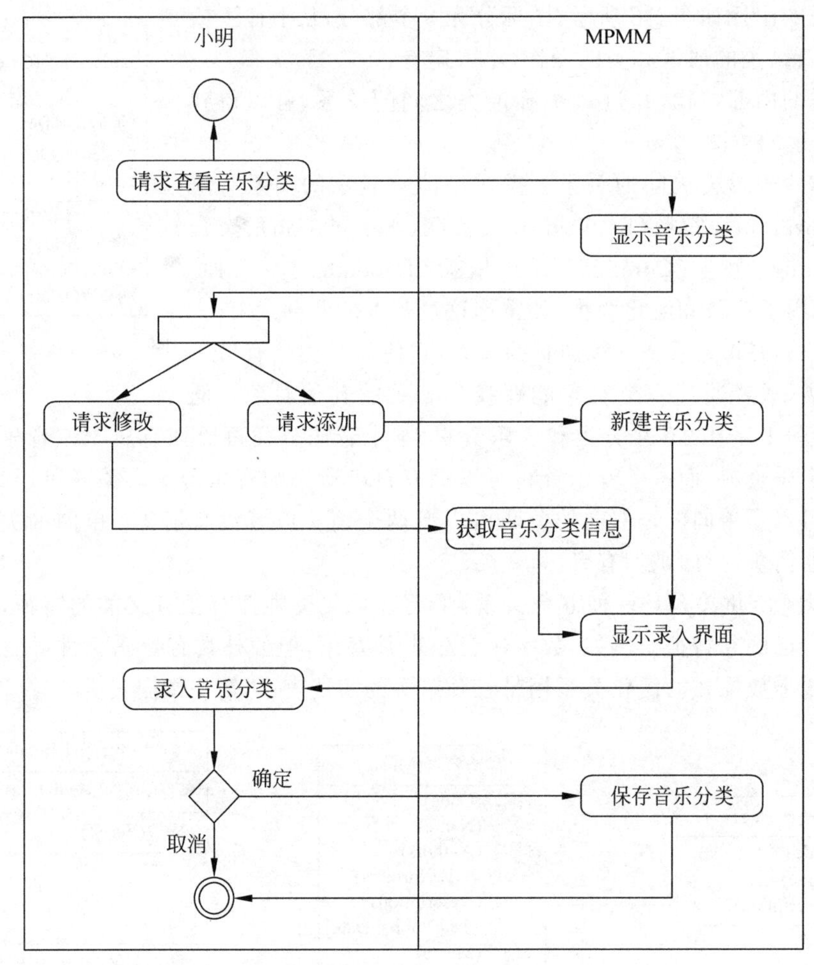

图 1-10 维护音乐分类活动图——添加和修改

习 题 1

一、选择题

1. 关于需求分析,以下说法正确的是(　　)。

   A) 需求分析是软件工程的第一步,因此也是最简单的一步

   B) 需求分析决定了最终开发的软件能否符合要求,因此是最重要的一步

   C) 软件开发的技术水平决定了软件的质量,需求分析影响不大

   D) 应该跳过需求分析,尽快进入实现阶段,用可见的成果确保软件项目的成功

2. 假设你需要开发一个"银行个人业务管理系统",以下(　　)最适合作为一个用例。

   A) 不同途径的存款操作

   B) 输入取款密码

   C) 在 ATM 进行取款

   D) 银行个人业务

3. 类图中的一个类由三个部分组成，不包括(　　)。

A) 类名　　B) 属性

C) 方法　　D) 关联

4. 可以用来描述用例的方法有很多，下列(　　)不是描述用例的方法。

A) 类图　　B) 状态图

C) 活动图　　D) 文字描述

二、实践题

请模仿 MPMM 完成“个人通讯录”系统的需求分析、用例图，并进行简单的 Web 界面设计(首页、通讯录列表、添加联系人、联系人详情)。

第2章

Web界面开发

学习目标

- 理解界面设计包括美工和交互两个方面的内容；
- 掌握什么是HTML、XHTML以及HTML元素的概念和运用规则；
- 掌握HTML文件结构和基本标签，掌握列表、图像和表格元素；
- 了解网站发布的原理，理解动态网站的工作原理；
- 掌握ASP.NET项目的创建和发布；
- 理解HTML表单的概念，掌握常用表单输入控件；
- 深刻理解Request和Response对象，掌握Request和Response的简单用法；
- 理解ASP.NET控件的作用，掌握Literal控件的使用。

"您需要什么样的界面?"大多数用户对此的回答都是"漂亮""方便"。这给出了界面(User Interface,UI)设计的两个方面：美工设计和交互设计，一个好的UI设计两者缺一不可。

常见的UI风格可以分为Windows桌面风格和Web风格。MPMM的界面使用典型的Web风格，开发其界面时必须掌握Web界面的语言——HTML。

2.1 编写页面

HTML是用来描述网页的一种语言，也就是超文本标记语言(Hyper Text Markup Language，HTML)，它是一种标记语言，通过标记形成HTML元素来描述网页。

HTML标记是由尖括号包围的关键词，如<html>；在一个HTML元素中，标记通常是成对出现的，如<b>和</b>，标记对中的第一个标记是开始标记，第二个标记是结束标记；开始和结束标记也被称为开放标记和闭合标记。

HTML文档就是一个包含HTML标记和纯文本的文本文件，HTML文档常被称为静态网页。Web浏览器的作用就是读取并解析HTML文档，再显示最终结果。

HTML是一种松散的语言，并不严格执行规范，但XHTML作为一种可扩展超文本语言，具有严格的规则。例如，在XHTML中，所有的标记名和属性名必须用小写字母表示，所有的元素必须包含结束标记，所有的属性值必须加引号。在Visual Studio Express 2017中建立HTML文件，默认使用XHTML5文件类型。因此，为了保持编程的规范性，使用HTML时也应执行XHTML5的规则。

用记事本创建HTML文档

1. HTML文件结构

用任意文本编辑工具(如Windows自带的记事本)新建文本文件，输入如下内容：

```
<! DOCTYPE html >
< html >
< head >
< meta http - equiv = "Content - Type" content = "text/html; charset = utf - 8"/>
  < meta name = "Author" content = "Kenjiang" />
  < meta name"Keywords" content = "小明;音乐库" />
  < meta name = "Description" content = "小明音乐库管理系统" />
  < title >小明音乐库管理系统</title >
</head >
< body >
</body >
</html >
```

保存为 index. html 文件，注意确保扩展名为 html。另外，为了确保浏览器能正确显示汉字，要使用 UTF-8 字符编码来保存 HTML 文件。使用浏览器打开该文件，将看到如图 2-1 所示的浏览效果。

图 2-1 index. html 网页的显示结果

index. html 中的代码主要分为 HTML 文档类型<! DOCTYPE >声明、< head >头部标记和< body >内容标记三个部分。

(1) <! DOCTYPE >声明：<! DOCTYPE >不是 HTML 标签。它为浏览器提供一项声明，即 HTML 是用什么版本编写的。只有明白页面中使用的 HTML 版本，浏览器才能正确显示 HTML 页面。

(2) < head >头部标记：< head >标记中主要包含< meta >标记和< title >标记。

< meta >元数据标记：通俗来说就是关于 HTML 文件的说明，一般用户无法看到元数据信息，但对于搜索引擎是可读的，从网站推广上来说有一定价值。

< title >标记：定义文档的标题，主要作用是定义浏览器工具栏中的标题，提供页面被添加到收藏夹时显示的标题，以及显示在搜索引擎结果中的页面标题。所以，标题应该简洁明了，和内容相符。

(3) < body >内容标记：定义文档内容，HTML 页面需要展示的内容都应该位于< body >标记内。本例中< body >…</body >元素部分是空的，所以图 2-1 中除了标题看到的是一个空白页面。

用记事本创建 MPMM 首页

2. MPMM 首页

图 2-2 给出了 MPMM 首页浏览效果，其内容分为三部分：系统概况、网站导航和页脚，互相之间有一条横线分割。

图 2-2 展示的首页主要应用了标题、段落、超链接、符号、水平分隔线 5 种 HTML 标记，完整的 HTML 文件内容如下，主要关注其中的< body >…</body >部分。

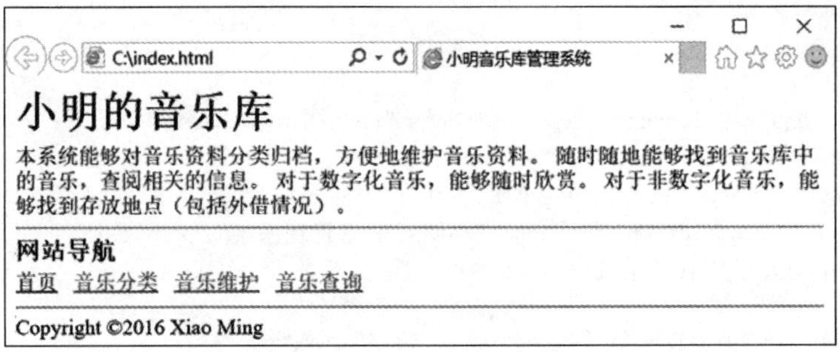

图 2-2　MPMM 首页 index. html 的浏览效果

```
<!DOCTYPE html>
<html>
<head>
  <title>小明音乐库管理系统</title>
</head>
<body>
  <h1>小明的音乐库</h1>
  <p>本系统能够对音乐资料分类归档,方便地维护音乐资料.
  随时随地能够找到音乐库中的音乐,查阅相关的信息.
  对于数字化的音乐,能够随时欣赏.
  对于非数字化的音乐,能够找到存放地点(包括外借情况).</p>
  <hr />
  <h3>网站导航</h3>
  <p><a href = "index.html">首页</a>   
    <a href = "category.html">音乐分类</a>   
    <a href = "maintain.html">音乐维护</a>   
    <a href = "query.html">音乐查询</a>   
    </p>
    <hr />
    <p> Copyright &copy;2016 Xiao Ming </p>
</body>
</html>
```

1) 标题标记

首先注意系统概况部分的标题"<h1>小明的音乐库</h1>"被一对<h1>…</h1>标记所包围,这就是标题元素。一篇文章标题可能分为多级,例如一级标题可能是文章的题目,二级标题可能是文章每个小节的题目……HTML 中的标题允许有 6 级,通过<h1>,<h2>,…,<h6>等标记进行定义。其中,<h1>定义最大的标题,<h6>定义最小的标题。

一般来说,浏览器会用粗体来显示这些标题,并且用大号的字体显示<h1>标题,略小的字体显示<h2>……但一定要注意,如果仅仅是为了获得粗体或大号文本的效果而使用标题标签,这是不应该的! 浏览器并不保证按照这样的规则去显示标题。

2) 段落标记

系统概况中的一大段文字介绍使用了一对<p>…</p>标记,这是段落元素。段落元素对应一篇文章中的段落,图 2-2 中可以看到概况介绍段落和前后的内容分离,独立成段。

另外,在 HTML 代码中看到段落标记内的文字分 4 行,但浏览器中显示却是完整的一段。一定要注意浏览器在分析HTML文件内容时会忽略所有多余的空格和换行。也就是说，HTML文档中的多个空格和一个空格是一样的，而换行和空格也是一样的。

如果确实需要换行，则需要通过单标记
来实现。请读者自行实验，看看段落标记和换行标记的区别。

3）超链接标记

网站导航部分内容包含一个标题和一个段落，标题是<h3>级别的，而段落的内容则是4个超链接。超链接就是一段可以单击的内容，单击后会打开另一个HTML页面。超链接的标记是<a>…</a>，为了指定链接目标，开始标记<a>可拥有href属性，例如：

```
<a href = "category.html">音乐分类</a>
```

属性和值之间用"="连接，说明单击"音乐分类"打开category.html这个HTML文件。

4）符号标记

前面提到，浏览器会忽略多余的空格和空行，那确实需要展示空格时该怎么办？注意到这里4个超链接标签最后都有" "，这是HTML特殊符号标记，每个" "表示一个空格。注意HTML符号标记必须用&符号开头，用";"结束。HTML符号标记还有很多，如第三部分中的版权符号©就是用"©"来实现的。

5）水平分隔标记

三部分之间的水平分隔线通过单标记<hr/>来实现，可将文档分隔成各个部分。

3. HTML列表

在MPMM网站首页中单击音乐分类超链接，其目标地址是category.html文件，图2-3给出了音乐分类页面的效果。

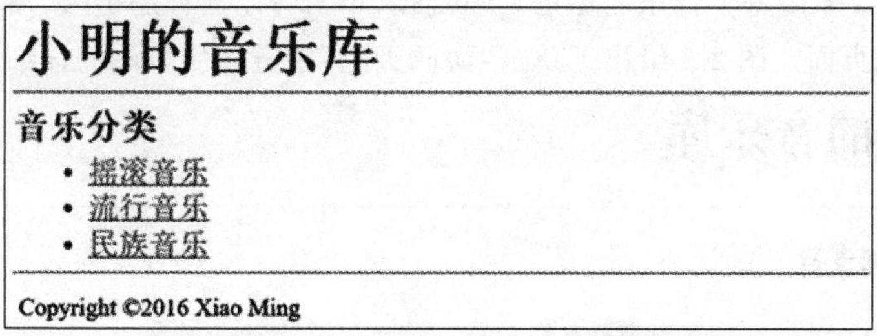

小明的音乐库

音乐分类

- 摇滚音乐
- 流行音乐
- 民族音乐

Copyright ©2016 Xiao Ming

图2-3 音乐分类页面category.html浏览效果

图2-3中音乐分类部分的3个超链接，不像图2-2中的超链接排在同一行，而是分成了3行，每行开始处还有一个小黑圆圈标记，这种格式就是列表。根据前面标记是顺序号还是小黑圆圈，列表分为有序和无序两类。

1）无序列表标记

无序列表用<ul>…</ul>标记来定义，列表项用<li>…</li>来标记，具体的HTML代码如下所示：

```
<ul>
  <li><a href = "listrock.html">摇滚音乐</a></li>
  <li><a href = "listpop.html">流行音乐</a></li>
```

```
    <li><a href="listchina.html">民族音乐</a></li>
</ul>
```

这里每个列表项都是一个超链接，在浏览器中单击超链接可以查看对应分类的音乐列表。例如，单击“摇滚音乐”超链接时呈现如图 2-4 所示的浏览效果。

小明的音乐库

摇滚音乐

1. 黄昏 窦唯 2010-11-01 CD
2. 祝福 零点乐队 2010-11-01 MP3
3. 天堂 唐朝 2010-11-01 CD
4. 海阔天空 beyond 2010-11-01 MP3
5. 真的爱你 beyond 2010-11-01 CD
6. 光辉岁月 beyond 2010-11-01 MP3
7. 梦醒时分 迪克牛仔 2010-11-01 CD

Copyright ©2016 Xiao Ming

图 2-4 摇滚音乐列表页面 listrock.html 浏览效果

2）有序列表标记

listrock.html 中使用了有序列表，实现时只需把无序列表的<ul>…</ul>标记替换成<ol>…</ol>标记，列表项仍用<li>…</li>标记。请读者根据前面的知识编写 HTML 代码，实现图 2-4 所示的 listrock.html 页面。

4. 图片标记

可以看到图 2-4 中每个音乐名称也是超链接，单击音乐名称超链接，可以打开对应音乐资料的详细信息页面。图 2-5 给出了单击“海阔天空”超链接后显示的详细信息浏览效果。

小明的音乐库

音乐详细资料

海阔天空 **MP3**

Beyond

20世纪 90年代初的创作对他来讲亦是一次重要转折。BEYOND成员的非洲之行，使他看到了这片饥荒大地上的人与事，战争与和平，压迫与反抗，无奈与泪痕。他回港后一曲《amani》，在倾诉饱受战火蹂躏的儿童的同时，亦指出了生命的尊严与可贵；而《光辉岁月》是专为黑人领袖曼德拉而作，在颂扬曼氏的同时，亦折射出人类大同的趋势与战争的愚昧。黄家驹生前最后一张BEYOND的作品辑《乐与怒》，更是达到了他创作生命的颠峰。主打曲《海阔天空》表达了一种浑然忘我而又似人海孤鸿的境界，多年的追求，多少心事与梦幻，多少爱意与天真，在这红尘世上穿梭。此歌既是他的内心写照又是孤身寻梦人的生命符号。

1990年2月1日 发行

Copyright ©2016 Xiao Ming

图 2-5 音乐《海阔天空》详细资料页面 detail_hktk.html 浏览效果

为实现图文混排，detail_hktk.html中主要应用了HTML的图片标记和表格标记。

在HTML中，图片由单标签<img/>标记定义。要显示图片，需要使用图片标记的src属性，设置其属性值为图片URL。假设图片文件boat.gif位于www.baidu.com的Images文件夹中，则其URL为http://www.baidu.com/Images/boat.gif，这叫绝对引用。较多地情况使用相对引用，表示图片相对于引用图片的网页所在文件夹。例如，在前述详细资料页面，音乐资料的图片通过如下代码指定：

```
<img src="Images/m10001.jpg" alt="cdPhoto" width="200" />
```

src属性的URL为Images/m10001.jpg，这就表示图片名称为m10001.jpg，图片所在路径是网页detail_hktk.html所在文件夹下的Images文件夹。

最后请思考一个问题：图片可作为超链接内容吗？也就是可以单击图片载入其他网页吗？

5. HTML表格

早期的网页设计师常用表格来实现页面各种元素的布局，现在常用div加CSS技术来布局(参见第2篇)，但表格仍然是最常用的HTML元素之一。

1) 标准表格

HTML表格就指二维表格，由若干行以及若干列构成，用<table>…</table>标记来定义，行由<tr>…</tr>标记定义，每行分割为若干单元格由<td>…</td>标记定义。单元格可以包含文本、图片、列表、段落、表单等各种HTML元素，甚至是另一张表格。

一个简单的2行2列表格的HTML代码如下所示：

```
<table border="1">
    <tr>
      <td>第1行,第1列</td>
      <td>第1行,第2列</td>
    </tr>
    <tr>
      <td>第2行,第1列</td>
      <td>第2行,第2列</td>
    </tr>
</table>
```

其中border属性值为1表示表格边框宽度为1px(1个像素点)。在图2-5展示页面中没有看到边框，那是因为没有为表格指定border属性，此时表格border属性值默认为0。

2) 合并单元格

除了标准二维表格，表格支持单元格的合并，例如图2-5的页面的代码：

```
<table>
  <tr>
    <td rowspan="4">
      <img src="Images/m10001.jpg" alt="cdPhoto" width="200"/></td>
    <td><b>海阔天空</b></td>
    <td>MP3</td>
  </tr>
  <tr>
```

```
    <td colspan="2">Beyond</td>
  </tr>
  <tr>
    <td colspan="2">20 世纪 90 年代初的创作对他来讲亦是一次重要转折.……此歌既是他的内心写照又是孤身寻梦人的生命符号.</td>
  </tr>
  <tr>
    <td colspan="2"><i>1990 年 2 月 1 日 发行</i></td>
  </tr>
</table>
```

上述代码中表格的基本结构应该是 4 行 3 列,因为可看到 4 个<tr>…</tr>标记,其中第 1 行拥有 3 个单元格。其次,注意第 1 行的第 1 个单元格<td>标记带有 rowspan 属性,值为 4,它的意思就是这个单元格需要跨 4 行,也就是把第 1～4 行的第 1 个单元格合并成了一个“大单元格”。最后,第 2 行中唯一的单元格的 colspan 属性值为 2,它的意思是这个单元格需要跨 2 列,也就是把这一行中的第 2、3 两列合并成了一个“大单元格”。

读者不妨给这个<table>标记加上 border 属性,看一看这个表格的真实模样。另外,rowspan 和 colspan 属性可以组合使用,所以表格可以变得非常复杂。设计复杂表格时,应该先画出基本表格结构,然后标明单元格的合并方式和数量。

2.2 发布网站

1. 发布原理

通常 HTML 文档是保存在服务器上的,然后将服务器接入 Internet,这样全世界的人都可以通过浏览器来访问这个 HTML 文档。这个时候,浏览器获取 HTML 文档是通过网络通信来完成的,如图 2-6 所示。

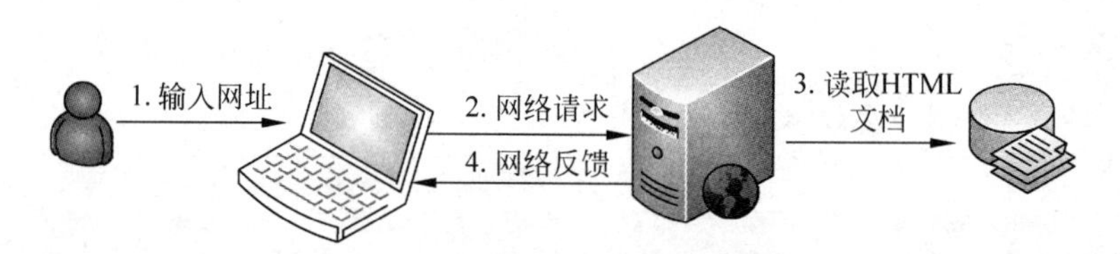

图 2-6　Web 服务器工作原理示意图

用户在浏览器地址栏中输入网址 URL,表明了想要访问的 HTML 文件所在路径。服务器通过网络收到这个请求,就在磁盘上找到这个 HTML 文档,读取后通过网络发送给请求浏览器。浏览器收到 HTML 文档,分析内容后将其展现出来。浏览器和服务器之间的网络通信遵守 HTTP。

对于浏览器来说,这个过程和直接从磁盘读取并展示 HTML 文档的过程是一致的,只是前者通过网络通信来获取 HTML 文件,后者是通过读取磁盘来获取 HTML 文件。

从这个过程可以看到,要在网络上发布一个网站供用户访问,必须要有一台执行 HTTP 的服务器,这个服务器称为 Web 服务器。

2. 发布 MPMM 网站

使用 Windows 系统自带的 Web 服务器便可以发布 MPMM。Windows 自带的 Web 服务器叫作 Internet Information Service，简称 IIS。网上有大量安装 IIS 的资料，请根据自己的操作系统架设 Web 服务器。

IIS 服务器安装完后，会增加一个 c：\inetpub\wwwroot 文件夹，这是 IIS 默认读取 HTML 文档的文件夹。将前面编写好的 HTML 文档复制到这个文件夹中，MPMM 网站就发布成功了。

在这台服务器上打开浏览器，地址栏输入 localhost，确认后出现图 2-2 所示相同页面，但该 HTML 文档是从 IIS 获取的。localhost 是服务器地址，它和 127.0.0.1 的 IP 地址等价，也就是指本机。

仔细观察还可以看到 localhost 的 URL 后面没有 index.html 这个文件名，那是因为 IIS 设置了默认文档选项，如果 URL 中没有指定具体的 HTML 文件，那么就认为是请求 index.html。

现在，在和 Web 服务器联网的任意一台计算机中打开浏览器，输入 Web 服务器的 IP 地址或域名(如果有)同样可以打开这个页面。也就是说，已经成功发布了 MPMM 网站。如果服务器连接了 Internet，且拥有公网的地址，那么全世界都可以来访问这个 MPMM 网站了。

早期的网站就是这么开发的：做好所有的 HTML 文档，设置好文档之间的跳转链接，把它们保存在服务器的特定文件夹下，一个网站就做好了。显然这样的网站，其内容不会随着访问者、访问时间发生变化，所以称为静态网站。

3. 动态网站原理

静态网站的 Web 服务器就是一个“二传手”，完全没有发挥计算机处理加工信息的能力。为什么不能把每个音乐资料的信息告诉计算机，让计算机根据用户的需要，动态生成这个网页呢？这就是动态网页技术。

本书采用的 ASP.NET 技术是微软公司推出的基于 dotNet 的动态网页技术。ASP.NET 的运作原理如图 2-7 所示。

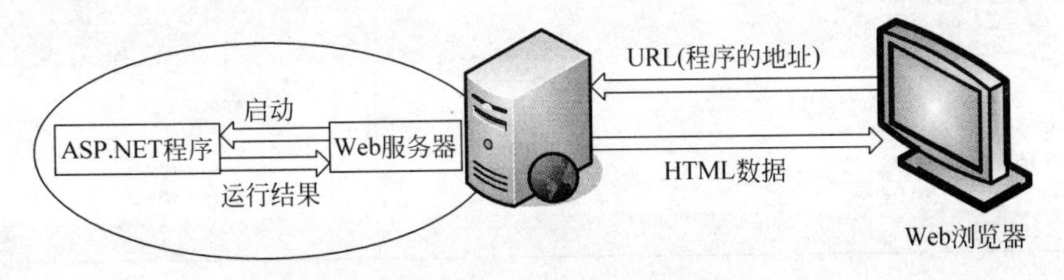

图 2-7 ASP.NET 动态网页技术原理示意图

ASP.NET 是一个动态链接库，它负责处理和 Web 服务器的交互，将用户的请求转换成更容易处理的对象形式，传递给软件开发人员编写的 ASP.NET 程序；然后执行 ASP.NET 程序取得结果，并将结果反馈给 Web 服务器。

这里一定要注意一个十分重要的问题：当 ASP.NET 程序完成处理生成结果后，这个结果就和 ASP.NET 程序没有任何关系了。ASP.NET 程序不可能去修改已经提交给 Web 服务器的结果，更不可能修改送回到客户端展现在浏览器中的结果。同样的道理，用户在浏览器中和 HTML 页面进行交互的过程，Web 服务器和 ASP.NET 程序都是一无所知的。此时，Web 服务器和 ASP.NET 程序所能做的就是等待客户端的另一次请求。

像这种每次请求都是独立的情况,称为无状态的(Stateless),Web 服务是典型的无状态服务。

4. ASP.NET 网站

接下来使用集成开发工具 Visual Studio(简称 VS)来开发第一个 ASP.NET 程序,实现一个最简单的动态网站,以便了解使用 VS 开发 ASP.NET 网站的基本过程。

读者可到微软公司官网下载 Visual Studio Express 2013 版本,完全可以满足通常开发 Web 网站项目的需要。需要注意的是,对于一些没有包含 ASP.NET 的低版本 IIS,一定要记得先安装 IIS 再安装 VS,这样在安装 VS 的同时就会把 IIS 的 ASP.NET 支持都自动配置好。

为 Windows 10 安装 IIS Web 服务器

使用 VS 2017 创建 ASP.NET 网站项目

1) 新建 Web 项目

打开 VS,选择"文件"→"新建网站"命令,弹出新建网站的模板选择对话框,如图 2-8 所示。不同版本的 VS,这个对话框有所不同,但都需要注意以下几点。

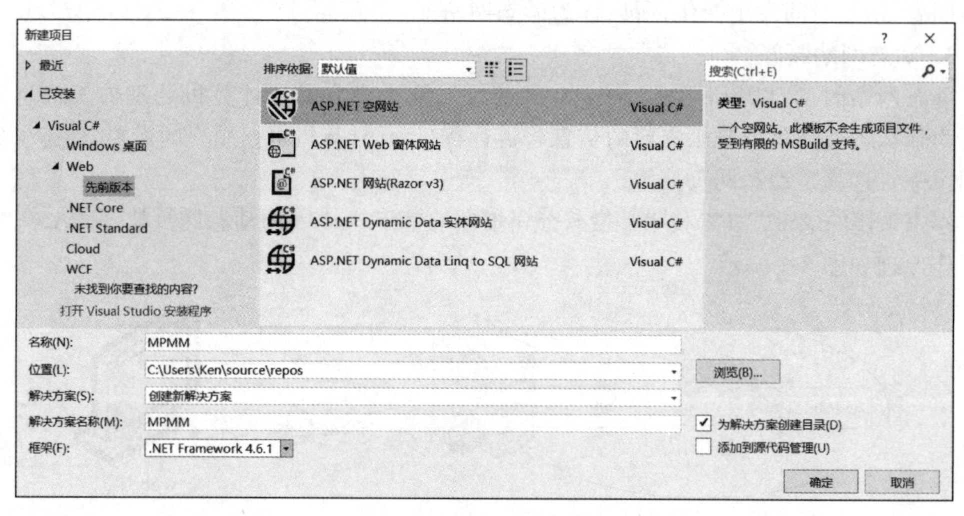

图 2-8 新建网站模板选择对话框

(1) 选择开发语言:左侧列出 Visual Basic、Visual C# 等编写 ASP.NET 程序的语言。选择 C#。

(2) 选择框架版本:下方有选择.NET Framework 版本的下拉列表框。选择 4.5 以上版本。

(3) 选择模板:中间是各类项目模板,模板就是一些基本的项目设置,包括文件夹、DLL 引用、甚至自动生成的文件。选择 Web 先前版本中的 ASP.NET 空网站。

(4) 选择保存的位置:下方指定项目文件保存的位置,采用默认位置。指定项目名称为 MPMM,则项目中文件实际保存在默认位置下的 MPMM 文件夹中。

2）ASPX 页面

单击图 2-8 中的“确定”按钮，VS 根据模板创建出一个空白的 ASP. NET 网站，并进入开发界面。如果没有在开发界面看到“解决方案资源管理器”，可通过“视图”菜单中的对应选项打开。

右击解决方案资源管理器中的 MPMM 网站，在弹出的快捷菜单中选择“添加”→“Web 窗体”命令，添加 ASP. NET 首页文件 Default. aspx。双击打开这个文件，如图 2-9 所示。

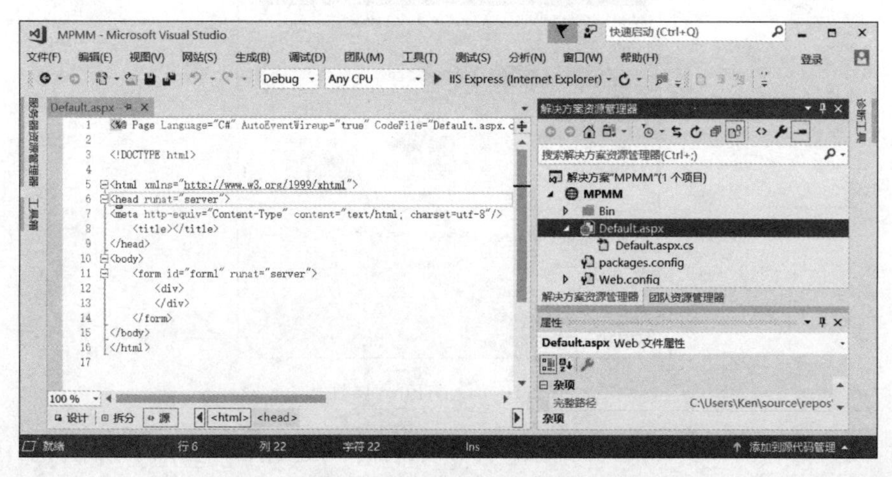

图 2-9　VS 中 MPMM 解决方案的开发界面

仔细观察解决方案资源管理器的 Default. aspx 文件前面有一个▷符号，单击后可以展开出现 Default. aspx. cs 文件。显然这两个文件密切相关，所以 VS 将它们安排成了一组。

Default. aspx 的内容基本上就是前面介绍过的 HTML 页面，双击打开 Default. aspx. cs 文件，可以看到其中的内容就是“面向对象程序设计”课程中学习过的一个类的程序代码。可以简单地将 Default. aspx 理解为动态生成网页的框架，而对应的 cs 代码文件则是负责动态处理这个框架生成最终 HTML 页面的程序。在 ASP. NET 中，动态页面就是由这样两个文件互相配合构成的。

通常把包含 HTML 代码的文件称为前台页面文件，把包含对应 C# 代码的文件称为后台代码文件。完成一个 ASP. NET 页面经常要在这两个文件之间切换，务必分清楚两者的关系。

3）设计页面

ASP. NET 采用了控件的概念。控件就是一个对象，具有一定的属性，可以通过代码操控实现特定的功能，其中可视控件还会呈现在页面上。ASP. NET 已经将大量 HTML 元素封装成了控件，方便开发人员通过代码进行处理，最终实现 HTML 页面的动态生成。

使用 ASP. NET 的控件设计页面

注意图 2-9 下方有三个选择按钮，分别为“设计”“拆分”和“源”，单击“设计”按钮可以切换到 ASPX 页面的可视化设计界面，查看生成的 HTML 页面效果。同时，注意左边有一个工具箱①，里面有各种可以在

① 通常会折叠在 VS 界面左侧，仅显示一个按钮，单击可以展开；单击工具箱上方的图钉按钮可以将其固定在展开状态。

ASPX 页面上使用的控件。

下面切换到可视化设计界面,目前页面上尚无显示内容。为了实现在页面上显示"小明的音乐库",从工具箱拖一个 Label 控件放到页面上,这个控件用于显示文本信息。选中页面中的 Label 控件,可在属性窗口①中设置控件的属性,现在主要设置其中的 Font 属性,如图 2-10 所示。

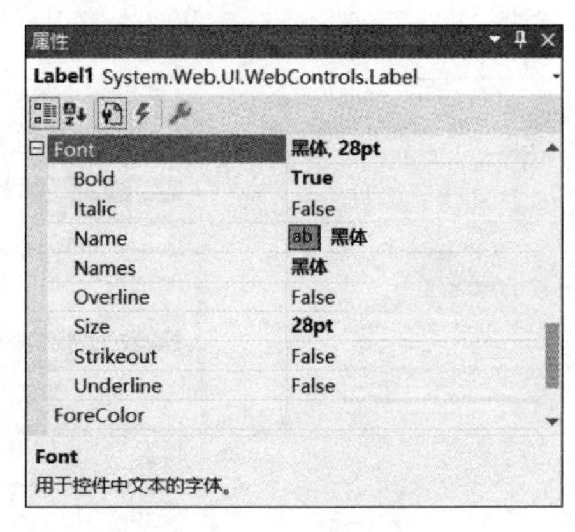

图 2-10 设置 Font 属性

此时切换回 ASPX 页面的源码视图,就可以看到 VS 已经自动添加了以下界面代码:

```
<asp:Label ID = "Label1" runat = "server" Font - Bold = "True" Font - Names = "黑体"
Font - Size = "28pt" Text = "Label"></asp:Label >
```

这看上去和 HTML 标记的模式基本一样,但标记名称 Label 前面带有"asp:"前缀。所以这是 ASP. NET 的标记,表示的是 ASP. NET 控件,可以由后台程序代码操控,并且最终会被转换成 HTML 页面中的元素。注意这个标记中以下的几个属性。

(1) ID:这是 Label 对象的名称,程序代码通过 ID 来操控这个对象。

(2) Text:这个属性规定了 Label 对象在页面上显示的内容。

现在通过代码动态生成 Label 显示的内容。双击打开 Default. aspx. cs 文件,或者在显示 Default. aspx 设计页面时按 F7 功能键。修改其中的代码如下:

```
public partial class _Default : System.Web.UI.Page
{
  protected void Page_Load(object sender, EventArgs e)
  {
   Label1.Text = "小明的音乐库";
  }
}
```

其中,Label1 就是 Label 控件的 ID,通过给 Label 控件的 Text 属性赋值就可以动态设置 Label 控件的显示内容了。

4) 调试运行

VS 的强大之处,除了可以用可视化的方式设计页面外,还支持直接运行调试网站。为

① 通常在 VS 界面右下角,如没有显示,可以通过"视图"菜单的"属性窗口"命令打开。

此,VS 内部带有一个简化版的 IIS,支持立刻查看网站运行结果,同时还支持在代码中设置断点跟踪网站运行的过程。

单击工具栏中的“启动调试”按钮(绿色向右的三角小箭头),或者按 F5 功能键,开始运行动态网站。VS 一方面启动内部 IIS,将网站文件自动发布到这个 IIS 中,另一方面启动浏览器访问这个网站,效果如图 2-11 所示。注意浏览器中的 URL 主机地址为 localhost,后面跟了“:51460”,这是 VS 随机产生的端口号,可以认为是 Web 服务器地址的一部分。另外,还可以使用浏览器“查看源”命令,比较一下 ASPX 源文件和最终生成的 HTML 代码之间的对照关系,进一步理解 ASP. NET 是如何生成 HTML 代码的。

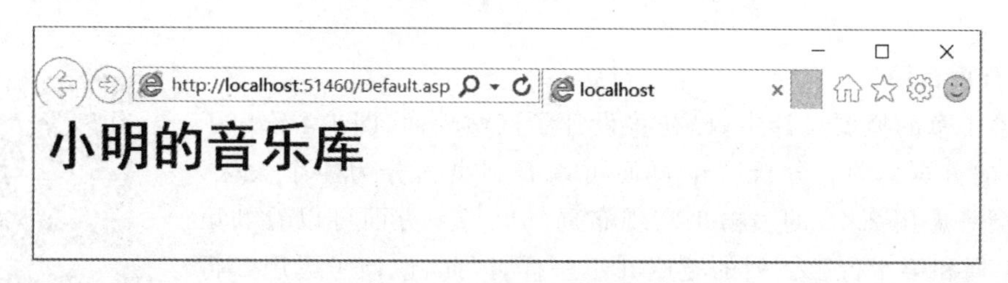

图 2-11 MPMM 运行结果

单击 VS 工具栏中“停止调试”按钮(蓝色小方块),可退出调试状态。

5) 发布网站

VS 自带的 IIS 仅用于开发网站时的网站预览和调试,无法用于正式网站发布。也就是说,即使在 VS 中启动了该网站,在本地可以浏览这个网站,但无法通过网络访问这个内部运行的网站。为此,需要将完成的网站发布到正式 IIS 服务器上去。

发布 ASP. NET 应用到本地 HS 服务器

在解决方案资源管理器中右击网站项目,然后在弹出菜单中选择“发布 Web 应用”选项,出现网站发布向导。在向导的“配置文件”页中选择“自定义”选项,输入配置文件名 MPMM,单击“确定”按钮进入“连接”页。这时发布方法选择“文件系统”,然后指定发布目标位置(即发布结果所在的文件夹或网络位置,如 c:\inetpub\wwwroot 文件夹),单击“下一页”按钮。最后出现如图 2-12 所示的“预览”页。

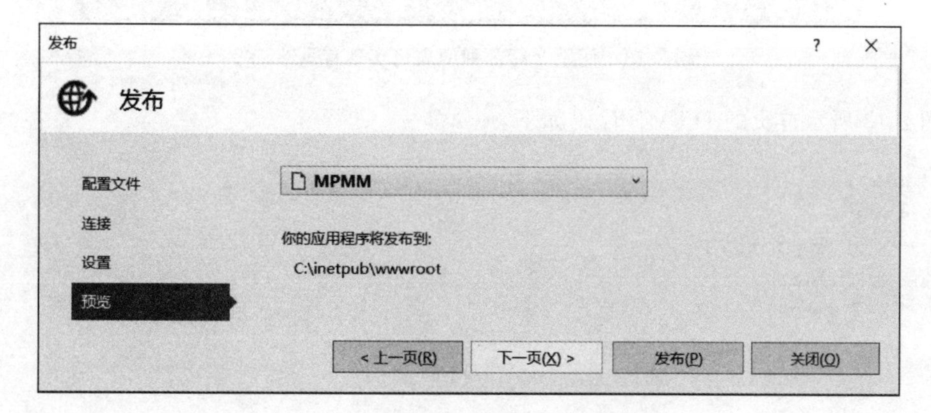

图 2-12 发布网站对话框的“预览”页

单击图 2-12 中的“发布”按钮完成网站发布。如果发布成功,则可以打开目标位置,将其中的所有文件复制到 IIS 的发布文件夹(和静态网站一样,通常是 c:\inetpub\wwwroot 文件夹,发布前可以考虑先删除其中的所有文件)。

打开浏览器,访问 localhost,如果看到图 2-11 的结果(浏览器地址栏的 URL 不一样),那就发布成功了,可以尝试从其他联网的计算机通过服务器 IP 地址来访问这个网站。如果没有成功,则可能是 IIS 默认文档设置有问题,尝试用 localhost/Default.aspx 来访问。

2.3 实现首页

1. 首页布局

ASP.NET 基本输入、处理、输出

在第 1 章的概要设计中,已初步设计了网站界面,图 1-4 给出了 MPMM 的首页草图。分析整个页面可以看到页面分为 4 个大区,直觉上会考虑用 2×2 的表格来实现布局。但另一方面可以看到第 1 行第 1 列和第 2 行第 1 列的宽度并不一样,因此,应该考虑用 2 行 3 列的表格来实现这个布局。最终的首页分割示意图如图 2-13 所示。

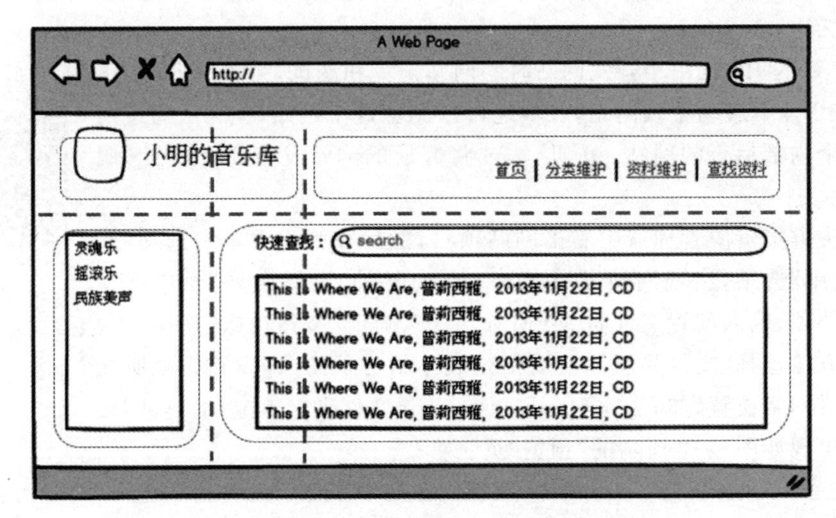

图 2-13 使用 2 行 3 列的表格实现首页布局

图 2-13 所示首页的 HTML 代码如下:

```
<table>
  <tr>
    <td colspan = "2">
      <table>
        <tr>
          <td><img src = "Images/musiccd.jpg" /></td>
          <td><h1>小明的音乐库</h1></td>
        </tr>
      </table>
    </td>
```

```
        <td>
          <a href="Default.aspx">首页</a> |
          <a href="CategoryMgr.aspx">分类维护</a> |
          <a href="MusicMgr.aspx">资料维护</a> |
          <a href="SearchMusic.aspx">查找资料</a>
        </td>
      </tr>
      <tr>
        <td>
          <ul>
            <li><a href="Category1.aspx">灵魂乐</a></li>
            <li><a href="Category2.aspx">摇滚乐</a></li>
            <li><a href="Category3.aspx">民族美声</a></li>
          </ul>
        </td>
        <td colspan="2">
          快速查找: [search]
          <ul>
            <li>This is Where We Are, 普莉西雅,2013 年 11 月 22 日,CD</li>
            <li>This is Where We Are, 普莉西雅,2013 年 11 月 22 日,CD</li>
          </ul>
        </td>
      </tr>
    </table>
```

1）表格布局

该表格的第 1 行第 1 列使用 colspan="2"占据了第 2 列，同时第 2 行第 2 列也使用相同的属性占据了第 3 列。这并不是一个好的布局方法，因为如果没有相应的列宽定义，其实是收不到布局效果的；而且这样的布局不容易理解，也不容易调整。

表格第 1 行第 1 列中还嵌套了另一个表格，这是为了实现图标和标题行对齐的布局。可以根据需要任意嵌套表格，但这会导致表格的结构越来越复杂，所以并不推荐。

考虑到表格的重要性，本篇以表格布局为主，第 2 篇再介绍另一种更常用的布局技术。

2）图片路径

指定<img>标记的路径为相对路径 Images\musiccd.jpg，通常会在网站的根文件夹下建一个名为 Images 的文件夹，并将所有图片都存放在这个文件夹中方便管理。如果图片众多，还可以考虑进一步在 Images 文件夹下建立更多子文件夹。

2. 表单和输入

接下来实现首页中的快速查找功能，该功能的活动图如图 2-14 所示。

根据图 2-4 的界面设计，结合活动图，可以给出快速查找这个用例的详细描述：小明应该在快速查找后面的输入框中输入关键字，然后单击“查找”按钮发出查找请求；系统接到请求后，根据关键字获取相应音乐资料，并将音乐资料以列表的形式展示出来。

这个描述属于概要设计的内容，按理接下来应该进行详细设计，但这里还是认为系统足够简单，以至于可以直接根据概要设计进行系统实现。因此，首先考虑如何实现关键字输入。

实际上，浏览器能够将 URL 和 HTML 表单信息一起发送给服务器。所谓表单，就是

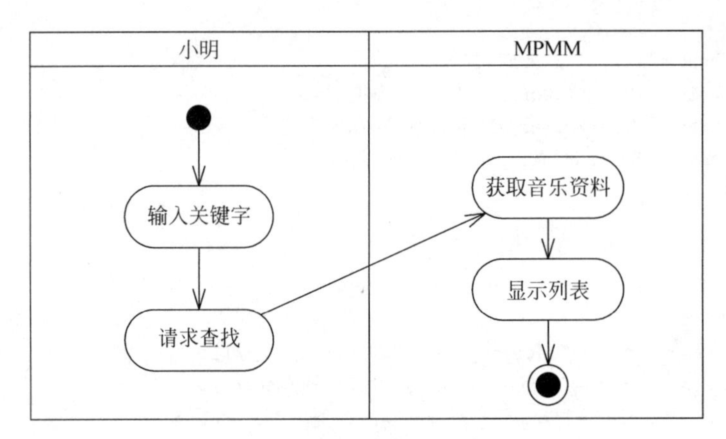

图 2-14 快速查找的活动图

一个包含表单元素的区域；而表单元素就是一些允许用户输入信息的元素，如文本框、下拉列表、单选按钮、复选框等。

表单使用<form>…</form>标记定义。创建 ASP.NET 网页时，VS 默认已经生成了一个表单，注意不要删除这个表单，因为 ASP.NET 需要表单的支持。

有了表单，使用文本框这个表单元素就可以实现关键字的输入。另外，还需要一个"提交"按钮的表单元素，表示输入完毕并将表单数据发送给 Web 服务器作为新请求的附加数据。将原来首页 HTML 代码中的"快速查找：[Serch]"替换成以下代码：

```
快速查找：<input name = "tbKey" type = "text" />
<input name = "btSubmit" type = "submit" value = "搜索" />
```

注意将表单元素置于表单<form>…</form>标记内部，否则表单元素虽能显示却无法提交。

1）文本框和密码输入框

表单元素文本框使用<input type="text"/>标记，用于实现字母、数字等文本内容的输入。为了区分不同的文本框，需要用 name 属性指定文本框的名称。在快速查找代码中，使用了一个名为 tbKey 的文本框。

密码输入框是一种特殊的文本框，用户输入的内容都会被显示为"*"，从而避免被周围的人看到正在输入的密码。对此，只需要将 type 属性的值设置为 password 即可。

还有一种文本框叫作文本区域，可输入多行文本，写入的字符数不受限制。对应的标记为<textarea>…</textarea>。例如：

```
<textarea rows = "10" cols = "30">
The cat was playing in the garden.
</textarea>
```

其中，<textarea>和</textarea>之间的文本为预置内容，而 rows 和 cols 属性分别定义了文本区域展示的大小。

2）单选按钮和复选框

单选按钮允许用户从若干给定的选择中选取其一；复选框则允许用户从若干给定的选择中选取一个或多个选项。它们也用<input>标记来定义，但单选按钮的 type 属性值为

radio，复选框为 checkbox。为了能提供多个选项，需要用多个<input>标记。例如应用单选按钮的代码：

```
<input type="radio" name="genre" value="male" /> Male<br />
<input type="radio" name="genre" value="female" /> Female
```

应用复选框的代码：

```
<input type="checkbox" name="bike" /> I have a bike<br />
<input type="checkbox" name="car" /> I have a car
```

在单选按钮代码中，可以看到两个选项标记的 name 属性值采用相同的名称 genre，这样浏览器才能知道它们是同一组的选项，用户在同组的单选按钮中只能选择一项。那么如何确定用户选择了哪个选项呢？为此，需要为每个选项标记添加 value 属性，并为不同的选项设置不同的 value 属性值，如 male 和 female。

复选框由于允许同时选中多个选项，每个选项实际上是独立的，所以通过设置不同的 name 来区分即可。

另外，单选按钮和复选框中的 name 和 value 属性都是用来标识选项的，其值都不会呈现在浏览器中，因此需要通过紧跟着<input>标记的文本来告诉用户这个选项的含义。例如上述代码中的 Male、Female、I have a bike 和 I have a car。为了将两个选项分别显示在两行，这里还利用了
标记。

3）下拉列表框

下拉列表框表现为一个带有下拉按钮的文本框，单击按钮会弹出一组选项，单击选项表示选择该项，同时在文本框内显示该项。下拉列表框的标记为<select>…</select>，其中的选项通过<option>…</option>标记来定义，例如：

```
<select name="cars">
  <option value="volvo">Volvo</option>
  <option value="saab">Saab</option>
  <option value="fiat" selected="selected">Fiat</option>
  <option value="audi">Audi</option>
</select>
```

上述代码表示名为 cars 的下拉列表框。选项的 value 属性用于标识选项，道理和单选按钮的 value 属性相同。其中 fiat 选项有一个 selected 属性，只要选项带有这个属性，就表示默认选中这个选项。实际上，单选按钮和复选框的选项也有表示默认选中的 checked 属性。

4）按钮

表单中有 3 种按钮：普通按钮、复位按钮和提交按钮，它们都用<input>标记来定义，相应的 type 属性值分别为 button、reset 和 submit，按钮标题则通过 value 属性指定。例如：

```
<input type="button" value="你好">
<input type="reset" value="复位">
<input type="submit" value="确定">
```

上述代码会显示 3 个按钮。单击普通按钮会在浏览器中触发按钮单击事件，但并不会向 Web 服务器发出请求；单击复位按钮会将表单内的所有表单元素恢复成初始状态，也就是清除用户输入；而单击提交按钮则会向 Web 服务器发出请求，同时携带表单中输入的内容。

3. 处理输入

在快速查找的代码中，有一个"搜索"按钮，这实际上是一个提交按钮。在文本框中输入关键字，单击这个按钮，浏览器就会向 Web 服务器发出新的请求，同时携带着文本框中的关键字，而 Web 服务器又会将这个请求和表单的内容传送给 ASP. NET 程序。

对于开发人员来说，有两个问题是关键的：在哪里编写 ASP. NET 的程序代码，从而在收到请求时能够得到执行？如何在程序代码中获取表单中的用户输入？接下来，先解决前一个问题。

实际上，在定义表单的< form >标记中可以通过 action 属性来指定单击按钮后请求的 URL。例如：

```
<form action="form_action.aspx" method="get">
  <p>First name: <input type="text" name="fname" /></p>
  <p>Last name: <input type="text" name="lname" /></p>
  <input type="submit" value="Submit" />
</form>
```

上述代码中，action 属性值为 form_action. aspx，这就意味着，当用户单击"提交"按钮时，浏览器请求的 URL 为 form_action. aspx(相对 URL，表示请求资源所在路径和表单所在页面路径相同)。如果省略这个属性，那就认为请求的 URL 就是表单所在页面本身。

对于 ASP. NET 程序来说，每个 ASPX 页面都有对应的程序(页面类)，所以浏览器请求的 URL 和表单内容其实都会提交给 ASPX 页面的后台对应类。以 Default. aspx 这个页面的类为例，VS 自动生成的类定义代码如下：

```
public partial class _Default : System.Web.UI.Page
{
  protected void Page_Load(object sender, EventArgs e)
  {
  }
}
```

页面类继承 ASP. NET 内置的 Page 类，绝大部分请求都由 Page 类负责处理，其中最重要的工作有以下 3 项：

(1) 将所有和请求有关的内容封装到一个对象中，便于开发人员使用。

(2) 按规定的顺序调用类中的各个方法。这个顺序就是所谓的页面生命周期，方法被调用的动作通常称为触发事件；同时 Page 类中已经定义了生命周期的各方法，一般无须自己编写处理代码。

(3) 根据数据融合页面代码生成最终的 HTML 页面，作为结果返回给 Web 服务器。

上述代码中有一个 Page_Load()方法，这个方法在处理完所有请求数据后被 ASP. NET 调用，是生成结果页面的起点。

一般而言，开发人员的处理代码主要写在两个地方：一个是在 Page_Load()方法中，另一个则是由页面控件触发的各种服务器端事件处理方法中。对于后者，特别要注意，所谓的服务端事件，实际上是Page类根据输入数据分析后来触发的，安排在Page_Load()方法执行之后，发生在服务器上。客户端将请求发出之后，在收到最终的结果之前，无法知道服务器在做些什么，因此不要认为服务端事件是浏览器在事件发生时触发的。

4. Request输入

接下来考虑在代码中如何获取请求的数据。前面已提到，ASP.NET将所有请求信息封装到一个对象中，这个对象是Request对象。通过Request对象，开发人员可以获取大量和请求相关的信息，如客户端浏览器的名称、版本、Cookie、URL等。其中，最常用的就是用户在表单中的输入。

Request对象作为ASP.NET页面的一个属性，在页面类方法中可以直接访问。表单数据作为最常用的数据，可以通过Request对象的索引属性的来快速获取。例如，获取小明输入关键字的代码为

```
protected void Page_Load(object sender, EventArgs e)
{
 string key = Request["tbKey"];
}
```

对照快速查找页面代码中的文本框元素代码，可以看到Request["tbKey"]中的"tbKey"就是对应<input>标记的name属性值。从这里也可以看到，表单元素的name属性是十分重要的，因为它定义了该元素的标识符。

请读者试验一下，看看不同表单元素在Request中会有什么样的呈现，特别是复选框。

通过Request["name"]这种方式不但可以获取表单数据，还能获得URL查询变量，这是另一种传送数据给Web服务器的方法。所谓查询变量是附加在URL后的数据，例如http://localhost/Default.aspx?cat=soul这个URL，在请求资源Default.aspx后面附加了一个“?”，紧跟着是一个cat=soul。这就定义了一个查询变量，它的名字是cat，值是soul。注意这个URL中的“?”是必不可少的，它是查询变量的起始标记。

查询变量允许多个，变量间通过“&”符号分隔。例如，同时传递cat和key变量，那么URL就如http://localhost/Default.aspx?cat=soul&key=forest所示。

通过URL传递变量有很多缺点，例如，信息量不能太大，特殊字符(如中文)需要特殊编码，直接在浏览器的地址栏输入和显示变量导致安全漏洞。它最大的好处就是简单方便，所以还是有使用场合的。

例如，MPMM首页左侧音乐分类，超链接目标为“Category1.aspx、Category2.aspx…”。其实不同音乐分类的音乐资料展示方式相同，只是具体音乐资料不同，应该动态生成。假设Category.aspx负责生成音乐分类展示，那么Category.aspx必须知道要生成哪个分类。为此，可将超链接目标修改为“Category.aspx?cat=1、Category.aspx?cat=2…”，然后在Category.aspx对应的后台处理代码中用Request["cat"]来获取这个音乐分类的标识，展示相应音乐分类的音乐资料。

在HTTP中，对这种通过URL传递变量的方式有一个专门的术语，叫作GET方式。而表单数据默认通过附加在请求数据包内部的方式进行传递，不会直接显示在URL中，这种方式叫作POST方式。

POST方式和GET方式有一个很大的不同：GET方式可以直接在浏览器的地址栏中

输入，在请求资源的同时就传递了变量和值；POST 方式只能在表单中输入，所以用户必须首先获得一个带有表单的页面，然后才能在下次向服务器请求时携带表单中的数据。对于 ASPX 页面来说，通常表单提交页面和表单所在页面是同一个，显然用户第一次请求这个页面时，并没有携带表单数据，那么此时类似 Request["name"]的表达式值就是 null。

开发人员经常需要区分用户的请求究竟是首次请求，还是在提交表单时的请求。通常把前者的情况称为首次加载页面，后者称为回发(Post Back)加载页面。

ASP. NET 提供了页面类的 IsPostBack 属性，用于区分这两种情况，通常用法如下：

```
protected void Page_Load(object sender, EventArgs e)
{
  if (IsPostBack)
  {
    //这是回发请求, 根据用户的请求进行处理
  }
  else
  {
    //这是首次请求本页面, 做一些页面初始化的工作
  }
}
```

5. Response 输出

所有的程序都分为输入→处理→输出 3 部分，前面解决了输入问题，下面解决输出问题。根据动态网站原理，ASP. NET 的输出其实就是生成一些内容，将其交给 Web 服务器，再由 Web 服务器通过网络发送给客户端，然后由客户端的程序(如浏览器)负责展示这个内容。通常 ASP. NET 程序生成的内容是一个 HTML 页面。

为此，ASP. NET 提供了一个 Response 对象，也是 Page 类的一个属性，在页面类方法中可以直接使用。可以简单地把 Response 对象看成是一张白纸，通过 Response. Write() 方法可以在这张白纸上写上 HTML 代码。不过，Response 对象没有提供“橡皮”功能，更没有提供定位功能，这意味着只能按照顺序写入内容。

Response 对象还有其他的方法和属性，请读者自己查找资料完成学习，特别是其中的 Response. Redirect()方法，非常有用。

现在考虑如何获取关键字所对应的音乐资料，这样就能根据音乐资料生成 HTML 代码。回顾 MPMM 概要设计阶段中，已经完成了数据结构的设计(参见图 1-9)，确定了音乐资料的内容。目前考虑将音乐资料通过代码直接提供，每条音乐资料用一个字符串表示，属性按照类图中的 Music 类设置，属性之间用“,”分隔，依次为编码(Code)、名称(Name)、作者(Authors)、表演者(Performers)、介绍(Description)、出版日期(PublishDate)和备注(Memo)。

有了数据就可以生成 HTML 代码了，具体的程序如下：

```
protected void Page_Load(object sender, EventArgs e)
{
  if (IsPostBack)
  {
    //获取音乐资料
```

```
    List<string> musicList = new List<string>();                    //记录音乐资料的列表
    musicList.Add("1,克罗地亚狂想曲,MakSim,MakSim,所属专辑: The Piano Player,2005-03-01,CD");
    musicList.Add("2,Song From A Secret Garden,Secret Garden,Secret Garden,所属专辑: The Best Of Secret Garden 20Th Century Masters - The Millemmium Collection,2011-06-01,CD");
    musicList.Add("3,Shine Your Way,Owl City/YUNA,Owl City/YUNA,电影«疯狂原始人»插曲,2013-03-18,MP3");
    musicList.Add("4,献给爱丽丝,贝多芬,无名氏,伴奏/纯音乐,2011-01-01,CD");
    musicList.Add("5,小苹果,筷子兄弟,筷子兄弟,电影«老男孩猛龙过江»宣传曲,2014-07-14,MP3");
    //生成音乐资料的HTML代码
    StringBuilder sb = new StringBuilder();                         //字符串拼装工具
    sb.Append("<ul>");                                              //HTML列表开始标签
    string key = Request["tbKey"];                                  //获取用户输入的关键字
    for (int i = 0; i < musicList.Count; i++)                       //检查每条音乐资料
    {
     string music = musicList[i];                                   //第i条音乐资料
     if (music.IndexOf(key) > -1)                                   //如果包含有关键字
      {
        string[] detail = music.Split(',');                         //分解音乐资料,获取各属性
        //拼装第i条音乐资料的HTML列表项
        sb.AppendFormat("<li><a href=\"Detail.aspx?id={0}\">{1}</a>, {2}, {3}, {4}</li>", detail[0], detail[1], detail[2], detail[5], detail[6]);
      }
    }
    sb.Append("</ul>");                                             //HTML列表结束标签
    //写入结果
    Response.Write(sb.ToString());
  }
}
```

注意字符串中间不能换行。

运行调试这个程序,在快速查找后的文本框中输入关键字"小",单击"搜索"按钮(触发回发请求,IsPostBack属性值为true),就会呈现如图2-15所示的结果。

图2-15 搜索结果页面

从图2-15中看到,通过Response.Write()写入的"小苹果,筷子兄弟,2014-07-14,MP3"后面呈现了完整的ASPX页面。实际上,前述Page类3项重要工作中第3项默认将整个ASPX页面写入Response对象中,而Page_Load()则是第2项工作,所以原来ASPX页面内容放在了直接写入的内容之后。

如果不希望Page类在结果中自动添加ASPX页面的内容,则只要调用Response.End()方法,强制结束结果的生成即可。例如:

```
//写入结果
Response.Write(sb.ToString());
Response.End();                                    //结束结果的生成
```

但不管采用哪种方式都不符合MPMM的设计要求,因为实际上需要将查找结果显示在快速查找区域的下方,也就是图2-15中显示"This is Where We Are…"的区域。

6. 控件输出

在ASP.NET中更常用的做法是将各种控件布置到页面中,然后设置控件的内容来精确控制生成的页面。例如,在上一节中完成的ASP.NET网站,使用Label控件输出了"小明的音乐库"。Label控件布置在页面的何处,对应的输出就会出现在何处。

Label控件通常用来输出简单的文本,ASP.NET还有一个Literal控件,专门用于原样输出HTML代码。下面将快速查找的HTML代码替换成

```
<td colspan="2" width="80%">
    快速查找:<input name="tbKey" type="text" />
    <input name="btSubmit" type="submit" value="搜索" />
    <asp:Literal ID="litSearchResult" runat="server"></asp:Literal>
</td>
```

同时将后台代码中的Response.Write()替换成对Literal控件设置属性的代码:

```
litSearchResult.Text = sb.ToString();                    //写入结果
```

注意,如果保留了Response.End()这段代码,将得到一个空白的页面。想一想,为什么?

ASP.NET的控件有很多,它们能生成的HTML代码各不相同,后台操纵控件的属性、方法也各不相同。完整、详细的控件学习请读者自己查找资料。建议先熟悉一些常用控件,其他控件有一些印象即可。具体控件用法可以等到需要时再查资料研究掌握。

习 题 2

一、选择题

1. 关于软件UI设计中的美工设计和交互设计,正确的说法是(   )。
   A) 软件界面必须吸引人,所以美工设计比交互设计更重要
   B) 软件重要的是实现功能,所以美工设计和交互设计都不重要
   C) 为了能让用户用好软件,界面的美工设计和交互设计缺一不可
   D) 界面设计不是软件开发人员的工作,应该由专业美工设计师负责
2. 用HTML语言编写网页,其最基本的结构是(   )。
   A) <html><head></head><frame></frame></html>
   B) <html><title></title><body></body></html>
   C) <html><title></title><frame></frame></html>

D) <html><head><title></title></head><body></body></html>

3. 有关网页中的图片,以下说法不正确的是(　　)。

A) 网页中的图片并不与网页保存在同一个文件中,每个图片单独保存

B) HTML语言可以描述图片的位置、大小等属性

C) HTML语言可以直接描述图片上的像素

D) 图片可以作为超级链接的起始对象

4. 若要在页面中创建一个图片超链接,要显示的图片文件为360ds.jpg,所链接的地址为http://www.360ds.org,以下用法正确的是(　　)。

A) <a href="http://www.360ds.org">360ds.jpg</a>

B) <a href="http://www.360ds.org"><img src="360ds.jpg"/></a>

C) <img src="360ds.jpg"><a href ="http://www.360ds.org"></a>

D) <img src="360ds.jpg"><a href ="http://www.360ds.org"></a></img>

5. 单击"复位"按钮的效果就是将表单内的所有表单元素恢复成初始内容,也就是清除用户的输入;而单击"提交"按钮则会向(　　)发出请求,同时携带表单中输入的内容。

A) 网页　　　　B) 页面

C) 数据库　　　　D) Web服务器

6. 页面生命周期就是页面对象被创建,并按规定的顺序调用页面对象的各个方法,直到页面对象被释放的过程。其中Page_Load()方法处于(　　)的阶段,所以是开始生成结果的好时机。

A) 页面对象即将被创建之前

B) 页面对象刚刚生成时,尚未完成任何预处理

C) 页面对象和页面上的控件生成,并预处理完成所有输入数据之后

D) 页面对象即将被释放之前

二、填空题

1. <title>标记定义了网页的________。

2. UI设计包括两个方面的内容:________和________。

3. ASP.NET中包含HTML代码的文件称为________,对应的cs代码文件称为________。

三、是非题

(　　)1. 在HTTP中,表单数据默认通过附加在请求数据包内部的方式进行传递,不会直接显示在URL中,这种方式叫作GET方式。

(　　)2. 用户在浏览器中和HTML页面进行交互的过程,Web服务器和ASP.NET程序对此都是一无所知的。此时,Web服务器和ASP.NET程序所能做的就是等待客户端的另一次请求。

(　　)3. 浏览器在显示HTML页面时会忽略HTML文档中的空格,连续的空格会被认为是一个分隔符,所以设计人员无法在HTML页面中设置多个连续的空格。

四、实践题

1. 请编写HTML代码,实现如图2-16所示的页面。

参考HTML标签:<table>、<tr>、<th>、<td>、<input>、<select>、<option>、<form>。

参考属性：board,colspan,type,name,value,selected。

参考属性值：radio,checkbox,text。

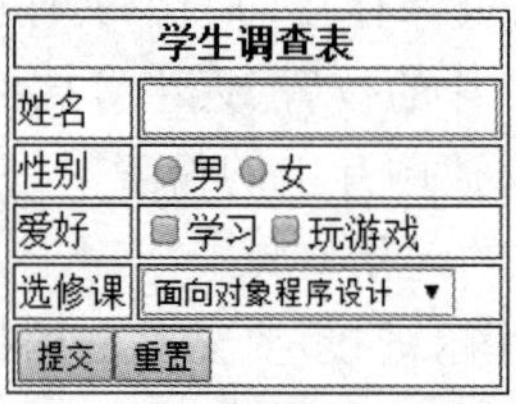

图 2-16 “学生调查表”页面

2. 创建“个人通讯录”ASP. NET 网站，模仿 MPMM 实现首页布局和查找通讯录的功能，然后发布到 IIS，并正确运行通过。

第3章

数据库设计

学习目标

- 了解E-R图，掌握类图的绘制；
- 了解数据库模型、概念模型、数据模型三者之间的关系，了解数据结构、数据操作和完整性的概念；
- 掌握关系、元组、属性、码、域、分量、关系模式、主属性、非主属性等关系模型的概念；
- 了解概念模型和关系模型概念之间的对应关系，掌握将概念模型转换成关系模型的方法；
- 深刻理解关系模型表示联系的方法，深刻理解“主-从”记录的概念，深刻理解1对1、1对多、多对多的概念；
- 了解DB、DBMS、DBS的概念区别和联系，了解DBA的概念。

3.1 数据库基本概念

一个应用系统往往要处理大量数据，而数据绝大多数情况下需要保存到数据库中，为此首先需要掌握基本的数据库概念。

1. 信息和数据

信息和数据是一对容易混淆的概念，要搞清楚两者之间的联系和区别。

信息(Information)，指音信、消息、通信系统传输和处理的对象，泛指人类社会传播的一切内容。1948年，数学家香农在题为“通讯的数学理论”的论文中指出：“信息是用来消除随机不定性的东西”。这是针对人来说的一个概念。

数据(Data)，是描述客观事物的符号，是计算机中可以操作的对象，是能被计算机识别，并输入给计算机处理的符号。数据不仅指数值(整数、实数等)，还包括文字、声音、图像，甚至视频等。所以，数据是指计算机能够处理的各种符号，这是针对计算机来说的一个概念。

2. 数据库

数据库、数据库管理系统和数据库系统是三个密切相关但又不同的概念。它们具有不同的英文缩写，应该熟悉它们的含义和英文缩写。

数据库(Database，DB)，简单来说数据库就是数据的集合，但这个集合具有以下特点：①结构性，数据按照一定的结构实现联系和组织；②独立性，数据的逻辑结构和应用程序相互独立；③集中性，不同的用户或同一用户的数据集中在一起统一管理。

由此，可以给出数据库的定义如下：依照某种数据模型组织起来并存放在外存储器中的数据集合，对数据的操作由统一的软件进行管理和控制。

数据库管理系统(Database Management System，DBMS)，就是负责对数据库进行集中管理和控制的软件系统。常见的数据库管理系统有 SQL Server、MySql、Oracle、Access、DB2 等。

数据库系统(Database System,DBS),是指引入数据库后的计算机系统,是一个综合体。一般认为数据库系统的构成包括数据库、数据库管理系统、数据库管理员、数据库应用系统以及计算机硬件。要分清楚 DBS 和 DBMS 的区别,后者仅仅是前者的组成部分。

DBS 考虑了人的因素,也就是数据库管理员(Database Administrator,DBA)。总的来说,DBA 负责全面管理和控制数据库系统。

3.2 概念模型

需求分析阶段已经给出了数据结构的设计——类图,数据库的设计可以在此基础上进行细化,从而得到实体类图。实体类图也是类图,但其中的类都是实体类(也就是需要保存到数据库中的类),而且会增加一些和数据库存储相关的特性。接下来用 VS 创建 MPMM 的实体类图,然后学习相关的概念。

1. 创建实体模型

打开第 2 章创建的 MPMM 解决方案,在解决方案资源管理器中右击 MPMM,在弹出的快捷菜单中选择“添加→添加新项”命令。在添加新项的对话框中选择 ADO. NET 实体数据模型,输入模型文件的名称 DataModel,单击“添加”按钮,确定添加 App_Code 文件夹,VS 打开如图 3-1 所示的对话框,选择空 EF 设计器模型。

创建 ADO. NET 数据模型

单击“完成”按钮,VS 打开如图 3-2 所示模型设计界面。

图 3-1 “实体数据模型向导”对话框

2. 设计实体类

在图 3-2 所示的界面中,从工具箱拖放两个实体图标到设计器中,修改实体类的名称、属性等设置,得到 MPMM 的实体类图,如图 3-3 所示。对比图 1-9,看看有什么不同?

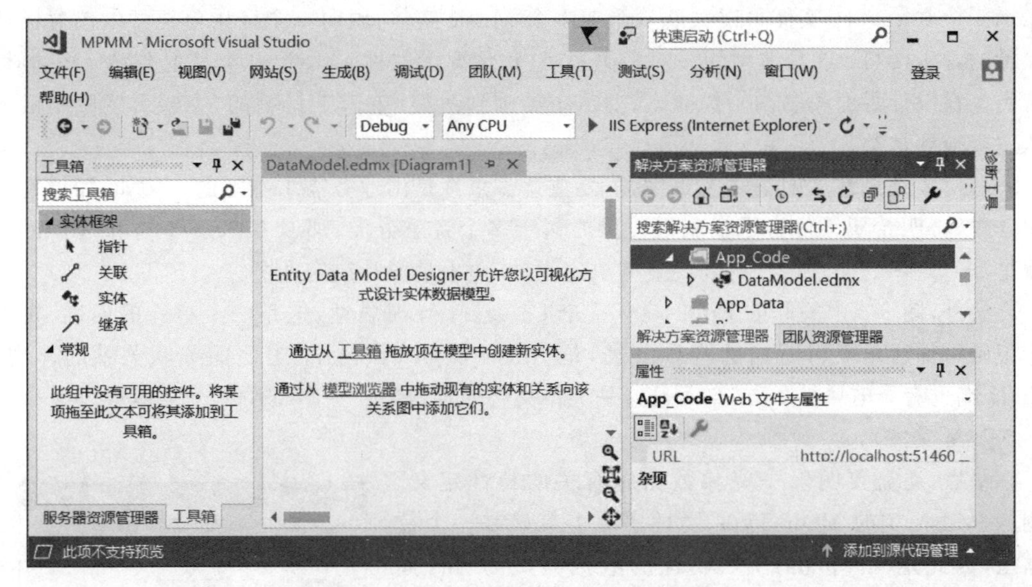

图 3-2　实体数据模型可视化设计界面

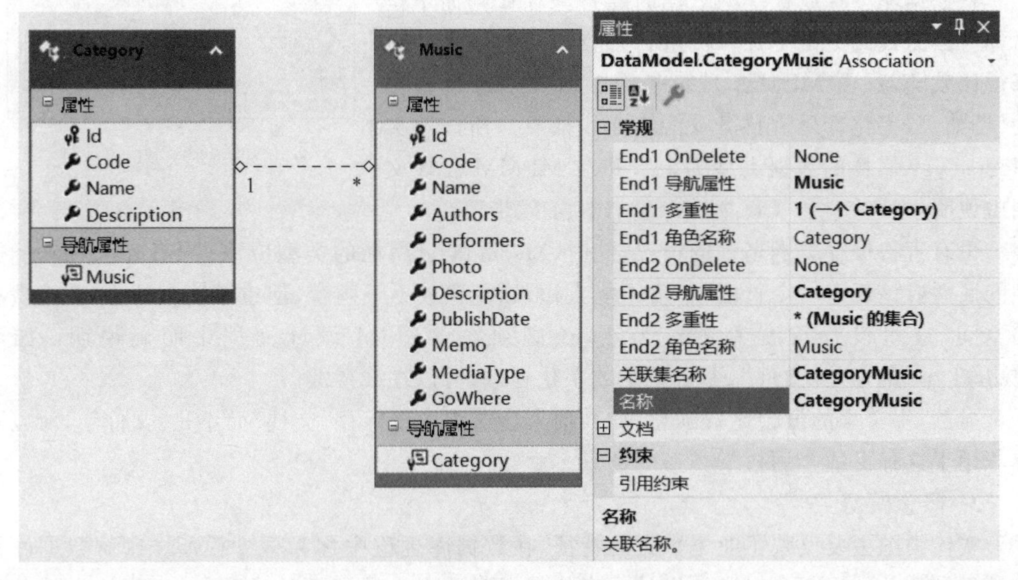

图 3-3　MPMM 实体类图和关联属性

图 3-3 中将 Music、DigitalMusic 和 MediaMusic 三个类组合成了一个 Music 类，没有考虑使用继承的概念。需要注意的是，实体类虽然合并了，但两类音乐资料的处理有所不同，这里通过 MediaType 属性来实现区分。通过 MediaType 属性的不同取值，如 CD、DVD、BD、磁带、文件……其中文件表示是数字化音乐。显然，Music 类中的 MediaFile 属性只对于 MediaType 属性值为文件的音乐资料有效，而 GoWhere 属性只对其他音乐资料有效。

Category 类和 Music 类之间的连线表示关联关系，选择该连线可以看到图 3-3 中的关联属性名称为 CategryMusic，连接了 End1 和 End2 两端。End1 端为 Category，其多重性为 1，说明一件音乐资料可以属于某一个音乐分类；End2 端为 Music，其多重性为 *（表示多），表示 1 个 Category 实体可以关联 0 个或多个 Music 实体,说明一个音乐分类可以包含任意数量的音乐资料;这是典型的一对多关系,这种情况下就称 Category 类是主类,Music 类是从类。在设计界面关联两个类时,需要从主类画到从类(单击工具箱的“关联”,然后用鼠标从主类拖到从类)。

一对多是最常见的关联多重性,需要注意多重性是由业务需求确定的。例如,如果现实业务中,小明希望一件音乐资料可以同时属于多个音乐分类,那么 Category 类和 Music 类就是“多对多”的关系了。所以说业务决定设计,而不是设计决定业务。

另外,图 3-3 中关联的 End2 端有一个 Category 导航属性,这是一个特殊的属性,它用于记录一件音乐资料所属的音乐分类,是 Music 类和 Category 类之间关联关系的体现。End1 端也有导航属性 Music,而且这是一个集合属性(因为一个 Category 实体可以含有多个 Music 实体)。

最后,还需要明确一些和数据库有关的特性定义。例如,Music 类的 MediaType 属性实际上应该是一个枚举型,因此定义 MediaType 属性的数据类型为 int,如图 3-4 所示。

图 3-4　MediaType 的属性

在数据库中存放枚举型数据时通常保存代码而不是名称。因为代码更便于计算机进行检查、比较,名称相对来说比较随意,而 MPMM 系统是需要对类别进行操作的(例如,数字化音乐资料需要能够在线播放),所以定义 MediaType 属性的数据类型为 int,并在 MPMM 设计文档中说明:“0-文件、1-CD、2-DVD、3-BD、4-磁带”。

也有直接保存类别名称的情况,此时,MediaType 属性的类型应该是 String。String 类型的属性应该规定一个长度,长度不能太短,以免存放不下内容,但也不能太长,以免浪费存储空间,这里设置长度为 20。当然,还必须在 MPMM 设计文档中明确说明:如果 MediaType 的值是“文件”,那么就是数字化音乐,可以在线播放。

显然,字符串的值会比较随意(如其他人会认为应该保存“文档”而不是“文件”),所以不推荐用于这种更适合用枚举类型的场景。

3. 概念模型

实体类图主要反映了业务数据的特征,在数据库理论中称为概念模型。理解数据库概念模型和相关的概念可以避免设计出来的数据库缺少一些必要的内容,对于正确设计数据库是非常重要的。

概念模型又称概念数据模型、信息模型,是现实世界的业务在人们头脑中形成的反映,是人脑对业务的理解。需要注意的是,概念模型不仅仅是静态业务的反映,还要能够反映业务可能的变化。

实体(Entity)指客观存在并可相互区别的事物。建立概念模型时实体往往局限于业务对象。一般来说,同一类业务对象具有完全相同的特征,对应现实世界中的同一类事物,给这一类事物取一个名字,即实体名。例如,音乐库管理业务中的音乐资料,就是一类实实在在的事物,而且正是需要管理的事物。实体也可以对应抽象的事物,如音乐分类,就是一类概念上的事物,但也是需要管理的事物。图 3-5 所示为 *Gamelot* 的音乐资料实体。

注意,实体名代表的是同一类事物,它和具体的单个实体是不同的。例如,音乐资料是全体音乐资料的名称,而具体的单件音乐资料的名称则可能叫《爸爸去哪儿》。

属性(Attribute)指实体所具有的某种特性或特征。一个具体的实体,除了知道它是属于哪一类的实体外,往往还会希望掌握它的各种业务特性。例如,在 MPMM 中希望能够掌握一件音乐资料的"作品名称""作者""表演者""出版年月"等,甚至可能还会关心它的"封面图片""存放地点",这些都是音乐资料实体的属性。

显然,同一类实体的属性应该是相同的,通常不严格区分某个实体和某类实体的属性,而统称为实体的属性,或简称属性。图 3-6 给出了音乐资料 *Endlessly* 的属性和取值。

图 3-5 *Gamelot* 的音乐资料实体

图 3-6 Endlessly 音乐资料的属性和取值

域(Domain)指属性的取值范围。注意不要混淆属性的域和数据类型,数据类型是计算机程序设计的概念。例如,音乐资料的 MediaType 属性,数据库中可以用 Int32 数据类型来保存,取值范围是−2 147 483 648~2 147 483 647,但这个属性的域是{0,1,2,3,4}。

码(键)(Key)指唯一标识实体的属性集。码、键、关键字,都是指一个或多个实体的属性,不同实体的这些属性值至少有一处是不同的;反之,如果实体的这些属性值全部相同,那么一定是同一个实体。例如,每个中国公民都有一个身份证号码,在不考虑出错的情况下,通过身份证号码能够唯一确定是哪个中国公民,所以身份证号码就是中国公民的关键字。

关键字在数据库中是非常重要的概念,下面是几个需要注意的地方。

(1) 关键字可以是一个属性,也可以是多个属性的组合。如果是多个属性,则唯一性是指多个属性值的组合具有唯一性。因此关键字不是"一个字",而可能是"多个字"。例如,音乐资料实体,{名称}不是关键字,但属性组合{名称,表演者,出版时间}就是关键字。

(2) 属性或属性组合是否是关键字,关键是有否可能出现重复值。只要理论上可能出现不唯一的情况,该属性或属性组合就不能作为关键字。

(3) 实际业务中,实体不一定有关键字。也就是说,不管怎么组合都可能出现属性值完全相同,但实际上的确是不同实体的情况。例如某幼儿园,没有给小朋友们编学号,那么可能有两个小朋友在同一个班级,而且姓名、出生年月、性别都完全一样。这种情况下,设计数据库时往往会给实体增加一个计算机自动生成值的属性(通常叫 ID)。为了处理方便,有些软件开发者会给每类实体都增加这样一个关键字。

(4) 一类实体的关键字可以有多个,其中最常用的关键字叫作主关键字。所谓最常用由设计人员主观确定,并没有明确定义。实际操作中常常选择最简单的那个关键字。

实体型指同类实体的抽象和刻画，用实体名加上属性集合来刻画，UML 中叫作实体类。例如图 3-3 中的 Music 类，给出了实体名字 Music，还给出了 Music 实体的属性清单(ID、Code、Name，…)，这就定义了是从哪些角度来描述一件音乐资料的，但这并不是对具体某件音乐资料的描述。要正确区分"型—值"的关系，也就是 UML 中"类—对象"的关系。图 3-7 是音乐资料型的示意图。

实体集指同类实体的集合。实体集中是一个个具体的实体，体现在数据库中就是对一个个实体的描述，也就是每个实体属性的具体值。实体集中的实体当然是会变化的，但它们都是同一类的实体，都是一个实体类的不同实例对象。例如，某一个时刻，小明音乐库中有 300 件音乐资料，这就构成了一个音乐资料实体集。某天小明新买了一张 CD，使得音乐库中的音乐资料增加到了 301 件，这就是另一个音乐资料实体集。图 3-8 是音乐资料集的示意图。

图 3-7　音乐资料型的示意图

图 3-8　音乐资料集示意图

联系这里是指实体集之间的联系。实体集的联系就是前面类图中提到的关联，只是类图可以表示不同类别的关联，从而更细致地表示不同情景的联系。

现实世界中很少存在没有任何联系的实体，所以联系是非常重要的概念，但也是常常被初学者忽略的概念，下面强调一下相关的注意事项。

(1) 可以给联系取个名字便于称呼，如音乐分类和音乐资料之间存在"属于"联系。

(2) 所谓实体集之间的联系是指实体集中的实体之间可能会有的联系。例如一件音乐资料必然归入某个音乐分类，而某个音乐分类可能会包含若干件音乐资料，就可以说音乐分类和音乐资料之间存在着"属于"联系。这绝不是说任何音乐分类都和所有音乐资料之间存在这个联系。

(3) 联系可能有很多，设计时只关注那些需要管理的联系。例如，小明和音乐资料之间存在着"管理"联系，但 MPMM 系统面向小明单个用户，因此没有必要关心这个联系。如果设计一个允许多人使用的系统，那音乐资料和管理者之间的管理联系就会变成必需的了。

(4) 联系一般发生在两个不同的实体集之间，但也可以发生在多个实体集之间，甚至发生在同一个实体集中，参照前述"注意事项(2)"，就不难理解这个道理。例如，这件音乐资料是张三从新华书店买来的，"买来"这个联系就涉及音乐资料、人和商店三类实体。进一步，如果音乐分类是分级的(如港台歌曲下面又分成男歌手、女歌手、组合),那么音乐分类存在一个到本身的“上级”联系,表示某个分类是属于另一个分类的下级分类。

(5) 联系具有多重性,多重性主要有1对1、1对多和多对多三类,分别简记为1∶1、1∶n和n∶m。

4. E-R图和类图

传统数据库设计经常使用实体关系(Entity-Relationship,E-R)图来描述实体和联系,图3-9是MPMM的E-R图。

从图3-9中可以看到,E-R图用矩形表示实体型,如“音乐资料”和“音乐分类”。用椭圆表示实体属性,用无向边将其与实体型连接起来,如“名称”“作者”等。用菱形表示实体型之间的联系,用无向边分别将相应的实体型连接起来,如音乐资料“属于”音乐分类;同时在无向边旁标上联系的多重性,如一件音乐资料属于一种音乐分类,而一种音乐分类可以包含多件音乐资料,所以这是1∶n型。

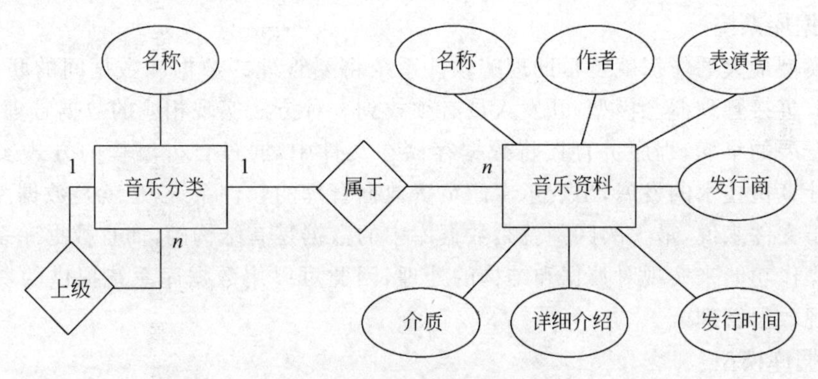

图3-9 MPMM的E-R图

E-R图和类图非常类似,可以认为类图是E-R图的增强版,而且符合面向对象设计的思想,所以以后应该使用类图来设计概念模型。表3-1给出了E-R图和类图的对照。

表3-1 E-R图和类图对照表

概念	E-R图	类 图	说 明
实体	音乐资料	音乐资料	同样用矩形表示实体,但类图中,从上到下分为类名区、属性区和操作区三部分
属性	音乐资料 名称 作者	音乐资料 名称 作者	属性在E-R图中用线连接到实体,在类图中直接放到属性区
联系	音乐资料 音乐分类 n 1 属于	音乐资料 * 1 音乐资料	同样用连线表示实体间的联系。E-R图在连线中放置一个菱形表示联系名;类图一般忽略联系名,并且提供更多的联系类型

续表

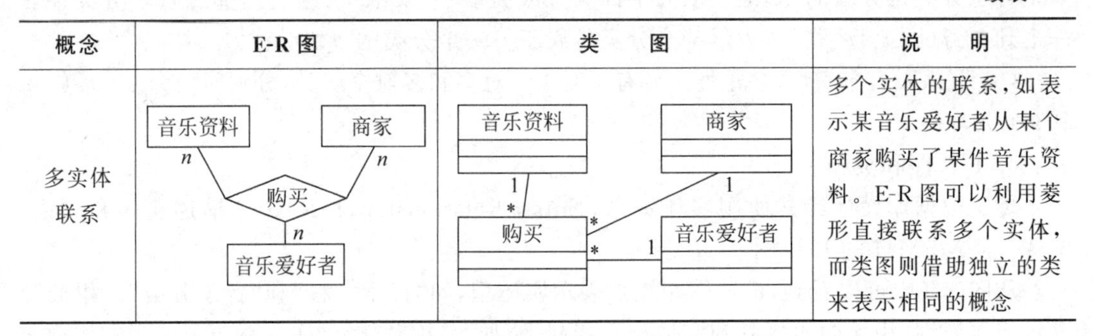

概念	E-R 图	类　图	说　明
多实体联系			多个实体的联系,如表示某音乐爱好者从某个商家购买了某件音乐资料。E-R 图可以利用菱形直接联系多个实体,而类图则借助独立的类来表示相同的概念

3.3 数据模型

1. 数据库系统

概念模型最大的作用就是帮助理解软件系统将要管理的数据和数据间的联系,但计算机并不能够直接管理概念模型,开发人员必须找到一种方法实现相应的数据管理。

软件发展的早期,程序员直接将数据存储在文件中,通过自行编程的方式实现数据处理。随着计算机技术的发展,出现了专门负责数据管理的软件系统,也就是数据库系统。数据库相对于文件来说,最大的区别就是数据库中的数据是有结构的,而且数据库系统提供了一系列的操作功能来实现对数据和结构的处理,因此可以用数据库系统提供的功能来非常方便地实现数据管理。

2. 数据库模型

数据库系统提供的数据结构以及其上的操作功能,决定了使用数据库实现概念模型的能力,决定了操作数据的效率。那么数据库系统提供了什么样的数据模型呢?这个数据模型好用吗?为此,需要掌握数据模型的概念。

数据模型:是数据与数据间逻辑联系的表示形式。一般应从系统的静态结构、动态特性和完整性约束条件三个方面进行说明。静态结构就是前面所说的实体、属性和实体间的联系等方面的内容;动态特性是数据变化方面的描述;而完整性约束条件是关于数据正确性方面的规定。

数据模型根据面向的领域,可以分为概念模型和逻辑数据模型。

- 概念模型:前一节进行了详细介绍,也可以叫作概念数据模型、信息模型,是面向客观世界、面向用户的模型,主要用于数据库设计。
- 逻辑数据模型:有时候所谓的数据模型就仅指逻辑数据模型,是面向计算机系统的模型,主要用于数据库实现。

一个好的数据模型,可以方便地实现各种概念模型,包括数据结构、数据操作和完整性约束,也就是数据模型的三个构成要素。

(1) 数据结构:研究对象的集合及联系。它是数据模型的基础,是对系统静态特性的描述。集合、线性表、矩阵、树、图等都是可以考虑的数据结构,不同的数据结构能够实现概念模型的能力也不同。

(2) 数据操作:所研究对象(实体、属性、联系)上的操作及其所应该遵守的规则,它是对系统动态特性的描述。数据操作是由概念模型所对应的业务规则决定的，最基本的操作包括创建(Create)、删除(Delete)、修改(Update)和查询(Retrieve)。通常可以用上述英文单词的首字母来表示相应的操作，如CRUD表示上述4个操作，CUD表示除查询以外的其他3个操作……

(3) 完整性约束条件：在数据操作过程中，可能出现不合逻辑的情况，这是不允许的，数据的正确性通过完整性约束条件来控制。所谓数据模型上的完整性约束条件，也就是规定数据正确性、有效性、相容性的规则集合。完整性由业务逻辑来确定，例如同样是音乐资料的出版年月，如果介质类型是CD，那就不可能早于1980年(因为CD是1980年才推出的)，但如果是密纹唱片的出版年月就可以了。数据库系统不可能提供所有完整性约束条件的管理能力，因此除了基本完整性定义以外，往往要靠软件开发人员通过编程来进行控制。

3. 关系模型

前面已经完成了MPMM概念模型设计[①]，接下来是设计数据模型。设计数据模型，也就是将概念模型转换成数据模型。

既然是基于数据库系统来实现数据管理，那就必须根据数据库系统所支持的数据结构来进行转换。目前最常用的数据库为关系数据库，本节介绍如何把概念模型转换成关系模型。首先学习几个重要的关系模型概念。

(1) 关系(Relation)：把一张二维表称为一个关系。注意，关系在这里就是一个术语而已，和它的字面意思没有什么联系。例如，表3-2是一张音乐资料的二维表，就是一个关系。

表3-2 音乐资料表

ID	名　称	介质	出　版	表演者	出版日	保存地
1	爱，不解释	CD	星外星唱片	张杰	2013-12-27	A-1-2
2	张学友·私人珍藏	黑胶CD	广州市新时代影音公司	张学友	2010-06-10	A-1-2
3	Today Is A Beautiful Day	BD	Supercell	初音未来	2014-03-20	借：张航渡

(2) 元组(Tuple)：表中的一行。例如，表3-2中有3个元组。

(3) 属性(Attribute)：表中的一列。例如，表3-2中有ID、名称……保存地，共7个属性。

(4) 码(Key，候选码)：表中的某个属性(组)，它的值可以唯一确定一个元组。

(5) 域(Domain)：属性的取值范围。

(6) 分量：元组中的一个属性值。

(7) 关系模式：对关系结构的描述。通常表示形式为"关系名(属性名1，属性名2，……，属性名n)"。例如，表3-2的关系模式为"音乐资料(ID，名称，介质，出版，表演者，出版日，保存地)"。

(8) 主属性：包含在任意候选码中的属性。

(9) 非主属性：不包含在所有候选码中的属性。

---

① 实际上只完成了静态数据结构部分，但MPMM系统的业务操作和完整性很简单，所以直接在实现阶段处理，相关的内容留到下一篇再介绍。

对比概念模型中介绍的术语,可以看到两者具有清晰的对应关系,互相之间的转换关系如表 3-3 所示。

表 3-3 概念模型和关系模型转换表

概念模型	关系模型	说　明
实体	元组	一个实体对象,在关系模型中表现为一个元组。实体对象、实体、记录、元组,这 4 个术语在数据库中都是同一个概念
属性	属性	实体对象的属性,对应为列。同类型的实体对象具有相同的属性,对应元组的同一属性放在同一列
域	域	属性的取值范围
码	码	关系模型中强调码可能有多个,所以又叫候选码
实体型	关系模式	属性的排列顺序是无所谓的
实体集	关系	把实体集中的实体按二维表的格式排列起来,就是关系。实体集中实体无顺序关系,所以二维表的行顺序也无所谓
联系	关系	概念模型的联系也是通过关系来表示的

4. 关系操纵和完整性

关系模型支持的基本操作就是 CRUD,即增加、查询、更新和删除。但关系模型支持的这 4 种操作都是集合操作,也就是说可以一次性增加、查询、更新或删除多条记录。

关系模型的集合操作给操作数据带来了很大的便利,目前主流的程序语言都支持直接对关系数据库进行集合操作,不过程序语言对数据操作的模式通常仍是逐条进行的,开发人员需要通过循环来实现两者之间的转换[①]。

为了保证操作结果的正确性,关系模型也提供了完整性约束条件,包括实体完整性、参照完整性和用户自定义完整性,所谓完整性不妨先简单地理解为正确性。为了能将概念模型正确地转换成关系模型,还需要学习几个重要的概念[②]。

(1) 空值:数据库中用 NULL 表示空值,它的含义是“没有值”或“不知道”,适用于所有数据类型。许多语言中都有 null 的概念,但通常仅用于“指针”或“引用”数据类型。不要混淆 null 和 0 或者字符串"NULL",NULL 就像布尔型的 true、false 一样,是一个值。

(2) 实体完整性:实体完整性要求每一个表中的主键(主关键字的简称)字段都不能为空或出现重复值。例如,假设音乐资料表的主键定为{名称,表演者,出版时间},那么对于表中任何一条记录,这 3 个字段值每一个都不能为 NULL;对于表中任意两条记录,这 3 个字段值(综合起来)不能重复。实体完整性的检查范围是实体集内,用于保证一个实体的数据是正确的。作为主关键字,用于唯一确定一个实体,其值不为空且不重复是基本的要求。所以,对于绝大多数的数据库系统,这个完整性是强制执行的。

(3) 外码(外键):如果一个关系中含有某个关系主键对应的属性(组),则称这个属性(组)为外码。外码实际上就是用来表示实体间联系的属性,因为根据外码的值可以唯一确定这条记录关联的其他实体。

---

① LINQ 技术突破了这个界限,提供对内存中数据的集合操作能力。

② 在介绍概念时混合使用了一些术语。在数据库中,实体集、表、关系、类是同一个概念;记录、元组、实体、对象是同一个概念;字段、属性、列也是同一个概念。这些术语都要熟练掌握,并灵活运用。

(4) 参照完整性：关系中的外码取值除非(都)为 NULL，否则在被参照关系中必须存在相同主键值的元组。参照完整性的检查范围涉及两个实体集，用于保证一个实体的关联实体是存在的。这个完整性通常数据库系统也是强制执行的。因此，当删除“主实体”(被参照实体)时有两个选择：要么把所有“从实体”(参照主实体的实体)外键取值设为 NULL，要么把所有“从实体”也一起删除(称为级联删除)。如果两个选择都不选，那么在存在“从实体”的情况下就不允许删除“主实体”(称为拒绝删除)。

(5) 自定义完整性：用户自定义完整性指针对某一具体关系数据库的约束条件，它反映具体业务对数据的要求。数据库系统通常会提供一些自定义完整性的工具，如唯一索引、默认值等，但无法满足所有可能的业务完整性要求。因此自定义完整性需要开发人员自己编写代码来实现。

由于数据库系统强制执行实体完整性和参照完整性，有些开发人员在设计数据库时通过不定义主键和参照的方法来绕过数据库系统的这个机制。但这并不是说此时就没有完整性的概念了，这只是将维护完整性的任务完全交给了开发人员自己。这种做法在得到了灵活性的同时增加了出错的风险，像这种普遍的、最基本的完整性应该交给数据库系统去负责。

5. 用关系表示联系

从表 3-3 中可以看到，关系模型中，实体和联系的表示方法是统一的，都用关系来表示。这样一来，最大的好处是把实体和联系的操作方法也统一起来了，操作联系就和操作实体一样方便。这是关系模型的突出优点之一。

那么，怎么用关系来表示联系呢？其实，前面介绍参照完整性和外码时已经给出了答案，下面以图 1-9 为例，针对不同的关联多重性说明联系的表示方法。首先给出图中几个类对应的关系，如表 3-4～表 3-6 所示。其中，为了后续管理和软件开发方便，为每个关系添加了一个名为 ID 的主键。

表 3-4 音乐分类表 Category

ID	Code	Name	Description
1	Lhy	灵魂乐	灵魂乐是一种结合了节奏蓝调和福音音乐的音乐流派
2	Ygy	摇滚乐	摇滚乐主要受到节奏布鲁斯、乡村音乐和叮砰巷音乐的影响发展而来。摇滚乐分支众多，形态复杂
3	mzcf	民族唱法	民族唱法是由中国各族人民按照自己的习惯和爱好创造和发展起来的歌唱艺术的一种唱法

表 3-5 音乐资料表 Music

ID	Code	Name	Performers	PublishDate
1	Abjs	爱，不解释	张杰	2013-12-27
2	Zxysrzc	张学友・私人珍藏	张学友	2010-06-10
3	tiabd	Today Is A Beautiful Day	初音未来	2014-03-20

注：表中省略了一些字段。

表 3-6　非数字化音乐表 MediaMusic

ID	MeidaType	GoWhere
1	CD	A-1-2
2	黑胶 CD	A-1-2
3	BD	借：张航渡

1) 1 对 1

图 1-9 中“数字化音乐”和“非数字化音乐”都继承了“音乐资料”，这也是一种联系。而且这是 1∶1 的联系，一个 Music 实体不是一个 MediaMusic 实体就是一个 DigitalMusic 实体；一个 MediaMusic 或 DigitalMusic 实体同时也是一个 Music 实体。多重性为 1∶1 的联系，只需要在任意实体集中增加外键，保存对应实体的主键值即可。例如，在 MediaMusic 表中增加一列 Music_ID 即可表示出 MediaMusic 实体和 Music 实体之间的联系，如表 3-7 所示。

表 3-7　添加参照的非数字化音乐表

ID	MeidaType	GoWhere	Music_ID
1	CD	A-1-2	3
2	黑胶 CD	A-1-2	1
3	BD	借：张航渡	2

根据表 3-7 中的记录，ID=1 的 MediaMusic 实体其 Music_ID=3，查表 3-5 可知其对应的 Music 实体为 Today Is A Beautiful Day。反过来，对于 ID=1 的 Music 实体《爱，不解释》，在表 3-7 中查找可知 Music_ID=1 的行，媒体类型为“黑胶 CD”，保存在“A-1-2”这个柜子里面。所以，通过在 MediaMusic 表的 Music_ID 外键保存 Music 表的主键值，实现了两张表之间的联系。

当然，通过在 Music 表中增加 MediaMusic_ID 外键，记录 MediaMusic 表的主键值，也可以实现两张表之间的联系。

最后，对于 1∶1 的情况，由于实体之间是一一对应的，所以两张表可以合并成一张，在图 3-3 中就是这样设计的。

2) 1 对多

图 1-9 中 Category 类和 Music 类之间是典型的 1∶n 的联系。由于和一个 Category 实体存在联系的 Music 实体数量不确定，因此无法确定 Category 表到 Music 表的外键值数量，但可以确定 Music 表到 Category 表外键值数量最多是 1 个。所以，对于 1∶n 的情况，应该在“从实体”表中增加外键，保存对应“主实体”的主键值。例如，在 Music 表中增加 Category_ID 字段，如表 3-8 所示。

表 3-8　添加参照的音乐资料表

ID	Code	Name	Performers	PublishDate	Category_ID
1	Abjs	爱，不解释	张杰	2013-12-27	2
2	Zxysrzc	张学友·私人珍藏	张学友	2010-06-10	1
3	tiabd	Today Is A Beautiful Day	初音未来	2014-03-20	1

根据表 3-8 中的记录确定实体之间的关系和 1∶1 的情况基本相同，只是 1 个 Category 实体所对应的 Music 实体应该是一个集合，而不是单条记录。

对于 1∶n 的情况，初学者可能会认为也可以将两张表合并成一张：也就是直接把 Music 实体中对应的 Category 实体信息保存在 Music 记录中。表面上看也可以达到相同的目的，但实际上存在很大的问题，本书第 2 篇中会对这个问题进行详细讨论。

3）多对多

假设允许将一件音乐资料同时归入某几个音乐分类，此时两者之间就成了 n∶m 的联系，即一个 Category 实体可以包含多个 Music 实体，同时一个 Music 实体也可以属于某几个 Category 实体。这样，既无法确定 Category 表到 Music 表的外键值数量，也无法确定 Music 表到 Category 表的外键值数量。

这种情况下，需要单独为两者之间的联系定义一张表，表中同时保存 Music 表和 Category 表的两个外键，如表 3-9 所示。

表 3-9 音乐资料分类表

ID	Category_ID	Music_ID
1	1	1
2	2	1
3	1	2
4	2	3

从表 3-9 中可以知道，Music_ID＝1 的《爱，不解释》同时属于 Category_ID＝1 灵魂乐和 Category_ID＝2 摇滚乐两个音乐分类。和 1∶n 的情况相同，n∶m 的情况也不能将两个实体合并到一张实体表中。

关系模型统一用“关系”解决了表示联系的问题。实际上，用一张独立表来表示各种联系都是可行的，而且如果有联系自己的属性时，只要在联系表中增加相应的字段即可。

多个实体之间的联系比两个实体间联系的多重性要复杂得多，但万变不离其宗，如何用关系来表示多实体间的联系留给读者思考。

6. MPMM 关系模型

将图 3-3 的概念模型转换成关系模型，只需要两张表，具体设计说明如表 3-10 和表 3-11 所示。

表 3-10 音乐分类表 Category

字段名	类型	属性	说明
ID	Int32	PK，IDENTITY	分类 ID
Code	String (50)	NULL	分类编码，用于快速录入
Name	String (250)	NOT NULL	分类名称
Description	String (1000)	NULL	分类的详细描述

表 3-11　音乐资料表 Music

字段名	类型	属性	说　明
ID	Int64	PK,IDENTITY	音乐资料 ID
Code	String (50)	NULL	音乐资料编码,用于快速录入
Name	String (100)	NOT NULL	音乐资料名称
Authors	String (100)	NULL	音乐资料作者名单
Performers	String (100)	NULL	音乐资料表演者名单
Photo	String (1000)	NULL	音乐资料图片文件所在的路径。如果为空,则表示用默认图片
Description	String (2000)	NULL	音乐资料的详细介绍
PublishDate	Date	NULL	发表日期
Memo	String (500)	NULL	备注
MediaType	String(1)	NOT NULL	媒体类别:0—文件、1—CD、2—DVD、3—BD、4—磁带
MediaFile	String(1000)	NULL	音乐资料数字化文件所在的路径。如果 MediaType=0,则不能为空
GoWhere	String(100)	NULL	去向。保存地点或外借人
Category_ID	Int32	FK,NOT NULL	音乐资料所属的音乐分类 ID

针对表 3-10 和表 3-11 中的内容说明以下几点。

(1) 类型列。该字段的数据类型,考虑到不同 DBMS 支持的数据类型各不相同,这里的数据类型采用了 C#语言中的名称。对于有长度限制的字段,数据类型的括号中补充说明了该字段的最大长度。数据类型的选择受业务逻辑和 DBMS 两者的限制,要选择最合理(效率高、空间小、满足需求)的类型。

(2) 属性列。该字段的补充规范,主要有 PK——主键,IDENTITY——自增长,FK——外键,NULL——允许为空,NOT NULL——不允许为空。

(3) ID 字段。每张表都设置了一个 ID 字段作为主键。该字段的唯一要求就是不能重复,为此采用由数据库自动生成的方式。

(4) Category_ID 字段。该字段为音乐资料表到音乐分类表的外键,在图 3-3 的概念模型中并没有这个字段。这个字段是概念模型中两个实体间联系在关系模型中的体现,因为模型中规定了该联系是 1∶* 的,也就是一件音乐资料必须属于某个音乐分类,所以该外键不允许为空。

(5) MediaType 字段。虽然 MediaType 字段值看上去像整数,但该值是无须进行数值计算的。其字段类型用 1 位长度的字符串表示既能够满足要求,又能够节省空间,还可以避免被当作数值进行运算处理。

使用表格的方式来描述数据模型的好处是可以准确地描述模型细节,方便创建数据库,缺点是实体间的联系不直观。最好的做法是同时给出关系表格和关系图。

习　题　3

一、选择题

1. 下面哪个不是数据模型的三要素之一(　　)。

A) 数据结构　　B) 数据操作

C) 逻辑结构　　D) 完整性约束条件

2. 设有部门和职员两个实体,每个职员只能属于一个部门,一个部门可以有多名职员,则部门与职员实体之间的联系类型是(　　)。

A) $m:n$　　B) $0:n$　　C) $1:n$　　D) $1:1$

3. E-R 图中的联系可以与(　　)实体有关。

A) 0 个　　B) 1 个　　C) 2 个　　D) 2 个或以上

二、填空题

1. 数据的数据库管理方式相对于文件管理方式来说,最大的区别是________。

2. 根据数据模型的发展,数据库技术可以划分为三个发展阶段:第一代的网状和层次数据库系统,第二代关系数据库系统,第三代以________为主要特征的新一代数据库系统。

3. 独立于计算机系统,只用于描述某个特定组织所关心的信息结构的模型,称为________;直接面向数据库的逻辑结构的模型,称为________。

4. 若关系的某一属性组(或单个属性)的值能够唯一地标识一个元组,则称该属性组或属性为________。

三、是非题

(　　)1. 在数据库中空值用 NULL 表示,不同于 0 或空串,它表示"值未知"。

(　　)2. 关系模型中,实体和联系的表示方法是统一的,都用关系来表示。

四、实践题

1. 请设计一个图书馆数据库。此数据库中对每个借阅者保存读者记录,包括读者号、姓名、地址、性别、年龄、单位。对每本书存有书号、书名、作者、出版社。对每本被借出的书存有读者号、借出日期、应还日期。请画出类图,并根据类图完成关系模型的设计。

2. 完成"个人通讯录"的概念模型,并将其转换成关系模型。

第4章

创建并访问数据库

学习目标

- 掌握 SQL Server Express 数据库系统的安装，掌握查询分析器的基本用法；
- 了解什么是 SQL、SQL 的特点，掌握 SQL 语句的分类 DDL、DML 和 DCL；
- 掌握创建数据库的 SQL 语句，了解使用数据库的 SQL 语句；
- 掌握 SQL Server 字段、完整性约束的概念，掌握创建、维护表的 SQL 语句；
- 了解使用图形界面创建和修改 SQL Server 数据库和表的方法；
- 掌握 SELECT 语句的基本语法，了解模糊查找，掌握简单连接查询，了解多表连接、反身连接和外连接的概念和语法；
- 掌握嵌套查询的概念，掌握 IN、EXISTS 子句的概念和语法。

完成数据库设计后进入数据库开发阶段，也就是将概念模型转换成关系模型，并在 DBMS 中创建相应的数据库，然后在程序中使用 DBMS 提供的功能实现对数据库的操作，最终实现应用程序的业务。

4.1 准备工作

1. 安装和使用 DBMS

首先，需要安装一个数据库管理系统(DBMS)，本书选择简单易用的 SQL Server 2017 Express(SSE 2017)。这是由 Microsoft 所开发的 SQL Server 的其中一个版本，这个版本是免费的，它继承了多数的 SQL Server 功能与特性，如 Transact-SQL、SQL CLR 等，适合使用在小型网站，或者是小型桌面型应用程序。

安装 SQL Server Express 2017

SSE2017 可以从网上免费下载，安装也非常容易，详细的相关资料可以在网上查阅，注意根据操作系统选择相应的 32 位或 64 位版本即可。另外，还需要下载 SQL Server Management Studio Express(SSMS 2017)，这是 SQL Server 的图形化管理工具，是使用 SSE 必不可少的工具。

下面通过 SSMS 来访问安装好的 SSE 这个数据库管理系统。打开 SSMS，出现如图 4-1 所示连接到服务器的对话框。

图 4-1 中连接的服务器名称为 DESKTOP-3RDIVFV\SQLEXPRESS，其中 DESKTOP-3RDIVFV 为计算机的名字，也可以用计算机的 IP 地址取代；SQLEXPRESS 为 SQL Server 实例名，如果不指定实例名，则表示连接默认的 SQL Server 实例。因为可以在一台计算机中同时运行多个 SQL Server，每个 SQL Server 完全独立运作，其中的数据库互不相关，所以每个安装的 SQL Server 称为一个实例，通过不同的实例名来区分。实例名是安装的时候

指定的，EXPRESS 是 SSE 安装时的默认实例名。SSMS 可以同时管理多个 SQL Server 的实例，但首先需要和相应的实例建立连接。

成功连接 SQL Server 后，界面的左侧会出现可以管理的对象清单，如图 4-2 所示。绝大部分数据库管理的工作，可以通过右击弹出快捷菜单或者菜单，以图形化界面的方式来完成。

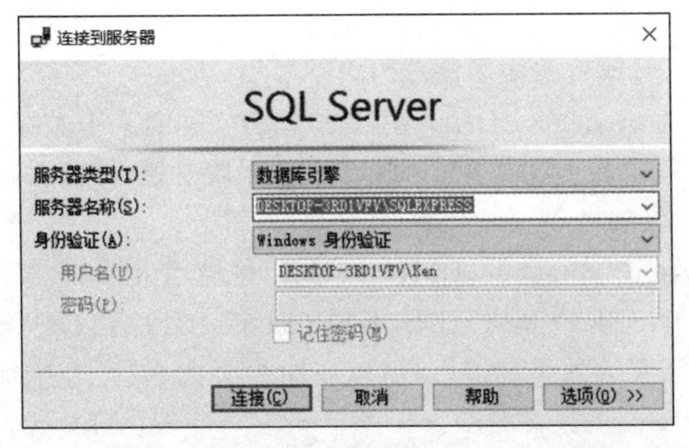

图 4-1 连接 SQL Server 服务器的对话框

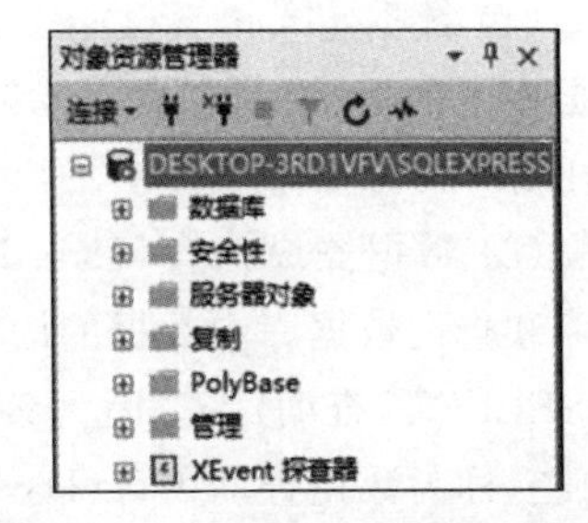

图 4-2 SQL Server 对象资源管理器

接下来主要通过“查询分析器”用命令的方式来完成 MPMM 的数据库管理工作。单击工具栏中的“新建查询”按钮，出现如图 4-3 所示的查询分析器的界面。

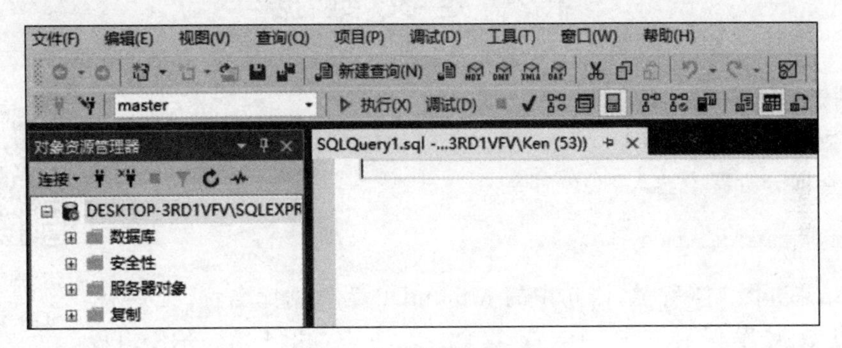

图 4-3 “查询分析器”界面

图 4-3 中显示有 master 的数据库，选择下拉列表框用于选择查询分析器默认操作的数据库。右侧大片空白区域为文本编辑区，用于输入数据库命令。输入一条或多条命令后，单击“执行”按钮，查询分析器会将这些命令批量发送给 SQL Server 执行，并在下方显示命令执行的结果。

2. SQL 和 T-SQL

这里所说的“命令”，就是用 SQL 语言编写的数据库命令。SQL 语言是关系数据库的标准语言，被广泛应用在商业系统中。SQL Server 在 SQL92 标准的基础上进行了一定扩充，形成了 Transact-SQL 语言(又称 T-SQL)。T-SQL 具有 SQL 的主要特点，同时增加了变量、运算符、函数、流程控制和注释等语言元素，使得其功能更加强大。接下来将通过学习 T-SQL 来掌握 SQL 语言，因为两者的核心部分是完全一致的。

SQL 语言具有以下特点。

(1) 综合统一。具有查询、操纵、定义和控制一体化功能。

(2) 高度非过程化。SQL 语言表达要实现干什么,如何实现(执行计划)则由 DBMS 负责自动生成。

(3) 面向集合的操作方式。SQL 操作的对象或者返回的结果是以集合为单位的。

(4) 简洁,易学易用。语法类似于英语自然语言,简单易学。

3. SQL 语言的分类

为了便于理解 SQL 语言,通常将 SQL 语言按照用途分为以下 3 类。

(1) 数据定义语言(Data Definition Language,DDL):在数据库系统中,每一个数据库、数据库中的表、视图和索引等都是数据库对象。要建立和删除一个数据库对象,都可以通过 SQL 语言来完成。

(2) 数据操纵语言(Data Manipulation Language,DML):DML 是指用来添加、修改、删除和查询数据库中数据的语句,包括 INSERT(新增)、DELETE(删除)、UPDATE(更新)和 SELECT(查询)等。因为 SQL 提供了强大的查询能力,所以有时候会把 SQL 的查询语言独立称为数据查询语言(Data Query Language,DQL)。

(3) 数据控制语言(Data Control Language,DCL):DCL 包括数据库对象的权限管理和事务管理等。

4.2 定 义 数 据

1. 创建数据库

用 SSMS 管理 SQL Server 的基本操作

创建数据库应该使用 DDL 语言,具体来说就是 CREATE DATABASE 语句。在查询分析器中输入 SQL 命令:

```
CREATE DATABASE MpmmDB
```

执行结果如图 4-4 所示,语句中的 MpmmDB 为数据库名称。DBMS 实际上将数据库保存在一个(或多个)文件中,由于在 CREATE DATABASE 语句中只规定了数据库名称,因此 SQL Server 使用默认规则在默认文件夹下创建对应的数据库文件。

图 4-4 下方的消息区域出现“命令已成功完成。”后,展开左侧对象资源管理器中的“数据库”节点,可以看到其中新增了一个名为 MpmmDB 的图标,代表新建的数据库。如果没有出现该图标,右击“数据库”节点,然后选择“刷新”命令即可。

有关 CREATE DATABASE 语句的详细用法,请读者自行参考有关文档。由于涉及数据库实现层面的内容(如数据库文件如何组织),这个命令和具体的 DBMS 有关,而且比较复杂,在此不做深入研究。

删除数据库的命令为:

```
DROP DATABASE <数据库名>
```

使用这个命令要十分小心,因为 DBMS 会彻底删除指定的数据库,包括其中所有内容。通常执行这种命令前,应该做好数据库的备份工作。

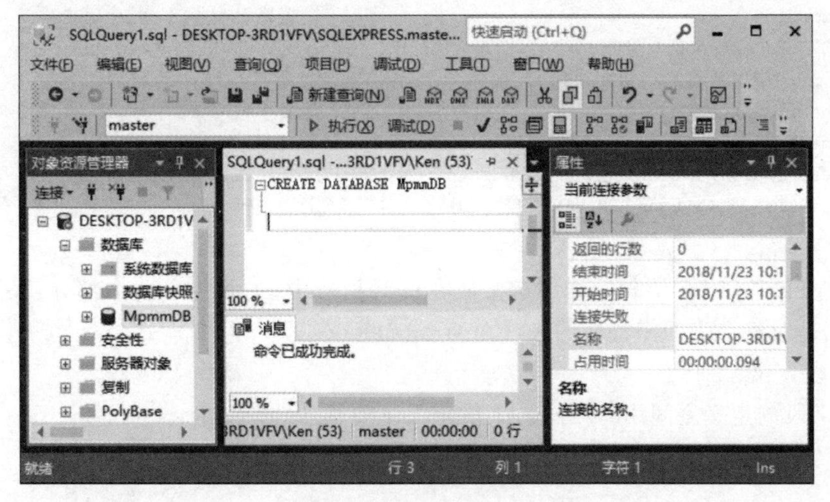

图 4-4　创建数据库 MpmmDB

注意：DDL 中删除通常用 DROP 命令，而 DML 中的删除则用 DELETE 命令。另外，SQL 本身是大小写不敏感的语言，但由于 SQL 语句中通常会混合一些保留字、标识符等各种类型的元素，应该养成合理使用大小写来帮助区分不同元素的习惯，这就是为什么这里 CREATE DATABASE 使用全大写的原因。

2. 使用数据库

DBMS 通常会同时管理多个数据库，因此在针对某个数据库执行操作时，必须指定使用的是哪个数据库。对于查询分析器来说，除了通过图 4-3 中所示的数据库选择下拉列表框来指定默认操作数据库，也可以通过 SQL 语句来指定，DDL 语句：

```
USE <数据库名>
```

可以将默认数据库设置为指定的数据库，其后的 SQL 语句如果没有指定数据库名，那就表示针对该默认数据库进行操作。例如：

```
USE MpmmDB
```

可以将默认操作数据库设置为 MpmmDB 数据库。

3. 创建基本表

进一步展开如图 4-3 所示的 MpmmDB 数据库，会发现 SQL Server 已经创建了一些基本的数据库内容，但其中“表”“视图”等明细内容仍然是空白。使用 DDL 创建数据库表格，具体命令为：

```
CREATE TABLE <表名> (<详细定义>)
```

另外，删除表的命令为：

```
DROP TABLE <表名>
```

使用该命令 DBMS 会彻底删除这个表，包括表的定义。

例如，创建 Category 表格 SQL 语句为：

```
USE MpmmDB                                           -- 设置默认数据库为 MpmmDB
CREATE TABLE Category(                               -- 在 MpmmDB 中创建 Category 表
   ID int IDENTITY(1,1) NOT NULL,                    -- 定义字段 ID
   Code nvarchar(50),                                -- 定义字段 Code
   Name nvarchar(250) NOT NULL,                      -- 定义字段 Name
   [Description] nvarchar(1000) NULL,                -- 定义字段 Description
  CONSTRAINT PK_Category PRIMARY KEY (ID)            -- 定义主键
)
```

CREATE TABLE 语句的详细定义放在一对括号中,主要包含两个部分:一是表的字段定义,二是对整个表的完整性约束(Constraint)定义。

1) 字段定义

每个字段的定义之间用“,”分隔,字段定义主要格式为

```
<字段名> <数据类型> <列级完整性约束>
```

- 字段名:字段名通常应该符合程序设计中变量名的规范,如果和 SQL Server 的保留字相同,则可以用“[]”括起来,如 Category 中的 Description 字段。字段名也可以用中文,但强烈建议不要用中文,甚至不建议用拼音,也不要用不常用的英文缩写,因为这样会导致代码的可读性不强,属于非专业做法。
- 数据类型:常用的数据类型和说明如表 4-1 所示。有些类型需要指定长度,通过在类型名称后面增加“(长度定义)”来实现,如 numeric(24,9),nvarchar(3000)。

表 4-1 DBMS 常用数据类型和说明

类别	数据类型	C#类型	长度定义	描述
逻辑	bit	bool	/	整型,其值只能是 0、1 或 NULL
整数	int	int	/	32 位整数
	smallint	Int16	/	16 位整数
	bigint	Int64	/	64 位整数
数值	decimal/numeric	decimal	(n,m)	精确数,需指定范围 n 和精度 m。范围是小数点左右所能存储的数字的总位数。精度是小数点右边存储的数字的位数。用于不允许近似取值的情况,如银行账户余额
	float	float	/	一种近似数值类型,供浮点数使用。用于不要求精确数值的情况,如学生的身高
日期	datetime	DateTime	/	存储 1753 年 1 月 1 日~9999 年 12 月 31 日所有的日期和时间数据
字符串	nchar	string	(n)	Unicode 编码字符,固定长度。$n \leqslant 4000$,自动使用空格填充到 n 个字符,因此固定占用 n 个字符的存储空间。通常用在固定长度的情况,如身份证号码固定 18 位,或音乐类型代码固定 1 位
	nvarchar	string	(n)	Unicode 编码字符,可变长度。$n \leqslant 4000$,表示最多允许 n 个字符,按照实际长度占用存储空间,所以叫“可变”

• 列级完整性约束：也就是针对单条记录的完整性约束，如表3-10中NOT NULL表示任一记录的这个字段值都不能为空。如果一个列有多个约束，则不用考虑顺序，互相之间用空格分隔即可。可以使用的列级完整性约束如表4-2所示。

表4-2 列级完整性约束

类　别	约　束	描　述
值是否可以为空	NULL NOT NULL	可以为空。默认约束，定义中可以省略不可以为空
指定缺省值	DEFAULT <缺省值>	如果记录的这个字段值没有指定，则设置为默认值
自定义检查	CHECK(<条件>)	根据括号中的条件逻辑表达式，判断字段的值是否满足约束。该表达式只能涉及本字段
自增长	IDENTITY(n,m)	自动填充字段的值。初始值为n，每填充1次增加步长m

现在分析一下Category表的字段定义。该表一共有4个字段，即ID、Code、Name、Decription，数据类型分别为32位整数、可变长字符串(最大长度50)、可变长字符串(最大长度250)、可变长字符串(最大长度1000)。其中ID、Name两个字段不允许为空，Code、Description字段可以为空。而且，ID字段是自增长字段，初始值为1，增长步长为1。

2）表级完整性约束

表级完整性约束用于定义涉及多条记录或多张表的完整性约束，表级完整性定义之间或者和字段定义之间都用“,”分隔。表4-3给出了常用的表级完整性约束，具体的格式为

```
CONSTRAINT <约束名> <约束表达式>
```

表4-3 表级完整性约束

类别	约　束	描　述
主键	PRIMARY KEY(<主键列定义>)	定义表中的主键，注意主键可能有多列
外键	FOREIGN KEY(〈外键〉) REFERENCES〈被参照表〉(〈对应列〉)	定义表中的外键，以及外键对应的主表和主表中的对应列。注意外键可能是多列
唯一性	UNIQUE(〈列组〉)	表示表中任意两条记录在指定列组上的取值不能重复

在Category表的定义中使用了主键约束定义ID列为主键，主键约束名为PK_Category。表级约束名在整个数据库的范围内都不能重复，所以表级约束名通常会采用“约束类别_相关表名_相关字段名”的命名方式。由于一张表的主键只能有一个，所以在足够保证命名唯一性和可读性的时候，就没有必要使用“相关字段名”这部分了。

下面给出创建Music表的SQL语句：

```
CREATE TABLE Music(
    ID bigint IDENTITY(1,1) NOT NULL,
    Code nvarchar(50) NULL,
    Name nvarchar(100) NOT NULL,
    Authors nvarchar(100) NULL,
    Performers nvarchar(100) NULL,
```

```
    Photo nvarchar(1000) NULL,
    Description nvarchar(2000) NULL,
    PublishDate datetime NULL,
    Memo nvarchar(500) NULL,
    MediaType nvarchar(1) NOT NULL DEFAULT('0'),
    MediaFile nvarchar(1000) NULL,
    GoWhere nvarchar(100) NULL,
    Category_ID int NOT NULL,
  CONSTRAINT PK_Music PRIMARY KEY CLUSTERED(ID),
  CONSTRAINT FK_Music_Category FOREIGN KEY(Category_ID)
   REFERENCES Category(ID)
)
```

请读者根据前面的设计和本节的内容,仔细分析一下这条 SQL 语句。这里补充说明两点:

(1) MediaType 字段,默认值为 0。注意在 SQL 中字符串的界定符为单引号。

(2) 表级约束 FK_Music_Category 定义为外键,参照主表为 Category,参照字段为 ID。

4. 维护基本表

在软件开发过程中,通常会不断根据情况完善需求、设计,数据库模型也不例外。例如,小明提出音乐资料的代码是必需的而且不会有重复,这样可以方便查找;另外小明觉得严格区分作者和表演者没有必要,直接合并成一个就可以了;小明还希望能够记录自己获得某个音乐资料的花费和日期,以便统计自己某段时间在音乐库上的投入。

同时,在创建 Music 表时,MeidaType 字段的类型为 nvarchar(1),但实际上 MusicType 字段值固定为 1 位数字,因此应该使用固定长度字符串类型 nchar(1),因为对于 DBMS 系统来说,固定长度字符串的存储效率、处理效率都比可变长要高。

为此,需要更新需求分析文档和设计文档,并完成对 Music 表的以下修改:①修改 Code 字段约束为 NOT NULL;②为 Code 字段添加表级唯一性约束;③删除 Performers 字段;④增加费用字段 Cost 和取得日期字段 AcquiredDate;⑤修改字段 MeidaType 的类型为 nchar(1)。

修改基本表的 SQL 语句为 ALTER TABLE,具体格式为:

```
ALTER TABLE <表名> ALTER/ADD/DROP <列/约束>
```

其中,ALTER、ADD、DROP 表示对应的修改操作为修改、增加、删除。

1) 修改字段

修改字段需要把原有列所有的定义都加上,然后用新的定义替换需要修改的部分。因此,修改 Code 字段为不允许为空的 SQL 语句为:

```
ALTER TABLE Music ALTER COLUMN Code nvarchar(50) NOT NULL
```

保留了 Code 的数据类型定义,把列约束 NULL 替换成了 NOT NULL。

2) 增加表级约束

增加表级约束时所用的语法和创建表时的语法相同。为 Code 字段增加唯一性的 SQL 语句:

```
ALTER TABLE Music ADD CONSTRAINT UQ_Music_Code UNIQUE(Code)
```

其中，UQ_Music_Code 为约束名，UNIQUE 表示是唯一性的约束类型，UNIQUE 后面括号中就是需要检查唯一性的字段。

3）删除字段

删除字段只需要指定需要删除的字段名，但如果该字段和某些约束有关的话，删除就会失败。此时需要首先删除或修改相应的约束，然后才能删除字段。实际上修改字段也是如此，但 Peformers 字段没有这个问题，所以直接用 SQL 语句：

```
ALTER TABLE Music DROP COLUMN Performers
```

删除即可。

4）增加字段

增加字段的字段定义和创建表时的字段定义相同，因此增加 Cost 和 AcquiredDate 字段的 SQL 语句为：

```
ALTER TABLE Music ADD Cost Decimal(10,2), AcquiredDate DateTime
```

5）删除约束

MeidaType 字段带有默认值约束，这个约束会限制对 MeidaType 字段的修改，为此需要首先删除相关的约束，然后修改字段，并重建约束。具体的 SQL 语句为：

```
ALTER TABLE Music DROP CONSTRAINT DF__Music__MediaType__1FCDBCEB
ALTER TABLE Music ALTER COLUMN MediaType nchar(1)
ALTER TABLE Music ADD CONSTRAINT DF_Music_MediaType
    DEFAULT('0') FOR MediaType
```

一共 3 条语句。第 1 条为删除 MediaType 的默认值约束，约束名是系统自动生成的，所以有些怪异。第 2 条是修改 MediaType 的数据类型。第 3 条则是使用修改表的方式重建默认值约束。重建的约束仍然是 MediaType 字段的默认值，但可以指定约束的名称，所以为了方便管理，创建那些会影响修改的约束最好使用能指定约束名的方式。

5. 使用图形界面

通过命令来创建数据库和表，最大的好处是快捷（如果对命令很熟悉），可以实现自动化。而图形界面最大的好处是容易上手、直观，例如使用 SSMS 新建表，只需要右击对象资源管理器中的“表”这个节点，在弹出的快捷菜单中选择“表”命令，就会出现一张定义表字段的表格。各种数据类型、列属性的设置很多可以通过选择的方式来完成，而约束的定义也可以通过单击对应的工具按钮，然后在弹出的对话框中进行设置，如图 4-5 所示。

具体的操作请读者自行探索，下面通过图形界面输入一些用于查询的数据。右击对象资源管理器中的 Category 表，在弹出的快捷菜单中选择“编辑前 200 行”命令，出现如图 4-6 所示的数据录入界面。

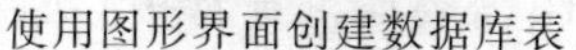

使用图形界面创建数据库表

使用图形界面编辑数据库表中数据

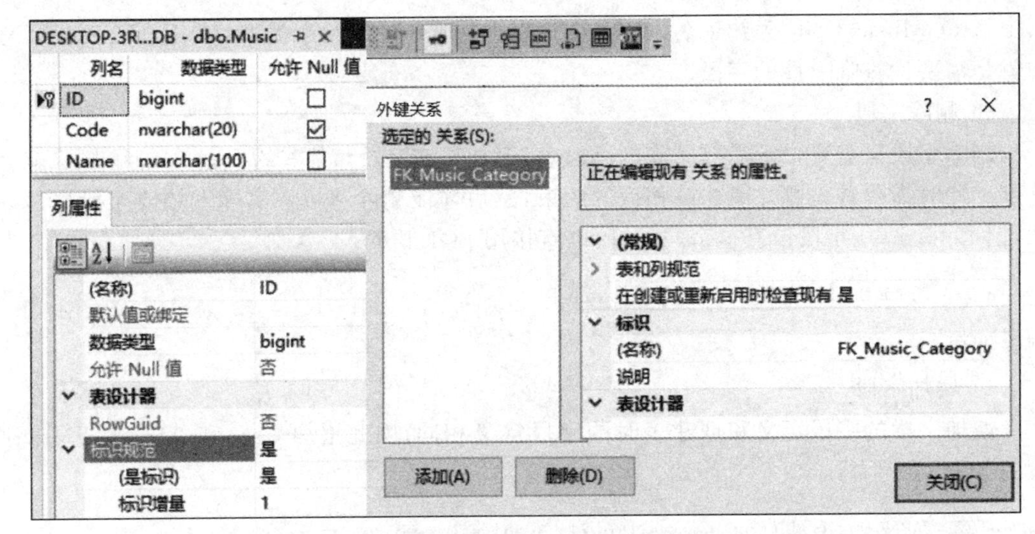

图 4-5　表定义的各图形界面

DESKTOP-3RD1VFV...- dbo.Category

	ID	Code	Name	Description
▶	1	gd	古典	古典音乐有广...
	3	yg	摇滚	摇滚乐，英文...
	4	lx	流行	流行音乐（Po...
	5	xc	乡村	乡村音乐（Co...
*	NULL	NULL	NULL	NULL

图 4-6　SSMS 中表数据录入界面

输入数据的操作如下。

- 当前行：当前行左边有一个▶，如图 4-6 中的第一行。单击某个单元格可以选中该单元格，同时将当前行切换到该单元格所在行。
- 新增行：最下面一行最前面有一个“＊”号，所有值为 NULL，用于新增一行数据，数据库中实际上并不存在这条记录。
- 输入数据：选中某个单元格(包括新增行)，可以在该单元格修改或录入数据。
- 保存数据：只有当切换当前行的时候，SSMS 才会把正在修改或新增的数据保存到数据库中。切换单元格不会引起数据的保存操作。
- 删除数据：右击选中的行，在弹出的快捷菜单中选择“删除行”命令可以删除所有选中的行，直接生效，无须保存。

图形化界面的数据表操作和电子表格非常类似，补充说明以下几个注意点。

- 自增列：自增长的列无须输入数据，数据库会自动赋值。删除某几行，已经生成的自增长值不会被重新使用。新增记录即使保存失败，自增长的值也已经生成，且不会被再次使用。
- 外键值：外键值的录入没有简便方法，只能通过查看参照表中的数据来确定所需要的值，然后手工输入。
- 空值：如果希望把某个单元格的值设置为 NULL，需要通过键盘按 Ctrl＋0 的方式录入，直接清空或输入字符串 NULL 都是错误的方法。

请读者用图形界面为 Category 表和 Music 表填充一些数据。

4.3 查询数据

SQL 的查询命令 SELECT 功能非常强大,要精通它必须做到两点:一是充分理解 SQL 集合操作的特点;二是不断地学习和练习。

使用查询分析器查询数据库表中数据

1. 单表简单查询

首先学习最简单的情况,也就是单表查询,单表查询的 SELECT 语句基本语法为

```
SELECT <目标字段清单>
FROM <表名>
[WHERE <条件>]
[ORDER BY <排序规则>]
```

1) 目标字段清单

SELECT 查询对象是行集合,查询结果也是行集合。目标字段清单用于指定查询结果行包含了哪些字段,可以用“*”来表示目标字段清单是查询对象的所有字段,实际上目标字段还可以是计算表达式。

这种挑选某几列出现在结果表中的操作称为投影。

2) 表名

FROM 指定查询对象,也就是查询的是哪张表。实际上,这里可以涉及多张表。

3) 条件

WHERE 指定结果行应该满足的条件,条件是一个条件表达式,可以用逻辑运算 AND、OR、NOT 来构成复合条件表达式。条件表达式可以由字段名变量和常量构成,还可以包含集合运算、嵌套子查询等。

注意:上述 SELECT 语句基本语法中的 WHERE 条件用“[]”括起来了,这在 SQL 语法定义中表示这是语句中的可选部分。也就是说,一个完整的 SELECT 语句可以不指定任何条件。

4) 排序规则

ORDER BY 也是可选部分,用于指定结果表中记录的排列顺序。虽然关系不考虑记录顺序,但实际操作中有序表还是很常用的。排序规则可以是多个字段的列表,表示按照各字段的字典排序,也就是先按照第 1 个字段值排序,再按照第 2 个字段值排序……

除了指定排序字段,还可以指定每个字段的排序方向,在排序字段名后的 ASC 表示升序(默认,可省略),DESC 表示降序。

由于 SQL 是高度非过程化的语言,所以在使用查询语句时,首先要确定需求,然后只要将需求用 SELECT 语句表达出来即可。至于如何实现这个需求,通过什么样的途径、怎么存取数据来满足需求,DBMS 会全权处理。这也是关系数据库的强大之处。

在 MPMM 的首页中需要获取所有的音乐分类,列在页面左侧;在单击某个音乐分类后,需要列出该音乐分类的所有音乐资料。获取所有音乐分类的 SQL 语句为

```
SELECT *
```

```
FROM Category
```

这条 SELECT 语句非常简单,完全可以写成一行,但应该养成将不同部分分成多行书写的习惯,必要时还要加上缩格,因为这样的可读性更强。这里采用"*"表示获取所有字段,考虑到首页其实并不需要显示分类的详细信息,所以也可以采用指定目标字段清单的方式:

```
SELECT ID, Code, Name
FROM Category
```

这样查询结果中只有 3 个字段,即 ID、Code 和 Name,而且字段的排列顺序就是 SELECT 语句中指定的顺序。可见,列的顺序对关系来说是无所谓的,但实际结果必然会有一个顺序,这个顺序有时候会影响程序的编写。

使用 ORDER BY 可指定结果中行的顺序,例如按照 Name 字段升序、Code 字段降序的 SQL 语句:

```
SELECT ID, Code, Name
FROM Category
ORDER BY Name ASC, Code DESC
```

其中,Name 后面的 ASC 可以省略。

获取某个音乐分类的所有音乐资料,需要使用 WHERE 子句,对应的 SQL 语句为

```
SELECT * FROM Music
WHERE Category_ID = 2
ORDER BY PublishDate
```

也就是,获取 Music 表中所有 Category_ID 字段值为 2 的全字段记录,按发布日期升序排列。

条件当然可以有多个,例如想要获取 Category_ID 字段值为 2,媒体类别为"文件"并且文件字段有内容(非空)或者媒体类别为 CD 的所有音乐资料,对应的 SQL 语句为

```
SELECT * FROM Music
WHERE Category_ID = 2 AND
  ((MediaType = '0' AND MediaFile IS NOT NULL) OR MediaType = '1')
```

其中的条件表达式使用了 AND 和 OR,AND、OR 的优先级和一般的程序设计语言相同,AND 比 OR 要高,所以用括号来改变计算顺序。当然,内层的括号其实并不需要,纯粹是为了代码更容易阅读而添加的。

条件中有一个判断 MediaFile 字段值是否为空的比较式需要特别注意,如果直接用 MediaFile <> NULL 的方式,那么无论 MediaFile 是否为空,结果都是 NULL 而不是 True,所以无论如何不会满足条件,因为 NULL 表示"不知道",所以无法直接比较。为此,SQL 提供了 IS NULL 和 IS NOT NULL 的比较方法,用于判断字段值"是空"和"是非空"。

2. 模糊查找

除了精确比较,SQL 还有一种称为模糊查找的 LIKE 比较运算符。在 MPMM 的首页中有一个快速查找的功能:输入关键字,只要 Name、Authors 或 Description 中含有这个关

键字的音乐资料,都需要列出来。这会给用户带来很大便利,例如查找关键字“天”的 SQL 语句:

```
SELECT * FROM Music
WHERE Name LIKE '%天%' OR Authors LIKE '%天%'
  OR Description LIKE '%天%'
```

用于表示模糊查找内容的字符串中有一个“%”,叫作通配符。SQL Server 支持的通配符如表 4-4 所示,注意不同的 DBMS 支持的通配符有所不同。

表 4-4 SQL Server 通配符一览表

通配符	说明	示例
%	任意字符串	'%天%',任意位置包含“天”
_	下画线,表任何单个字符	'%天_',倒数第 2 个字符为“天”
[]	指定范围或集合中的任何单个字符	'%201[0-9]',以 2010、2011、…、2019 结尾 '%201[2468]',以 2012、2014、…、2018 结尾
[^]	不属于指定范围或集合的任何单个字符	'%201[^0-9]',最后一位不是 0、1、…、9 '%201[^2468]',最后一位不是 2、4、6、8

使用通配符可以大大提高查找的灵活性,但如果查找的关键字本身就包含通配符又该怎么办呢?此时,可以利用“[]”将通配符转换成普通字符,如“[%]”就表示普通字符“%”。请读者思考如果使用

```
SELECT * FROM Music WHERE Description LIKE '%[[]]%'
```

这样的模糊匹配,那查找的是什么样的音乐资料?

3. 简单连接查询

前述查询音乐资料 SQL 语句的结果存在一个问题,只能看到音乐资料对应音乐分类的 ID,而不知道具体的音乐分类的名称。对于开发人员来说这也许不是问题,但对于用户来说会觉得莫名其妙。要解决这个问题,就需要将 Category 表和 Music 表中的关联记录组合到一起,SELECT 语句通过连接查询来满足这样的需求。

什么叫连接查询?最简单的情况就是两张表的笛卡儿积,也就是集合 $A\times B=\{<a,b>|a\in A \&\& b\in B\}$,$A$ 表中的每条记录都会和 B 表中的所有记录“拼接”在一起。例如 $A=\{1,2,3\}$,$B=\{a,b\}$,那么 $A\times B=\{<1,a>,<1,b>,<2,a>,<2,b>,<3,a>,<3,b>\}$。

获取表的笛卡儿积的 SQL 语句很简单,只要在 FROM 后列出需要连接的表就可以了,例如:

```
SELECT *
FROM Category, Music
```

就可以求出 Category 表和 Music 表的全连接结果,如图 4-7 所示。可以看到因为 Music 表有 7 条记录,所以“古典”分类重复了 7 次;而每件音乐资料也都被重复了多次,根本就搞不清楚一件音乐资料究竟属于哪个音乐分类。

一般来说,很少有求笛卡儿积的情况,但这是理解所有连接操作的基础。注意到笛卡儿积的结果仍然是一张表,马上就可以知道通过 SELECT 语句的投影操作可以从中选择需要

	ID	Code	Name	Description	ID	Code	Name
1	1	gd	古典	古典音乐有广义、狭义之分。广义是指西洋古典音乐，那些从西方中世纪开始至今的、在欧洲主流文化背景下创...	2	kldykxq	克罗地亚狂想曲
2	1	gd	古典	古典音乐有广义、狭义之分。广义是指西洋古典音乐，那些从西方中世纪开始至今的、在欧洲主流文化背景下创...	3	sf	Scarborough Fair
3	1	gd	古典	古典音乐有广义、狭义之分。广义是指西洋古典音乐，那些从西方中世纪开始至今的、在欧洲主流文化背景下创...	6	xgals	献给爱丽丝
4	1	gd	古典	古典音乐有广义、狭义之分。广义是指西洋古典音乐，那些从西方中世纪开始至今的、在欧洲主流文化背景下创...	7	xpg	小苹果
5	1	gd	古典	古典音乐有广义、狭义之分。广义是指西洋古典音乐，那些从西方中世纪开始至今的、在欧洲主流文化背景下创...	9	hktk	海阔天空
6	1	gd	古典	古典音乐有广义、狭义之分。广义是指西洋古典音乐，那些从西方中世纪开始至今的、在欧洲主流文化背景下创...	10	xtnsh	想听听你说谎
7	1	gd	古典	古典音乐有广义、狭义之分。广义是指西洋古典音乐，那些从西方中世纪开始至今的、在欧洲主流文化背景下创...	12	test	test
8	2	lx	流行	流行音乐（Pop music或Popular music）准确的概念应为商品音乐，是指以赢利为主要目的而创作的音乐。它的艺...	2	kldykxq	克罗地亚狂想曲
9	2	lx	流行	流行音乐（Pop music或Popular music）准确的概念应为商品音乐，是指以赢利为主要目的而创作的音乐。它的艺...	3	sf	Scarborough Fair
10	2	lx	流行	流行音乐（Pop music或Popular music）准确的概念应为商品音乐，是指以赢利为主要目的而创作的音乐。它的艺...	6	xgals	献给爱丽丝
11	2	lx	流行	流行音乐（Pop music或Popular music）准确的概念应为商品音乐，是指以赢利为主要目的而创作的音乐。它的艺...	7	xpg	小苹果
12	2	lx	流行	流行音乐（Pop music或Popular music）准确的概念应为商品音乐，是指以赢利为主要目的而创作的音乐。它的艺...	9	hktk	海阔天空
13	2	lx	流行	流行音乐（Pop music或Popular music）准确的概念应为商品音乐，是指以赢利为主要目的而创作的音乐。它的艺...	10	xtnsh	想听听你说谎
14	2	lx	流行	流行音乐（Pop music或Popular music）准确的概念应为商品音乐，是指以赢利为主要目的而创作的音乐。它的艺...	12	test	test

图 4-7　Category 表和 Music 表的笛卡儿积

的列，通过 WHERE 条件可以过滤不合理的连接结果。例如，实际上需要的查询 SQL 为

```
SELECT Music.ID, Music.Code, Music.Name, Authors,
  PublishDate, Category.Name
FROM Category, Music
WHERE Category.ID = Category_ID
```

先看上面 SQL 语句中的字段清单，由于 Category 和 Music 表中都有 ID、Code 和 Name 字段，所以在指定这些可能混淆的字段时，需要添加表名前缀，如 Music.ID 就表示是取 Music 表的 ID 列。而 Authors 列只出现在 Music 表中，所以可以省略表名前缀。在表格比较复杂搞不清楚列名是否重复时，不妨在每个字段前都加上表名前缀。

再看 WHERE 子句，Music 表中的 Category_ID 是参照 Category 表的外键，也就是说笛卡儿积中，只有那些 Category_ID 字段值和 Category.ID 字段值相等的行才是业务上关联的行。因此通过 WHERE 条件表达式，就可以将不合理的行过滤掉。这个条件确定了真正需要连接的对应行条件，所以叫作连接条件。当然，连接条件也可以是复合条件表达式。

连接条件和普通条件都可以放在 WHERE 子句中，但 SELECT 语句提供了更规范的连接条件表示法。例如，前述 SQL 语句可修改为

```
SELECT ms.ID, ms.Code, ms.Name, ms.Authors, ms.PublishDate, ca.Name
FROM Category ca JOIN Music ms ON ca.ID = ms.Category_ID
WHERE ms.Name LIKE '%小%'
```

在 FROM 子句中，使用了 JOIN 和 ON 两个 SQL 关键字。JOIN 表示将前后的两张表连接起来，而 ON 后面则是连接条件。

为了简化指定字段时用的表名前缀，该 SQL 语句还使用了表别名，即在 FROM 中表名后跟随了另一个名称。如 Category ca 就给 Category 表取了一个临时的别名 ca，这样在这条 SQL 语句中需要指定 Category 表时就可以用 ca 来代替。

4. 其他连接查询

1）多表连接查询

音乐资料的查询其实还有一个问题，那就是数据库中音乐资料的 MediaType 保存的是代码，对于用户来说也是很难理解的，有必要转换成文字的形式。将代码转换成文字的技巧有很多，例如可以用界面的代码来实现转换。

这里用数据库的方式来解决：建立代码表，通过连接查询获取代码对应的名称。代码表的定义如表 4-5 所示(其中 IDX 表示需要建立索引来提高查询效率，这将在第 2 篇中介绍)，请自行完成表的创建和数据的填充。

表 4-5　代码表 CodeNames

字段名	类型	属性	说　明
ID	Int32	PK，IDENTITY	代码 ID
Code	String (10)	IDX，NOT NULL	代码
Name	String (250)	NOT NULL	代码名称
CodeFor	String (50)	IDX，NOT NULL	代码用途，例如 CodeFor='Music. MediaType'，表示为 Music 表的 MediaType 字段提供代码转换数据

现在，查询音乐资料可以连接三张表：Category、Music 和 CodeNames 表，例如：

```
SELECT ms.ID, ms.Code, ms.Name, ms.Authors, ms.PublishDate,
  ca.Name AS CategoryName, cn.Name AS MediaTypeName
FROM Category ca JOIN Music ms ON ca.ID = ms.Category_ID
  JOIN CodeNames cn ON ms.MediaType = cn.Code
    AND cn.CodeFor = 'Music.MediaType'
```

为了理解这个查询中的连接，可以把 Category 和 Music 表的连接看成是一张“大表”，那么第二个 JOIN 就是连接这张“大表”和 CodeNames 表。同样的道理，如果需要，还可以继续用 JOIN 连接其他的表，这就是多表连接查询。

查询中和 CodeNames 表的连接条件是复合条件，指定了连接的代码记录，不但 Code 字段值要和 ms. MediaType 字段值相等，而且其代码用途应该为 Music. MediaType。

另外，在这个查询结果中 ms. Name、ca. Name 和 cn. Name 的字段名都是 Name，为了能在结果中加以区分，使用了 AS 来定义字段别名。例如，ca. Name AS CategoryName 表示查询结果中 ca. Name 列改名为 CategoryName。

但注意，字段别名只作用于查询结果，SELECT 语句中只能用 AS 定义字段别名，而不能使用别名来指定字段，这点和表别名区别很大。

2) 反身连接查询

现在考虑一个问题，如果小明希望音乐分类可以有层次结构，例如在流行音乐下进一步细分欧美、日本、港台和大陆等子类别。显然，上级分类和下级分类之间是 1∶n 的联系，因此可以在分类表中增加一列 Parent_ID，用于存放该分类所属的上级分类。这也是一个外键，参照的是同一张表的主键 ID 字段。因为顶级分类没有上级分类，所以该字段还应该允许为空。相应修改 Category 表的 SQL 语句为

```
ALTER TABLE Category ADD Parent_ID int
ALTER TABLE Category ADD CONSTRAINT FK_Category_ParentCategory
  FOREIGN KEY(Parent_ID) REFERENCES Category(ID)
```

如果在获得音乐资料所属音乐分类时，还希望知道其所属的上级音乐分类，则 SQL 为：

```
SELECT ms.ID, ms.Code, ms.Name, ms.Authors, ms.PublishDate,
  ca.Name AS CategoryName, cn.Name AS MediaTypeName,
```

```
  pca.Name as ParentCategoryName
FROM Category ca JOIN Music ms ON ca.ID = ms.Category_ID
  JOIN CodeNames cn ON ms.MediaType = cn.Code
    AND cn.CodeFor = 'Music.MediaType'
  JOIN Category pca ON ca.Parent_ID = pca.ID
```

注意 FROM 子句中 Category 表出现了两次,第一次作为 Music 表外键 Category_ID 的主表,第二次则作为 Category 表外键 Parent_ID 的主表。应该把它们理解为两张表,只不过它们的内容是一模一样的。为了能够区分这两张表,给它们取了不同的别名,第一张叫 ca,第二张叫 pca。实际上,同一张表可以在一个查询中出现多次,每次出现都应该当作另一张表来看待,这是完成许多复杂查询的一种技巧。

另外,在目标字段列表中增加了字段 pca.Name,这就是 Category 作为上级分类表时的 Name 字段。

3) 外连接查询

执行上述 SQL 语句,还有一个严重的问题:很多音乐资料并没有出现在结果中,为什么呢? 为了简化问题,分析下面的反身连接 SQL 语句:

```
SELECT ca.ID, ca.Code, ca.Name,
  pca.Code as ParentCode, pca.Name as ParentName
FROM Category ca JOIN Category pca ON ca.Parent_ID = pca.ID
```

执行后会发现只列出了存在上级音乐分类的那些音乐分类,所以前述查询音乐资料的 SQL 只能得到属于这些下级音乐分类的音乐资料。一级音乐分类为什么没有出现在结果中呢? 执行下面的 SQL 语句可以帮助理解这个结果:

```
SELECT ca.ID, ca.Code, ca.Name,
  pca.Code as ParentCode, pca.Name as ParentName
FROM Category ca, Category pca
WHERE ca.Parent_ID = pca.ID
```

这是连接查询的等价形式,也是理解连接查询的关键。这个查询首先获取笛卡儿积,然后从中挑出所有满足 ca.Parent_ID=pca.ID 的记录[①]。那些一级音乐分类,由于 Parent_ID 为 NULL,所以不会满足这个连接条件。

其实,需要达到的目标是:列出所有的音乐分类;如果这个音乐分类有上级音乐分类,那么连接这个上级音乐分类;否则,给这个音乐分类连接一个值为 NULL 的上级分类[②]。要达到这个目标,就需要用到“外连接查询”。外连接查询分为“左外连接”“右外连接”和“全外连接”,对应的连接运算符为 LEFT OUTER JOIN、RIGHT OUTER JOIN 和 FULL OUTER JOIN。

外连接中的“左”“右”和“全”,实际上表明了参与外连接的表的行为。以“左外连接”为例,“左”表示连接运算符左边的表为“保留表”,也就是如果这个表的记录在右边表中没有满足连接条件的记录,那就提供一个 NULL 记录来匹配它,从而将这条记录保留在连接结果

---

① DBMS 实际执行过程不一定是这样,但这样理解可以得到正确的结果。

② 因为一张表只有一个关系模式,所有行的列都应该是一样的,一级分类虽然没有可连接的上级分类,但对应上级分类的结果列不能少,所以取值为 NULL 是最合理的。

中。"右外连接"则刚好相反；而"全外连接"则同时保留两张表中没有找到连接对象的记录。

利用外连接，正确的查询音乐分类和上级音乐分类 SQL 为：

```
SELECT ca.ID, ca.Code, ca.Name,
  pca.Code as ParentCode, pca.Name as ParentName
FROM Category ca LEFT OUTER JOIN Category pca ON ca.Parent_ID = pca.ID
```

同理，可以写出"获得音乐资料的音乐分类同时获取其上级音乐分类"的 SQL 为：

```
SELECT ms.ID, ms.Code, ms.Name, ms.Authors, ms.PublishDate,
  ca.Name AS CategoryName, cn.Name AS MediaTypeName,
  pca.Name as ParentCategoryName
FROM Category ca JOIN Music ms ON ca.ID = ms.Category_ID
  JOIN CodeNames cn ON ms.MediaType = cn.Code
   AND cn.CodeFor = 'Music.MediaType'
  LEFT OUTER JOIN Category pca ON ca.Parent_ID = pca.ID
```

相对于外连接，原来的 JOIN 连接又称为内连接，完整的连接运算符为 INNER JOIN，通常可以省略 INNER。实际上外连接中的 OUTER 也可以省略。

当连接运算混合使用了多个内、外连接的时候，怎么理解连接结果呢？很简单，从前往后依次考虑每个连接运算的结果，将该结果作为一个表参与下一个连接运算。甚至可以用括号改变连接运算的顺序，但无论何种情况，连接运算的结果就是一张表，可以继续参与其他的连接运算。

5. 嵌套查询

无论是单表查询还是多表查询，学会用集合的思想去理解 SQL 语言是关键：表其实就是行的集合，为此，SQL 语言中还提供了很多针对集合的操作。例如，集合的基本运算有并集、交集和差集，因此 SQL 提供了 UNION、INTERSET 和 EXCEPT 三个集合运算符，可以用于计算两个查询结果的并集、交集和差集。具体的用法比较简单，请读者自行查阅资料。

除了把查询结果直接作为集合进行集合运算外，SQL 还支持几个对集合进行判断的运算符，分别是 IN、EXISTS、ALL、ANY，下面详细介绍 IN 和 EXISTS。至于 ALL 和 ANY 可以用 EXISTS 来代替，并不常用。

1）IN

IN 用于判断某个值是否属于一个集合，或者说集合是否包含了这个值。例如，小明希望找出所有属于古典（ID=1）和摇滚（ID=3）类别的音乐，那么 SELECT 语句中 WHERE 的条件表达式应该是 Category_ID=1 OR Category_ID=3。但使用集合 IN 的 SQL 语句则为：

```
SELECT * FROM Music
WHERE Category_ID IN (1,3)
```

其中，"(1,3)"为直接提供的集合，集合用括号表示，集合中的元素用逗号分隔。

用 IN 取代多个 OR 连接的等于比较式，更简洁、方便，而且集合中的元素可以是 SELECT 语句查询出来的结果。例如：

```
SELECT * FROM Music
```

```
WHERE Category_ID IN (
  SELECT ID FROM Category
  WHERE Parent_ID IS NOT NULL
)
```

这个 SQL 能够获取所有属于非一级音乐分类(Parent_ID IS NOT NULL)的音乐资料。其中

```
SELECT ID FROM Category
WHERE Parent_ID IS NOT NULL
```

是查询中的查询,所以称为嵌套子查询,它获取所有非一级音乐分类的 ID 值,构成一个集合。由于 IN 比较的是值,所以必须限定子查询获取的表中只能有一列。

2) EXISTS

EXISTS 的意思是"存在",用于判断一个集合是否为非空,也就是集合中存在着元素。和 IN 运算符中的不同之处在于 EXISTS 中的集合必须是某个查询的结果。所以 EXISTS 必然用到嵌套子查询,而且子查询的条件通常应该和外层查询涉及的内容有关。例如,使用 EXISTS 来实现"查询所有一级音乐分类的音乐资料"的 SQL 为:

```
SELECT * FROM Music ms
WHERE EXISTS (
  SELECT * FROM Category ca
  WHERE ca.ID = ms.Category_ID AND ca.Parent_ID IS NOT NULL
)
```

其中,子查询的条件 ca.ID=ms.Category_ID 引用了外层表的 ms.Category_ID 字段。

如果嵌套子查询中引用了外层表的字段,那么相当于用了循环:对于外层表的每条记录,都会执行一次嵌套子查询,以确定判断结果。就上述 SQL 而言,每个 Music 表中的记录都会执行一次嵌套子查询,如果这个字查询结果为空,则该音乐资料不满足条件;否则该音乐资料满足条件。

嵌套子查询功能非常强大,同时效率似乎很低。但对于 EXISTS 判断,因为只要能够找到一条满足子查询的记录就可以得到"存在"的结论,所以实际执行效率还是可以接受的。

和"存在"相反的逻辑是"不存在",在 EXISTS 判断表达式前使用 NOT 否定逻辑运算符,就构成了表示不存在的判断。例如,小明想要查找"昂贵的音乐分类",也就是该音乐分类下所有音乐资料取得价格都在 10 元以上(不含未知价格),对应 SQL 语句为:

```
SELECT * FROM Category ca
WHERE NOT EXISTS (
  SELECT * FROM Music ms
  WHERE ca.ID = ms.Category_ID AND ms.Cost < 10
)
```

因为未知价格的 Cost 字段值为 NULL,所以一定不会满足 Cost < 10 的判断。如果想把未知价格认定为非昂贵的音乐资料,应该修改 SQL 语句为:

```
SELECT * FROM Category ca
WHERE NOT EXISTS (
```

```
  SELECT * FROM Music ms
  WHERE ca.ID = ms.Category_ID AND (ms.Cost < 10 OR ms.Cost IS NULL)
)
```

但是两个 SQL 语句都有一个问题：如果该分类下没有任何音乐资料，那这个分类也是满足条件的。这不太符合一般的认识，也就是需要排除那些没有任何音乐资料的分类，或者说音乐分类还应该满足“存在属于该音乐分类的音乐资料”这个条件。转换成 SQL 语句为：

```
SELECT * FROM Category ca
WHERE NOT EXISTS (
  SELECT * FROM Music ms
  WHERE ca.ID = ms.Category_ID AND (ms.Cost < 10 OR ms.Cost IS NULL)
) AND EXISTS (
  SELECT * FROM Music ms
  WHERE ca.ID = ms.Category_ID
)
```

可见，EXISTS 判断表达式的结果是逻辑值，可以参与 AND、OR、NOT 的逻辑运算。

习 题 4

一、选择题

1. 下列关于 SQL 语言特点的介绍正确的是(　　)。

A) 专注于数据库查询操作，缺少操作、定义和控制方面的功能

B) 高度过程化，通过指定执行计划来实现数据库的操作

C) SQL 操作的对象或者返回的结果都是以集合为单位的

D) 采用英语自然语言来描述，规则复杂，非常难学

2. 在关系数据库中，实现“表任意两行不能相同”的约束是靠(　　)来实现的。

A) 外部关键字　　B) 属性　　C) 主关键字　　D) 列

3. 为了便于理解 SQL 语言，通常将 SQL 语言按照用途分为 3 类，以下选项(　　)不属于这 3 类。

A) 数据定义语言(Data Definition Language，DDL)

B) 数据操纵语言(Data Manipulation Language，DML)

C) 数据控制语言(Data Control Language，DCL)

D) 数据基础语言(Data Base Language，DBL)

4. 关于 SQL Server 常用的数据类型，以下描述(　　)是错误的。

A) 整数根据大小可以分为 smallint、int 和 bigint 三种类型。

B) 浮点数 float 和一般编程语言中的整型一样，无法保证数据的精确性。

C) 逻辑型的数据类型为 bool。

D) 金额或其他需要确保准确的数据，应该使用 numeric 或 decimal 类型。

5. 创建数据库的命令是(　　)。

A) CREATE　DATABASE　<数据库名>

B) INSERT　DATABASE　<数据库名>

C) CREATE <数据库名>

D) INSERT <数据库名>

二、填空题

1. 当在一个非空表上增加主键时,SQL Server 会对表中的数据进行检查,以确保这些数据能够满足主键约束的要求,也就是________和________。

2. 如果嵌套子查询中引用了外层表的字段,那么对于________都会执行一次嵌套子查询。

三、是非题

( )1. 进行多表查询时,既可以在 JOIN 中建立连接条件,也可以在 WHERE 中建立连接条件。

( )2. SQL 中用 NULL 表示空值,因此要找出所有 ParentID 字段为空值的 WHERE 条件为 ParentID=NULL。

( )3. SQL Server 中的字符串分为固定长度的 nchar 和按实际长度占用存储空间的可变长 nvarchar。

四、实践题

1. 数据库中现有三张表格,见表 4-6～表 4-8。

表 4-6 学生表 Student

学 号	姓 名	性 别	年 龄	系 别
1	张三	男	20	计算机
2	李四	女	19	经 管
3	王五	男	22	化 学
4	赵六	女	21	电 子
5	孙七	男	24	计算机

表 4-7 课程表 Course

课号	课程名	学分
1	SQL Server	4
2	大学英语	3
3	面向对象	4

表 4-8 选课表 SC

学号	课号	成绩
1	1	90
2	1	85
2	2	77
5	3	58

写出下列 SQL 语句:

(1) 获取所有计算机系的学生姓名和年龄;

(2) 找出姓“李”的所有学生;

(3) 找出学分不足 4 分的课程名称;

(4) 列出课程不及格的学生学号、姓名、系别和课程名。

2. 为“个人通讯录”创建 SQL Server 数据库,并使用命令的方式根据关系模型创建数据库表格,然后使用图形界面手工为表格添加一定数量的数据。

第5章 实现前台页面①

学习目标

- 了解数据库引擎和 ADO. NET 的作用；
- 掌握组装 SQL 语句的技巧；
- 理解连接字符串的作用，掌握通过 DbConnection 对象连接数据库的方法；
- 了解 try…catch…finally 的异常处理在数据库访问中的应用；
- 理解 DbCommand 对象执行 SQL 语句的三种方法以及使用场合；
- 掌握使用 DataReader 对象的标准步骤；
- 了解 SELECT 语句中使用 TOP 参数限制获取记录的数量；
- 基本掌握使用数据库中的数据动态组装 HTML 代码的技巧；
- 掌握查找功能的实现方法，理解 ASP. NET 事件，深刻理解回发(Postback)的概念；
- 掌握 ASP. NET 控件 Label、TextBox 和 Button 的使用；
- 了解如何使用面向对象编程方法，避免重复书写相同代码片段；
- 了解网站发布的安全性问题。

SQL 语言具有强大的查询能力，但小明只是一名音乐爱好者，让他使用 SQL 语言直接操纵数据库既不现实，也不安全。正确的做法，应该采用 SQL 语言的另一种用法：嵌入到应用开发语言中，通过应用软件来完成对数据库的管理。本章介绍如何在 ASP. NET 中使用 SQL 语言获取查询结果，最终正式实现 MPMM 系统的各个前台页面。

应用程序使用 SQL 语言的基本模式是将命令发送给 DBMS，然后获取 DBMS 返回的结果。但实际上这里面涉及很多问题，例如，如何寻找 DBMS？如何发送命令？如何获取返回的数据？怎么知道这个数据是发给哪个程序(进程)的以及返回的数据是对哪条命令的回复？DBMS 怎么知道应用程序是不是合法的数据库访问者？

ADO. NET 数据库引擎帮助 ASP. NET 的开发人员解决了所有这些问题。对于开发人员来说，所谓 ADO. NET 数据库引擎就是指一组对象，通过对象的属性和方法就可以完成和 DBMS 之间的通信，以及返回结果数据的提取。

5.1 连接数据库

要和 DBMS 进行通信，需要使用数据库连接对象和 DBMS 建立连接。所谓建立连接，相当于在应用程序和 DBMS 之间架设一个“通信管道”。应用程序通过连接对象连接到特定 DBMS，然后向连接对象发送 SQL 语句就可以将命令发送给这个 DBMS，并可以从连接

① 对网站而言，前台指数据展示，普通用户使用的页面；后台指管理员维护数据的页面。

对象获取返回结果。

对于 ADO. NET 而言，不同的 DBMS 对应着不同数据库连接(Connection)对象类，但它们都继承自 DbConnection 这个抽象基类，具有相同的使用的方法。具体如表 5-1 所示。

表 5-1　ADO. NET 数据库连接对象

名　称	命 名 空 间	描　述
SqlConnection	System. Data. SqlClient	表示连接 SQL Server 的连接对象
OleDbConnection	System. Data. OleDb	表示连接 OleDb 数据源的连接对象
OdbcConnection	System. Data. Odbc	表示连接 ODBC 数据源的连接对象
OracleConnection	System. Data. OracleClient	表示连接 Orale 数据库的连接对象

1. Conection 对象基本使用过程

(1) 定义连接字符串；

(2) 创建连接对象；

(3) 建立连接；

(4) 通过连接完成一项或多项数据库操作；

(5) 断开连接；

(6) 释放连接对象。

2. 连接字符串

连接对象可以连接不同的 DBMS，甚至连接一些简单的文件型数据库，如 Excel、特定格式的文本文件等。通常把不同的 DBMS 或文件型数据库叫作数据源。连接对象必须清楚地了解所连接的数据源，这是通过连接字符串来实现的。

连接字符串，告诉 ADO. NET 数据源在哪里，需要什么样的数据格式，提供什么样的访问信任级别以及其他任何包括连接的相关信息。连接字符串由一组元素组成，一个元素包含一个键值对，元素之间由"；"分开，语法为

```
key1 = value1; key2 = value2; key3 = value3…
```

不同的数据源，key 和 value 也不同，实际操作中可用专门的工具来生成，也可用程序代码拼接字符串的方式，或者使用 ADO. NET 提供的 DbConnectionStringBuilder 类来帮助生成。在 VS 中(通过"视图"菜单)打开"服务器资源管理器"，右击"数据连接"节点，在弹出的快捷菜单中选择"添加连接"命令，弹出如图 5-1 所示的"添加连接"对话框。

以连接 SSE 为例。单击"数据源"选项后面的"更改"按钮，在弹出的"更改数据源"对话框中选择 Microsoft SQL Server，然后选择数据提供者为"用于 SQL Server 的. NET Framework 数据提供程序"。

VS 开发环境连接数据库并获取连接字符串

在"服务器名"中输入 Win2k8\SQLExpress。其中，Win2k8 是 DBMS 服务器的计算机名，SQLExpress 则是 DBMS 的实例名，实际使用时要替换成具体的服务器参数，并注意斜杠的方向。如果连接默认的实例，那么斜杠和实例名可以省略。

连接的计算机名不能省略，对于 SQL Server 来说可以有以下几种指定方法。

(1) 指定计算机名。注意在网络环境下,计算机名不一定能被识别。

(2) 如果连接本机的是 SQL Server,则可以用"."来代替计算机名。

(3) 启用 SQL Server 网络配置中的 TCP/IP,可以用 IP 地址代替计算机名[①]。

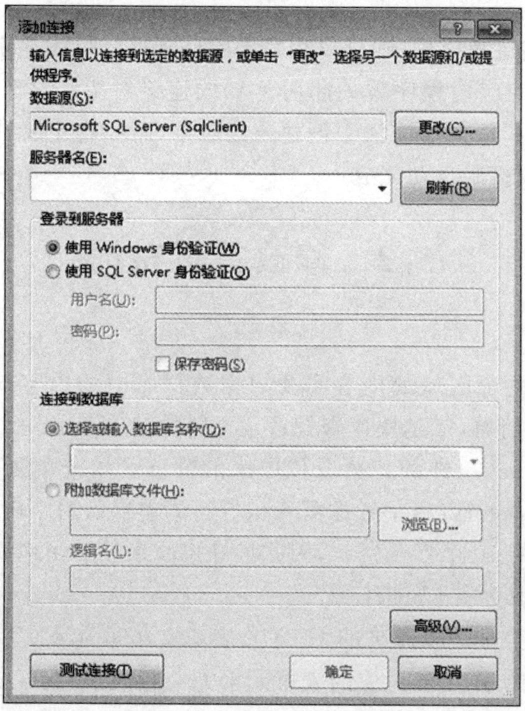

图 5-1 "添加连接"对话框

在"登录到服务器"中,对于网站应用通常应该选择默认的"使用 Windows 身份验证"。如果要使用 SQL Server 身份验证,则需要启用 SQL Server 的混合身份验证模式,并配置相应的 DBMS 用户、密码、权限。

输入服务器名后,图 5-1 中"连接到数据库"区域被激活,其中可以指定连接默认操作的数据库。如果不指定,则会默认使用 master 数据库,这里需要选择 MpmmDB 作为默认数据库。

单击"测试连接"按钮,可以确定连接字符串配置是否正确。最后单击"确定"按钮保存连接字符串配置,此时在数据库连接节点下增加一个新的数据库节点。选中这个节点,在属性窗口中可以看到节点的属性,其中的值就是连接字符串。

很多时候,VS 会自动使用服务器资源管理器中的数据库连接,一旦使用,VS 会将连接字符串保存在应用系统的 Web.config 配置文件中。开发工具的自动化能提高开发效率,但不利于初学者掌握原理。所以,练习时建议从属性窗口复制连接字符串粘贴到代码中使用。

3. 建立和断开连接

连接对象创建后并不会连接到数据库,通过调用连接对象的 Open()方法,连接对象才会使用连接字符串所指定的设置建立和数据库的连接。

---

① 如果其他方式连接正常,但用 IP 地址无法连接,可以启动"SQL Browser 服务"后再尝试一下。

完成数据库操作后,应该及时调用连接对象的 Close()方法断开连接,否则 DBMS 会一直等待应用程序发送 SQL 语句,占用 DBMS 的资源。而且,如果长时间不过连接使用数据库,连接可能被自动断开,所以开发人员应该养成每次使用前建立连接,使用后断开连接的良好编程习惯。

至于连接对象的创建和释放,则可以相对提前或延迟。也就是说,可以在程序运行一开始就建立连接对象,等到应用程序被关闭时才释放连接对象。对于 ASP. NET 程序来说,可以在页面初始化 Page_Load()方法中创建连接对象,而释放连接对象的工作则交给. NET Framework 的垃圾回收机制自动完成。

5.2 修改首页布局

1. 布局调整

实现 MPMM 首页

MPMM 首页中有两个区域的内容需要根据数据库中的内容动态生成:一是音乐分类链接清单,二是快速查找音乐资料的结果清单。

从工具箱拖放 Literal 控件到首页取代原来的静态音乐分类列表,设置其 ID 属性值为 litCategoryList;考虑到音乐资料清单默认为空白,不美观,改成默认显示最新的 10 个音乐资料,因此最好将原来显示快速查找结果的控件 ID 属性值修改为 litMusicList。

此外,用 TextBox 控件替换原来的 HTML 表单文本框元素;用 Button 控件取代原来的表单提交按钮。它们的作用和对应的表单元素完全相同,但封装成 ASP. NET 服务控件后,开发人员能够在服务器端以使用对象的方式操控。

注意:ASP. NET 控件在页面代码中的标签都带有“asp:”的前缀,且带有 runat="server"的属性。

设置这两个控件的 ID 属性值分别为 tbKey 和 btQuickSeek,并将 Button 控件的 Text 属性值设置为“查找”。修改后的部分页面代码如下:

```
<table>
  …
  <tr>
    <td>
      <asp:Literal ID="litCategoryList" runat="server"></asp:Literal>
    </td>
    <td colspan="2">
      快速查找:
      <asp:TextBox ID="tbKey" runat="server"></asp:TextBox>
      <asp:Button ID="btQuickSeek" runat="server" Text="查找" />
      <br />
      <asp:Literal ID="litMusicList" runat="server"></asp:Literal>
    </td>
  </tr>
</table>
```

2. 生成分类列表

为了使代码更加清晰,将生成音乐分类列表的代码封装成页面类的一个私有方法

BuildCategoryList(),方法中的代码为:

```
private void BuildCategoryList()
{
  StringBuilder sb = new StringBuilder();                    //字符串拼装工具
  sb.Append("<ul>");                                          //拼装 HTML 列表开始标记
  string sql = "SELECT * FROM Category WHERE Parent_ID IS NULL"; //SQL 语句
  SqlCommand cmd = new SqlCommand(sql, dbConn);              //创建数据库命令对象
  try
  {
    dbConn.Open();                                            //打开数据库连接
    SqlDataReader dr = cmd.ExecuteReader(); //执行 SQL 语句,获取数据库读取对象
    while (dr.Read())                                         //当成功读取下一行时
    {
      //使用这一行的数据拼装一行音乐分类的 HTML 代码
      sb.AppendFormat("<li><a href='MusicList.aspx?cat={0}'>{1}</a></li>",
              dr["ID"], dr["Name"]);
    }
    dr.Close();                                               //关闭数据库读取对象
  }
  catch
  {
    sb.Append("<li>读取数据库失败!</li>");                    //失败则拼接,表示失败的 HTML 代码
  }
  finally
  {
    dbConn.Close();                                           //关闭数据库连接
  }
  sb.Append("</ul>");                                         //拼装 HTML 列表结束标记
  litCategoryList.Text = sb.ToString();                       //显示内容
}
```

上述代码是一段标准的读取数据库数据代码,其中使用了 try…catch…finally 的异常捕获机制,catch 用来捕获数据库操作的异常,finally 用来保证关闭数据库连接。一个真正的应用程序不仅要实现功能,而且要保证程序的健壮性和可靠性。使用判断语句判断各种情况,结合异常捕获机制,用日志记录详细的出错信息,这 3 点是编写一个实际应用程序应该要做到的。

3. 数据库连接的处理

上述代码中直接使用了数据库连接对象 dbConn,这是页面类的自定义属性(Property),可以达到在需要时自动创建数据库连接对象的目的。相应的代码如下:

```
public partial class _Default : System.Web.UI.Page
{
  private SqlConnection _dbConn = null; //保存数据库连接对象的成员变量
  private SqlConnection dbConn          //返回数据库连接对象的只读属性
  {
    get
    {
      if (_dbConn == null)              //如果尚未创建数据库连接对象,则先创建数据库连接对象
      {
        string connString = @"Data Source=127.0.0.1\SqlExpress;
        Initial Catalog=MpmmDB; Integrated Security=True";
```

```
            _dbConn = new SqlConnection(connString);      //使用连接字符串,创建数据库连接对象
        }
        return _dbConn;                         //返回已经创建好的数据库连接对象
      }
    }
  }
```

创建连接对象的代码为 new SqlConnection(<连接字符串>)。只有在访问 dbConn 属性时,该创建代码才会被执行,可以避免在不需要时创建数据库连接对象。而创建代码首先检查_dbConn 是否为空,只在为空的时候才创建,从而保证不会重复创建数据库连接对象。

注意代码中的连接字符串采用了直接代码方式提供。其字符串前有一个"@"符号,这是因为数据库服务器地址和实例名分割符"\"刚好是 C# 字符串的转义符,所以用字符串前的"@"符号来取消所有转义。同时,使用"@"符号,还允许在字符串中直接使用回车,而无须使用"\n"。这在编写 SQL 语句时非常有用。

4. 数据库命令对象

Connection 对象只提供了应用程序和 DBMS 之间的通道,实际发送 SQL 语句并取得结果的对象是数据库命令对象。不同类型的数据源对于 SQL 的处理和返回结果的格式也有所不同,需要使用不同的数据库命令对象类,但它们都是 DbCommand 抽象基类的子类。常用 DbCommand 对象如表 5-2 所示。

表 5-2　常用 DbCommand 对象

名　　称	命名空间	描　　述
SqlCommand	System. Data. SqlClient	表示操作 SQL Server 的命令对象
OleDbCommand	System. Data. OleDb	表示操作 OleDb 数据源的命令对象
OdbcCommand	System. Data. Odbc	表示操作 ODBC 数据源的命令对象
OracleCommand	System. Data. OracleClient	表示操作 Oracle 数据库的命令对象

DbCommand 对象有两个最基本的参数,一个是 DbConnection 对象,另一个是需要执行的 SQL 语句。注意 DbCommand 对象只能使用对应类型的连接对象。在 BuildCategoryList()方法中,通过构造函数同时提供了这两个参数:

```
SqlCommand cmd = new SqlCommand(sql, dbConn);           //创建数据库命令对象
```

使用时,也可以首先创建 DbCommand 对象,然后通过给属性赋值的方式来设置这两个参数:

```
SqlCommand cmd = new SqlCommand();                      //创建数据库命令对象
cmd.CommandText = sql;                                  //设置 SQL 命令
cmd.Connection = dbConn;                                //设置连接对象
```

因此,通过修改 CommandText 或 Connection 属性,可以使用一个命令对象在不同时刻执行不同的 SQL 语句,甚至连接到不同的数据源。

需要注意的是,给 DbCommand 对象设置命令和连接对象并不会导致 SQL 命令的发送和处理,真正执行 SQL 命令需要调用 DbCommand 对象的执行(Execute)方法。根据执行结果的不同,执行方法也有所不同,常用的如表 5-3 所示。

表 5-3　DbCommand 对象的不同执行方法

执行方法	返回结果	描　述
ExcuteReader()	返回类型为 DataReader，值为向前只读记录集	用于执行 SELECT 语句或其他返回结果集的 SQL 语句
ExcuteNonQuery()	返回类型为 int，值为影响的记录数	用于执行 DDL 类的 SQL 语句或其他无结果集的 SQL 语句
ExcuteScalar()	返回类型为 Object，值为结果表的第一行的第一列，忽略其他列或行	用于获取只有一个返回值的查询结果

BuildCategoryList()方法中，使用下列代码来获取音乐分类记录集：

```
SqlDataReader dr = cmd.ExecuteReader();                    //执行 SQL 语句，获取数据库读取对象
```

5. DataReader 对象

不同类型的 DbCommand 对象的 ExcuteReader()方法返回的记录集也不相同，但它们都是"向前只读记录集"，其中 SqlCommand 对象返回的是 SqlDataReader 对象。

所谓"只读"就是指只能从记录集读取数据，无法写入或修改数据；"向前"则是指只能读取下一行，无法退回去读取前面的记录。使用 DataReader 对象的主要优点是节省资源。

无法直接创建 DataReader 对象，只能通过 DbCommand 对象的 ExcuteReader()方法来获取，获取后的标准用法为：

```
while (dr.Read()) //当成功读取下一行时，将下一行设置为当前行
{
  //读取当前行数据
}
```

Read()方法从数据库获取下一行数据并将其作为当前行，如果获取成功则返回 true，否则返回 false。也就是说，如果 dr.Read()方法返回 false，那么遍历记录集就已经完成了。另外，ExcuteReader()方法创建 DataReader 对象的最初，当前行指向第一行之前，首次执行 dr.Read()方法试图读取的是第一行，因此使用数据前一定要先调用 Read()方法。

成功读取一行数据后，应用程序可以通过两种方法使用当前行的数据，一种称为弱类型数据获取方法，另一种则是强类型数据获取方法。

(1) 使用弱类型数据获取方法：DataReader 对象提供索引器来使用当前行数据，索引既可以是字段序号，也可以是字段名称。例如，dr["ID"]表示获取 dr 对象的 ID 字段值。不建议用字段序号的形式，因为这不容易理解，也不便于数据库定义的修改。使用索引器方式获取的数据一律是 Object 类型，所以称为弱类型。

(2) 使用强类型数据获取方法：通过 DataReader 对象的 Get×××(i)方法也可以使用当前行的数据，其中×××为数据类型的名称，表示返回数据类型。例如，GetString(1)返回的就是第 1 列的 String 类型数据。Get×××()方法实际使用很不方便。

DataReader 对象还有以下几个比较重要的属性或方法。

(1) FieldCount 属性：获取当前行中的列数。

(2) HasRows 属性：返回一个逻辑值，该值指示 DataReader 对象读取的记录集中是否存在行。

(3) IsDBNull(i)方法：判断当前行第 i 个字段的数据库值是否为 NULL。如果该字段值为 NULL，Get×××(i)会抛出异常。

最后，DataReader 对象打开后会一直占用对应 DbCommand 对象的数据库连接，所以一旦完成使用，一定要记得用 DataReader 对象的 Close()方法关闭；否则 DbCommand 对象和数据库连接就无法用于其他操作。

5.3 实现首页音乐列表

1. 默认音乐列表

音乐资料列表的输出涉及多个字段，因此使用表格输出，相应的 BuildMusicList()方法定义如下：

```
/// <summary>
/// 使用指定 SQL 查询获取数据,构造音乐资料列表
/// </summary>
private void BuildMusicList(String sql)
{
  StringBuilder sb = new StringBuilder();              //字符串拼装工具
  sb.Append("<table>");                                //HTML 表格开始标记
  SqlCommand cmd = new SqlCommand(sql, dbConn);        //创建数据库命令对象
  try
  {
    dbConn.Open();                                     //打开数据库连接
    SqlDataReader dr = cmd.ExecuteReader(); //执行 SQL 语句,获取数据库读取对象
    while (dr.Read())                                  //当成功读取下一行时
    {
      //使用这一行的数据拼装一行音乐分类的 HTML 代码
      sb.Append("<tr>");
      sb.AppendFormat("<td><a href='Music.aspx?id={0}'>{1}</a></td>",
        dr["ID"], dr["Name"]);
      sb.AppendFormat("<td>{0}</td><td>{1}</td><td>{2}</td>",
        dr["Authors"], dr["publishDate"], dr["MediaTypeName"]);
      sb.Append("</tr>");
    }
    dr.Close();                                        //关闭数据库读取对象
  }
  catch
  {
    sb.Append("<tr><td>读取数据库失败!</td></tr>");
  }
  finally
  {
    dbConn.Close();                                    //关闭数据库连接
  }
  sb.Append("</table>");                               //HTML 表格结束标记
  litMusicList.Text = sb.ToString();                   //显示内容
}
```

为了让 BuildMusicList()方法同时适用于初始默认 10 个最新音乐资料的显示和快速

查找结果的显示，方法使用参数 sql 来传递不同的 SQL 语句。在 Page_Load()方法中调用 BuildMusicList()方法的代码为：

```
if (!IsPostBack) //非回发访问本页面,说明是新的访问
{
  String sql = @"SELECT TOP 10 ms.ID, ms.Name, ms.Authors,
      ms.PublishDate, cn.Name AS MediaTypeName
    FROM Music ms JOIN CodeNames cn
      ON ms.MediaType = cn.Code AND cn.CodeFor = 'Music.MediaType'
    ORDER BY ms.PublishDate DESC";
  BuildMusicList(sql);                              //构造默认音乐列表
}
```

其中，sql 字符串的赋值用了“@”前缀，所以可以将 SQL 语句按照 SQL 的习惯分成多行书写。

注意 SELECT 后面紧跟的 TOP 10，这是 SQL Server 特有的限定获取记录数的方法，在 SELECT 后紧跟 TOP n，就可以限制获取最多前 n 条记录。这里通过 ORDER BY 让记录按照发布日期倒序排列，使得获取的记录限制在最新发布的 10 个音乐资料。

2. 快速查找列表

通过使用 ASP.NET 的文本框控件，获取输入的查找关键字变得非常简单，ASP.NET 将其封装在文本框控件的 Text 属性中，相应的访问代码为 tbKey.Text，其中 tbKey 就是文本框控件的 ID 属性值。

当小明单击“查找”按钮时，浏览器将带有表单数据的请求发送到服务器，ASP.NET 分析 Request 对象中的数据时，就能够发现小明当时单击了 ID 属性值为 btQuickSeek 的按钮，因此 ASP.NET 会试图在执行完 Page_Load()方法后去执行按钮绑定的单击事件处理方法。

这就是 ASP.NET 提供的网页事件处理机制，看上去和 WinForm 程序的事件处理机制很像，但一定要注意两者其实完全不同：ASP.NET 的事件处理全部发生在服务器端，并不是事件在客户端触发时进行的处理。每次事件的触发都需要将请求发送给服务端，也就是所谓的页面“回发(PostBack)”。

给按钮绑定“单击事件处理方法”的方法很简单，在 VS 中打开设计页面，双击按钮，VS 就会在页面代码中为按钮添加 onclick 属性和属性值。例如，双击“查找”按钮后 VS 自动生成的代码为：

```
<asp:Button ID="btQuickSeek" runat="server" Text="查找"
onclick="btQuickSeek_Click" />
```

同时，在对应后台页面类代码中自动增加一个名为 btQuickSeek_Click()的方法。

对于 MPMM 来说，需要在这个方法中实现对应音乐资料的查找和显示，完整的代码为

```
/// <summary>
/// 查找指定音乐资料的事件处理方法
/// </summary>
protected void btQuickSeek_Click(object sender, EventArgs e)
{
  String sql = String.Format(@"SELECT ms.ID, ms.Name, ms.Authors,
      ms.PublishDate, cn.Name AS MediaTypeName
    FROM Music ms JOIN CodeNames cn
  ON ms.MediaType = cn.Code AND cn.CodeFor = 'Music.MediaType'
```

```
    WHERE ms.Name LIKE '%{0}%' OR ms.Description LIKE '%{0}%'
      OR Authors LIKE '%{0}%' OR cn.Name LIKE '%{0}%'", tbKey.Text);
  BuildMusicList(sql);                              //构造音乐资料列表
}
```

上述代码中,先使用查找关键字拼装出 SQL 语句(语句中使用了 LIKE 模糊匹配),然后调用 BuildMuiscList()方法来实现音乐资料的显示。

5.4 实现动态音乐列表

在拼接音乐分类导航项时,使用了<a href="MusicList.aspx? cat={0}">这样的超链接,因此当小明单击"音乐分类"导航项时,浏览器会请求 MusicList.aspx 这个页面,同时使用 GET 方法通过 URL 传递 cat 参数,其值为对应音乐分类的 ID 属性值。

实现分类音乐资料列表页

1. 页面布局

在"解决方案资源管理器"中右击 MPMM 网站,在弹出的快捷菜单中选择"添加新项"命令,然后在对话框中选择"Web 窗体"模板,输入名称 MusicList.aspx,单击"添加"按钮,就会在 MPMM 网站项目下新建一个 ASP.NET 页面,包括前台页面文件 MusicList.aspx 和后台程序代码文件 MusicList.aspx.cs。

该页面需要负责提取 cat 参数的值,获取指定音乐分类中所有音乐资料并展示出来。首先完成页面布局的设计,一般而言一个网站整体布局以及各页面风格应该一样,因此 MusicList 页面保留了首页的页首(Logo 和导航)、页脚(版权),只是将中间的内容替换成了完整的音乐资料列表。中间布局表格部分的 HTML 代码如下:

```
<table>
  <tr>
    <td>
      <table>
        <tr>
          <td><img src="Images/musiccd.jpg" /></td>
          <td><h1>小明的音乐库</h1></td>
        </tr>
      </table>
    </td>
    <td>
      <a href="Default.aspx">首页</a> |
      <a href="CategoryMgr.aspx">分类维护</a> |
      <a href="MusicMgr.aspx">资料维护</a> |
      <a href="SearchMusic.aspx">查找资料</a>
    </td>
  </tr>
  <tr>
    <td colspan="2">
        <a href="Default.aspx">首页</a> &gt;
        <asp:Label ID="lbCategory" runat="server" Text="当前分类" /><br /><br />
        <asp:Literal ID="litMusicList" runat="server"></asp:Literal>
```

```
    </td>
  </tr>
</table>
```

2. 定义通用工具类

后台代码基本上和 Default.aspx 页面的 BuildMusicList()方法代码相同,因此考虑将 BuildMusicList()方法代码挪到一个通用工具类中,增加数据库连接对象和 Literal 对象的参数。非页面代码应该放在 App_Code 文件夹中,如果还没有这个文件夹,则右击解决方案,在弹出的快捷菜单中选择"添加 ASP.NET 文件夹"命令添加。右击 App_Code 文件夹,在弹出的快捷菜单中选择"添加新项"命令,然后在对话框中选择"类"模板,输入名称 CommonTools.cs。

将 CommonTools 类修改成静态类,并将 Default.aspx.cs 中的 BuildMusicList()改造后作为 CommonTools 类的静态方法,代码如下:

```
using System.Data.SqlClient;          //引入处理 SQL Server 数据库的类所在的命名空间
using System.Web.UI.WebControls;      //引入 Literal 控件类所在的命名空间
using System.Text;                    //引入 StringBuilder 类所在的命名空间
/// <summary>
/// 通用工具类
/// </summary>
public static class CommonTools
{
  /// <summary>
  /// 使用指定 sql 查询获取数据,构造音乐资料列表
  /// </summary>
  public static void BuildMusicList(String sql, SqlConnection dbConn,
    Literal litMusicList)
  {
    …//复制 5.3 节 BuildMusicLists()方法中的代码
  }
}
```

调用 CommonTools 类的 BuildMusicList()方法,并传递数据库连接对象和页面显示控件的代码为:

```
CommonTools.BuildMusicList(sql, dbConn, litMusicList);           //构造默认音乐列表
```

3. 数据库页面基类

MusicList 页面同样需要使用数据库连接对象,实际上每个访问数据库的页面都需要使用这个对象。考虑利用 OOP 的继承机制,把数据库连接对象放到一个自定义页面基类中,然后让所有需要用到数据库连接对象的页面类都继承这个基类。例如 MPMM 中,在 App_Code 文件夹中新建一个名为 DbPage 的类,并且继承自 System.Web.UI.Page 类,具体的代码为:

```
using System.Data.SqlClient; //引入 SqlConnection 类所在的命名空间
public class DbPage: System.Web.UI.Page
{
  private SqlConnection _dbConn = null;
  protected SqlConnection dbConn
  {
      …//复制 5.2 节中定义 dbConn 属性的代码
```

```
    }
}
```

注意将代码复制到 DbPage 类中后，修改 dbConn 属性的保护级别为 Protected，否则 DbPage 类的子类将无法访问这个属性。

4. 实现页面

将 Default. aspx 页面和 MusicList. aspx 页面的后台类原来继承的 System. Web. UI. Page 类改为继承 DbPage 类，如 Default. aspx 页面的后台类定义代码修改为：

```
public partial class _Default : DbPage
```

现在，可以编写 MusicList. aspx 页面的后台处理代码，由于该页面没有 PostBack 请求，所以无须区分是否是回发请求，具体代码如下：

```
public partial class MusicList : DbPage
{
    protected void Page_Load(object sender, EventArgs e)
    {
        string catId = Request["cat"];                              //获取音乐分类 ID
        ShowCategoryName(catId);                                    //显示音乐分类名称
        String sql = String.Format(@"SELECT ms.ID, ms.Name, ms.Authors,
                    ms.PublishDate, cn.Name AS MediaTypeName
            FROM Music ms JOIN CodeNames cn
                ON ms.MediaType = cn.Code AND cn.CodeFor = 'Music.MediaType'
            WHERE ms.Category_ID = {0}", catId);                    //拼装获取分类音乐资料的 SQL
        CommonTools.BuildMusicList(sql, dbConn, litMusicList);      //构造默认音乐资料列表
    }
    /// <summary>
    /// 根据指定的音乐分类 ID,显示音乐分类名称
    /// </summary>
    private void ShowCategoryName(string catId)
    {
        String sql = String.Format("SELECT Name FROM Category WHERE ID = {0}", catId);
        SqlCommand cmd = new SqlCommand(sql, dbConn);
        try
        {
            dbConn.Open();
            lbCategory.Text = cmd.ExecuteScalar().ToString();       //获取第 1 行第 1 列的值
        }
        finally
        {
            dbConn.Close();
        }
    }
}
```

5.5 实现动态详细资料页

音乐资料列表中每个音乐资料的名称是一个超链接，链接到 Music. aspx 页面，同时通过 URL 传递 ID 参数，其值为对应音乐资料的 ID 字段值。

1. 页面布局

Music.aspx 页面用来显示音乐资料的详细信息，其布局可以直接使用第 2 章中的静态详细资料页面，将其中的静态文本都替换成对应的 ASP.NET 控件，代码如下：

```
<form id="form1" runat="server">
<div>
  <a href="Default.aspx">首页</a> &gt;
  <asp:HyperLink ID="lnkCategory" runat="server" Text="当前分类" /> &gt;
  音乐详细资料<br /><br />
  <table>
    <tr>
      <td rowspan="4">
        <asp:Image ID="imgPhoto" runat="server" Width="200" />
        <asp:Literal ID="litPlayer" runat="server"/>
      </td>
      <td><asp:Label ID="lbName" runat="server" /></td>
      <td><asp:Label ID="lbMediaTypeName" runat="server" /></td>
    </tr>
    <tr>
      <td colspan="2"><asp:Label ID="lbAuthors" runat="server" /></td>
    </tr>
    <tr>
      <td colspan="2"><asp:Label ID="lbDescription" runat="server" /></td>
    </tr>
    <tr>
      <td colspan="2"><asp:Label ID="lbPublishDate" runat="server" /></td>
    </tr>
  </table>
</div>
</form>
```

上述代码中，Label 控件显示普通文本，Image 控件显示图片，HyperLink 控件显示超链接，而 Literal 控件则用于显示音乐播放器。

2. 显示详细资料

显示音乐资料详细信息的后台代码如下：

```
public partial class Music : DbPage
{
  protected void Page_Load(object sender, EventArgs e)
  {
    String musicId = Request["id"];                    //获取指定音乐资料的 ID 值
    int catId = -1;                                    //初始化音乐分类 ID 值为 -1

    SqlCommand cmd = new SqlCommand();                 //创建 SqlCommand 对象
    cmd.Connection = dbConn;                           //设置 cmd 对象的数据库连接属性
    try
    {
      dbConn.Open();                                   //打开数据库连接
      //获取音乐资料详细信息，并用于设置各详细信息显示用的控件
      String sql = String.Format(@"SELECT ms.ID, ms.Code, ms.Name, ms.Photo,
          ms.Authors, ms.PublishDate, ms.MediaType, ms.MediaFile,
          cn.Name AS MediaTypeName, ms.Description, ms.Category_ID
```

```
            FROM Music ms JOIN CodeNames cn ON ms.MediaType = cn.Code
              AND cn.CodeFor = 'Music.MediaType'
            WHERE ms.ID = {0}", musicId);
          cmd.CommandText = sql;
          SqlDataReader dr = cmd.ExecuteReader();
          if (dr.Read())
          {
            //索引 3 为 Photo 字段.先检测 Photo 字段值是否为空,如果是则显示默认图片
            imgPhoto.ImageUrl = dr.IsDBNull(3) ? "Images/Music.png" : dr.
            GetString(3);
            lbName.Text = dr.GetString(2);                      //获取 Name 字段值
            lbMediaTypeName.Text = dr.GetString(8);             //获取 MediaTypeName 字段值
            lbAuthors.Text = dr.GetString(4);                   //获取 Authors 字段值
            lbDescription.Text = dr.IsDBNull(9)?"": dr.GetString(9);
                                                                //获取 Description 字段值
            lbPublishDate.Text = dr.IsDBNull(5) ? "" : dr.GetDateTime(5).
            ToShortDateString();                 //获取 PublishDate 字段值,格式化日期型为字符串
            if (dr.GetString(6) == "0" && !dr.IsDBNull(7)) //如果是数字化音乐且音乐文件存在
            {
              //嵌入音乐播放器代码(客户端需要安装 Windows Media Player 9.0 或以上版本)
              litPlayer.Text = string.Format(
                      @"<br /> <embed width = 200 height = 50 src = '{0}' hidden = 'no'
                      controls = 'smallconsole'
                      autostart = 'false' loop = 'false'>", dr.GetString(7));
            }
            catId = dr.GetInt32(10);                            //记录音乐资料的音乐分类 ID 字段值
          }
          dr.Close();                                           //关闭 DataReader 对象
          if (catId > 0)                                        //如果成功获取音乐分类 ID 字段值
          {
            //获取音乐分类名,设置返回对应音乐分类的音乐资料列表的超链接
            sql = String.Format("SELECT Name FROM Category WHERE ID = {0}", catId);
            cmd.CommandText = sql;
            lnkCategory.Text = cmd.ExecuteScalar().ToString();          //设置超链接名
            lnkCategory.NavigateUrl = String.Format("MusicList.aspx?cat = {0}", catId);
                                                                        //设置超链接指向的 URL
          }
        }
        finally
        {
          dbConn.Close();
        }
      }
    }
```

对上述代码补充说明几点:

(1) Music 页面类继承了 DbPage 自定义页面基类。

(2) 使用了 Get×××()方法来读取 DataReader 对象返回的数据,对于值可能为 NULL 的字段先用 IsDBNull()方法判断是否为空,如果为空,则值用空串代替。

(3) 因为只获取一条记录,所以用了 if(dr.Read())而不是 while(dr.Read())。

(4) 获取音乐资料和音乐分类的不同 SQL 语句,是使用同一个 DbCommand 对象执行的。

5.6 发布 MPMM 网站

完成开发，使用 VS 调试通过后，可以按照第 2 章中发布网站的方法，将新的 MPMM 网站发布到 IIS 中，但可能会出现无法访问数据库的错误。因为 MPMM 的数据库连接选择了“使用 Windows 身份验证”的模式，也就是集成身份验证模式。所谓集成身份验证模式，实际上指用运行应用程序的 Windows 账号作为访问 SQL Server 的账号。

发布 MPMM 到 IIS

在 VS 中调试网站时，这个账号就是当前登录到 Windows 中的用户账号，通常也是开发人员安装 SSE 的管理员账户。SQL Server 默认已经把 Windows 的管理员账户添加到了数据库系统中，而且设置为 DBMS 的管理员，所以访问数据库不会有任何权限问题。

一旦发布到 Web 服务器上，当前用户就不再是登录到 Windows 中的用户账户了，因为如果不是为了维护服务器，通常是不会有用户登录到服务器中的。所以，Web 服务器会默认以一个 Windows 内置账户来运行，该账户默认无权访问 SQL Server。

解决这个问题有很多途径，例如：

(1) 修改连接字符串，用 SQL Server 身份认证方法，此时需要对 SQL Server 进行相应的配置。

(2) 将该内置账户添加到 SQL Server，并授予访问 MpmmDB 数据库的权限。

网络环境下的权限配置是一个经常需要解决的问题，由于目前尚未涉及数据库权限管理的内容，这里介绍一种开发阶段的临时解决方法。

1. IIS 管理器

IIS 网站的配置需要通过 IIS 管理器进行。打开 IIS 管理器(Windows 管理工具→Internet 信息服务(IIS)管理器)，展开左侧的树形目录，可以看到“应用程序池”和“网站”节点，如图 5-2 所示。

2. 应用程序池

所谓应用程序池，可以简单理解为网站的运行环境，每个网站必须关联到某个应用程序池。网站运行的基本环境，如所使用的. NET Framework 版本、Windows 账户都是由所属的应用程序池决定的。

假设 MPMM 网站发布到了 C：\Inetpub\wwwroot 下，也就是发布成为了默认 Web 站点(Default Web Site)，而不是子站点。选中默认站点，在管理界面右侧出现的选项中，选择“基本设置”命令，出现如图 5-3 所示的对话框。

在图 5-3 中，可以通过单击“选择”按钮来选择网站所属的“应用程序池”，可以看到 MPMM 网站使用了名为 DefaultAppPool 的应用程序池。

3. 修改运行账户

在图 5-2 中，选择左侧的“应用程序池”节点，IIS 管理器列出所有可用的应用程序池，右击 DefaultAppPool 应用程序池，在弹出的快捷菜单中选择“高级设置”命令，弹出如图 5-4 所示的对话框。找到“标识”属性，将其值修改成安装 SSE 时的管理员账户。现在网站运行时就会用该账户去连接 SQL Server，而该账户拥有数据库管理员权限。

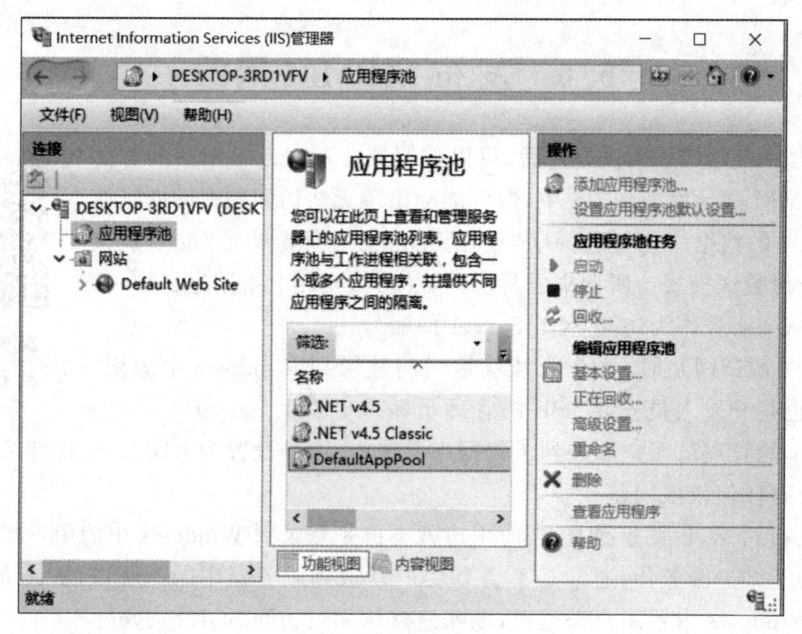

图 5-2　IIS 管理器

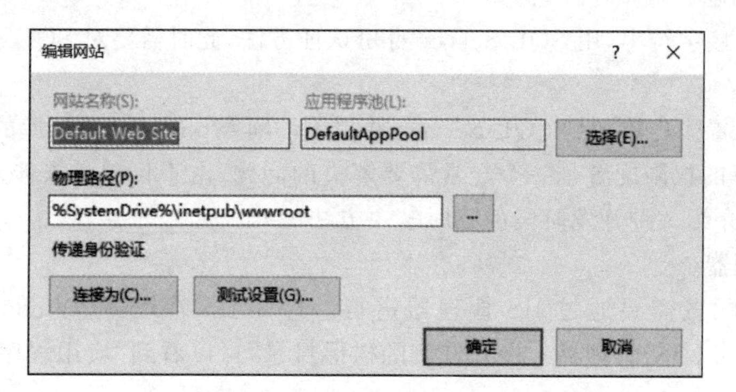

图 5-3　网站基本设置对话框

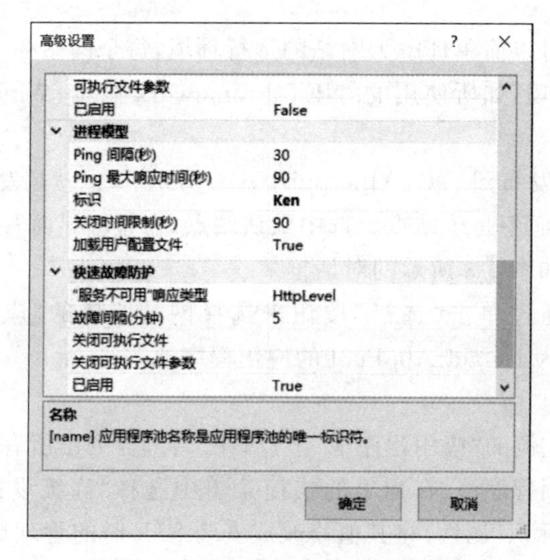

图 5-4　应用程序池高级设置对话框

注意：该账户通常权限过大，因此仅可用于开发阶段的网站运行调试。

习 题 5

一、选择题

1. ADO.NET是(　　)。

A) Microsoft.NET Framework的别名

B) .NET开发环境中的数据库引擎，实现数据库的连接和访问

C) 一组ASP.NET专用的数据库访问对象集合

D) 一个高级的SQL Server图形化管理工具

2. 连接不同类型的数据源需要使用不同的DbConnection对象，其中(　　)用于连接SQL Server数据库。

A) SqlConnection　　B) OleDbConnection

C) OdbcConnection　　D) OracleConnection

3. 下面选项哪个不是DbCommand的执行方法(　　)。

A) ExcuteReader()　　B) ExcuteUse()

C) ExcuteNonQuery()　　D) ExcuteScalar()

4. MPMM项目中，负责向DBMS发送SQL语句并取得返回结果的对象是(　　)。

A) 使用String.Format()拼装出SQL语句的字符串对象sql

B) 使用连接字符串的DbConnection对象dbConn

C) DbCommand对象cmd

D) DbDataReader对象dr

5. 用户的(　　)操作会引起回发(Postback)。

A) 单击超链接访问某个ASP.NET页面

B) 在浏览器的地址栏中输入ASP.NET页面的URL地址，并按回车

C) 单击按钮，触发按钮的Click事件处理

D) 按住Shift按键的同时单击超链接

6. 使用DataReader对象读取数据库的标准步骤为(　　)。

①通过数据库读取对象获取数据；②执行SQL语句，获取数据库读取对象；③关闭数据库读取对象；④创建数据库命令对象；⑤使用连接字符串，创建数据库连接对象；⑥打开数据库连接；⑦关闭数据库连接；

A) ⑤④⑥②①③⑦　　B) ⑤①②③④⑥⑦

C) ⑤④②③①⑥⑦　　D) ⑤⑥④①②③⑦

7. SQL Server的SELECT语句可以通过(　　)来表示仅获取前n行数据。

A) LIMIT n　　B) FIRST n　　C) ONLY n　　D) TOP n

二、填空题

1. 数据库连接对象可以连接不同的DBMS，通过________来告诉ADO.NET数据源在哪里，需要什么样的数据格式，提供什么样的访问信任级别以及其他相关的连接信息。

2. 数据库连接对象创建后并不会连接到数据库，通过调用数据库连接对象的方法建立

数据库连接。完成数据库操作后,应该及时调用________方法断开连接。

3. 将数据库连接对象定义为页面基类属性的理由是________。

三、是非题

(　　)1. 使用 DataReader 对象读取数据库中的数据,对于可能为 NULL 的字段应该先用 IsDBNull()方法判断字段值是否为空。

(　　)2. 应该使用 try…finally 异常处理语句确保执行断开数据库连接的方法被执行。

(　　)3. ASP.NET 可以给控件设置事件处理方法。例如,给按钮设置了 Click 事件处理方法,那么当用户单击按钮的时候,浏览器就会立刻执行该事件处理方法。

四、实践题

实现“个人通讯录”系统的“首页”“查找联系人”“联系人详情”页面。重新发布该系统到 IIS,排除发布后出现的所有错误。

第6章

实现后台管理

学习目标

- 掌握数据列表页面的设计，以及增加、修改、删除操作页面的设计；
- 了解网站页面文件的分文件夹保存原则；
- 理解母版页的概念，掌握创建和使用母版页的方法；
- 理解 ASP. NET 中 URL 路径的处理；
- 熟练掌握 SQL 语句 INSERT、UPDATE，理解 SQL 语句集合操作的特性；
- 熟练掌握 SQL 语句 DELETE，了解“主一从”记录在删除操作时的两种处理方法；
- 理解 Response. Redirect()页面重定向方法的工作原理；
- 掌握编辑数据页面、删除数据页面的 ASP. NET 实现方法，掌握 ASP. NET 隐藏控件 HiddenField 的使用技巧；
- 了解 SQL 注入攻击；
- 掌握 ASP. NET 下拉框 DropDownList 控件的使用；
- 掌握 ASP. NET 文件上传 FileUpload 控件的使用，掌握上传文件的处理方法；
- 掌握 SQL Server 通过@@IDENITY 获取新增记录 ID 的方法。

6.1 界面设计

后台页面通常用于完成网站数据的维护，也就是数据的增加、修改和删除。对于 MPMM 来说，就是音乐分类和音乐资料数据的维护，第 1 章已经给出了大致的设计草图。

1. 音乐分类维护页面

音乐分类维护主页面如图 6-1 所示，页面主体为音乐分类列表，“添加”按钮用于新增一个音乐分类。列表每一行右侧有两个超链接，分别链接到对应音乐分类的修改和删除页面。为了方便小明跳转到不同页面，所有页面都保留了统一的 LOGO 和导航栏，下面设计中不再体现这一点。

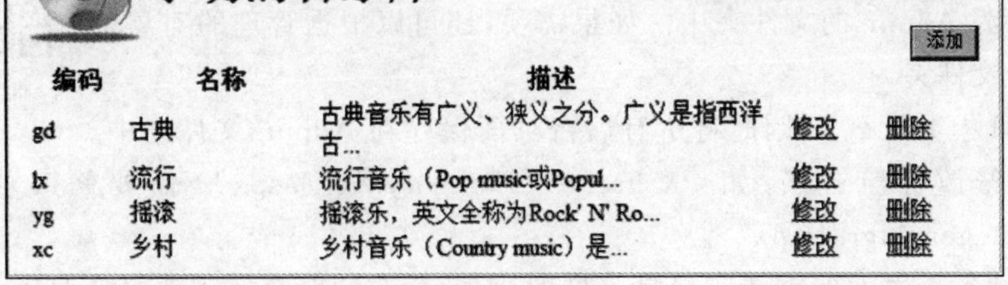

小明的音乐库　　首页 | 分类维护 | 资料维护 | 查找资料

添加

编码	名称	描述		
gd	古典	古典音乐有广义、狭义之分。广义是指西洋古...	修改	删除
lx	流行	流行音乐（Pop music或Popul...	修改	删除
yg	摇滚	摇滚乐，英文全称为Rock' N' Ro...	修改	删除
xc	乡村	乡村音乐（Country music）是...	修改	删除

图 6-1　音乐分类维护 CategoryMgr. apsx 主页面浏览效果

添加和修改音乐分类的页面基本相同,统一到单个编辑页面,如图 6-2 所示。

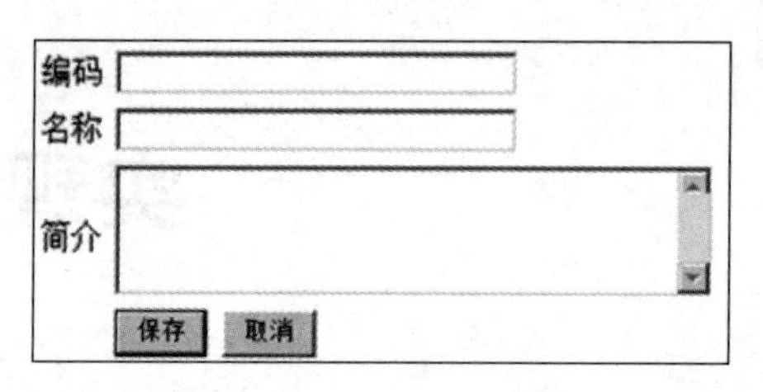

图 6-2 增加和修改音乐分类 CategoryEdit. aspx 页面浏览效果

删除页面采用和编辑页面类似的界面,增加了删除确认提示,修改了按钮标题,同时将文本框控件设置为只读模式(以免小明误认为可以在此修改音乐分类信息),如图 6-3 所示。

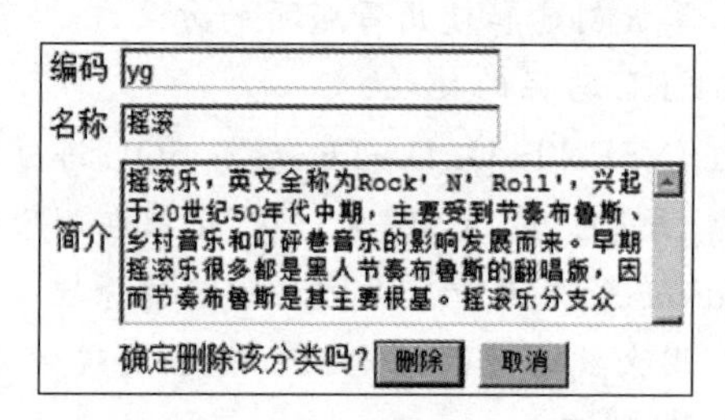

图 6-3 音乐分类删除 CategoryDelete. aspx 页面浏览效果

2. 音乐资料维护页面

音乐资料维护的主页面和音乐分类维护主页面基本相同,如图 6-4 所示。

添加

编码	名称	分类	媒体	描述		
kldykxq	克罗地亚狂想曲	古典	CD	出自专辑《The piano playe...	修改	删除
sf	Scarborough Fair	古典	CD	Scarborough Fair (斯卡堡...	修改	删除
xgals	献给爱丽丝	古典	Mp3	《献给爱丽丝》	修改	删除

图 6-4 音乐资料维护 MusicMgr. aspx 主页面浏览效果

增加和修改音乐资料的页面与音乐分类编辑页面有所不同,因为需要通过选择的方式来指定音乐分类、媒体类型,要能上传图片,并且如果是数字化音乐(如 MP3 格式的音乐资料)还需要能够上传对应的音乐文件,所以相应的界面设计如图 6-5 所示。

至于删除音乐页面 MusicDelete. aspx,没有什么特别之处,请读者自行完成设计。

3. 母版页技术

使用母版页

随着网站中页面的增多,有必要把一些页面分类放到不同的文件夹中,方便管理,而且对页面作用的理解也会有所帮助。例如,通常把后台页面保存在名为 Admin 的文件夹中。如果需要,还可以根据管理的对象进一步创建子文件夹。

MPMM 中页面不多,因此将所有后台页面保存到 Admin 文件夹中。为此,需要修改导航链接,如< a href = "CategoryMgr. aspx">需要修改成<a href="Admin/CategoryMgr. aspx">。

MPMM 每个页面的整体布局是一样的,因此修改导航链接需要打开每个页面分别进

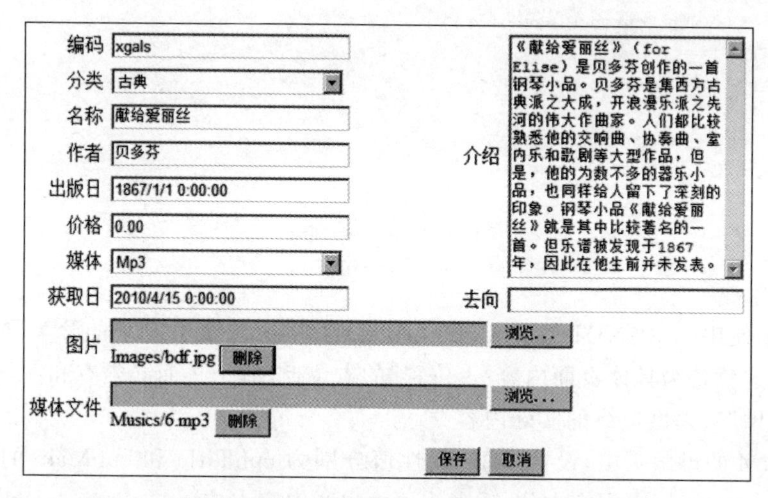

图 6-5 增加和修改音乐资料 MusicEdit.aspx 页面浏览效果

行，类似这样的维护工作是很烦人的。为此，ASP.NET 提供了母版页的功能，通过使用母版页，不同的页面可以共享同一个布局。通常把使用母版页的页面称为子页面。

1）添加母版页

下面为 MPMM 增加一个母版页。右击 MPMM 网站，在弹出的快捷菜单中选择“添加”→“添加新项”命令，然后在弹出的对话框中选择“母版页”模板。除了母版页的后台类是继承自 System.Web.UI.MasterPage 类以外，母版页基本上就是一个 ASP.NET 页面，所以可以从 Default.aspx 中复制主要的页面代码，得到母版页界面代码如下：

```
<%@ Master Language = "C#" AutoEventWireup = "true" CodeFile = "MasterPage.
master.cs" Inherits = "MasterPage" %>
<!DOCTYPE html>
<html xmlns = "http://www.w3.org/1999/xhtml">
<head runat = "server">
  <title>
    <asp:ContentPlaceHolder ID = "cphTitle" runat = "server">
    </asp:ContentPlaceHolder>
  </title>
</head>
<body>
  <form id = "form1" runat = "server">
  <div>
    <table>
      <tr>
        <td>......<% -- Logo图表和网站标题. -- %></td>
        <td>
          <a href = '<% = ResolveUrl("~/Default.aspx") %>'>首页</a> |
          <a href = '<% = ResolveUrl("~/Admin/CategoryMgr.aspx") %>'>分类维护</a> |
          <a href = '<% = ResolveUrl("~/Admin/MusicMgr.aspx") %>'>资料维护</a> |
          <a href = '<% = ResolveUrl("~/SearchMusic.aspx") %>'>查找资料</a>
        </td>
      </tr>
      <tr>
        <td colspan = "2">
          <asp:ContentPlaceHolder ID = "cphMain" runat = "server">
```

```
                </asp:ContentPlaceHolder>
            </td>
          </tr>
        </table>
      </div>
      </form>
  </body>
  </html>
```

2）占位控件

母版页中使用 ASP. NET 控件 ContentPlaceHolder 替换了原来的分类导航列表和音乐资料列表，这就是为具体页面内容“占位置”的占位控件，子页面必须有和占位控件相同数量的“内容控件”来提供最终的实际内容。

在 MPMM 的母版页中，设计了 ID 属性值分别为 cphTitle 和 cphMain 的两个占位控件，前者为< title >标记中内容占位，后者为页面主要内容占位。

3）网站绝对路径

当母版页被不同路径下的子页面所使用时，母版页中的 URL 就不能使用相对路径，因为相对路径是相对子页面而言的。母版页也不能使用绝对路径，因为绝对路径是从 Web 站点的根文件夹开始的，但一个 Web 网站可以部署成 Web 站点的子站点，此时绝对路径是从 Web 站点而不是网站开始。

例如，在 VS 中调试时，MPMM 的 URL 可能是 http://localhost: 1031/MPMM/Default. aspx，此时绝对路径/Images/musiccd. jpg 表示 http://localhost: 1031/Images/musiccd. jpg，而不是实际希望的 http://localhost: 1031/MPMM /Images/musiccd. jpg。

为此，URL 提供了从网站开始的绝对路径表示方法，这就是在绝对路径前面使用“～”符号来表示网站根文件夹。例如，MPMM 母版页中的

```
< img src = "～/Images/musiccd. jpg" runat = "server" />
```

必须注意，这种表示方法是 ASP. NET 在服务器端处理的，所以必须在< img >标记中加上 runat="server"属性。

但有些 HTML 元素不支持在服务器端处理，此时就必须用嵌入页面的 ASP. NET 代码来实现网站绝对路径，例如：

```
< a href = '< % = ResolveUrl("～/Admin/CategoryMgr. aspx") % >'>分类维护</a >
```

中的<%=ResolveUrl("～/Admin/CategoryMgr. aspx")%>。<%=<表达式>%>标记用于表示在服务器端生成结果页面时，需要将表达式的计算结果代入标记所在位置，作为结果页面中的内容。而 ResolveUrl()方法是页面类中负责解析 URL 路径的方法，它能正确处理网站相对路径。

4）使用母版页

使用母版页，需要在创建新 ASP. NET 页面时选中“选择母版页”复选框，如图 6-6 所示。

一个网站可以有多个母版页，单击图 6-6 中的“添加”按钮后会弹出如图 6-7 所示的对话框，为新建页面指定所使用的母版页。

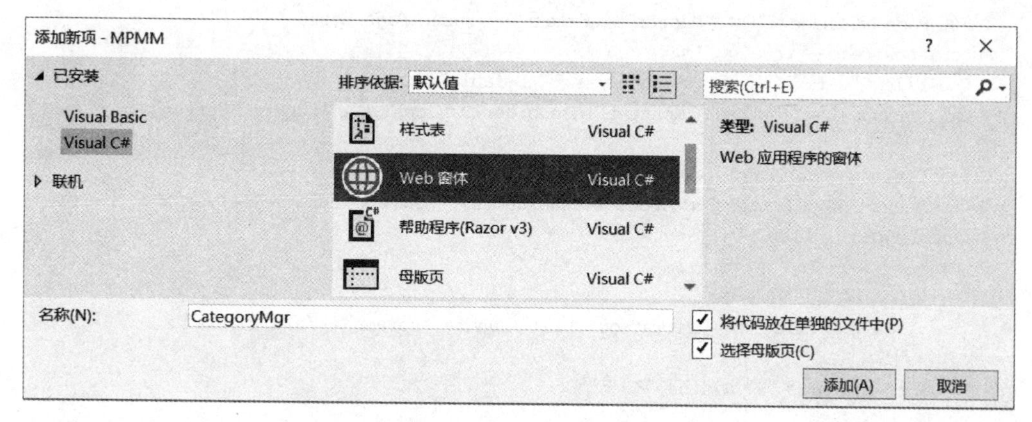

图 6-6　选择使用母版页

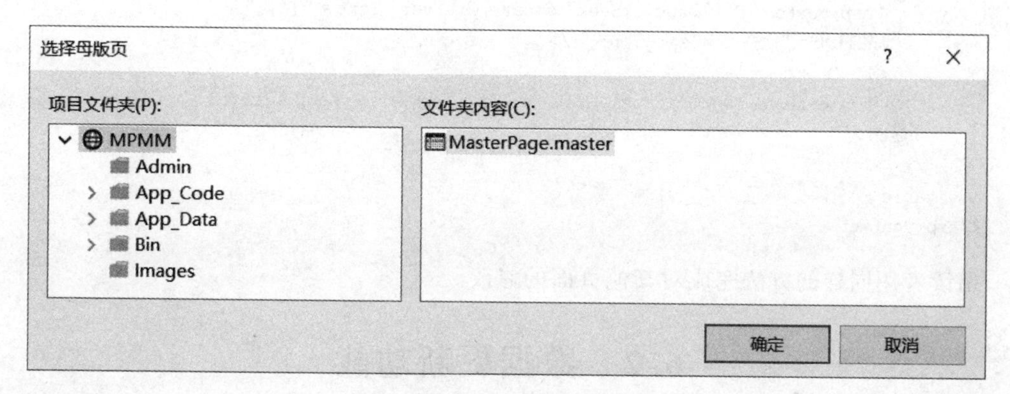

图 6-7　选择母版页对话框

例如,CategoryMgr.aspx 页面使用母版页后的页面代码为

```
<%@ Page Title="" Language="C#" MasterPageFile="~/MasterPage.master"
    AutoEventWireup="true" CodeFile="CategoryMgr.aspx.cs"
    Inherits="Admin_CategoryMgr" %>
<asp:Content ID="contHead" ContentPlaceHolderID="cphTitle" runat="Server">
<%-- 取代母版页中占位控件 cphTitle 的内容. -- %>
</asp:Content>
<asp:Content ID="Content" ContentPlaceHolderID="cphMain" Runat="Server">
<%-- 取代母版页中占位控件 cphMain 的内容. -- %>
</asp:Content>
```

从上述代码中看到页面@Page 指示符增加了 MasterPageFile 属性,用于指定该页面所使用的母版页。因此,若要为前面已经创建的 ASPX 页面指定使用母版页,就需要手工添加 MasterPageFile 属性。

当用户访问使用了母版页的内容页时,内容页将与母版页合并,内容页的 Content 控件内容将根据 ContentPlaceHolderID 属性值替换母版页中对应的 ContentPlaceHolder 控件。

下面以 Default.aspx 页面为例,说明如何为其使用母版页。这需要两方面的修改:一是手工为@Page 指示符添加 MasterPageFile 属性;二是为了适应母版页,将首页布局调整为一张表格,这张表格将代替母版页中的占位控件,成为母版页中表格的第 2 行第 1 列的内容。调整后的代码如下:

```
<%@ Page Language="C#" MasterPageFile="~/MasterPage.master"
AutoEventWireup="true"
  CodeFile="Default.aspx.cs" Inherits="_Default" %>
<asp:Content ID="contHead" ContentPlaceHolderID="cphTitle" runat="Server">
首页
</asp:Content>
<asp:Content ID="Content" ContentPlaceHolderID="cphMain" runat="Server">
  <table width="100%">
    <tr>
      <td width="20%">
        <asp:Literal ID="litCategoryList" runat="server"></asp:Literal>
      </td>
      <td colspan="2" width="80%">
        快速查找:
        <asp:TextBox ID="tbKey" runat="server"></asp:TextBox>
        <asp:Button ID="btQuickSeek" runat="server" Text="查找"
        onClick="btQuickSeek_Click" />
        <br />
        <asp:Literal ID="litMusicList" runat="server"></asp:Literal>
      </td>
    </tr>
  </table>
</asp:Content>
```

请读者用同样的方法完成对其他页面的修改。

6.2 数据更新功能

前面已经学习了数据库的查询功能,要实现后台数据管理还需要用到数据库的数据更新功能。在 SQL 中,用于实现数据增、删、改功能的语句主要就是三条:INSERT、DELETE 和 UPDATE,注意它们也是以集合为单位进行操作的。

1. INSERT

1) 新增一条记录

INSERT 语句用于向数据库表中增加记录,最常用的语法为:

```
INSERT [INTO] <表名> [<字段清单>]
VALUES (<对应值清单>)
```

其中,字段清单可以省略,表示采用表的默认字段清单,也就是全部字段且按定义时的顺序排列,但需要跳过那些自动生成值①的字段。

例如,向 Category 表新增一条记录的 SQL 语句:

```
INSERT INTO Category
VALUES ('dz', '电子', '电子音乐(Electronicmusic,也称 TECHML),简称电音、电子乐.广义而言,只要是使用电子设备所创造的音乐,都可属之.', NULL)
```

其中,第 1 列 ID 字段,由于是自增长列,无须提供值。最后一列 Parent_ID 字段,MPMM 不

---

① 如自增长列、时间戳列。

打算支持多级分类，所以无须赋值，但由于采用了默认字段清单，所以显式提供 NULL 值。

指定字段清单可以让 INSERT 语句有更好的适应能力。如果字段不能自动赋值①，字段清单中就不能省略这个字段，但出现顺序可以随意，只要 VALUES 子句提供值顺序和其保持一致即可。例如，前面的 SQL 语句可以修改为：

```
INSERT INTO Category (Name, Code, Description)
VALUES ('电子', 'dz', '电子音乐(Electronicmusic,也称 TECHML) … ')
```

这样，即使 Category 表的字段定义顺序进行了调整，这条 INSERT 语句还是能够正常工作。注意 INSERT 中的字段清单和 VALUES 后面的值都必须包含在一对括号中。

2）批量新增记录

INSERT 语句还可以批量新增记录，此时其值的提供来自于查询，具体的语法为：

```
INSERT [INTO] <表名> [<字段清单>]
<子查询>
```

例如，给 Category 表中每条记录增加一个默认下级分类，只需要一条 INSERT 语句：

```
INSERT INTO Category
  SELECT Code + '.xj', Name + '.下级', Description, ID
  FROM Category
```

DBMS 会首先完成子查询，然后将结果记录集添加到指定的表中，注意查询结果的字段排列顺序。补充说明几点：

(1) INSERT INTO 的目标表和子查询表之间没有任何关系，这个例子中刚好是同一张表，但查询和新增分两步进行，所以不用担心新增数据被查询出来。实际上，子查询就是标准的 SELECT 查询语句，可以是一个很复杂的查询。

(2) 这个子查询中的结果列使用了计算列，也就是说可以对某些字段进行计算，将计算结果作为结果。计算列可以是很复杂的表达式，甚至可以包含条件表达式、函数调用等。

(3) INSERT 语句只关心子查询列的顺序，不关心查询结果的列名。例如，上述构造下级分类的 INSERT 语句，子查询的最后一列名为 ID，而按照默认字段清单顺序对应的是 Parent_ID 列，所以新增记录的 Parent_ID 字段值就会等于子查询结果记录的 ID 字段值。

2. UPDATE

UPDATE 语句用于修改数据库表中的记录，其语法为：

```
UPDATE <表名> SET <赋值清单>
[WHERE <查询条件>]
```

其中，赋值清单就是“<字段>=<值>,<字段>=<值>,…”这样的形式，所谓“值”可以是任意表达式，只要结果满足对应字段的约束条件即可。

UPDATE 语句中的 WHERE 子句用来指定修改记录的范围，只有满足条件的记录才会执行修改。如果省略了 WHERE 子句，就表示对表中所有数据进行修改。例如，修改音乐资料 *Scarborough Fair* 分类的 SQL 语句是：

① 自动赋值的情况包括自动生成值、设置有默认值，以及允许为空时的默认值 NULL。

```
UPDATE Music SET Category_ID = 110
WHERE Code = 'sf'
```

因为音乐资料*Scarborough Fair*的Code字段值为'sf'，而且定义Music表时有一个表级约束保证Code字段值是唯一的，所以UPDATE通过条件表达式Code='sf'可以唯一确定需要修改的记录。这条语句的语法没有任何错误，但执行结果是失败的，错误信息为：

```
消息 547,级别 16,状态 0,第 1 行
UPDATE 语句与 FOREIGN KEY 约束"FK_Music_Category"冲突.该冲突发生于数据库"MpmmDB",表"dbo.
Category", column 'ID'.
语句已终止.
```

回顾一下外键的概念，该语句试图为Music表的外键Category_ID字段设置一个值，但外键参照的Category表中不存在ID字段值等于这个值的记录。所以UPDATE语句执行失败。

下面语句将修改所有成本超过20元的音乐资料，同时修改Memo和Name字段值：

```
UPDATE Music SET Memo = '贵重物品', Name = '*' + Name
WHERE Cost > 20 AND Name NOT LIKE '*%'
```

其中，Name字段的设置使用了表达式，在原来的Name字段值前添加一个"*"号。这条语句还可以反复执行而不会导致Name字段值出现多个"*"号，因为其中的条件表达式能够检查Name是否以"*"号开始。

可以看到，UPDATE中的赋值，可以是一个表达式，这个表达式可以非常复杂，甚至可以是一个查询的结果。例如，希望把所有音乐分类为"古典"的音乐资料都修改成"流行"，但只知道各音乐分类的Code字段值，而不知道它们的ID字段值，则SQL语句可以这样写：

```
UPDATE Music SET Category_ID = (SELECT ID FROM Category
  WHERE Code = 'lx')
WHERE Category_ID = (SELECT ID FROM Category
  WHERE Code = 'gd')
```

也就是说，只要查询的结果是一个唯一值，就可以将查询当作普通的值来使用。

集合更新的方式非常强大，但也非常危险，很多时候一旦修改就无法复原，使用时一定要确保语句的正确性。开发阶段做一些试验时，可以先做好数据库备份，以便随时恢复数据。下面介绍的删除操作也是如此。

3. DELETE

DELETE语句用于删除数据库表中的记录，其语法为：

```
DELETE [FROM] <表名>
[WHERE <查询条件>]
```

其中，的WHERE子句用来指定删除记录的范围，只有满足条件的记录才会被删除。如果省略了WHERE子句，就表示删除表中所有数据！

例如，删除"乡村"(ID=4)音乐分类的SQL语句为：

```
DELETE Category WHERE ID = 4
```

这条DELETE语句省略了FROM关键字，但仍然表示删除表中的记录，而不是删除表本身

(删除表用 DROP TABLE 语句),注意两者的区别。同样,这条语句的语法没有错误,但如果执行了前面批量修改分类的 SQL 语句,那这条语句的执行结果也会出错。

删除失败的原因仍然是外键约束。因为音乐分类"乡村"存在相关的音乐资料,而且在定义外键时选择的是"拒绝删除"方式,那么在存在"从记录"(相关音乐资料)的情况下就无法删除"主记录"(音乐分类)。当然,可以选择"级联删除"的方式,这样在删除"主记录"时会自动删除所有的"从记录"。

一般来说,自动删除会让使用者误以为一些记录莫名其妙消失了,所以绝大部分情况下,开发人员应该选择"拒绝删除"的方式。如果的确要删除"主记录",可以让用户显式发出删除所有"从记录"的指令,然后再来删除"主记录"。

6.3 音乐分类管理

1. 主页面

1) 页面代码

在 Admin 文件夹下新建 CategoryMgr. aspx 页面,页面布局通过表格实现,第一行为"添加"按钮,第二行为一个 Literal 控件,用于放置通过代码生成的管理列表,主区域部分的页面代码如下所示:

```
<table>
  <tr>
    <td>
      <asp:Button ID="btAdd" runat="server" Text="添加"
        OnClick="btAdd_Click" /><br />
    </td>
  </tr>
  <tr>
    <td>
      <asp:Literal ID="litCategoryList" runat="server"></asp:Literal>
    </td>
  </tr>
</table>
```

2) 页面初始化代码

页面初始化时,需要生成分类的管理列表,也就是分类的信息列表和修改、删除的超链接,这通过在 Page_Load()方法中调用 BuildCategoryList()方法实现。由于不存在处理回发请求的问题,所以不需要检查 IsPostBack 属性值。BuildCategoryList()方法的代码为:

```
/// <summary>
/// 根据数据库中的 Category 表,构造音乐分类管理列表
/// </summary>
private void BuildCategoryList()
{
  StringBuilder sb = new StringBuilder();
  sb.Append("<table>");
  sb.Append("<tr>");                                           //标题行
  sb.Append(" <th>编码</th>");
```

```
    sb.Append(" <th>名称</th>");
    sb.Append(" <th>描述</th>");
    sb.Append(" <th></th><th></th>");
    sb.Append("</tr>");
    string sql = "SELECT * FROM Category WHERE Parent_ID IS NULL";    //SQL语句
    SqlCommand cmd = new SqlCommand(sql, dbConn);                     //创建数据库命令对象
    try
    {
      dbConn.Open();                                                  //打开数据库连接
      SqlDataReader dr = cmd.ExecuteReader();               //执行SQL语句,获取数据库读取对象
      while (dr.Read())                                     //当成功读取下一行时
      {
        sb.Append("<tr>");
        //描述超长截断处理
        string description = CommonTools.TrimByLenth(dr["Description"], 20);
        //拼装一行音乐分类的内容展示HTML代码
        sb.AppendFormat("<td>{0}</td><td>{1}</td><td>{2}</td>",
          dr["Code"],dr["Name"], description); //拼装音乐分类的内容部分
        sb.AppendFormat("<td><a href='CategoryEdit.aspx?id={0}'>修改</a></td>",
          dr["ID"]);                                        //拼装修改音乐分类的超链接
        sb.AppendFormat(
          "<td><a href='CategoryDelete.aspx?id={0}'>删除</a></td>",
          dr["ID"]);                                        //拼装删除音乐分类的超链接
        sb.Append("</tr>");
      }
      dr.Close();
    }
    catch
    {
      sb.Append("<tr><td colspan='5'>读取数据库失败!</td></tr>");
    }
    finally
    {
      dbConn.Close();                                       //关闭数据库连接
    }
    sb.Append("</table>");                                  //HTML表格结束标记
    litCategoryList.Text = sb.ToString();                   //显示内容
  }
```

音乐分类管理列表通过<table>元素实现布局,编写代码时注意以下几个方面。

(1) 在读取数据前,先为表格添加一行标题。表格标题行也用<tr>标记定义,但其中的列用<th>标记定义。<th>标记和<td>标记用法完全一样,只是语义上前者表示标题,后者表示内容。

(2) 在MPMM中,不考虑实现多级音乐分类,尽管数据库中有上下级分类的设计,但程序代码中通过WHERE Parent_ID IS NULL将所有下级音乐分类都过滤掉了。

(3) 描述字段的处理采用了超长截断,通过调用自定义工具类CommonTools的静态方法TrimByLength()实现。

(4) "修改"和"删除"超链接通过GET方法传递需要修改或删除的分类ID字段值。

3) 页面重定向

双击页面上的"添加"按钮,在页面类中添加用于处理单击事件的btAdd_Click()方法,

代码如下：

```
/// <summary>
/// 添加按钮单击事件处理
/// </summary>
protected void btAdd_Click(object sender, EventArgs e)
{
    Response.Redirect("CategoryEdit.aspx");              //重定向到音乐分类添加页面
}
```

方法中只有一行代码，用于告诉客户端浏览器"跳转"到 CategoryEdit. aspx 页面。

代码很简单，但一定要注意，这段代码是在服务器端执行的，但这绝对不是在服务器端跳转到 CategoryEdit. aspx 页面。实际上，Redirect()方法会在返回的 HTML 页面中放置一条 HTML 跳转指令，当浏览器收到从服务器返回的 HTML 代码时，就会根据这条指令重新向服务器发出访问 CategoryEdit. aspx 页面的请求。所以对于 CategoryEdit. aspx 页面来说，这完全是一次新的请求，和调用 Redirect()方法的页面没有任何关系。

因此，跳转目标页面是无法访问当前页面中的任何控件、属性、变量的，如果一定要将什么信息传递到目标页面的话，需要通过其他方法来实现。例如，可以在 Redirect()方法的 URL 参数中附加查询字符串变量等。

2. 编辑页面

1) 页面代码

在 Admin 文件夹下添加 CategoryEdit. aspx 页面，页面布局仍然通过表格实现，第一列为 Label 文本标签控件；第二列是 TextBox 文本框控件。页面主要代码如下：

```
<asp:HiddenField ID="hideID" runat="server" />
<table>
  <tr>
    <td><asp:Label ID="lbCode" runat="server" Text="编码"></asp:Label></td>
    <td><asp:TextBox ID="tbCode" runat="server" Width="200px">
    </asp:TextBox></td>
  </tr>
  <tr>
    <td><asp:Label ID="lbName" runat="server" Text="名称"></asp:Label></td>
    <td><asp:TextBox ID="tbName" runat="server" Width="200px">
    </asp:TextBox></td>
  </tr>
  <tr>
    <td><asp:Label ID="lbDescription" runat="server" Text="简介">
    </asp:Label></td>
    <td>
      <asp:TextBox ID="tbDescription" runat="server" Height="200px"
      TextMode="MultiLine" Width="300px"></asp:TextBox>
    </td>
  </tr>
  <tr>
    <td></td>
    <td>
      <asp:Button ID="btSave" runat="server" Text="保存"
      onclick="btSave_Click"/>
       <asp:Button ID="btCancel" runat="server" Text="取消" />
```

```
      </td>
    </tr>
    <tr>
      <td></td>
      <td><asp:Label ID="lbPrompt" runat="server"></asp:Label></td>
    </tr>
</table>
```

上述代码中用于输入描述的TextBox文本框(ID值为tbDescription)使用了多行模式，这是通过设置TextMode属性值为MultiLine实现的。表格最下面的两行内容是“保存”和“取消”按钮，以及一个用于显示提示信息的Lable控件。

2）HiddenField控件

上述页面代码中特别需要注意的是<table>标记前的HiddenField控件，它对应HTML表单中的隐藏域元素。HiddenField控件和TextBox控件一样，可以在发给客户端浏览器的HTML代码中保存一个值，当浏览器向服务器提交请求时，也会作为Form表单数据的一部分发送给服务器。这个控件最大的特点是不会显示在浏览器中，所以叫作隐藏控件。

利用隐藏控件可以让页面携带一些信息，并在收到用户发出的PostBack请求时取回这个信息。这样可以实现将信息从一次请求传递到另一次请求，打破网站无状态的本质。打破网站无状态本质的方法有很多，隐藏控件是比较方便的一种[①]。

在音乐分类编辑页面中，通过ID属性值为hideID的隐藏控件保存当前正在编辑的音乐分类ID字段值。这个信息对于开发人员来说是重要的关键字，但对于用户来说并没有意义，所以通过隐藏控件来保存是非常合适的。

3）页面初始化

编辑页面的初始化只在首次请求页面时才需要进行[②]，该页面中“保存”和“取消”按钮触发的PostBack请求，已经被ASP.NET转化为事件方式，只需在相应的事件处理方法中完成处理。为了能同时满足新增分类和修改分类的需要，初始化时还需要根据请求分别进行处理。具体的初始化代码如下：

```
if (!Page.IsPostBack)                            //非回发请求,需要进行页面初始化处理
{
  if (String.IsNullOrEmpty(Request["id"]))       //没有传递 id 查询字符串变量,说明是新增操作
  {
    hideID.Value = "0";                          //记录新增操作标记到隐藏控件
  }
  else                                           //否则,传递了 id 查询字符串变量,说明是修改操作
  {
    hideID.Value = "-1";                         //记录修改操作标记,-1 表示尚未检查 id 查询字符
                                                 //串变量值是否合法
    String sql = string.Format("SELECT * FROM Category WHERE ID = {0}", Request["id"]);
```

① 隐藏控件缺点是应用时不够安全，因为可以通过查看网页HTML源码看到隐藏控件值。ASP.NET会自动在页面中设置一个叫作“_ViewState”的隐藏控件，用于保存ASP.NET控制信息，其值是加密的。

② 因为每次网页请求不管是否回发，都是独立的，所以标准HTML表单控件值并不能自动带入下一次请求。但ASP.NET利用_ViewState隐藏控件在两次请求之间保存ASP.NET控件的值，所以无须反复对回发页面设置这些控件的值。

```
        SqlCommand cmd = new SqlCommand(sql, dbConn);
        try
        {
          dbConn.Open();
          SqlDataReader dr = cmd.ExecuteReader();
          if (dr.Read())                   //读取数据库成功,设置输入控件值为对应音乐分类字段值
          {
            hideID.Value = dr["ID"].ToString();//隐藏控件记录修改音乐分类的 ID 值
            tbCode.Text = dr["Code"].ToString();
            tbName.Text = dr["Name"].ToString();
            tbDescription.Text = dr["Description"].ToString();
          }
          dr.Close();
        }
        catch
        {
          lbPrompt.Text = "读取数据失败!";     //通过 Label 控件显示提示信息
        }
        finally
        {
          dbConn.Close();
        }
      }
    }
```

补充说明一下上述代码的关键处理逻辑：

(1) 添加或修改音乐分类请求的区别在于前者的超链接带有查询字符串变量 ID,其值为需要修改的音乐分类 ID 字段值；后者则没有。所以,通过判断 Request["id"]的值是否为空,可以区分所需要的操作。

(2) 对于添加操作,设置 hideID 控件值为 0,以便添加完成后页面回发到服务器时能够识别出操作类型为添加。

(3) 对于修改操作,首先从数据库获取这个音乐分类,并将其各字段值赋给对应输入控件,方便用户在原基础上修改。同时也将音乐分类 ID 字段值保存在 hideID 中,以便修改完成后页面回发到服务器时能够知道需要修改的音乐分类是哪个。

(4) 修改操作初始化时,如果从数据库获取音乐分类失败,则 hideID 控件值会保留为−1,以便在页面回发到服务器时能够知道这是失败的修改操作。

4) 新增和修改音乐分类

编辑页面中“取消”按钮的功能,只需要重定向(使用 Redirect()方法)返回到音乐分类管理主页面即可。

“保存”按钮的功能,需要根据 hideID 控件值判断操作类型和需要修改的音乐分类,执行相应的 SQL 语句,具体的代码如下：

```
protected void btSave_Click(object sender, EventArgs e)
{
  int catId;
  Int32.TryParse(hideID.Value, out catId);      //从隐藏控件中获取音乐分类 ID 字段值
  if (catId == -1)                              //-1 表示修改音乐分类操作初始化时读取音乐
                                                //分类失败
```

```
    {
      lbPrompt.Text = "请指定需要修改的分类."; //给出提示信息
    }
    else
    {
      String sql;
      if (catId == 0)                                        //0 表示是新增音乐分类操作,拼装新增音乐
                                                             //分类 SQL 语句
      {
        sql = string.Format(@"INSERT INTO Category (Code, Name, Description)
              VALUES ('{0}', '{1}', '{2}')", tbCode.Text, tbName.Text,
              tbDescription.Text);
      }
      else                                                   //否则是修改音乐分类操作,拼装修改音乐分类
                                                             //SQL 语句
      {
        sql = string.Format(@"UPDATE Category SET Code = '{0}', Name = '{1}',
          Description = '{2}'
          WHERE ID = {3}", tbCode.Text, tbName.Text, tbDescription.Text, catId);
      }
      SqlCommand cmd = new SqlCommand(sql, dbConn);
      int cnt;
      try
      {
        dbConn.Open();
        cnt = cmd.ExecuteNonQuery();                         //执行新增或修改音乐分类的 SQL 语句,返回
                                                             //影响记录数
      }
      catch
      {
        cnt = 0;                                             //数据库操作失败,影响记录数设置为 0
      }
      finally
      {
        dbConn.Close();
      }
      if (cnt > 0)                                           //影响记录数> 0,说明数据库操作成功
      {
        Response.Redirect("CategoryMgr.aspx");               //修改数据库成功,跳转到音乐分类管理页面
      }
      else                                                   //否则,说明数据库操作失败,显示提示信息
      {
        string action = catId == 0 ? "新增" : "修改";
        lbPrompt.Text = String.Format("{0}分类失败!", action);
      }
    }
  }
```

针对上述代码,应注意以下几点:

(1) hideID 控件值通过 Value 属性获取,其值是一个字符串。所以程序先通过 Int32 类的 TryParse()方法试图转换成整型数据,保存在变量 catId 中。

(2) 通过 DbCommand 对象执行 SQL 语句,由于 INSERT 和 UPDATE 语句都不是查询语句,结果不是一张表,所以应该调用 ExcuteNoQuery()方法。该方法返回 SQL 命令影

响的记录数，通过这个记录数可以判断SQL语句是否执行成功。

3. SQL注入攻击

到目前为止，当需要把一些变量等的值嵌入到SQL语句中时，都使用String.Format()或者StringBuilder.AppendFormat()方法，通过拼装字符串的方法来实现。这样做代码非常简单，但存在着安全隐患。因为可以通过一种叫作“SQL注入攻击”的手段来攻击这样的网站系统，该攻击就是在判断网站可能用参数(查询变量或表单变量)构造SQL语句的时候，通过巧妙构造参数，使得网站执行特定SQL语句的技术。

例如，在估计到网站使用了类似如下代码构造查询音乐分类的SQL语句时：

```
String sql = string.Format("SELECT * FROM Category WHERE ID = {0}", Request["id"]);
```

入侵者可以修改URL中传递的ID值，将其改为以下字符串：

```
1;EXEC sp_configure 'show advanced options', 1;RECONFIGURE;EXEC sp_
configure 'xp_cmdshell',1;RECONFIGURE;
```

这样得到的变量sql中实际上是多条SQL语句，后面几条的作用是开启SQL Server执行操作系统命令的功能。如果成功，入侵者就可以进一步设法获得服务器的管理员权限。

防止SQL注入的方法有很多，如使用数据库防火墙、对参数进行关键字检查等。但最简单的就是不要通过拼装字符串的方法来向SQL语句提供参数的值，这将在第2篇中介绍。

4. 删除页面

1）页面代码

删除音乐分类页面和编辑音乐分类页面的布局基本相同，注意修改TextBox控件为只读，修改“保存”按钮标题为“删除”即可。设置控件只读属性的页面代码如下：

```
<asp:TextBox ID = "tbCode" runat = "server" Width = "200px" ReadOnly = "True">
</asp:TextBox>
```

“删除”按钮以及删除确认提示的页面代码为

```
<asp:Label ID = "lbPrompt" runat = "server">确定删除该分类吗?</asp:Label>  
<asp:Button ID = "btDelete" runat = "server" Text = "删除"
onclick = "btDelete_Click" />  
<asp:Button ID = "btCancel" runat = "server" Text = "取消"
onclick = "btCancel_Click" />
```

具体删除音乐分类的页面代码，请读者自行完成。

2）页面初始化

删除音乐分类页面的初始化代码和编辑页面中处理编辑操作的代码一模一样，可以考虑将其提取为一个公共方法，具体请读者自行完成。

3）删除音乐分类

“删除”按钮的处理需要构造删除音乐分类的SQL语句，同样使用DbCommand对象的ExcuteNoQuery()方法来执行该SQL语句，代码如下：

```
protected void btDelete_Click(object sender, EventArgs e)
{
```

```
    int catId;
    Int32.TryParse(hideID.Value, out catId);          //从隐藏控件中获取分类 ID 字段值
    if (catId<=0)                                      //获取 ID 字段值失败,则给出提示信息
    {
      lbPrompt.Text = "请指定需要删除的分类.";
    }
    else
    {
      String sql = string.Format("DELETE FROM Category WHERE ID = {0}", catId);
      SqlCommand cmd = new SqlCommand(sql, dbConn);
      try
      {
        dbConn.Open();
        cmd.ExecuteNonQuery();                         //执行删除音乐分类的 SQL 语句
        Response.Redirect("CategoryMgr.aspx");         //跳转到音乐分类管理主页面
      }
      catch
      {
        lbPrompt.Text = "删除分类失败!是否存在该分类的音乐资料?";
      }
      finally
      {
        dbConn.Close();
      }
    }
}
```

对上述代码补充说明以下几点。

(1) 程序首先分析 hideID 隐藏控件值,获取需要删除的音乐分类 ID 字段值。

(2) 执行删除音乐分类的 SQL 语句后,没有检查影响的记录数。实际上如果需要删除的记录已经因为某种原因被删除了,那么影响的记录数就是 0。此时,一种简单的处理方法就是认为删除是成功的。

(3) 对于删除可能出现的外键约束错误,这里通过 try…catch 代码进行捕获,并提示用户检查是否存在属于该音乐分类的音乐资料。

6.4 音乐资料管理

在 Admin 文件夹下新建音乐资料管理的主页面 MusicMgr.aspx。除了涉及的表、字段不一样,其布局和音乐分类管理的主页面基本相同,后台的实现也基本相同,不再重复。

1. 编辑页面初始化

1) 页面代码

在 Admin 文件夹下新建 MusicEdit.aspx 页面,注意和音乐分类编辑页面的区别。

(1) 表格布局。音乐资料的字段比较多,所以表格共设置了 4 列,其中第 1、3 列为字段标题,第 2、4 列为输入控件。第 1 行的 3、4 列,是输入音乐资料详细描述的 TextBox 控件,占据了 7 行。

(2) 下拉列表。音乐资料有两个字段是外键,一个是所属音乐分类的 Category_ID 字

段，还有一个是媒体类型 MediaType 字段。让用户直接输入所属音乐分类的 ID 字段值，或者媒体类型编码，都是不合理的。这种情况应该用下拉列表(DropDownList)控件，让用户选择直观的选项，程序自动转换选项为数据库中实际存储的值。

(3) 文件上传。图片和媒体文件是通过上传(FileUpload)控件来实现的。但没有办法通过上传控件显示或清除已上传的文件，所以单独设置显示文件信息的 Label 控件和删除文件的按钮。

音乐资料编辑页面的页面代码比较多，而且大多重复，下面给出部分省略的页面代码：

```
<table>
  <tr>
    <td><asp:Label ID = "lbCode" runat = "server" Text = "编码"></asp:Label></td>
    <td>
      <asp:TextBox ID = "tbCode" runat = "server" Width = "200px"></asp:TextBox>
    </td>
    <td rowspan = "7">
      <asp:Label ID = "lbDescription" runat = "server" Text = "介绍"></asp:Label>
    </td>
    <tdrowspan = "7">
      <asp:TextBox ID = "tbDescription" runat = "server" Height = "200px"
      TextMode = "MultiLine" Width = "200px"></asp:TextBox>
    </td>
  </tr>
  <tr>
    <td><asp:Label ID = "lbCategory" runat = "server" Text = "分类"></asp:Label>
</td>
    <td align = "left">
      <asp:DropDownList ID = "ddlCategory" runat = "server" Width = "200px">
      </asp:DropDownList>
    </td>
  </tr>
  …
  <tr>
    <td><asp:Label ID = "lbPhotoPrompt" runat = "server" Text = "图片">
    </asp:Label></td>
    <td colspan = "3">
      <asp:FileUpload ID = "filePhoto" runat = "server" Width = "400px" /><br />
      <asp:Label ID = "lbPhoto" runat = "server" />
      <asp:Button ID = "btRemovePhoto" runat = "server" Text = "删除" />
    </td>
  </tr>
  <tr>
    <td><asp:Label ID = "lbMFPrompt" runat = "server" Text = "媒体文件">
    </asp:Label></td>
    <td align = "left" colspan = "3">
      <asp:FileUpload ID = "fileMediaFile" runat = "server" Width = "400px" /><br />
      <asp:Label ID = "lbMediaFile" runat = "server" />
      <asp:Button ID = "btRemoveMediaFile" runat = "server" Text = "删除" />
    </td>
  </tr>
  …
</table>
```

2）下拉列表

音乐资料编辑页面中有两个DropDownList控件，ddlCategory下拉列表用于音乐分类的选择，ddlMediaType下拉列表用于媒体类别的选择。需要说明的是，ASP.NET的DropDownList控件对应HTML表单中的<select></select>标记。

下拉列表有一个可供选择的清单，这个清单通过DropDownList控件的Items属性设置。该属性是一个ListItem对象的集合。创建ListItem对象的代码为new ListItem(text, value)，其中text参数指定选项显示内容，value参数指定选项取值。

例如，在设置ddlCategory下拉列表的可选音乐分类清单时，展示给用户的应该是音乐分类名称，而实际需要保存到数据库中去的应该是分类的ID字段值。在调用接下来的FillDropDownList()方法时，传递给sql参数的SQL语句为SELECT ID，Name FROM Category WHERE Parent_ID IS NULL，新建ListItem对象的语句为new ListItem(dr[1].ToString()，dr[0].ToString())。所以，dr[1]对应Name字段值将会用于展示；而dr[0]对应ID字段值，将存储到数据库中。FillDropDownList()方法的代码如下：

```
    /// <summary>
    /// 填充下拉列表,使用 SQL 语句查询结果表的第 1 列作为值,第 2 列作为显示文本
    /// </summary>
  private void FillDropDownList(String sql, DropDownList ddl)
    {
      SqlCommand cmd = new SqlCommand(sql, dbConn);
      try
      {
        dbConn.Open();
        SqlDataReader dr = cmd.ExecuteReader();
        ddl.Items.Clear();
        while (dr.Read())
        {
          ddl.Items.Add(new ListItem(dr[1].ToString(), dr[0].ToString()));
      }
      dr.Close();
    }
    finally
    {
      dbConn.Close();
    }
  }
```

很多时候还需要设置下拉列表的当前选项。例如，在音乐资料修改页面，需要显示音乐资料的当前音乐分类，也就是根据音乐资料的Category_ID字段值设置ddlCatgory下拉列表的当前项。

要设置下拉列表中的当前项，可以通过设置DropDownList控件的SelectedItem属性、SelectedValue属性或者SelectedIndex属性，即分别根据ListItem选项对象、选项值或选项索引号(从0开始)进行设置。例如，根据Category_ID字段值设置ddlCategory当前项的代码如下：

```
ddlCategory.SelectedValue = dr["Category_ID"].ToString();
```

获取用户最终在下拉列表中选择了哪一项，同样是通过上述3个属性，分别获取当前选项对象、选项值和选项索引。

3）初始化代码

音乐资料编辑页面初始化和音乐分类编辑页面初始化的原理相同，具体设置相对复杂一些，代码如下：

```
if (!Page.IsPostBack)
{
  //设置音乐分类和媒体类别下拉列表
  String sql = "SELECT ID, Name FROM Category WHERE Parent_ID IS NULL";
  FillDropDownList(sql, ddlCategory);
  sql = "SELECT Code, Name FROM CodeNames WHERE CodeFor = 'Music.MediaType'";
  FillDropDownList(sql, ddlMediaType);
  if (String.IsNullOrEmpty(Request["id"]))            //新增音乐资料操作
  {
    hideID.Value = "0";                               //表示新增音乐资料操作
    btRemovePhoto.Visible = false;                    //不显示删除图片文件的按钮
    btRemoveMediaFile.Visible = false;                //不显示删除媒体文件的按钮
  }
  else                                                //修改音乐资料操作
  {
    hideID.Value = "-1";                              //假设音乐资料不存在
    sql = string.Format("SELECT * FROM Music WHERE ID = {0}", Request["id"]);
    SqlCommand cmd = new SqlCommand(sql, dbConn);
    try
    {
      dbConn.Open();
      SqlDataReader dr = cmd.ExecuteReader();
      if (dr.Read())                                  //成功读取音乐资料
      {
        hideID.Value = dr["ID"].ToString();
        tbCode.Text = dr["Code"].ToString();
        tbName.Text = dr["Name"].ToString();
        tbAuthors.Text = dr["Authors"].ToString();
        tbPublishDate.Text = dr["PublishDate"].ToString();
        tbGoWhere.Text = dr["GoWhere"].ToString();
        tbCost.Text = dr["Cost"].ToString();
        tbAcquiredDate.Text = dr["AcquiredDate"].ToString();
        tbDescription.Text = dr["Description"].ToString();
        //下拉列表选项设置
        ddlCategory.SelectedValue = dr["Category_ID"].ToString();
        ddlMediaType.SelectedValue = dr["MediaType"].ToString();
        //删除图片文件控件设置
        lbPhoto.Text = dr["Photo"].ToString();
        btRemovePhoto.Visible = !String.IsNullOrEmpty(lbPhoto.Text);
        //删除媒体文件控件设置
        lbMediaFile.Text = dr["MediaFile"].ToString();
        btRemoveMediaFile.Visible = !String.IsNullOrEmpty(lbMediaFile.
        Text);
      }
    }
    catch
    {
```

```
        lbPrompt.Text = "读取数据失败!";
      }
      finally
      {
        dbConn.Close();
      }
    }
  }
```

注意删除文件的 btRemovePhoto 和 btRemoveMediaFile 按钮只有在存在相应文件的时候才需要,所以通过按钮的 Visible 属性来控制按钮是否可见。

实际上,许多 ASP.NET 控件都有 Visible 属性。Visible=true 表示控件可见;否则就是不可见。必须搞清楚不可见和隐藏的区别:如果一个控件不可见,那么最终生成的页面上根本就没有这个控件;而隐藏控件是存在的,只是浏览器不会显示这个控件而已。

2. 上传文件管理

音乐资料编辑页面和音乐分类编辑页面最大的区别就是音乐资料编辑页面需要处理图片文件和媒体文件,也就是需要处理文件的上传和删除。

1) 文件上传控件

FileUpload 文件上传控件对应 HTML 表单中的<input type="file">标记。音乐资料编辑页面中使用了一个 ID 属性值为 filePhoto 的文件上传控件,用于上传照片文件;另一个 ID 属性值为 fileMediaFile 的文件上传控件,用于上传媒体文件。

文件上传控件在页面浏览时展示成一个文本框和一个“浏览”按钮,单击“浏览”按钮可以打开客户端本地的“打开文件”对话框,选择文件并确定后,文本框中会显示该文件的全路径名称,但此时文件并没有上传服务器。直到页面被回发时(如单击表单“保存”按钮后),文件数据才会作为表单数据的一部分和新的请求一起发送给 Web 服务器。

在文件上传控件页面的后台代码中,可以直接使用文件上传控件的方法和属性完成对文件数据的处理。例如,处理音乐资料图片文件的代码如下:

```
if (filePhoto.HasFile)                              //存在上传的图片文件
{
  filePhoto.SaveAs(Server.MapPath(String.Format(@"~/{0}", fileName)));
  //保存上传文件
}
```

上述代码中,用文件上传控件的 HasFile 属性值判断用户是否上传了文件,如果有,则用 SaveAs()方法将其保存到某个文件夹中。调用 SaveAs()方法时必须指定服务器上用于保存文件的完整路径,这通常是 Web 站点下的某个子文件夹。例如,MPMM 系统规划将图片文件保存在 Upload/Photos 文件夹中,而将音乐媒体文件保存在 Upload/Musics 文件夹中,其中 Upload 为站点根文件夹下的子文件夹。

但实际部署网站的时候,网站可以部署在任意文件夹中,所以正常情况下是无法直接给出保存上传文件的完整路径的。此时,需要使用两个技术来解决这个问题:首先将相对路径转换成网站绝对路径,也就是在相对路径前添加“~”符号;然后调用 Server 对象的 MapPath()方法,将网站绝对路径转换成操作系统的完整路径。

2）文件夹权限

完成 MPMM 的发布和 Upload 文件夹权限设置

掌握了保存上传文件的代码，对于完成上传文件的任务来说只是完成了第一步，如果没有正确设置操作系统的文件夹权限，还是无法保存上传的文件。修改 MPMM 上传文件夹权限的具体操作为：右击发布后网站中的 Upload 文件夹，选择“属性”命令并切换到“安全”选项卡，找到 IIS_IUSRS 用户组，如图 6-8 所示，可以看到其权限为读取，而没有修改、写入。

单击图 6-8 中的“编辑”按钮，弹出如图 6-9 所示的对话框，选中 IIS_IUSRS 组[①]，并选中权限列表中的完全控制“允许”复选框。单击“确定”按钮保存权限设置。

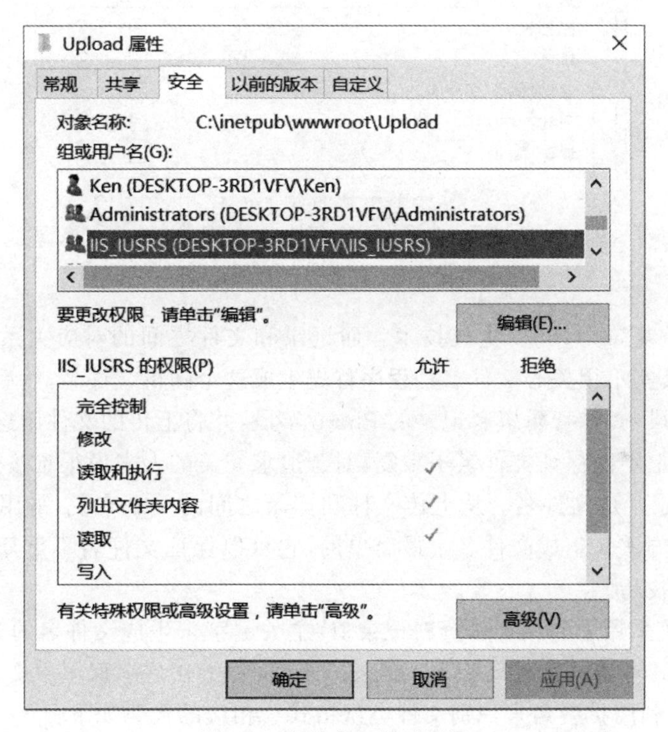

图 6-8　文件夹权限对话框

3）文件命名方案

上传文件当然有文件名，但将其保存到服务器中时应该用什么文件名呢？不同的方案面临不同的问题，具体讨论如下。

（1）保留原文件名。显然原文件名可能重复，此时新上传的文件可能会覆盖其他记录的同名文件。为此，需要在保存文件前先检查是否有其他记录的文件名和其相同，如果相同则必须拒绝。但对于用户来说很不好，因为用户很难知道该给文件取什么名字才不会被拒绝。

（2）随机生成文件名。有很多技术可以生成新的文件名，并且从概率上来说可以“保

---

① 不同版本的 Windows 和 IIS 所用的权限解决方案不同，也就是 IIS 使用的默认用户组有所不同。

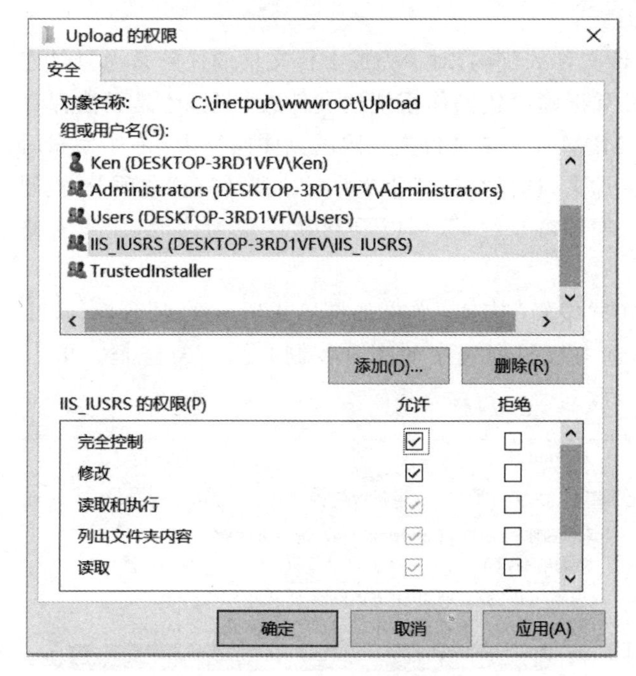

图 6-9　权限修改对话框

证”文件名不会重复,如 GUID 生成技术。而记录和文件之间的对应关系是由程序自动维护的,所以用户其实不用关心文件名。程序首先生成这个随机文件名,然后将文件名保存到数据库的相应字段中,如音乐资料记录的 Photo 字段,并将上传的文件用这个名字保存到磁盘上。由于理论上不能保证文件名不重复,对于追求完美的人来说很难接受这个方案。

(3) 根据记录生成文件名。从上传文件和记录之间的关系来说,采用记录关键字或包含记录关键字的方法来生成文件名是最简单的,它可以保证文件名不重复。但在实现时也需要运用一些小技巧。

MPMM 系统采用了利用音乐资料记录 ID 主关键字来生成文件名的策略,音乐图片文件名为 photo_<id>,媒体文件名为 music_<id>。文件的扩展名保留原文件的扩展名,以便 Windows 系统能利用扩展名来识别文件类型格式。相应的代码如下:

```
String ext = Path.GetExtension(filePhoto.FileName);            //获取扩展名
String fileName = String.Format("Upload/Photos/photo_{0}{1}", musicId, ext);//文件名
```

上述代码使用文件上传控件的 FileName 属性获取原文件名,然后调用 System.IO.Path 类的 GetExtension()静态方法获取原文件名的扩展名(包含有分隔符“.”),最后使用音乐资料的 ID 字段值和扩展名拼装出最终的文件名。

由于音乐资料编辑页面需要管理两个上传文件,因此在自定义 CommonTools 类中添加静态方法 SaveUploadFile(),实现文件上传操作,代码如下:

```
/// <summary>
/// 获取上传文件并保存,返回保存文件的网站相对路径
/// </summary>
public static String SaveUploadFile(FileUpload fu, String fileNameTemplate, long id)
{
```

```
    String fileName = string.Empty;
    if (fu.HasFile)
    {
      String ext = Path.GetExtension(fu.FileName);                    //获取扩展名
      fileName = String.Format(fileNameTemplate, id, ext);            //文件名
      HttpServerUtility server = HttpContext.Current.Server;
      fu.SaveAs(server.MapPath(String.Format(@"~/{0}", fileName)));//保存文件
    }
    return fileName;
  }
```

上述代码中，由于自定义 CommonTools 类不是页面类或页面类的子类，所以无法直接使用 Server 对象，需要通过 HttpContext.Current.Server 的方式来访问 Server 对象。

4）新增记录 ID 字段值

对于修改记录来说，获取记录 ID 字段值没有问题。但对于新增记录，自增长字段的值需在新增语句执行成功之后才会自动产生。所以，采用 MPMM 的文件命名策略，需要解决一个问题：如何获取新增记录的 ID 字段值？

SQL SERVER 为此提供了一个名为@@IDENTITY 的系统变量，可以返回最近新增的标识字段值。例如，在新增 Music 记录后立刻获取其 ID 字段值的 SQL 语句为

```
INSERT INTO Music ( … ) VALUES ( … );
SELECT @@IDENTITY
```

其实这是由两条 SQL 语句构成的，两条语句之间用"；"分隔。至于如何在程序中获取这个新增标识字段值，将在"新增音乐资料"方法中再具体介绍。

5）删除文件

除了用户主动要求删除文件以外，删除记录的同时也应该删除对应的文件。若删除文件失败，则不能删除记录，否则文件就变成了和记录无关的"孤儿"。删除文件的代码封装成自定义 CommonTools 工具类的方法，便于重复调用，代码如下：

```
/// <summary>
/// 删除通过网站相对路径名指定的文件,返回是否删除成功
/// </summary>
public static bool DeleteFile(String fileName)
{
  try
  {
    //转换成绝对路径
    HttpServerUtility server = HttpContext.Current.Server;
    String fullFileName = server.MapPath(String.Format(@"~/{0}", fileName));
    File.Delete(fullFileName);                    //删除文件,如果文件不存在会认为删除成功
    return true;                                  //删除文件成功,返回 true
  }
  catch
  {
    return false;                                 //删除文件失败,返回 false
  }
}
```

注意：上述代码中需要将网站相对路径转换成操作系统全路径，然后才可以调用

System.IO.File 类的 Delete()静态方法来删除这个文件。

3. 实现新增和修改

为了让代码更加清晰,新增和修改音乐资料的代码都封装成编辑页面类的私有方法。

1) 新增音乐资料

新增音乐资料需要采用获取新增记录 ID 字段值的 SQL 语句,也就是获取“SELECT @@IDENTITY”语句的查询结果,所以应该调用 SqlCommand 的 ExcuteScalar()方法,而不是 ExcuteNonQuery()方法。具体代码如下:

```
/// <summary>
/// 新增音乐资料记录,返回新增记录的 ID 字段值.如果新增记录失败,则返回 - 1
/// </summary>
private long AddMusic(SqlCommand cmd)
{
  try
  {
    long musicId = -1;
    cmd.CommandText = String.Format(@"INSERT INTO Music (Code, Name, Authors,
      Description, PublishDate, MediaType, GoWhere, Category_ID, Cost,
      AcquiredDate)
      VALUES ('{0}', '{1}', '{2}', '{3}', '{4}', '{5}',
      '{6}', {7}, {8}, '{9}');
      SELECT @@IDENTITY",                  //新增记录并获取新增记录 ID 字段值的 SQL 语句
      tbCode.Text, tbName.Text, tbAuthors.Text, tbDescription.Text,
      tbPublishDate.Text, ddlMediaType.SelectedValue, tbGoWhere.Text,
      ddlCategory.SelectedValue, tbCost.Text, tbAcquiredDate.Text);
    object newId = cmd.ExecuteScalar();    //获取新增记录的 ID 字段值
    if (newId != null)                     //获取 ID 字段值成功
    {
      musicId = Convert.ToInt64(newId);    //强制类型转换新增记录的 ID 字段值为 Int64 型
    }
    return musicId;
  }
  catch
  {
    return -1;                             //新增记录失败,返回 - 1
  }
}
```

2) 修改音乐资料

修改音乐资料的 EditMusic()方法实现根据指定音乐资料 ID 字段值修改对应记录的操作。请读者模仿修改音乐分类的代码,以及 AddMusic()方法中的异常处理,补充完整下面的代码:

```
/// <summary>
/// 修改音乐资料记录,返回修改记录的 ID 字段值,如果失败则返回 - 1
/// </summary>
private long EditMusic(long musicId, SqlCommand cmd)
{
  …
}
```

3）处理上传文件

为了使代码清晰易读，同样将保存图片文件和媒体文件，并登记到对应数据库记录中的任务封装成一个页面类的私有方法。下面给出的代码中省略了保存媒体文件的代码，因为这和保存图片文件基本相同，请读者自行完成。

```
/// <summary>
/// 保存指定音乐资料的上传文件，并记录到数据库.若成功则返回 true，否则返回 false
/// </summary>
private bool SaveMusicFiles(long musicId, SqlCommand cmd)
{
  bool saveOK = true;                          //初始化返回值
  try
  {
    //处理图片文件
    String fnTempalte = "Upload/Photos/photo_{0}{1}";
    String fileName = CommonTools.SaveUploadFile(filePhoto, fnTempalte, musicId);
    if (!string.IsNullOrEmpty(fileName))    //已保存图片文件，则记录文件名到数据库中
    {
      cmd.CommandText = string.Format(@"UPDATE Music SET Photo = '{0}' WHERE
        ID = {1}", fileName, musicId);
      cmd.ExecuteNonQuery();
    }
    //处理媒体文件，保存成 Upload/Musics/music_<id>.<ext>
    …
  }
  catch
  {
    saveOK = false;
  }
  return saveOK;
}
```

4）处理保存按钮事件

现在可以将上述几个方法综合起来完成音乐资料的保存工作了。为 btSave 按钮添加单击事件处理代码如下：

```
protected void btSave_Click(object sender, EventArgs e)
{
  long musicId = GetMusicID();                    //从隐藏控件中获取音乐资料 ID 字段值
  if (musicId != -1)                              //获取音乐资料 ID 字段值成功
  {
    try
    {
      SqlCommand cmd = new SqlCommand();          //创建 SqlCommand 对象，需要反复使用
      cmd.Connection = dbConn;                    //设置数据库连接对象属性
      dbConn.Open();                              //打开数据库连接
      if (musicId == 0)                           //0 表示是新增音乐资料操作
      {
        musicId = AddMusic(cmd);
      }
      else                                        //否则表示是修改音乐资料操作
      {
```

```
            musicId = EditMusic(musicId, cmd);
          }
          if (musicId == -1)                        //如果新增或修改音乐资料操作失败
          {
            lbPrompt.Text = "向数据库写入音乐资料失败。注意编码不能重复。";
          }
          else if (!SaveMusicFiles(musicId, cmd))   //如果保存文件失败
          {
            lbPrompt.Text = "保存音乐资料成功,但上传文件失败。";
          }
          else                                      //新增或修改音乐资料成功,保存文件也成功
          {
            Response.Redirect("MusicMgr.aspx");     //跳转到音乐资料管理主页面
          }
        }
        catch
        {
          lbPrompt.Text = "数据库操作失败。";
        }
        finally
        {
          dbConn.Close();
        }
      }
    }
```

上述代码的执行过程为：先是获取保存在 hideID 隐藏控件中的音乐资料 ID 字段值；然后创建 SqlCommand 对象用于多次访问数据库；接着根据 musicId 参数值调用 AddMusic()或 EditMusic 方法；如果失败(musicId==-1)则提示错误，否则调用 SaveMusicFiles()方法保存上传文件，保存成功则返回音乐资料管理的主页面。

其中获取保存在 hideID 隐藏控件中的音乐资料 ID 字段值，由于在删除上传文件时也需要使用，所以定义为编辑页面类的私有方法 GetMusicID()，代码如下：

```
/// <summary>
/// 从隐藏控件中提取音乐资料 ID 字段值,若失败返回-1,并显示提示信息
/// </summary>
private long GetMusicID()
{
  long musicId;
  Int64.TryParse(hideID.Value, out musicId);    //从隐藏控件中获取音乐资料 ID 字段值
  if (musicId == -1)                            //若音乐资料 ID 字段值获取失败,则提示
  {
    lbPrompt.Text = "请指定音乐资料.";
  }
  return musicId;
}
```

5）删除上传文件

在修改音乐资料时，如果当前音乐资料已经有上传的图片文件或媒体文件，就会显示文件信息，并提供删除按钮来删除这些文件。删除上传文件，需要首先删除这个文件，然后修改相应记录的字段值。如果按相反的顺序操作，在修改记录值成功而删除文件失败时，就会

造成文件的“失联”。

考虑到图片文件和媒体文件的删除是独立进行的，所以应该将删除文件和更新数据库的操作定义成一个方法，供不同的文件删除调用，代码如下：

```
/// <summary>
/// 删除指定的文件,并更新显示
/// </summary>
private void RemoveFile(string fileType, Label lbFile, Button btRemoveFile)
{
  long musicId = GetMusicID();                    //从隐藏控件中获取音乐 ID
  if (musicId > 0)
  {
    if (!CommonTools.DeleteFile(lbFile.Text))   //若删除文件失败
    {
      lbPrompt.Text = String.Format("删除{0}文件失败。", lbFile.Text);
    }
    else                                        //若删除文件成功
    {
      String sql = string.Format("UPDATE Music SET {0} = '' WHERE ID = {1}",
        fileType, musicId);
      SqlCommand cmd = new SqlCommand(sql, dbConn);
      try
      {
        dbConn.Open();
        cmd.ExecuteNonQuery();                  //更新数据库
        lbFile.Text = string.Empty;             //更新界面上的显示
        btRemoveFile.Visible = false;           //隐藏删除文件的按钮
      }
      catch
      {
        lbPrompt.Text = "删除文件成功,但更新数据库失败。";
      }
      finally
      {
        dbConn.Close();
      }
    }
  }
}
```

RemoveFile()方法调用了自定义 CommonTools 类中删除文件方法，然后更新数据库。为此，需要知道应该删除哪个文件、更新哪个字段，这可以分别通过传递显示文件名的 Label 控件 lbFile 和传递字段名的 fileType 来实现。

前面提到过，页面回发请求时，ASP.NET 页面使用隐藏控件_ViewState 来保持控件的值，所以控件的值只要在首次访问页面时初始化。但这样一来，如果需要清空控件的值就需要显式通过代码进行。例如，当用户删除某个上传文件后，对应显示文件名的 Label 控件内容需要清除，删除按钮需要隐藏。这都需要在删除代码中进行处理，否则页面将保持原样。所以，在执行完数据库修改操作后，又执行了更新 Label 控件和隐藏按钮的操作。因此，RemoveFile()方法还有一个 btRemoveFile 参数，用于传递需要隐藏的按钮。

有了 RemoveFile()方法，删除按钮 btRemovePhoto 和 btRemoveMediaFile 的单击事

件处理代码如下：

```
/// <summary>
/// 删除图片文件
/// </summary>
protected void btRemovePhoto_Click(object sender, EventArgs e)
{
    RemoveFile("Photo", lbPhoto, btRemovePhoto);
}
/// <summary>
/// 删除媒体文件
/// </summary>
protected void btRemoveMediaFile_Click(object sender, EventArgs e)
{
    RemoveFile("MediaFile", lbMediaFile, btRemoveMediaFile);
}
```

4. 删除音乐资料页面

删除音乐资料页面不涉及任何新知识，所以请读者在 Admin 文件夹下新建 MusicDelete.aspx 页面，然后参考音乐分类删除页面和音乐资料编辑页面完成所有开发工作。注意在删除指定的音乐资料记录时，要先删除上传文件，再删除整条记录。

至此，就完成了 MPMM 的核心功能。作为一个学习案例，MPMM 还有很多不完善的地方。例如，界面非常“朴素”、没有日志功能、列表没有实现分页、数据录入缺少校验等。随着后续学习的深入，开发的系统将越来越完善。

习 题 6

一、选择题

1. INSERT INTO Goods(Name,Storage,Price) VALUES('KeyB',3000,90.00)的作用是(　　)。

A) 添加数据到一行中的所有列　　B) 新增默认值

C) 添加数据到一行中的指定列　　D) 新增多行

2. 下列执行数据删除的语句，正确的是(　　)。

A) DELETE * FROM A WHERE B = '6'

B) DELETE FROM A WHERE B = '6'

C) DROP A WHERE B = '6'

D) DELETE A SET B = '6'

3. ASP.NET 程序中，实现将客户端文件发送到服务端功能的控件是(　　)。

A) DropDownList　B) Label　C) FileUpload　D) TextBox

4. 为了在页面中保存一些数据，但又不想让这些数据显示在页面上，可以使用(　　)。

A) 文本框控件(Textbox)

B) 文本框控件设置 Visible=false(不可见)

C) 隐藏控件(HiddenField)

D) 没有这样的控件

5. 所谓 SQL 注入攻击是指（　　）。

A）短时间内发起大量的 SQL 申请，让数据库服务器无法处理而瘫痪的攻击

B）针对用字符串拼接实现参数化 SQL 的系统，构造输入内容来执行非法 SQL 语句

C）在上传文件时不上传正常的图片文件，而是上传 SQL 脚本文件的方式来攻击网站

D）使用 SQL 技术的网站，可以在浏览器地址栏直接输入 SQL 语句并执行的安全漏洞

二、填空题

1. SQL 语句中，使用________语句修改数据库表中的记录。

2. 使用 VS 调试 ASP. NET 程序的两个重要手段为________和________。

3. ASP. NET 提供了________功能，通过使用它，不同页面可以共享同一个布局。

4. 习题 4 第四题所示的数据库中，要为所有 SQL Server 这门课程的成绩提高 5 分的 SQL 语句为________。

5. 获取新增记录 ID 字段值的 SQL 语句为________。

三、是非题

（　　）1. Response. Redirect()方法的作用就是在服务端直接调用执行指定页面的程序。

（　　）2. 如果有两张表之间存在着 1 对多的“主-从”关系，那么无论什么情况，DELETE 语句都必须先删除“从记录”，然后才能删除对应的“主记录”。

（　　）3. ASP. NET 页面中使用“~/Images/musiccd. jpg”这样的网站绝对 URL，其实是相对于网站根文件夹的相对路径，这可以避免将网站部署到不同子站点时的 URL 错误。

四、实践题

1. 下面的代码属于删除音乐分类页面，当用户单击“删除”按钮时执行该代码。代码中存在 6 处错误（有 2 个错误属于同一类），请用如下格式指出错误：第 n 行有错误，正确代码是……

```
(1)  protected void btDelete_Click(object sender, EventArgs e)
(2)  {
(3)    int catId;
(4)    Int32.TryParse(hideID.Value, out catId);
(5)    if (catId <= 0)
(6)    {
(7)      lbPrompt = "请指定需要删除的音乐分类.";
(8)    }
(9)    else
(10)    {
(11)      String sql = "DELETE FROM Category";
(12)      SqlCommand cmd = new SqlCommand(dbConn);
(13)      try
(14)      {
(15)        dbConn.Open();
(16)        cmd.ExecuteScalar();
(17)        Response.Redirect("CategoryMgr.aspx");
(18)      }
(19)      catch
(20)      {
```

```
(21)          lbPrompt = "删除音乐分类失败!是否存在属于该音乐分类的音乐资料?";
(22)        }
(23)        finally
(24)        {
(25)          cmd.Close();
(26)        }
(27)      }
(28)  }
```

2. 下面的代码属于音乐分类编辑页面,其中 Page_Load()方法用于根据 URL 请求的(分类)ID 值,设置页面为新增或修改状态,btSave_Click()方法用于执行新增或修改操作,代码适当简化去除了异常检查和处理。请补充完善代码。

```
protected void Page_Load(object sender, EventArgs e)
{
  if (!Page.________)
  {
    if (String.IsNullOrEmpty(________))
    {
      hideID.Value = "0";
    }
    else
    {
      hideID.Value = "-1"; //默认没有这个分类
      String sql = string.Format("SELECT * FROM Category WHERE ID = {0}",
      ________);
      SqlCommand cmd = ________;
      dbConn.Open();
      SqlDataReader dr = cmd.ExecuteReader();
      if (dr.________)
      {
        hideID.Value = dr["ID"].ToString();
        tbCode.Text = dr["Code"].ToString();
        tbName.Text = dr["Name"].ToString();
        tbDescription.Text = dr["Description"].ToString();
      }
      dr.Close();
      dbConn.Close();
    }
  }
}
protected void btSave_Click(object sender, EventArgs e)
{
  int catId;
  Int32.TryParse(hideID.Value, out catId);
  String sql;
  if (catId == ________)
  {
    sql = string.Format(@"INSERT INTO Category(Code, Name, Description)
      VALUES ('{0}','{1}','{2}')",tbCode.Text,tbName.Text,
      tbDescription.Text);
  }
  else
  {
```

```
        sql = string.Format(@"UPDATE Category SET Code = '{0}', Name = '{1}', Description = '{2}'
          WHERE ID = {3}", tbCode.Text, tbName.Text, tbDescription.Text,
          ________);
    }
    SqlCommand cmd = ________;
    dbConn.Open();
    cmd.________;
    dbConn.________;
    Response.Redirect("CategoryMgr.aspx");
}
```

3. 实现“个人通讯录”系统后台管理页面，包括联系人类别和联系人信息维护，要求使用母版页，并将后台页面保存到 Admin 文件夹中，并且联系人详情页面中应该包括联系人的照片，最后将系统发布到 IIS，排除发布后出现的所有错误。

第 2 篇

企业 KPI 查询系统

第7章

需求分析和设计

学习目标

- 了解"企业KPI查询系统"的系统建设目标；
- 了解角色分析的方法，了解用例图扩展用法以及前景对用例的指导作用；
- 了解需求分析中的非功能性需求分析；
- 理解模块设计和用例之间的关系和区别，掌握功能模块图的绘制和描述。

7.1 需求分析

1. 背景

关键绩效指标(Key Performance Indicator, KPI)是对组织内部流程的输入端、输出端的关键参数进行设置、取样、计算、分析，是衡量流程绩效的一种目标式量化管理指标。为了使企业执行有效的绩效管理，运用高效率的信息化手段和全方位及时的数据化支持为企业管理决策服务，企业管理KPI系统应运而生。为此，某公司希望开发一个企业KPI查询系统(以下简称KPIs)，主要希望达到如表7-1所示目标。

表7-1 KPIs业务前景

编号	目标
P01	能够建立整个企业分层级的KPI指标体系，并允许根据需要灵活调整
P02	允许相关人员协同录入各指标数据，分工合作、互不干扰，并避免KPI指标数据被随意调整
P03	可以方便地查看指标数据，但又要防止KPI数据泄露
P04	提供KPI指标的图表分析功能，方便管理人员分析KPI数据

2. 用例分析

1) 角色分析

需求分析通常从什么人会使用系统入手，也就是分析系统角色有哪些。和MPMM不同，KPIs中存在着多个角色，具体角色分析如表7-2所示。

表7-2 KPIs角色分析

编号	角色名称	角色概况和特点	需求	代表人
AC01	管理员	负责管理系统的基本数据	• 维护企业的部门结构 • 管理各部门的用户 • 管理各部门的KPI指标和指标输入人员	郭小杰
AC02	领导	某部门负责人，KPI指标数据的消费者	• 查看部门和下级部门的所有KPI指标、指标数据	张小美
AC03	数据员	负责KPI指标数据的录入	• 查看自己的KPI指标 • 查看、录入、修改、删除自己的指标数据	李小歌

2）用例图

通过分析角色使用系统完成什么事项，可以给出 KPIs 的用例图，如图 7-1 所示。相对于角色的需求，图中增加了“管理权限”“记录操作日志”“查看操作日志”和“查看指标走势图”几个用例。

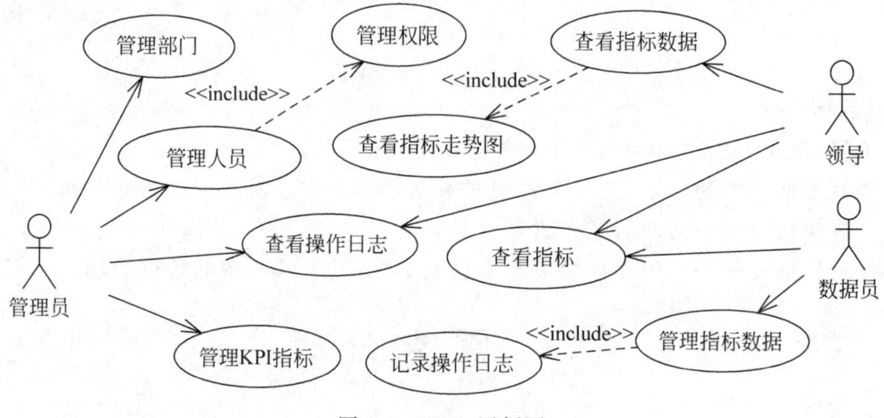

图 7-1　KPIs 用例图

为什么会在用户明确提出的需求之外增加这些用例呢？表 7-3 给出了业务前景和用例的对照表，可以知道每个用例都是支撑业务前景的，当发现业务前景没有被完全覆盖时就需要增加用例，反之如果用例没有对应的业务前景就可以去除。

表 7-3　KPIs 用例覆盖业务前景对照表

业务前景	用例	覆盖前景
P01	管理部门	分层级体系
	管理 KPI 指标	KPI 指标
P02	管理人员	相关人员协同
	管理指标数据	录入各指标数据
	管理权限	分工合作、互不干扰
	记录操作日志、查看操作日志	避免 KPI 指标数据被随意调整
P03	查看指标、查看指标数据	方便地查看指标数据
	管理权限	防止 KPI 数据泄露
P04	查看指标走势图	图表分析功能

图 7-1 中省略了诸如用户登录之类的基本用例，请读者自行补充，重点注意以下几点。

(1) 用例图中可以有多个角色，图 7-1 包含了所有 KPIs 角色。

(2) 不同角色可使用相同用例，如“领导”和“管理员”都可以使用“查看操作日志”用例。

(3) 用例可以包含另一个用例，UML 中用带< include >的箭头线来表示，如“管理人员”用例中包含了“管理权限”用例。

KPIs 的用例虽然较多但并不复杂，因此不再进一步给出用例描述。

3. 非功能性需求分析

一般来说一个软件系统，除了功能性需求外，还会有非功能性需求，如安全性、性能、稳定性、美观性、便利性、经济性、可扩展性等。非功能性需求最好能够给出量化标准，如稳定性可以要求“能够 7 ×24 小时工作，年故障时间不得超过 1 天”。当然，有些是难以量化的，如“界面必须美观，操作要方便”。

KPIs 非功能性的要求比较简单，罗列如下：

（1）支持的数据容量大于 2GB，不限制部门、人数、指标数和指标数据量。

（2）一般的管理操作和录入操作，系统响应时间不能超过 1s；对于大量数据的分析、展示，系统响应时间不能超过 60s。

（3）支持使用一般的 PC 服务器作为 Web 服务器，客户端兼容常见浏览器。

（4）系统能够稳定运行，在基础软硬件系统正常工作的前提下，不得出现由于程序或人为错误导致整个系统崩溃的情况。

（5）界面要美观，适合 KPI 指标展示数据量较大的特点。

（6）具有基本的安全性，能防止常见的网站攻击手段，未经授权无法使用系统。

（7）操作要便利，主要功能的使用操作不超过 5 个步骤，常用功能不超过 3 个步骤。

7.2　概要设计

本节仅给出技术线路选择、功能模块设计和简略的实体类图设计，请读者参考本书第一篇完成其他设计工作。

1. 技术线路选择

开发一个软件必然涉及相关技术的选择，一方面用户需求会影响技术选择，另一方面技术选择也会影响软件功能、特性。KPIs 的技术线路如表 7-4 所示。

表 7-4　KPIs 技术线路选择

内　容	具体选择
开发工具	Visual Studio 2013 Express Editions 简体中文版
开发技术	ASP. NET 4.5
所用语言	C#
数据库系统	SQL Server 2012 Express
运行环境	IIS 7.0

2. 功能模块设计

当系统功能比较复杂时，需要进行功能模块设计，也就是确定系统的功能如何分解成较小的功能模块，以及各功能模块之间的关系。不要将用例和功能模块混为一谈，一个用例可能被划分为几个功能模块，反之一个功能模块也有可能实现多个用例。

1）功能模块图

很多系统的功能模块形成层次关系，所以用层次图给出是比较合适的，称为系统功能模块图。例如，KPIs 的功能模块图如图 7-2 所示。

2）功能模块描述

功能模块图给出了系统模块的划分和模块之间的关系，表 7-5 以表格形式对 KPIs 功能模块进行了简要描述，明确了各模块的功能和注意点。

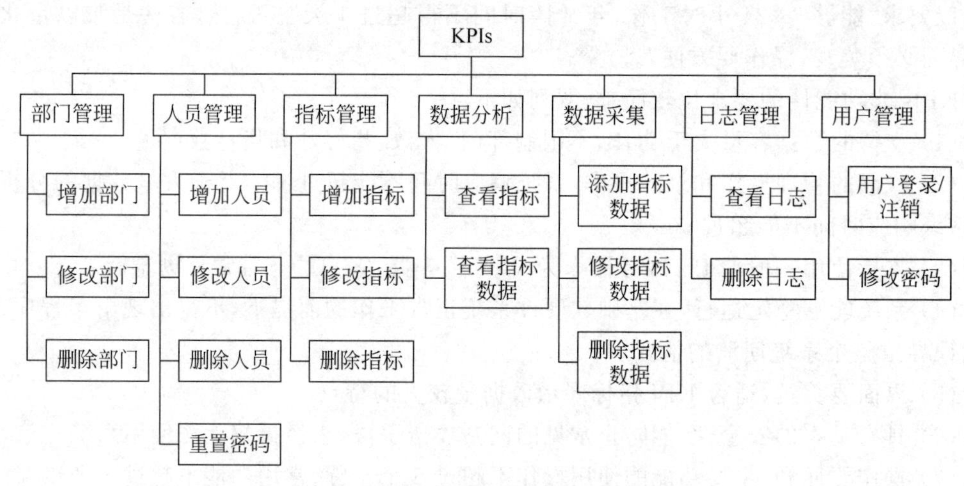

图 7-2 KPIs 功能模块图

表 7-5 KPIs 模块简要描述

模块	模块描述
部门管理	• 整个公司作为顶级部门,可以添加、修改、删除某个部门的下级部门。如果部门拥有下属人员、部门或 KPI 指标,则无法删除该部门 • 目前不考虑支持部门合并、人员迁移、部门停用等操作
人员管理	• 可以添加、修改、删除人员,每个人员属于某个部门。人员可以拥有查看权限、系统管理权限、数据录入权限 • 顶级部门设置默认管理员一名,不可删除、修改 • 如果人员忘记了密码,可以请管理员重置自己的密码
指标管理	• 每个部门可以拥有一个或多个 KPI 指标,每个 KPI 指标拥有一个权重,用于计算该部门的综合 KPI 指标得分。权重可以为 0,表示不参与综合计算。如果 KPI 指标有所属的指标数据,则不允许删除该 KPI 指标 • 每个指标可以指定一名数据员,该数据员不一定是指标所属部门的人员 • 目前不考虑支持将下级部门的某个 KPI 指标汇总出部门某个 KPI 指标的功能,不考虑指标权重是否合理,不考虑停用 KPI 指标的功能
数据分析	• 领导可以查看自己(含下属)部门的 KPI 指标和指标数据,查看指标数据分析图 • 支持的分析图为指定时间范围内的折线图
数据采集	• 数据员可以查看自己负责的指标和指标数据,并可对指标数据进行添加、修改、删除操作 • 所有对指标数据的操作都会记录到操作日志中,以免数据员随意调整数据
日志管理	• 管理员可以查看所有操作日志,领导可以查看自己(含下属)部门指标的操作日志 • 管理员还可以删除日志,以免过期的日志占用过多资源
用户管理	• 用户需要登录到系统中才可以执行授权的操作。操作完成后,应该从系统中注销 • 用户可以修改自己的密码

3. 实体类图设计

通过分析 KPIs 的背景、用例和模块设计,可以得到如图 7-3 所示的类图。其中包含的类都是实体类,所以叫作实体类图。软件设计中还会涉及其他的类,如服务类、界面类等,也可以通过类图来表示,相关知识可以查阅软件工程资料。

图 7-3 没有给出类的属性和方法,关系设计也不太合理,后续将对其进行完善。

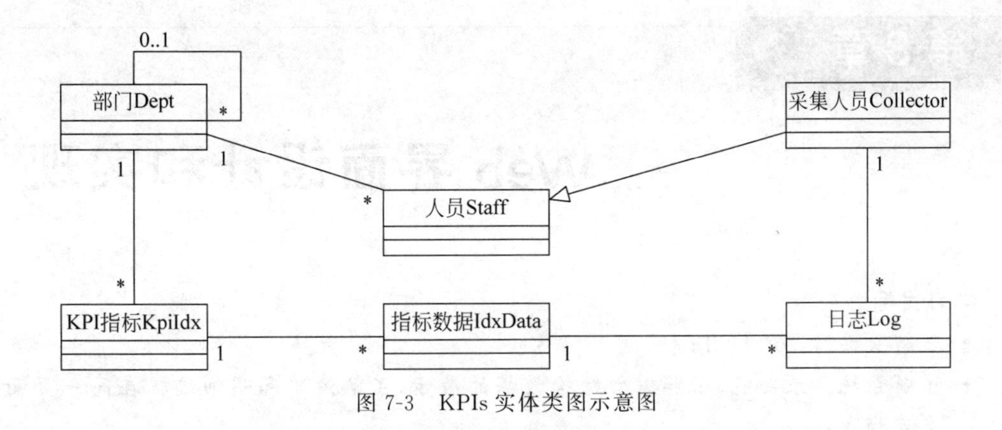

图 7-3　KPIs 实体类图示意图

习　题　7

一、选择题

1. 在 UML 用例图中，人形符号表示的是(　　)。

A) 关联　　B) 用例　　C) 角色　　D) 系统

2. 下列关于角色(Actor)说法正确的是(　　)。

A) 就是用户，系统有多少用户就有多少角色

B) 表示人或事物在使用系统或与系统交互时所承担的角色

C) 一个用户不可能同时承担两个角色

D) 不同角色不能使用相同用例(Use Case)

二、填空题

1. 需求分析不仅仅包括功能需求分析，还包括________。

2. 判断用例是否已经能够满足需求，可以通过分析用例是否覆盖________来进行。

三、是非题

(　　)1. 用例中可以包含另一个用例，UML 中用带< include >标记的箭头线来表示。

(　　)2. 一个用例可能被划分为几个功能模块，反之一个功能模块也可能实现多个用例。

四、实践题

某连锁超市希望开发一个“门店销售指标跟踪系统”，能够对下属门店的经营情况进行综合分析，为此需要跟踪每个门店每天的销售数量、销售金额、工作人数、顾客人数等指标。由于门店数量众多，因此会将门店按照区域分组，几个区域又合并为一个大区。请根据上述描述，参考 KPIs 的分析和设计，完成该系统的用例分析、功能模块设计和实体类图。

第8章

Web 界面设计和实现

学习目标

- 理解页面清单的作用；
- 了解系统登录功能，了解树形结构数据的展示，了解清单和明细编辑在同一页面的交互模式；
- 掌握 VS 中新建 ASP. NET Web 应用程序的方法，理解新建应用程序和新建网站的联系和区别；
- 掌握什么是 CSS、CSS 选择器和属性、继承机制，了解提供 CSS 的不同途径，了解 CSS 选择器分组；
- 深刻理解 CSS 盒子模型，理解 margin、padding 属性的联系和区别；
- 掌握 ID 选择器的使用，了解 HTML <div>和<span>元素在 CSS 中的广泛应用；
- 掌握 ASP. NET 控件 CssClass 属性和 HTML 元素 class 属性，掌握类选择器的使用；
- 掌握 CSS 图片背景、图片按钮技巧，理解 float 元素的工作机制；
- 掌握 CSS 实现登录页面布局和网站整体布局。

8.1 界面详细设计

界面设计包括美工设计和交互模式设计，是非常值得研究的内容，大型开发中由专业的界面工程师负责，小型项目中通常由软件开发人员兼任。

1. 页面清单

界面设计时应该给出界面清单、命名规范、界面功能分工，这样便于团队合作开发，因为团队成员可以根据清单进行分工，并且根据清单规范给界面命名以便集成。对于 KPIs 这样的 Web 系统来说，界面清单就是页面清单，如表 8-1 所示。

表 8-1 KPIs 页面清单

模块	路径	页面文件	页面描述
KPIs	/	Site. master	页面母版，注销用户
部门管理	/Admin	DeptManage. aspx	部门管理，列表、删除、增加、修改
人员管理	/Admin	StaffManage. aspx	人员管理，列表、删除、增加、修改、密码重置
指标管理	/Admin	IndexManage. aspx	KPI 指标管理，列表、删除、增加、修改
数据分析	/Index	List. aspx	查看 KPI 指标清单
		Data. aspx	查看指标数据，查看指标数据分析图
数据采集	/Collect	List. aspx	查看采集 KPI 指标
		Data. aspx	查看指标数据、添加、修改、删除

续表

模　块	路　径	页面文件	页面描述
日志管理	/Log	List. aspx	查看日志清单,删除
用户管理	/	Login. aspx	首页/登录
		ChangePwd. aspx	修改密码

2. 整体页面布局

KPIs 中部门是所有数据的中心,所以围绕部门设计了如图 8-1 所示的 KPIs 整体布局。

图 8-1　KPIs 整体页面布局示意图

图 8-1 所示布局为典型的上中下型。上方为菜单和用户操作面板,下方是页脚,显示系统名称、版权等信息,中间是整个站点的核心操作区域。由于部门为多级层次结构,所以核心操作区域左侧为树形部门清单,右侧则是主要的数据展示和操作区域。

KPIs 所有页面(除登录页面)都采用如图 8-1 所示的布局,但具体的主菜单、部门树或主操作区域的内容会随着用户权限和页面不同而动态调整。

3. 详细页面设计

1) 登录页面

登录页面如图 8-2 所示。根据用户权限不同,登录后会进入不同的系统功能页面,如管理员进入部门管理页面、领导进入数据分析页面,而数据员则进入数据采集页面。

2) 部门树

展示层次关系的数据,如企业的部门,最佳方式是树形结构,如图 8-3 所示。

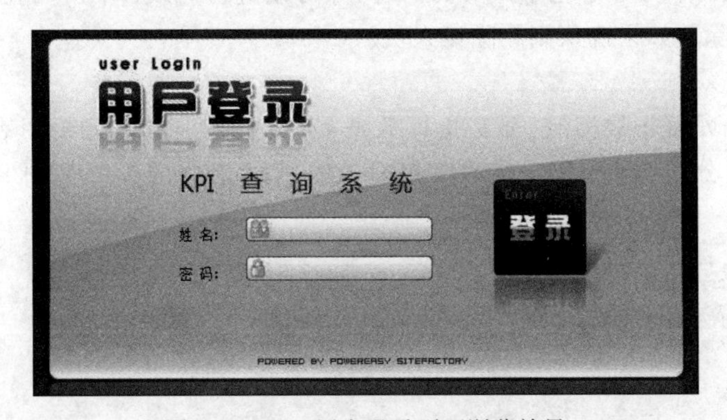

图 8-2　KPIs 用户登录页面浏览效果

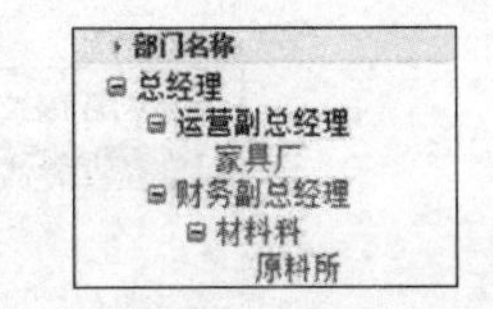

图 8-3　KPIs 树形部门导航区域浏览效果

部门树节点是超链接,单击超链接,不同页面在主操作区展示不同的内容,具体为:

- 部门管理页面,显示该部门的直接下级部门清单。
- 人员管理页面,显示该部门的人员清单。
- 指标管理页面,显示该部门的 KPI 指标清单。

- 日志管理页面,显示该部门(或所有下级部门)的 KPI 指标数据的操作日志。
- 数据分析页面,显示该部门(或所有下级部门)的 KPI 指标清单。
- 数据采集页面,显示该部门(或所有下级部门)的 KPI 指标清单,但局限于用户有权限维护的指标。

3) 后台管理页面

部门管理、人员管理、指标管理和日志管理页面,都是后台管理页面,它们的页面设计是类似的,如人员管理的管理页面布局如图 8-4 所示。

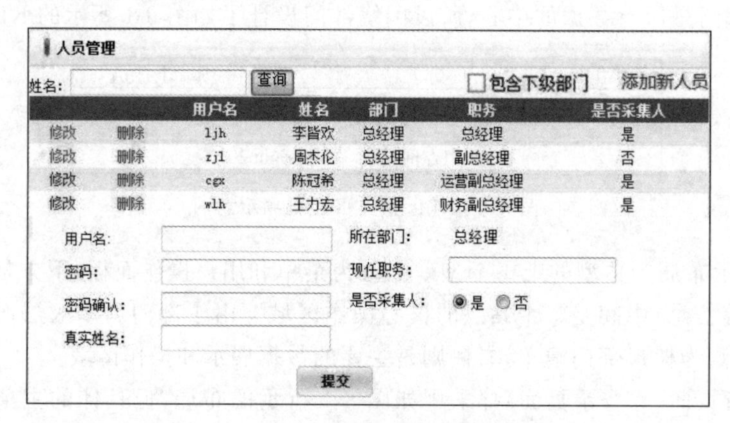

图 8-4 KPIs 人员管理页面浏览效果

图 8-4 所示的管理页面布局分为 4 个区域：标题栏、工具栏、列表清单和输入区。标题栏显示当前管理页面的名称“人员管理”。工具栏中有“输入查找条件”和“查询”按钮；选中“包含下级部门”复选框,显示的清单将包含下级部门人员；单击“添加新人员”超链接,在页面下方显示空白输入区,用于新增当前部门的人员。

列表清单显示人员清单,如果内容过多应该分页显示。列表前两列为“修改”和“删除”超链接；单击“修改”超链接,就在下方显示这个人员的内容,并可以进行修改；单击“删除”超链接,就会提示“确认是否删除”,如果确认则删除该人员。

4) 数据管理页面

数据分析页面和数据采集页面非常类似,都有指标数据展示,只是前者有分析图表,后者有数据输入区域。以数据分析页面为例,展示该部门 KPI 指标清单的界面如图 8-5 所示。

所选部门及其下级部门的KPI指标

指标名称	部门名称	采集人员姓名	最新数据
企业文化宣传指标	总经理	李皆欢	60%
服务效率	总经理	陈冠希	33%
资产盈利效率	总经理	李皆欢	20%
报价准确性	总经理	郭德纲	77.5%
单据审核正确性	总经理	王力宏	88.6%

图 8-5 KPIs 指标清单页面浏览效果

单击指标名称可以查看该指标的详细信息,单击最新数据栏中的数据可以查看该指标的明细数据和分析图,如图 8-6 所示。

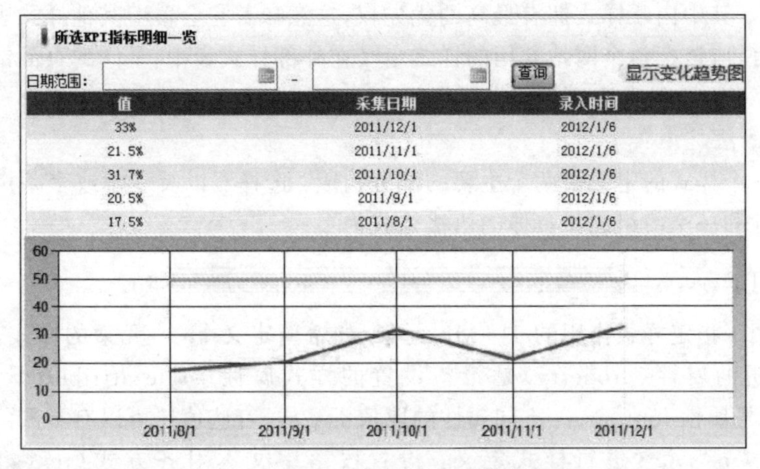

图 8-6　KPIs 数据分析页面浏览效果

8.2　实现登录页面布局

KPIs 使用 HTML < div >标记结合层叠样式表(CSS)实现布局(简记为 DIV＋CSS)。由于页面和样式表是可以分离的,修改布局时无须修改 HTML 页面和程序代码,只要切换页面所用样式表即可,这是表格布局难以做到的。

使用 CSS 实现登录页面布局

1. 层叠样式表

1) CSS 概述

CSS 指层叠样式表(Cascading Style Sheets,CSS)。HTML 标记原本被设计为用于定义文档内容。通过使用< h1 >、< p >、< table >这样的标记,HTML 的初衷是表达"这是标题""这是段落""这是表格"之类的信息。文档布局由浏览器来完成。

但实际上人们不但需要控制文档的内容,而且还迫切希望能够控制文档的展示外观,为此万维网联盟(W3C)创造出了样式的概念,可以将样式应用到某个 HTML 元素,从而控制该元素的展示外观。所有的主流浏览器均支持层叠样式表。

样式表就是指样式的列表,也就是一个样式的清单。因为可以通过多种途径来提供样式表,这些不同途径提供的样式表,会合并成一个最终的复合样式表,即层叠样式表。可能的样式表提供途径和优先级如表 8-2 所示。

表 8-2　样式表提供途径和优先级

优先级	途　径	说　明
1	默认	浏览器默认设置
2	外部	外部样式表,独立于 HTML 文件存在的样式表文件,通过链接方式引入
3	内部	内部样式表,定义在 HTML 文档的< head >标记内
4	内联	内联样式,通过 HTML 标记的 style 属性,定义在 HTML 元素内

不同途径提供的样式表可能作用到同一个 HTML 元素,根据优先级(从 1～4 依次升

高)依次覆盖。其中内联样式拥有最高的优先权,这意味着它会覆盖其他样式表中的相同样式。一般而言,应该把整个网站共用的样式定义在外部样式表中,不同的页面链接到相同的外部样式表;只有少量专用样式才会用内联或内部的方式来定义。

2) CSS 语法

CSS 中一个样式的定义由两个主要的部分构成:选择器以及一条或多条声明。每条声明由一个属性和一个值组成。具体的语法格式为:

```
selector { property1:value1; property2:value2; … property:valueN }
```

选择器用于指定样式作用的 HTML 元素,如希望定义< h1 >元素的样式,选择器就是 h1。每条声明的属性(property)是希望设置的样式属性(style attribute),如颜色属性 color,字体字号属性 font-size。不同属性的取值不一样,有些值还可以有不同的表示法。

例如,对< p >元素进行样式定义:设置段落中文本对齐方式(text-align)为居中(center),颜色(color)为黑色(black),使用字体(font-family)为 arial,相应的 CSS 代码为:

```
p { text - align: center; color: black; font - family: "arial"; }
```

使用上述样式的页面,所有段落都会使用这个样式。像这样指定某一类 HTML 元素样式的选择器称为元素选择器。

3) CSS 选择器

CSS 选择器的种类丰富多彩,也显得比较复杂,除了元素选择器,还有选择器分组、选择器继承、派生选择器、后代选择器、子元素选择器、相邻兄弟选择器、ID 选择器、类选择器、属性选择器等。

例如,选择器分组用于指定一组 HTML 元素,元素之间用逗号分隔,如 CSS 样式:

```
h1,h2,h3,h4,h5,h6 { color: green; }
```

将所有标题元素都定义成了绿色。

根据标准的 CSS 规范,HTML 中的子元素会自动继承父元素的属性,如 CSS 样式:

```
body { font - family: Verdana, sans - serif; }
```

则子元素(如 p,td,ul,ol,ul,li,dl,dt 和 dd 等)将继承最高级元素(body)所拥有的属性,不需要另外的样式规则,所有 body 的子元素都会显示 Verdana 字体,子元素的子元素也一样。

继承有两点需注意:一是有些浏览器不支持继承,或在某些元素上不支持继承;二是如果子元素定义了自己的样式规则,则子元素的样式规则优先。所以,有时候开发人员会利用选择器分组同时定义父元素和子元素的样式,例如:

```
body, p, td, ul, ol, li, dl, dt, dd { font - family: Verdana, sans - serif; }
```

无论哪种选择器都是用于指定样式规则所作用的 HTML 元素,只是指定的方式不同。

2. DIV+CSS 页面布局

1) 新建 Web 项目

打开 VS,选择"文件"→"新建"→"项目"命令,选择网站项目类型为"Web 先前版本"下的"ASP. NET 空网站",输入名称 KPIsWeb,修改解决方案名称为 KPIs,如图 8-7 所示。

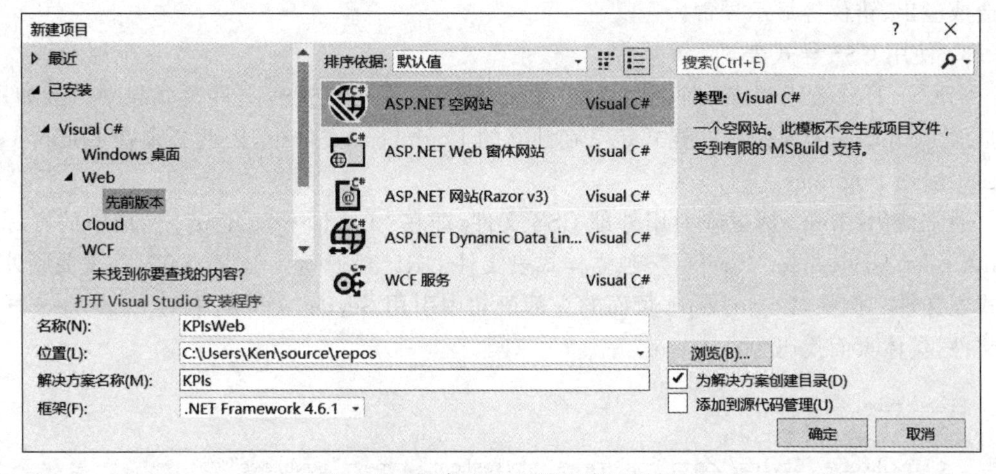

图 8-7　创建 Web 应用程序对话框

单击“确定”按钮，VS 会创建一个名为 KPIs 的解决方案，方案中只有一个名为 KPIsWeb 的网站项目。ASP.NET 网站类型项目和第 3 篇中采用的 ASP.NET Web 应用程序类型项目没有本质上的区别，但 ASP.NET 网站类型项目有少量特殊限制。

所谓解决方案，可以理解为项目集合。例如，创建 KPIsWeb 时，指定了解决方案名称为 KPIs，所以 VS 会在 Repos 文件夹下添加 KPIs 文件夹，并在其中包含一个名为 KPIs.sln 的解决方案文件和名为 KPIsWeb 的网站项目文件夹。目前 KPIs 解决方案中只有 KPIsWeb 一个项目，后续将会添加其他类型的项目。

2）盒子模型

在网站根文件夹下新增 Login.aspx 页面，然后在网站 Styles 文件夹下新增名为 Login.css 的层叠样式表文件。为了使用 DIV＋CSS 布局，需要理解 CSS 盒子模型。

< div >元素也被称为层，一个层就相当于一个方盒子，这个盒子里面可以放置任何 HTML 元素，所谓盒子模型就是理解这个盒子各项属性的一个模型，如图 8-8 所示。

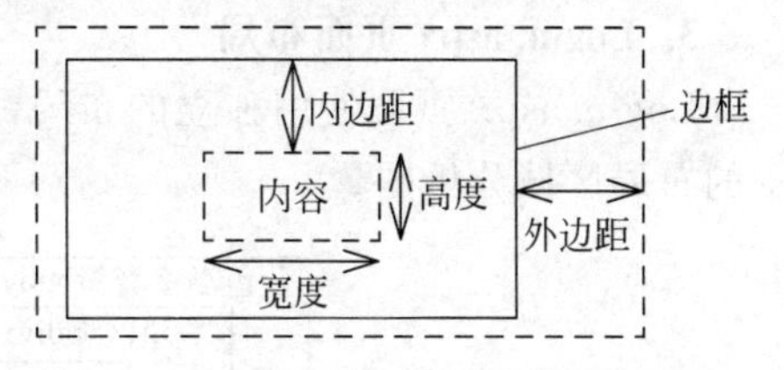

图 8-8　CSS 盒子模型

放置到盒子内部的 HTML 元素就是内容，盒子宽度（width）和高度（height）是指内容的宽度和高度；内容到边框（border）之间的空隙用盒子的背景（background）色填充，其间距称为内边距（padding）；盒子边框和父元素边框之间的距离称为外边距（margin）。

实际上所有 HTML 元素都有这样一个盒子模型，只是有些是简单元素，如文本、输入框；而有些是容器，如< body >、< div >元素。盒子边框、内边距、外边距默认值一般为 0，但也有一些元素例外，如输入框的边框默认值不为 0。需要特别注意以下两点：

（1）外边距可为负数，这样可以把一个元素的内容和另一个元素叠在一起。

（2）4 个方位的边框、内边距、外边距都可以单独设置，如上、右、下、左 4 个外边距的属性名分别为 margin-top、margin-right、margin-bottom 和 margin-left。

使用 DIV＋CSS 进行布局时，经常要考虑边框和边距这两个属性，如果设置不当，很容易造成溢出、错位等显示异常。

3) 使用 CSS 样式表

当 CSS 样式表组织成一个独立文件时,必须将页面与样式表文件关联起来。例如,登录页面 Login. aspx 所使用的样式定义在独立的 Login. css 文件中,因此必须在 Login. aspx 页面中引用 Login. css 文件。

通常使用< link >标记来引用外部 CSS 文件,即在< head >…</head >标记中放置标记< link rel="stylesheet" href="<独立样式表文件 URL >" type="text/css" />来关联外部样式表文件。例如,Login. aspx 页面的头部语句中引用 Styles 文件夹中的 Login. css 样式表文件,具体页面代码为:

```
< head runat = "server">
  < title >登录</title >
  < link href = "Styles/Login.css" rel = "stylesheet" type = "text/css" />
</head >
```

使用< link >标记来引用外部 CSS 文件,具有以下优势。

- 可以共享样式,建立整站风格。不同页面可以引入相同 CSS 文件,这样整个网站的页面都可以用一个统一的样式文件,从而保证整个网站的风格。
- 便于调整页面的样式。修改 CSS 文件即可修改所有引用这个 CSS 文件的页面设计。
- 有利于 SEO①。引用外部 CSS 文件使 HTML 页面的源代码量比直接加入 CSS 样式少很多,由于搜索引擎蜘蛛爬行网页时不爬行 CSS 文件,使得蜘蛛爬行更快,处理更少,增大了此网页的权重,有利于提升排名。
- 加快浏览器下载页面的速度。用户浏览此网页时,HTML 源代码和 CSS 文件可多线程同时下载,使得下载速度更快,且 CSS 文件无须重复下载。

3. Login. aspx 页面布局

Login. aspx 页面使用独立的布局,如图 8-2 所示,使用盒子模型分析可得到如图 8-9 所示的布局区域分析图。

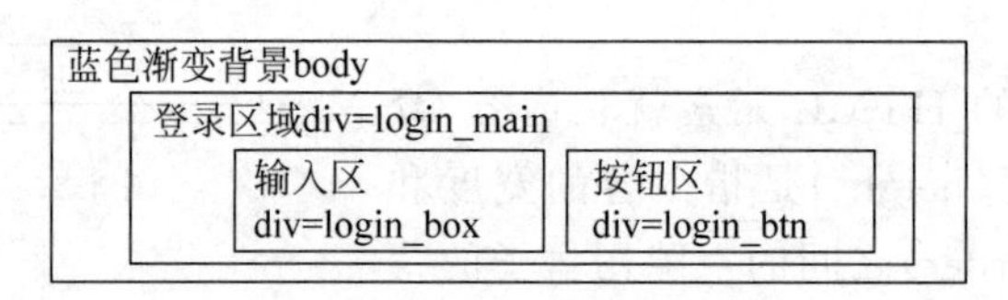

图 8-9 登录页面区域分析图

其中,蓝色渐变背景是整个页面也就是< body >元素的背景色,嵌套在< body >元素中;需要居中显示的是登录区域,这是一个圆角矩形,并且带有一些美术字体和背景效果;输入区和按钮区都嵌套在登录区域内部,左右并排排列。输入区内需要显示"KPI 查询系统"文字和用户名、密码输入框,按钮区域需要显示"登录"按钮。对应的布局框架代码如下:

---

① SEO(Search Engine Optimization)即搜索引擎优化,是专门利用搜索引擎的搜索规则来提高网站在有关搜索引擎内自然排名的方式。

```
<body>
  <form id="form1" runat="server">
    <div id="login_main">
      <div id="login_box"></div>
      <div id="login_btn"></div>
    </div>
  </form>
</body>
```

1）页面背景

通过设置<body>元素背景可以设置整个网页的背景，但使用背景颜色是无法实现渐变色的。为此，准备一个名为login_bg.gif的图片文件，保存在Images文件夹中，图片宽度为1个像素点（简记为px），高度选择585px，图片的内容为从上到下由深蓝色渐变成浅蓝色。

因为仅需要实现垂直方向上的渐变色，所以宽度选用1px，水平方向可以通过图片水平平铺（repeat-x）来覆盖整个页面，这样可以让图片文件体积最小。在Login.css文件中添加实现登录页面背景的CSS样式定义如下：

```
body{
  background-image: url('../Images/login_bg.gif'); /*背景图片*/
  background-position: top;                        /*背景图片 顶格*/
  background-repeat: repeat-x;                     /*背景图片 水平平铺*/
  background-color: #226cc5;                       /*设置背景色作为图片末端填充的颜色*/
}
```

上述样式中同时定义了背景颜色和图片，背景图片会覆盖在背景颜色之上，这样垂直方向上背景图片覆盖不到的区域就会显示背景颜色，而不是默认的白色。

2）登录区域

登录区域嵌套在<body>元素中，实际上就是一个背景图片，继续在Login.css文件中添加如下CSS样式定义：

```
#login_main {
  width: 566px;                                       /*宽度*/
  height: 372px;                                      /*高度*/
  margin: 110px auto auto auto;                       /*外边距*/
  background-image: url('../Images/login_main.png'); /*背景图片*/
  background-repeat: no-repeat;                       /*背景图片不要平铺*/
}
```

上述样式通过width和height属性指定区域大小，将其设置为背景图片login_main.png的大小。margin属性同时指定4个方位外边距，从上边距开始顺时针依次列出，用空格分隔，分别是top、right、bottom和left四个边距。值auto表示自动确定边距，在right和left边距值都为auto时，表示根据页面宽度自动获得相同的数值，从而实现水平居中。top边距值为110px，所以登录区域上外边距就是110px。

注意选择器前面的"#"号，这样的选择器称为ID选择器，表示样式作用于指定ID的元素，在上例中就是id=login_main的元素。在登录页面这样的布局中，每个<div>层都有自己的样式，通过为每个<div>层指定一个ID属性值，然后使用ID选择器来指定样式比较方便。

3) 浮动元素

输入区和按钮区嵌套在登录区域中,同样可以利用外边距来控制显示位置,但两者是块元素,默认无法像图 8-9 所示那样水平并列。所谓块元素,就是默认会另起一行显示的元素,如段落、表格等。与之相对应的行内元素则不会另起一行,如文本、超链接等。所以 login_btn 区域默认会显示在 login_box 区域的下方。

通过将<div>设置成浮动(float)元素,可以实现水平并列。一个 HTML 元素如果被设置成 float 模式,那它本身就不再拥有显示空间,而只能占用其他元素的无内容显示空间,这样就实现了和其他元素并排显示的效果。例如,设置 float 属性值为 left(或 right),那元素就会占用其他元素的左(或右)侧无内容显示空间。在能够占用的显示空间偏小时,如果浮动元素本身大小不固定,则浮动元素就会相应变窄;如果规定了浮动元素大小,或者变成最窄的样子显示空间仍然偏小,则浮动元素会试图移到下一行去占用显示空间。这个过程持续到某一行拥有足够无内容显示空间为止。

输入区和按钮区应用的 CSS 样式代码如下:

```
#login_box {
  margin: 90px auto auto 70px;                    /* 外边距 */
  float: left;                                    /* 靠左浮动 */
}
#login_btn {
  margin-top: 130px;                              /* 外边距上 */
  float: left;                                    /* 靠左浮动 */
}
```

上述代码中 login_box 和 login_btn 样式都被设置了 float: left;,所以这两个<div>会依次漂浮在左侧。

4) 输入区内容

输入区中的内容分为 4 行:标题行、用户名录入文本框、密码录入文本框和提示信息标签,这里用列表实现布局控制,具体页面代码为:

```
<ul class="login_list">
  <li class="login_title">KPI    查   
   询    系    统</li>
  <li><span class="login_label">姓 名:</span>
    <asp:TextBox ID="tbUserName" CssClass="login_username" runat="server"
      MaxLength="15"></asp:TextBox></li>
  <li><span class="login_label">密 码:</span>
    <asp:TextBox ID="tbPassword" CssClass="login_password" runat="server" MaxLength=
"15" TextMode="Password"></asp:TextBox></li>
  <li><asp:Label ID="lbShow" runat="server" Text="Label"
    CssClass="promptText"></asp:Label></li>
</ul>
```

对整个列表样式进行控制的 CSS 样式代码如下:

```
.login_list {
  list-style-type: none;           /* 去掉列表前面的列表符号(默认为小黑点) */
  line-height:37px;                /* 每个列表项占据高度为 37 个像素 */
}
```

上述样式的选择器以“.”开头，称为类选择器。类选择器的应用非常灵活，任何HTML元素通过设置class属性就可以应用样式。例如，上述页面代码中的<ul>通过class属性应用了login_list样式，“姓名”“密码”文本外的<span>标记应用了login_label样式。可见，当需要为不特定的一个或多个元素提供某个样式时，使用类选择器是最合适的。

对于ASP.NET控件，使用类选择器样式一般通过ASP.NET控件的CssClass属性来指定，该属性和HTML元素的class属性相对应。对于HTML文本，由于没有class属性，所以需要使用<span>标记，如上述页面代码中的“姓名”“密码”文本外的<span>标记。

<span>和<div>标记是为了应用CSS样式而专门引入的，它们的共同点是本身没有任何样式，其作用就是用来包含其他元素；它们的不同点是<span>是行内元素，<div>是块元素。例如，上述页面代码中输入框和相应提示文字间不需要换行，所以使用<span>标记。

下面是上述页面代码中用到的其他样式定义：

```
.login_title {
  font-family: 微软雅黑;    /* 字体 */
  font-size: 20px;          /* 字体大小,单位为像素 */
  color: #0000FF;           /* 文本颜色 */
}
.login_label {
  color: Black;             /* 文本颜色 */
  width: 60px;              /* 宽度 */
}
.login_username {
  background: url('../Images/login_name.gif') no-repeat; /* 背景图片 */
  border-width: 0px;        /* 输入框边框为0,从而完全用背景图片代替输入框的外观 */
  padding-left: 25px;       /* 背景图片的前面有一个小图标,让输入文本在这个图标后开始 */
  width: 165px;
  height: 21px;
}
.login_password {
  padding-left: 25px;
  border-width: 0px;
  background: url('../Images/login_password.gif') no-repeat;
  width: 165px;
  height: 21px;
}
.promptText { color: Red;    /* 提示文字颜色为红色 */ }
```

5）按钮区内容

按钮区只包含一个图片按钮，使用ASP.NET的ImageButton来实现，页面代码如下：

```
<asp:ImageButton ID="btLogin" runat="server" ImageUrl="~/Images/login_ botton.gif" />
```

8.3 实现母版页布局

1. 母版页文件

KPIs系统中使用Site.master母版页为整个网站提供整体布局，注意在网站项目中使用母版页需要在新建页面时选中“选择母版页”复选框，如图8-10所示。

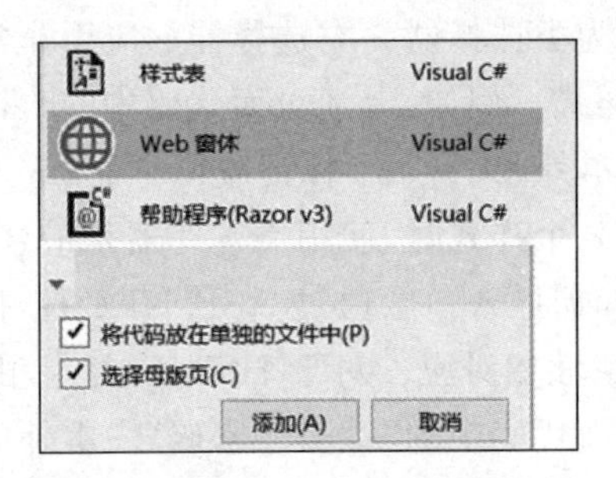

图 8-10 新建使用母版页的 Web 页面

实现母版页布局

母版页的 DIV 布局如图 8-11 所示。

#header
#logo
#main_menu
#user_info
#main_container
#nav_main
.nav_title
.nav_content
#main_content
.content_title
.content_main
#footer

图 8-11 母版页 DIV 布局示意图

除了登录页面样式使用 Login. css 文件外,其他所有页面样式都使用 Site. css 文件。为此,在 Styles 文件夹下新建 Site. css 文件(如果已经存在,则清空其中的所有内容),并为 Site. master 母版页添加对该文件的样式引用。

2. 母版页布局

1) 全局样式

Site. css 中作用于全局的样式定义代码如下:

```
body {
  margin: 0px;
  padding: 0px;
  background: url(../Images/main_bg.jpg) repeat - x;
  font - size: 12px;
  font - family: 宋体;
}
a { text - decoration: none; }
```

上述代码设置< body >元素的背景为 main_bg. jpg 图片,水平平铺,应用的样式技巧和登录页面相同,只是图片高度仅为 139px。另外,还设置超链接< a >元素,不显示默认的下画线。

2) 头部布局

图 8-11 所示的#header 区域包含了菜单和用户信息,相应的页面代码为:

```
<div id = "header">
```

```
  <div id = "logo"></div>
  <div id = "main_menu">
    <asp:HyperLink ID = "hlDeptManage" NavigateUrl = "~/Admin/DeptManage.aspx"
      runat = "server">部门管理</asp:HyperLink>
    …
  </div>
  <div id = "user_info">
    您好,<asp:Label ID = "lbUserName" runat = "server" Text = "lbUserName"
      CssClass = "prompt"></asp:Label>
    [<asp:LinkButton ID = "btLogout" runat = "server"
      CausesValidation = "False" OnClick = "btLogout_Click">退出</asp:LinkButton>]
    [<asp:HyperLink ID = "hlChangePwd" NavigateUrl = "~/ChangePwd.aspx"
      runat = "server">修改密码</asp:HyperLink>]
  </div>
</div>
```

上述代码中#main_menu 的<div>元素内是链接到各模块的超链接菜单,使用 ASP.NET 的 HyperLink 控件,在服务端通过后台代码根据用户权限决定具体显示的超链接。

#user_info 的<div>元素内是显示当前用户名的 Label 控件(ID=lbUserName)、注销用户的退出 LinkButton 控件(ID=btLogout)和修改密码的 HyperLink 控件(ID=hlChangePwd)。

相应控制头部布局的 CSS 样式代码如下:

```
#header {
  margin: 0 auto;                          /* 水平居中 */
  height: 60px;                            /* 强制占用 60px 的高度 */
  width: 980px;                            /* 定宽 */
}
#logo { height: 30px;}                     /* 强制占用 30px 的高度 */
#main_menu {
  height: 30px;                            /* 强制占用 30px 的高度 */
  line-height: 30px;                       /* 文本行高 30px,可以使文本垂直居中 */
  float: left;                             /* 靠左浮动 */
  border-left: 1px solid #d2f1fc;          /* 左边框,淡蓝色 */
}
#user_info {
  float: right;                            /* 靠右浮动 */
  height: 30px;                            /* 强制占用 30px 的高度 */
  line-height: 30px;                       /* 文本行高 30px,可以使文本垂直居中 */
  padding-right: 15px;                     /* 与右边界之间的间隔 */
  border-right: 1px solid #d2f1fc;         /* 右边框,淡蓝色 */
}
```

控制头部菜单超链接的 CSS 样式代码为:

```
#header a, #header a:visited {
  color: #3090d3;
  margin-left: 15px;                       /* 用左外边距实现超链接之间的间隔 */
}
#user_info a, #user_info a:visited { margin-left: 0px; }    /* 覆盖外层样式的左外边距 */
```

上述代码中#header a 这种形式的选择器由多个选择器排列(空格分隔)构成,称为包含选择器，表示在前一个选择器内部选择后一个选择器指定的元素。例如，上述选择器选择了 ID 为 header 的元素内部的所有超链接。当需要给某个元素内的某类标记设置统一样式时，使用包含选择器比较方便。

a:visited 则是一个特定选择器，只对超链接有效，表示被用户访问(即单击)过的超链接，默认用另一种颜色表示访问过的超链接，但上述代码将其设置成了和未访问超链接完全相同的样式。

user_info 的<div>元素是嵌套在 # header 的<div>元素中的，所以其内部的超链接也受到 # header a 选择器的影响，带有左外边距设置，为此，上述代码中又通过 # user_info a 样式取消了这个左外边距设置。

3) 主体布局

主体部分的页面代码如下：

```
<div id = "main_container">
  <div id = "nav_main">
    <div class = "nav_title">部门清单</div>
    <div class = "nav_content">
      <asp:TreeView ID = "treeDept" runat = "server">
      </asp:TreeView>
    </div>
  </div>
  <div id = "main_content">
    <div class = "content_title">
      <asp:Label ID = "lbContentTitle" runat = "server" Text = "ContentTitle">
      </asp:Label>
    </div>
    <div class = "content_main">
      <asp:ContentPlaceHolder ID = "cphMain" runat = "server">
      </asp:ContentPlaceHolder>
    </div>
  </div>
    <div class = "float_clear"></div>
</div>
```

上述代码中，部门树采用 ASP.NET 的 TreeView 控件，其内容由后台代码填充；在 # main_content 的<div>元素内部使用 Label 控件(ID=lbContentTitle)显示主体内容标题。

因为浮动元素不占用空间，而 # nav_main 和 # main_content 的<div>元素都应用了 float 样式，所以整个 # main_container 的<div>元素的高度将被认为是 0px。为此，在最后添加了一个空的<div>元素，通过为其应用 float_clear 样式类，停止前面元素的浮动样式，从而使 # main_container 的<div>元素能够拥有正确的高度。

相应的 CSS 代码如下：

```
#main_container {
  width: 980px;                 /* 定宽 */
  margin: 0 auto;               /* 水平居中 */
}
#nav_main {
  width: 240px;                 /* 定宽，左侧导航区占 240px */
  float: left;                  /* 靠左浮动 */
```

```
  height: auto;                    /* 高度根据内容自动确定 */
}
.nav_title {
  width: 240px;                    /* 定宽，标题和导航区同宽 */
  height: 29px;                    /* 定高 */
  text-indent: 30px;               /* 文本缩格,对齐背景图片上的小黑三角 */
  line-height: 29px;               /* 文本行高,文字垂直居中 */
  font-weight: bold;               /* 文本粗体 */
  background: url(../Images/nav_title.jpg) no-repeat; /* 背景图片 */
}
.nav_content {
  width: 228px;                    /* 定宽，内容+内边距=导航区宽 */
  height: auto;                    /* 高度自动 */
  padding: 5px;                    /* 内边距 */
  border: 1px solid #d2f1fc;       /* 浅蓝色边框 */
}
#main_content {
  float: right;                    /* 靠左浮动 */
  width: 738px;                    /* 定宽，右侧内容区占738px,和左侧导航区间隔2px */
  height: auto;                    /* 高度自动 */
}
.content_title {
  text-indent: 25px;               /* 文本缩格,对齐背景图片上的蓝条装饰 */
  font-weight: bold;               /* 文本粗体 */
  width: 738px;                    /* 定宽 */
  height: 31px;                    /* 定高 */
  line-height: 31px;               /* 文本行高,文字垂直居中 */
  background: url(../Images/content_title.jpg) no-repeat; /* 背景图片 */
}
.content_main {
  width: 726px;                    /* 定宽，内容+内边距=内容区宽 */
  padding: 5px;                    /* 内边距 */
  border: 1px solid #d2f1fc;       /* 浅蓝色边框 */
  height: auto;
}
.float_clear { clear: both;        /* 拒绝浮动元素 */ }
```

上述样式中的宽度值需要根据盒子模型仔细计算,否则可能出现意料之外的布局效果。

4）页脚布局

页脚布局的页面代码为：

```
<div id="footer">企业 KPI 查询系统 Copyright 2016 </div>
```

CSS样式代码为：

```
#footer {
  width: 980px;
  margin: 5px auto;
  height: 28px;
  line-height: 28px;
  text-align: center;
  border-top: 2px solid #2e91dd;
}
```

习　题　8

一、选择题

1. 样式(　　)给所有的<h1>标记添加背景颜色。
   A) .h1 {background-color: #FFFFFF}
   B) h1 {background-color: #FFFFFF;}
   C) h1.all {background-color: #FFFFFF}
   D) #h1 {background-color: #FFFFFF}
2. 样式(　　)去掉文本超链接的下画线。
   A) a {text-decoration: no underline}　　B) a {underline: none}
   C) a {decoration: no underline}　　D) a {text-decoration: none}
3. CSS 中,盒子模型的属性不包括(　　)。
   A) font　　B) margin　　C) padding　　D) border
4. a: hover 表示超链接文字在(　　)时的状态。
   A) 鼠标按下　　B) 鼠标经过　　C) 鼠标放上去　　D) 访问过后
5. CSS 样式有哪几种,下列选项正确的是(　　)。
   A) 内联式、嵌入式、外部引用式、导入式
   B) 内联式、外部引用式、导入式、内样式
   C) 嵌入式、内联式、导入式、导出式
   D) 内样式、嵌入式、链接式、导出式
6. 下列选项中,(　　)不是 CSS 选择器。
   A) 类选择器　　B) ID 选择器
   C) 元素选择器　　D) 堆栈选择器
7. 下列选项中,(　　)为 HTML 标记定义内部样式表。
   A) <style>　　B) <css>　　C) <script>　　D) <class>
8. 下列选项中,(　　)属性能够设置盒模型的左侧外边距。
   A) margin:　　B) indent:
   C) margin-left:　　D) text-indent:
9. 下面关于 CSS 的描述,错误的是(　　)。
   A) CSS 内容可以写在 HTML 文档中,也可以写在一个独立的 CSS 文件中
   B) CSS 内容前后有花括弧{},每个属性间用分号分隔,属性与属性值之间用冒号隔开
   C) CSS 层叠样式表是为了解决网页显示内容而设计的
   D) 对于某 ID 属性对应的标记进行 CSS 定义时,如果对同一个 CSS 属性进行两次设置,将以第一次定义为准,系统将自动忽略其后相同定义

二、填空题

1. CSS 中一个样式的定义由两个主要部分构成: ________,以及一条或多条声明。
2. 块元素,默认情况下会________显示。

3. 当需要为不特定的一个或多个元素提供某个样式时，使用________选择器是最合适的。

4. 一个HTML元素如果被设置成float的模式，那它就________，这样就实现了和其他元素并排的效果。

5. 当CSS样式表是一个独立文件时候，需将两者关联起来才可以让样式表发挥作用，引用外部CSS样式的指令是________。

三、是非题

(　　)1. 可以通过多种途径来向HTML提供样式表，会合并成一个最终的(虚拟)复合样式表，这就是层叠的含义。

(　　)2. 定义盒模型外边距的时候，不可以使用负值。

(　　)3. 界面设计不但要给出各界面的样式，而且还应该给出有哪些界面、命名规范、界面功能分工。

(　　)4. ASP. NET控件通过CssClass来指定样式类，对应HTML元素的class属性。

四、实践题

1. 请根据下面的HTML代码，结合所给的CSS样式实现，在留空的注释处添加正确的注释，说明该样式的作用或应用样式的效果。

HTML代码如下：

```
<body>
  <div class = "hf"> <! -- / * (1)______________ * / -- >
    <div class = "Con">
      <ul>
        <li>< img src = "image/2. jpg" /></li> <! -- / * (2)______________ * / -- >
        <li>< img src = "image/3. jpg" /></li>
        <li>< img src = "image/4. jpg" /></li>
      </ul>
    </div>
  </div>
</body>
```

CSS样式如下：

```
* {/ * (3)______________ * /
  margin:0px;
  padding:0px;
}
body {
  background - color: #000;
  background - image:url(image/1. jpg);
  background - repeat:no - repeat;
  background - position:top center; / * (4)______________ * /
}
. hf {
  width:900px;
  height:140px;
  background:rgba(255,255,255,0.5); / * (5)______________ * /
  margin:200px auto 0px;; / * (6)______________ * /
```

```
    position:relative;
  }
  .hf .Con ul li {
    width:175px;
    height:110px;
    border:2px solid blue; /* (7)______________ */
    list-style-type:none; /* (8)______________ */
    float:left; /* (9)______________ */
    padding-top:10px;/* (10)______________ */
  }
```

2. 为“门店销售指标跟踪系统”设计页面布局,并列出页面清单,然后创建相应的 ASP.NET Web 应用程序。要求基于 CSS 实现应用程序的登录页面布局和母版页布局。

第9章

数据库设计

学习目标

- 了解数据库设计的步骤,了解数据库需求分析需要考虑的几个问题;
- 熟练掌握实体类图的绘制,深刻理解类图中的关联关系及其应用;
- 了解数据流图,了解数据字典;
- 熟练掌握将概念模型转换成关系模型的方法,深刻理解实体关联关系在关系模型中的表示方法;
- 了解关系模型合理性的含义;
- 了解关系模式的定义,了解关系代数表达式;
- 了解范式理论,深刻理解关系模式可能存在的问题:冗余和更新复杂化、插入异常、删除异常;
- 了解1NF、2NF、3NF、BCNF范式,了解各类范式之间的关系;
- 掌握模式分解的思路和方法;
- 了解数据库的三级模式结构,理解数据独立性;
- 了解数据库数据存储结构,理解数据库索引的作用,了解索引的创建原则;
- 掌握数据库内模式设计的方法,了解相应的SQL语句;
- 理解视图的定义和作用,了解管理视图的SQL语句,掌握查询视图的方法,了解视图更新。

数据库设计是DBA的任务之一,完整的数据库设计步骤为:需求分析;概念模型设计;逻辑模型设计;物理结构设计;数据库实施,以及数据库运行与维护。可见,数据库设计不仅包括前期的设计阶段,还包括后期的实施、维护、调整和优化。

9.1 概念模型设计

系统的需求分析也是数据库的需求分析基础,一般来说,数据库需求分析需要明确以下几个问题。

- 实体:哪些数据需要由数据库负责管理?
- 处理:对这些数据需要进行哪些处理?
- 安全性:对数据的安全保密有些什么样的要求?
- 完整性:数据有什么样的约束条件?

在需求分析阶段,通过需求调研和分析来试图得到这些问题的答案,然后通过概念模型来回答这些问题,这就是概念模型设计。

1. 实体类图

KPIs粗略的实体类图如图7-3所示,下面根据需求调研进行细化,得到如图9-1所示的实体类图。

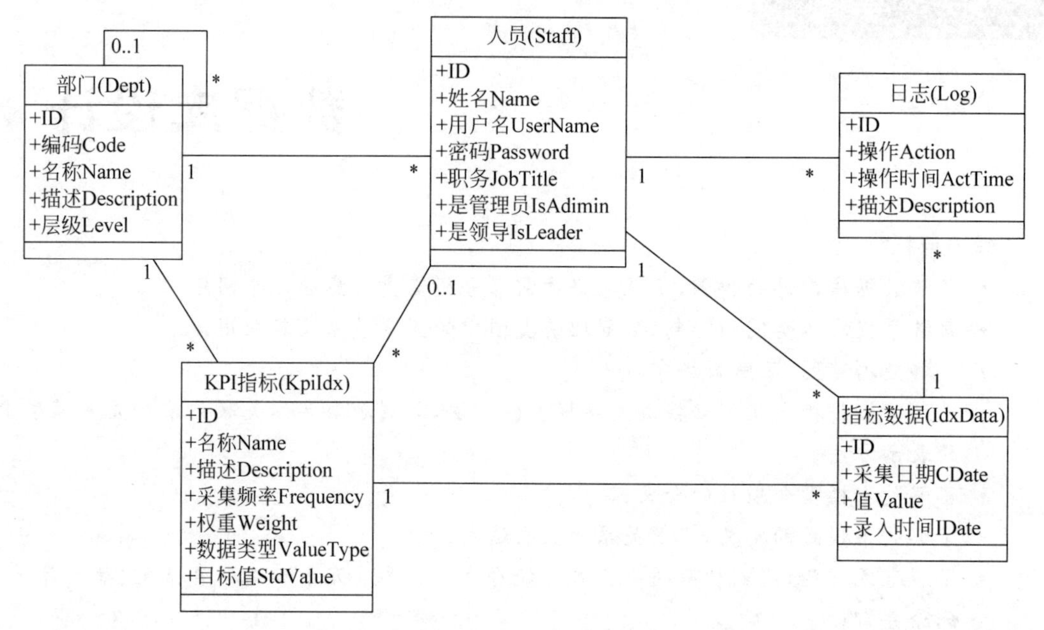

图 9-1 KPIs 实体类图

实体类图的好处是可以清晰地表达实体和实体之间的关系,但数据和数据处理的细节就很不明确,因此需要用其他的工具来进一步说明。

2. 数据流图

数据流图也称为数据流程图(Date Flow Diagram,DFD),可以精确地在逻辑上描述系统的功能、输入、输出和数据存储。DFD 有四种基本图形符号,如表 9-1 所示。

表 9-1 数据流图的符号

符 号	表 示	说 明
(箭头)	数据流	表示数据的流向,除了流向数据存储或从数据存储流出的数据不必命名外,每个数据流必须要有一个合适的名字,以反映该数据流的含义
(椭圆)	加工	描述了输入数据流到输出数据之间的变换,也就是输入数据流经过什么处理后变成了输出数据。每个加工都有一个名字和编号,编号采用多级,反映该加工是由哪个加工分解出来的子加工,如 2.1 为加工 2 的子加工
(双横线)	数据存储	又称为文件,指暂时保存的数据,每个数据存储都有一个名字
(矩形)	外部实体	存在于软件系统之外的人员或组织,指出数据所需要的发源地或系统所产生的数据的归属地

标准的 DFD 是分层的,图 9-2 给出了 KPIs 顶层 DFD。

从顶层 DFD 可以看到有哪些系统参与者,以及总体的数据流向。接下来对顶层 DFD 进行细化,得到图 9-3 对应的 0 层 DFD。

0 层 DFD 还不够详细，可以进一步细化出 1 层 DFD……

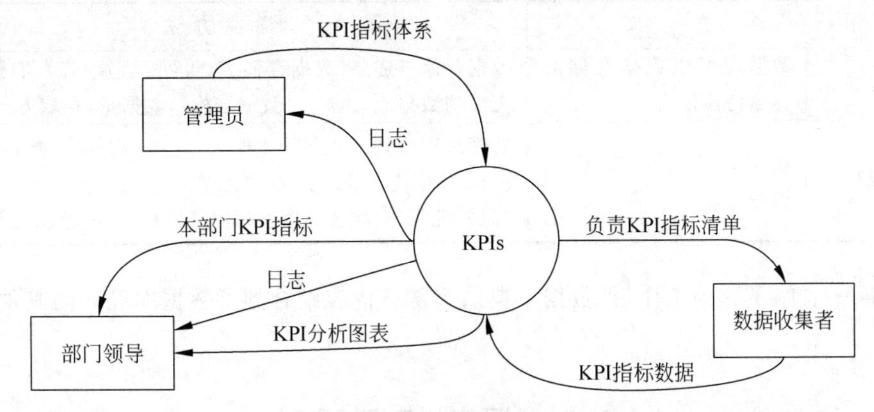

图 9-2 KPIs 顶层数据流图

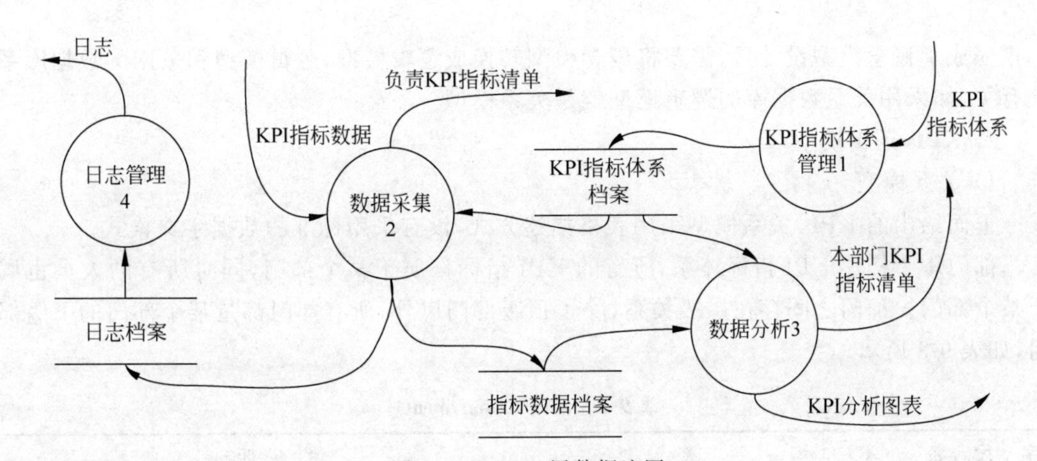

图 9-3 KPIs 0 层数据流图

3. 数据字典

广义来说，任何定义数据的数据都可以认为是数据字典(Data Dictionary，DD)，狭义的数据字典通常包括数据项、数据结构、数据流、数据存储和处理过程五个部分，具体如表 9-2 所示。

表 9-2 数据字典的五个部分

术 语	含 义	描 述 方 法
数据项	数据流图中最小的数据单位	数据项描述＝{数据项名，数据项含义说明，别名，数据类型，长度，取值范围，取值含义，与其他数据项的逻辑关系} 取值范围、与其他数据项的逻辑关系定义了数据的完整性约束条件
数据结构	数据之间的组合关系，可以由数据项或数据结构混合构成	数据结构描述＝{数据结构名，含义说明，组成：{数据项或数据结构}}
数据流	数据流图中流线的说明	数据流描述＝{数据流名，说明，数据流来源，数据流去向，组成：{数据结构}，平均流量，高峰期流量}

续表

术　语	含　义	描述方法
数据存储	数据流图中数据存储的存储特性说明	数据存储描述={数据存储名,说明,编号,流入的数据流,流出的数据流,组成:{数据结构},数据量,存取方式}
处理过程	数据流图中功能块的说明	处理过程描述={处理过程名,说明,输入:{数据流},输出:{数据流},处理:{简要说明}} "简要说明"只涉及处理过程用来做什么,不考虑怎么做

KPIs 中省略了这项工作,把数据字典的大部分内容结合到了数据库设计的其他步骤中。

9.2　逻辑模型设计

完成了概念模型设计后,需要将概念模型转换成逻辑模型,逻辑模型和采用的数据库系统有关,如采用关系数据库的逻辑模型就是关系模型。

1. KPIs 逻辑模型

1) 关系模型

下面给出的 KPIs 关系模型采用表格描述方式,没有采用标准的数据字典格式。

部门用于构建 KPI 指标体系,所有的 KPI 指标都属于某个部门,同时所有的人员也属于某个部门。部门之间存在层级关系,除了顶级部门以外,所有部门都是某个部门的下级部门,如表 9-3 所示。

表 9-3　部门(Department)

字段名	类　型	属　性	说　明
ID	Int32	PK,IDENTITY	部门 ID
Code	Char (2)	NOT NULL	部门编码,固定长度为 2,数字构成
Path	String(50)	NOT NULL	部门编码构成的路径,部门路径=上级部门路径+"/"+本级编码,顶级部门的路径就是部门编码
Name	String(50)	NOT NULL	部门名称
Description	String(1000)	NULL	部门的详细描述
Level	Int32	NOT NULL	部门层级,顶级部门为 0,部门层级=上级部门层级+1
Parent_ID	Int32	NULL,FK	上级部门的 ID,参照 Department.ID

KPI 指标是 KPI 指标体系的组成部分,KPI 指标必属于某个部门,如表 9-4 所示。

表 9-4　KPI 指标(KpiIdx)

字段名	类　型	属　性	说　明
ID	Int32	PK,IDENTITY	指标 ID
Code	String(50)	NOT NULL	指标编码
Name	String(50)	NOT NULL	指标名称
Description	String (1000)	NULL	指标的详细描述
Frequency	String(20)	NULL	采集频率的描述,如每天、隔天、每周……

续表

字段名	类型	属性	说明
Weight	Int32	NOT NULL	在部门所有 KPI 指标中所占的权重，权重取值为 0～100 的整数，同一个部门的所有指标的权重和应该为 100
ValueType	Char(1)	NOT NULL	KPI 指标的数据类型，有两种：0—普通数值，1—百分比。在记录指标的具体数据时，如果是百分比，则记录百分比值，如 20%的记录值是 20
StandValue	Number	NULL	基准值，或者目标值
Department_ID	Int32	NOT NULL，FK	所属的部门 ID，参照 Department. ID，拒绝删除
Collector_ID	Int32	NULL，FK	指标采集人 ID，参照 Staff. ID，删除置空。只有该指标的采集人才可以录入该指标的数据

人员也是 KPI 指标体系的构成内容，人员属于某个部门，从而拥有某个部门的 KPI 指标，或者负责某个 KPI 指标的录入工作，如表 9-5 所示。

表 9-5　人员(Staff)

字段名	类型	属性	说明
ID	Int32	PK，IDENTITY	人员 ID
Name	String (50)	NOT NULL	人员名称
UserName	String (50)	NOT NULL	登录用户名，不允许两个人员的用户名重复
Password	String(50)	NOT NULL	登录密码，应该采用加密方式存储
JobTitle	String(20)	NULL	人员的任职职务
IsAdmin	Bool	NOT NULL	人员是否是管理员
IsLeader	Bool	NOT NULL	人员是否是部门领导，只有部门领导才可以使用“数据分析”的处理功能
Department_ID	Int32	NOT NULL，FK	所属的部门 ID，参照 Department. ID，拒绝删除

KPI 指标的采集数据，为了保证数据质量，指标数据需要记录该数据的录入时间和录入人员，如表 9-6 所示。

表 9-6　指标数据(IdxData)

字段名	类型	属性	说明
ID	Int64	PK，IDENTITY	数据 ID
CDate	Date	NOT NULL	采集日期，根据指标的采集频率确定的，理论上应该采集数据的日期
Value	Number	NOT NULL	指标数值，参见 KpiIdx. ValueType 的说明
IDate	DateTime	NOT NULL	数据实际采集时间。该时间在采集人员录入时自动确定，等于录入时的系统时间。通过和 CDate 比较，可以判断采集人员是否按时录入了数据
Idx_ID	Int32	NOT NULL，FK	对应 KPI 指标 ID，参照 KpiIdx. ID，拒绝删除
Collector_ID	Int32	NOT NULL，FK	数据采集人 ID，参照 Staff. ID，删除置空

Log 用于记录数据采集人对数据的操作,避免出现数据采集人随意调整数据的现象,如表 9-7 所示。

表 9-7 日志(Log)

字 段 名	类 型	属 性	说 明
ID	Int64	PK,IDENTITY	日志 ID
ActTime	DateTime	NOT NULL	操作时间
Action	String(10)	NOT NULL	操作类型,有 3 个取值:新增、修改、删除
Description	String(100)	NOT NULL	操作详情。文字方式的描述,例如,删除数据,采集时间:×××,值:×××
Collector_ID	Int32	NULL,FK	操作人 ID。参照 Staff.ID,删除置空
Data_ID	Int64	NULL,	操作数据 ID。参照 IdxData.ID,删除置空

2) 模型合理性

上述 KPIs 关系模型是否合理?以简化的 KPI 指标表为例,表 9-8 给出了简化的 KPI 指标表数据,一共有 6 条记录。

表 9-8 简化的 KPI 指标表数据

Name	Description	Department_ID
及时交货率	给客户及时交货的比率=及时交付数量/订单总数量	1
库存周转率	库存周转率=年度销售产品成本/当年平均库存价值	2
及时交货率	给客户及时交货的比率=及时交付数量/订单总数量	2
及时交货率	给客户及时交货的比率=及时交付数量/订单总数量	3
库存周转率	库存周转率=年度销售产品成本/当年平均库存价值	3
月产值	在一个月内生产的最终产品的总价值量	3

直观地分析表 9-8,可以看到存在着以下几个问题。

(1) 冗余和更新复杂化。对于指标描述 Description 字段,每个使用指标的部门都会保存,如果有 10 个部门使用了同一个指标,那该指标描述就要保存 10 次。修改这个指标描述也需要同步修改 10 处,更新成本增加。如果不小心漏修改了其中某处,就会出现数据的不一致性。

(2) 插入异常。假设新增一项 KPI 指标,但用于哪个部门暂时还没有确定,由于 Department_ID 字段不能为空,就没法增加这个 KPI 指标。这个问题在图书管理系统中更加突出,如果设计了读者表(姓名、部门、联系地址、书名、借阅日期),书名字段不允许为空,那么读者尚未借书就无法保存读者记录,这就极不合理了。

(3) 删除异常。如果某个部门不再使用某项 KPI 指标,但目前只有这个部门在使用这项 KPI 指标,那么一旦删除这条记录就彻底失去了该 KPI 指标的所有信息。同样的道理,如果是上述的图书管理系统,一旦读者把书都归还了,读者信息也会被清空。

可见,如果关系模型设计不合理,就会给数据库的维护带来各种弊端。如何设计一个合理的关系模型,需要掌握一些形式化描述方法和范式理论。

2. 关系代数

1) 基本概念

(1) 域(Domain):域是一组具有相同数据类型的值的集合,通常用大写字母 D 表示。

(2) 笛卡儿积：给定一组域 $D_1, D_2, \cdots, D_n$，则 $D_1 \times D_2 \times \cdots \times D_n = \{(d_1, d_2, \cdots, d_n) \mid d_i \in D_i, i=1,2,\cdots,n\}$ 称为 $D_1, D_2, \cdots, D_n$ 的笛卡儿积。其中每个 $(d_1, d_2, \cdots, d_n)$ 叫做一个 n 元组，元组中的每个 d_i 是 D_i 域中的一个值，称为一个分量。

将笛卡儿积中的元组列成一张二维表更直观一些，如表 9-9 所示。

表 9-9　笛卡儿积 ID×Code×Level

ID	Code	Level
−2147483648	00	−2147483648
−2147483648	00	−2147483647
⋮	⋮	⋮
2147483647	99	2147483647

(3) 关系：笛卡儿积 $D_1 \times D_2 \times \cdots \times D_n$ 的子集叫作在域 $D_1, D_2, \cdots, D_n$ 上的关系，记为 $R(D_1, D_2, \cdots, D_n)$。这里 R 表示关系的名字，n 是关系的目、度(Degree)或元数。

例如，假设简化的 Department 关系中有 3 个部门：顶级部门为(ID=1, Code="00", Level=0)，其他为两个一级部门为(ID=2, Code="00", Level=1)和(ID=3, Code="01", Level=1)，这样 Department 关系就包含了 3 个元组，如表 9-10 所示。

表 9-10　Department 关系

ID	Code	Level
1	00	0
2	00	1
3	01	1

(4) 关系模式：关系的描述称为关系模式(Relation Schema)，关系模式是型，关系是值。关系模式通常简记为 $R(A_1, A_2, \cdots, A_n)$，其中，R 为关系名，$A_1, A_2, \cdots, A_n$ 为属性名。例如，Department 关系模式可以记为 Department(ID, Code, Name, Description, Level, Parent_ID)。

2) 关系运算和表达式

由于关系是元组的集合，所以关系可以直接应用集合的运算符。常见的集合运算有并($\cup$)、交($\cap$)、差(—)、求笛卡儿积(×)，对应 SQL 语言中的运算符为 UNION、INTERSECT、EXCEPT 和 JOIN。

专用于关系的运算符有选择(σ)、投影(Π)、连接($\bowtie$)和除(÷)，除了"除"运算没有 SQL 语句对应，其他运算对应的 SQL 语句都是 SELECT。

用关系代数来表示关系的操作会显得非常准确、精简，熟悉以后更有利于对其进行分析，这是形式化的好处。

例如，将 KPIs 中的部门 Department 关系简记为 R(DeptID, DeptCode, DeptName)，KPI 指标 KpiIdx 关系简记为 S(IdxID, IdxName, DeptID)。则查询所有部门 ID=3 的 KPI 指标名称的关系代数表达式就是 $K = \Pi_{(\text{IdxName})}(\sigma_{\text{DeptID}=3}(S))$。

3. 范式理论

所谓范式理论，其实是关系数据库设计的理论，也就是研究什么样的关系模式是最优的。关系模式的问题是由属性之间不合理的关系所引起的,基于形式化的关系理论,可以给出关于规范化关系模式的定义,也就是范式。

1) 范式等级

目前为止,规范理论已经提出了6类范式,从1NF～5NF,一类比一类更严格,它们之间的包含关系如图9-4所示。

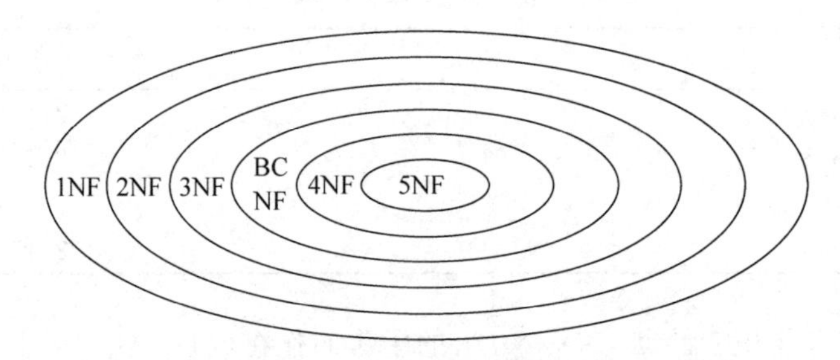

图9-4 各种范式之间的关系

例如,若一个关系 R 的每一分量都是不可分的数据项,则称 R 是第一范式的,简称1NF,记作 $R \in 1NF$。

1NF是所有关系必须满足的,其他范式定义涉及函数依赖等概念,本书不展开。

2) 模式分解

关系模式的规范过程实际上就是把一个关系模式分为几个关系模式的过程,也就是关系模式的分解。在实际应用中,最有价值的范式是3NF或BCNF,一般来说设计关系模式的时候,应该将关系模式分解到3NF。

分解虽然能带来规范、消除异常更新等问题,但也会付出连接运算的昂贵代价。所以在实际应用中,也会出现仅分解到2NF,甚至1NF的情况。关键是能清楚地认识到关系模式可能存在的问题,在应用时避免这些问题。所以具体分解到哪个范式,要全面衡量,综合考虑,视情况而定。

下面分析KPIs关系模型中各关系模式的范式等级,必要时进行模式分解。

- Department属于BCNF,无须分解。
- KpiIdx中Code和Department_ID两个字段一起才是关键字,但Description字段值仅仅由Code字段值决定,因此会出现前述问题分析中提到的种种弊端。

需要将其分解为KpiIdx(ID,Code,Name,Description,ValueType)(属于BCNF)和DepartmentIdx(ID,Frequency,Weight,StandValue,Idx_ID,Department_ID,Collector_ID)(属于BCNF)。其中,KpiIdx的ID和DepartmentIdx的ID字段为各自的自增ID;Idx_ID字段是外键,参照KpiIdx表的ID字段。

- Staff属于BCNF,无须分解。
- IdxData涉及两个业务逻辑:同一个输入时间可以输入同一个指标不同采集时间的指标数据,以及同一个指标不同的时间可能由不同采集人员负责输入。基于这两点才可以说IdxData属于BCNF,无须分解。
- Log属于BCNF,无须分解。但这个关系模式在实际应用中存在一些问题,后续将做进一步的讨论和修改。

通过这个例子可以看到,在没有范式理论指导的情况下,有时会由于疏忽而设计出不合理的关系模式来。有了范式理论的知识，设计人员可以清楚地分析关系模式的问题，从而通过关系模式分解来减少问题发生的可能。

9.3 三级模式结构设计

数据库物理结构设计阶段的任务是根据具体数据库系统的特点，为给定的逻辑模型确定合理的存储结构和存取方法。所谓合理主要有两个含义：一是使物理数据库占用较少的存储空间，二是对数据库的操作能具有尽可能高的效率。

1. 数据独立性

数据库系统将物理模型和逻辑模型分开，是为了让数据模型具有灵活性，也就是数据的独立性。数据独立性分为物理独立性和逻辑独立性，分别对应数据库三级模式结构中的两级映像，如图 9-5 所示。

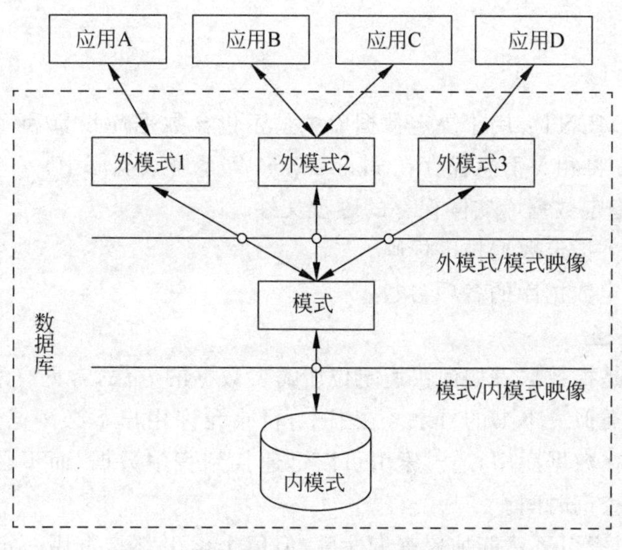

图 9-5 数据库系统三级模式结构示意图

(1) 模式(Schema)：模式也称逻辑模式，是数据库全局数据的逻辑结构。

(2) 外模式：外模式也称子模式或用户模式，它是数据库用户(包括应用程序员和最终用户)看见和使用的局部数据的逻辑结构。

(3) 内模式：内模式也称存储模式，它是数据物理结构和存储结构的描述，是数据在数据库内部的表示方式。

三级模式结构之间需要进行模式转换，依赖于图 9-5 所示的“模式/内模式映像”和“外模式/模式映像”两级映像，实现了数据库的物理独立性和逻辑独立性。

(1) 物理独立性：当数据的存储结构(即物理结构)改变时，通过对“模式/内模式映像”的相应改变可以保持数据的逻辑结构不变，从而应用程序也不必改变。

(2) 逻辑独立性：当数据的总体逻辑结构改变时，通过对“外模式/模式映像”的相应改变可以保持数据的局部逻辑结构不变，所以应用程序不必修改。

2. 内模式和索引

模式/内模式映像通常由 DBS 自行负责,但掌握数据库内模式原理,可以帮助设计人员设计出更合理的存储结构。数据库的存储结构设计大致包括两个方面:数据存储结构和数据存取路径。

1) 数据存储结构

数据存储结构包括数据存放位置的确定和数据库参数的确定。以 SQL Server 为例,创建数据库的 SQL 语句为 CREATE DATABASE,其完整语法为:

```
CREATE DATABASE database_name
[ CONTAINMENT = { NONE | PARTIAL } ]
[ ON
   [ PRIMARY ] <filespec> [ ,...n ]
   [ , <filegroup> [ ,...n ] ]
   [ LOG ON <filespec> [ ,...n ] ]
]
[ COLLATE collation_name ]
[ WITH <option> [,...n ] ]
```

- CONTAINMENT:用于决定数据库中是否包含数据库设置和元数据库信息(默认 SQL Server 将相关信息保存在 master、sys 等系统数据库中)。
- ON:用于指定数据库实际保存的磁盘文件。
- COLLATE:指定数据排序规则。
- WITH:指定数据库的各项参数。

2) 数据存取路径

数据存取路径是指数据库如何快速定位所需要数据的方法,常见有索引法、HASH 法。

数据库的索引类似一本书的目录。在书中,目录允许用户不必浏览全书就能迅速地找到所需要的位置。在数据库中,通过索引可以迅速找到表中数据,而不必扫描整个数据库,从而大大减少数据查询时间。

需要注意的是,索引虽然能加速查询速度,但每个索引都将占用一定的存储空间,而且对表中数据进行增、删和改的时候也要相应地维护索引,因此会降低数据更新效率。

在创建索引的时候,一般遵循以下经验性原则:

(1) 在主关键字上建立索引。

(2) 在经常成为查询条件的列上建立索引,即对经常用在 WHERE 子句的列上建立索引。

(3) 在经常用于连接的列上建立索引,即在外键上建立索引。

(4) 在经常需要排序的列上建立索引,这样可以利用已经排序的索引,减少排序时间。

对于某些列不应该创建索引,这时应该考虑下面的指导原则。

(1) 对于那些在查询中很少使用和参考的列不应该创建索引。

(2) 对于那些只有很少值的列不应该建立索引。例如,Staff 表的 IsAdmin 列取值范围只有两项 True 和 False,若在其上建立索引,则平均每个属性值对应一半元组,通常不能加快检索速度。

指导原则仅仅是一般性原则,实际应用中 DBA 需要对数据库查询、操作的情况进行统计分析,然后在此基础上调整索引。

3) KPIs 内模式设计

KPIs 的存储结构采用数据库系统的默认值,所以内模式设计主要是索引的设计,表 9-11 给出了 KPIs 的索引清单。

表 9-11 KPIs 索引清单

关 系	索 引	索引类别	索引字段	说 明
Department	PK_Department	聚集索引	ID	主键
	IX_Department_Path	唯一索引	Path	常用查找、唯一性
	IX_Department_Parent	索引	Parent_ID	外键
KpiIdx	PK_KpiIdx	聚集索引	ID	主键
	IX_KpiIdx_Code_Name	唯一索引	Code,Name	常用查找、唯一性
DepartmentIdx	PK_DepartmentIdx	聚集索引	ID	主键
	IX_DepartmentIdx_Idx_Department	索引	Idx_ID,Department_ID	候选键,外键
	IX_DepartmentIdx_Collector	索引	Collector_ID	外键
Staff	PK_Staff	聚集索引	ID	主键
	IX_Staff_UserName	唯一索引	UserName,Password	常用查询,且两者常常需要同时获取
	IX_Staff_Department	索引	Department_ID	外键
IdxData	PK_IdxData	聚集索引	ID	主键
	IX_IdxData_DeptIdx_CDate	唯一索引	DeptIdx_ID,CDate	候选键、外键、常用排序依据
Log	PK_Log	聚集索引	ID	主键
	IX_Log_ActTime	索引	ActTime DESC	常用排序依据

表 9-11 中对为什么需要建立某个索引给出了简短的说明,下面补充几点。

- 聚集(Cluster)索引：表中记录的物理存储顺序和聚集索引顺序是一致的,所以一张表只能有一个聚集索引。其优点是获取指定记录或连续范围的记录速度快,缺点是对表进行修改的速度较慢,因为可能引起记录的物理存储位置重排。SQL Server 默认将表的主键定义为聚集索引。
- IX_Staff_UserName 索引：通常查找记录首先通过索引检索到记录的存储位置,然后再获取该记录。但如果索引已经包含了所有需要获取的字段,就无须访问记录本身了,所以 IX_Staff_UserName 索引包含了 Password 字段。
- IX_Log_ActTime 索引：用户通常关心最新的日志,所以索引字段采用降序排列。

创建索引的 SQL 语句为 CREATE INDEX,具体的语法为

```
CREATE [UNIQUE] [CLUSTERED] INDEX <索引名> ON <表名> (<列名> [ASC|DESC], …)
```

其中,UNIQUE 表示建立唯一索引；CLUSTERED 表示建立聚集索引；列名后面的 ASC 表示索引中的记录按照该字段的升序排列(默认),DESC 表示降序排列。如果索引建立在多个字段上,则列名之间用“,”分隔。

例如,创建 IX_Staff_UserName 的 SQL 语句为:

```
CREATE UNIQUE INDEX IX_Staff_UserName ON Staff (UserName, Password)
```

再如,创建 IX_Log_ActTime 的 SQL 语句为:

```
CREATE INDEX IX_Log_ActTime ON [Log] (ActTime DESC)
```

索引一旦建立,DBMS 会自动维护并在查询时利用,以提高效率,无须人工干涉。

3. 外模式和视图

1) 视图

数据库中所有的基本表构成数据库的模式,所谓基本表就是指本身独立存在的表。而模式/外模式之间的映像,则是通过视图和权限控制来实现的。

视图(View)也是一张表,但该表是由其他表所导出的虚表。视图基于的表可以是基本表,也可以是其他视图。视图之所以被称为虚表,是因为数据库中只存放视图的定义,而不存放视图的数据,数据存放在基本表中。用到视图时,数据库系统会根据其视图定义到基本表中存取对应的数据,即所有对视图的操作最终被转换为对基本表的操作,这个过程称为视图消解。

使用视图实现外模式/模式映像是视图的核心作用。具体来说,使用视图具有以下优点。

- 简化操作:视图可以将多张表组合成一个关系模式,从而简化用户操作。
- 个性化:可以对同一数据建立不同视图,使用户能够从不同的角度看待数据。
- 逻辑独立性:数据库重构时有可能保持视图不变,从而实现数据库逻辑独立性。
- 安全保护:视图可以隐藏基本表中的某些数据,从而对数据提供一定的安全保护。

2) 定义视图

创建视图的 SQL 语句为:

```
CREATE VIEW <视图名>[(<列名>[,<列名>]…)] AS
<子查询>
```

其中,子查询可以是任意复杂的 SELECT 语句,但不允许含有 ORDER BY 子句。

修改视图定义的 SQL 语句为

```
ALTER VIEW <视图名>[(<列名>[,<列名>]…)] AS
<子查询>
```

删除视图的 SQL 语句为:

```
DROP VIEW <视图名>;
```

以 KPIs 为例,定义以下视图。

(1) 所有人员基本信息,但不包含用户方面的内容。

```
CREATE VIEW StaffView(ID, StaffName, StaffTitle, Department_ID) AS
SELECT ID, Name, JobTitle, Department_ID
FROM Staff
```

(2) 具有库存周转率指标，并且标准值在 2.0 以上的部门。

```
CREATE VIEW BestDeptView AS
SELECT * FROM Department
WHERE ID IN
  (SELECT Department_ID
  FROM DepartmentIdx di JOIN KpiIdx idx ON di.Idx_ID = idx.ID
  WHERE idx.Name = '库存周转率' AND di.StandValue > 2.0)
```

(3) 使用 KpiIdx 和 DepartmentIdx，构建分解前的 KpiIdx 关系模式。

```
CREATE VIEW KpiIdxView AS
SELECT di.ID, idx.Code, idx.Name, idx.Description, idx.ValueType,
  di.Frequency, di.Weight, di.StandValue, di.Department_ID,
  di.Collector_ID
FROM DepartmentIdx di JOIN KpiIdx idx ON di.Idx_ID = idx.ID
```

(4) 用户名 000258 的数据员负责采集的所有部门指标。

```
CREATE VIEW KpiIdx000258View AS
SELECT idx.*
FROM Staff sf JOIN KpiIdxView idx          -- 基于基本表 Staff 和视图 KpiIdxView
  ON sf.ID = idx.Collector_ID
WHERE sf.UserName = '000258'
```

3) 操作视图

对于查询操作来说，视图和基本表没有任何区别。例如，查询职务为经理的所有人员信息的 SQL 语句为：

```
SELECT * FROM StaffView WHERE StaffTitle = '经理'
```

视图也可以和其他视图或基本表结合，进行多表或嵌套查询。例如，查询具有库存周转率指标，并且标准值在 2.0 以上的部门的所有指标，按采集人排序，相应的 SQL 语句为

```
SELECT idx.*, sv.StaffName AS CollectorName,
  sv.StaffTitle AS CollectorTitle
FROM StaffView sv JOIN KpiIdxView idx - 员工视图，部门指标视图
  ON sv.ID = idx.Collector_ID
WHERE EXISTS (
  SELECT *
  FROM BestDeptView dept                   -- 具有"库存周转率"指标，且标准值在 2.0 以上的部门
  WHERE dept.ID = idx.Department_ID
)
ORDER BY sv.ID
```

对视图进行 CUD 操作的 SQL 语句和基本表也没有什么区别，但视图可能会涉及多张基本表，所以视图的 CUD 操作比基本表要复杂，只有当能够通过视图正确地将 CUD 操作映射到底层基本表中时，视图才可能执行 CUD 操作。视图的更新限制很多，经常会碰到更新失败的情况，如果非必要，不要通过视图来更新数据。

习 题 9

一、选择题

1. 下列对关系的叙述中,不正确的是(　　)。

A) 关系中的每个属性是不可分解的　　B) 关系中元组的顺序是无关紧要的

C) 同一关系的属性名具有不能重复性　　D) 任意一个二维表都是一个关系

2. 下列关于数据库三级模式结构的说法中,不正确的是(　　)。

A) 一个数据库中可以有多个外模式但只有一个内模式

B) 一个数据库中可以有多个外模式但只有一个模式

C) 一个数据库中只有一个外模式也只有一个内模式

D) 一个数据库中只有一个模式也只有一个内模式

3. 关系规范化中的删除操作异常是指(　　)。

A) 不该删除的数据被删除　　B) 不该插入的数据被插入

C) 应该删除的数据未被删除　　D) 该插入的数据未被插入

4. 关键字中的属性可以有(　　)。

A) 0 个　　B) 1 个　　C) 1 个或多个　　D) 多个

5. 关系数据库中的关键字是指(　　)。

A) 能唯一决定关系的字段　　B) 不可改动的专用保留字

C) 关键的很重要的字段　　D) 能唯一标识元组的属性或属性集合

6. 数据库需求分析时,数据字典的含义是(　　)。

A) 描述系统的功能、输入、输出和数据存储的集合

B) 数据库所涉及字母、字符及汉字的集合

C) 数据库中所有数据的集合

D) 数据库中所涉及的数据流、数据项和文件等描述的集合

7. 假设两个实体间存在多对多的关联关系,转换成关系模型后的关系分别为 R 和 S,主键分别为 A 和 B,则表示该关联关系的方法为(　　)。

A) 用一个新的关系 T(A,B)来表示　　B) 在 R 中增加外键属性 B

C) 在 S 中增加外键属性 A　　D) 在 R 中增加 B,同时在 S 中增加 A

8. 关于数据库需求分析需要考虑的问题,下列说法错误的是(　　)。

A) 需要考虑有哪些实体,也就是有哪些数据需要由数据库负责管理

B) 需要考虑对数据进行哪些处理

C) 需要考虑完整性,也就是数据都有什么样的约束条件

D) 需要考虑性能,也就是如何能够快速地访问数据

9. 采用分级方法将数据库结构划分成多个层次,是为了提高数据库的(　　)。

A) 数据规范性和数据独立性　　B) 逻辑独立性和物理独立性

C) 管理规范性和物理独立性　　D) 数据的共享和数据独立性

二、填空题

1. 软件开发的所有活动都是一个逐步细化、反复修正的过程,叫________________。

2. 若关系 R 的每一分量都是不可分的数据项，则称 R 是________的，简称________。

3. 关系的完整性规则包括实体完整性、________和________。

4. 规范化程度低的关系模式可能会导致数据库中出现________和________、删除异常和________等问题。

5. 关系模式设计不合理，会给数据库维护带来很多麻烦，解决的办法就是________。

6. 视图是定义数据库________模式的重要方法。

7. 笛卡儿积 $D_1 \times D_2 \times \cdots \times D_n$ 的子集叫作在域 $D_1, D_2, \cdots, D_n$ 上的关系，形式化记为________________。

三、是非题

(　　)1. 同一个关系模型中可以出现值完全相同的两个元组。

(　　)2. 建立数据库中的表时，将年龄字段值限制在18～25岁，这种约束属于参照完整性约束。

(　　)3. 关系模式中各级范式之间的关系为1NF⊂2NF⊂3NF。

(　　)4. 在数据库的三级模式结构中，描述数据库中全体数据的全局逻辑结构和特性的是模式。

(　　)5. 关系数据库通过表与表之间的公共属性实现数据之间的联系。这些公共属性是一个表的主码，是另一个表的外码，它们应满足参照完整性约束条件。

(　　)6. 数据库设计工作仅指前期需求分析、概念模型设计、逻辑模型设计、物理结构设计，不包括后期的实施、维护、调整和优化的任务。

(　　)7. 查询视图和查询基表的SQL语句没有什么区别。

(　　)8. 视图虽然是虚表，但仍然可以更新，只是会受到很多限制。

(　　)9. 关系模式是稳定的，而关系是关系模式某个时刻的状态，是随时间不断变化的。

(　　)10. 索引属于数据库物理模型方面的内容，其作用是添加存储路径，加快特定数据存取的速度，但如果设计不合理，反而会降低数据库的性能。

四、实践题

给出"门店销售指标跟踪系统"的实体类图并转换成关系模型，分析该关系模型是否合理，必要时通过模式分解避免不合理关系模式可能导致的问题，最后完成系统的索引、参照和视图设计。

第 10 章

系统设计和实现

学习目标

- 掌握图形界面创建 SQL Server 数据库、表、索引、视图的方法；
- 了解 SQL Server 用户和权限管理，了解用户和权限管理的 SQL 语句；
- 掌握 SQL Server 文件方式数据库的使用和文件权限的设置；
- 了解什么是软件系统架构；
- 熟练掌握三层架构每层的名称和作用，掌握各层间的联系，掌握实体层的作用；
- 深刻理解三层架构的优缺点，掌握三层架构的搭建，掌握服务类的设计；
- 掌握 LINQ 基本概念，理解 ORM；
- 理解 Lamda 表达式，掌握 LINQ 中 Select()、Where()、First()和 ToList()方法；
- 了解 ASP. NET 校验控件，掌握基于数据库的身份验证方法，理解 MD5 的作用；
- 理解应用权限控制的基本思路，深刻理解网站应用的无状态特征；
- 熟练掌握 ASP. NET 实现状态管理的各种方法以及方法适用的场景。

10.1 数据库实施

1. 创建 KPIs 数据库

KPIs 使用 SSE 提供的数据库文件方式来创建数据库。

1) SSE 数据库文件

采用数据库文件方式，整个数据库以独立文件的方式存在，使用时动态加载这个文件。这兼顾了文件型数据库和网络数据库系统两者的优点，可以简化数据库的部署。虽然 SSE 对数据库文件大小进行了限制，但当应用发展到需要更大容量时，可无缝迁移到非 Express 版本的 SQL Server 上。

在 VS 中右击 KPIsWeb 项目，在弹出的快捷菜单中选择“添加”→“添加新项”命令，在打开的对话框中选择“SQL Server 数据库”模板，输入名称 KPIs. mdf，确定后，VS 会自动添加 App_Data 文件夹(这是 ASP. NET 专用于保存数据库相关文件的文件夹，可以通过“添加 ASP. NET 文件夹”命令添加)，并在其中添加一个 KPIs. mdf 数据库文件和 KPIs_log. ldf 数据库日志文件。

2) 定义表格和索引

创建数据库文件后，VS 在服务器资源管理器中添加对应数据连接，其连接字符串为“Data Source=(LocalDB)\MSSQLLocalDB; …”，打开 SSMS 连接 LocalDB，如图 10-1 所示。

为 KPIsWeb 项目创建 LocalDB 数据库文件

使用图形界面创建 KPIs 表格、索引、参照以及生成脚本

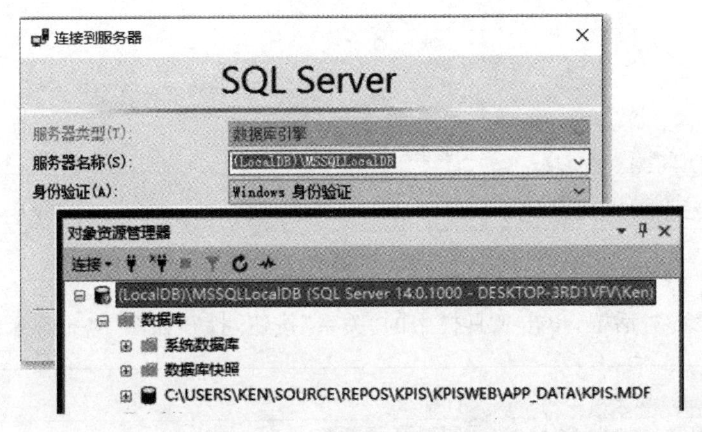

图 10-1 连接 LocalDB

下面根据 KPIs 的关系模型(注意在 9.2 节中对其进行的模式分解调整)和内模式设计创建数据库中的表。以 DepartmenIdx 表为例,右击 KPIs 数据库节点(数据库名称如图 10-1 所示,可能会非常长)中的"表"文件夹节点,在弹出菜单中选择"表"命令。然后在表格定义对话框中输入各字段名(列名),选择数据类型和允许 Null 值选项,如图 10-2 所示。

图 10-2 中 ID 列前有钥匙符号,表示该列为主键,设置方法是选择主键中的列(按住 Ctrl 键后单击可实现多选),然后单击工具栏中的钥匙图标按钮。ID 列为自增列,所以还要选中这列,在列属性中将标识规范展开,设置"(是标识)"为"是",如图 10-3 所示。

DESKTOP-3RD1VF...o.DepartmentIdx

列名	数据类型	允许 Null 值
ID	int	☐
Idx_ID	int	☐
Department_ID	int	☐
Frequency	nvarchar(20)	☑
Weight	int	☐
StandValue	numeric(18, 6)	☑
Collector_ID	int	☑
		☐

图 10-2 DepartmentIdx 表结构定义

图 10-3 列属性设置标识规范

列属性中还有很多其他的设置。例如,可以选中 Weight 列,然后设置其"默认值或绑定"属性为 0,即设置该列的 DEFAULT 约束默认值为 0。

列设置完毕后,单击工具栏中的"保存"按钮,弹出对话框要求输入表的名称,输入 DepartmentIdx,单击"确定"按钮完成表的定义。

通常还需要为表定义参照和索引。在表设计窗口保持打开的情况下,单击工具栏中的“管理索引和键”按钮,打开如图 10-4 所示对话框。按照表 9-11 的设计,在这个界面中添加对应的索引,设置唯一性和索引列(包括排序)。

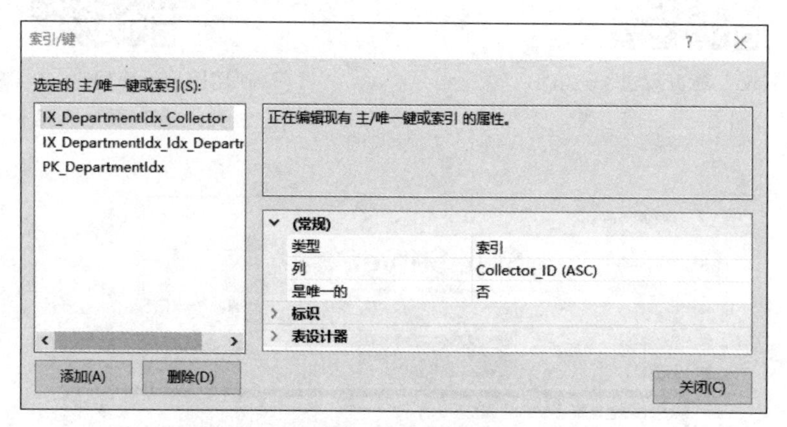

图 10-4　索引和键的设置对话框

关闭索引设置对话框,单击工具栏中的“关系”按钮,打开如图 10-5 所示的对话框。

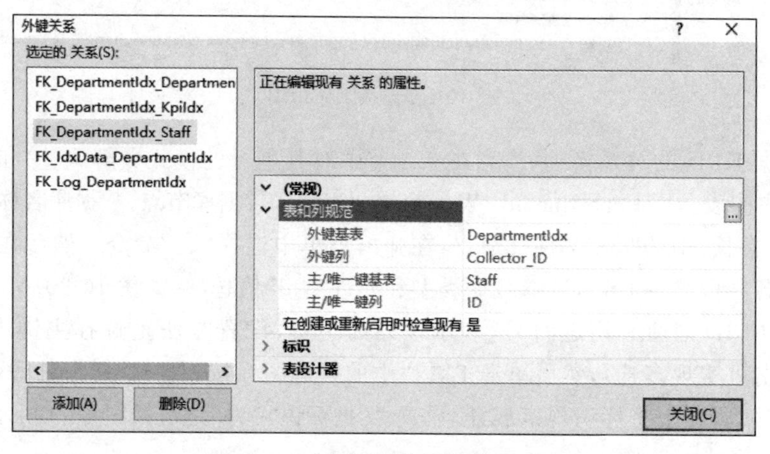

图 10-5　表之间的关联设置对话框

根据 KPIs 关系模型中的外键设计,添加 DepartmentIdx 表和其他表之间的所有外键关系。选中外键关系后,单击图 10-5 中的“表和列规范”属性按钮,打开如图 10-6 所示对话框,在其中设置被参照的主表、参照对应字段。

关联设置对话框中的“INSERT 和 UPDATE 规范”用于设置主记录被删除或主键值被修改时外键值的处理方式。KPIs 关系模型设计时,对外键更新规范做出了规定,如果是拒绝删除,则采用默认设置“无操作”;如果是删除置空,那就需要把删除规则改为“设置 null”。

再次单击工具栏的“保存”按钮,保存索引和参照设置,完成 DepartmentIdx 表的全部定义。请读者根据上述说明,完成 KPIs 其他表的定义。

3) 创建 KPIs 的视图

使用图形界面创建 KPIs 中的 DeptKpiIdxView 视图,也就是连接 KpiIdx 表和 DepartmentIdx 表的部门 KPI 指标视图。右击 KPIs 数据库中的视图文件夹节点,在弹出菜

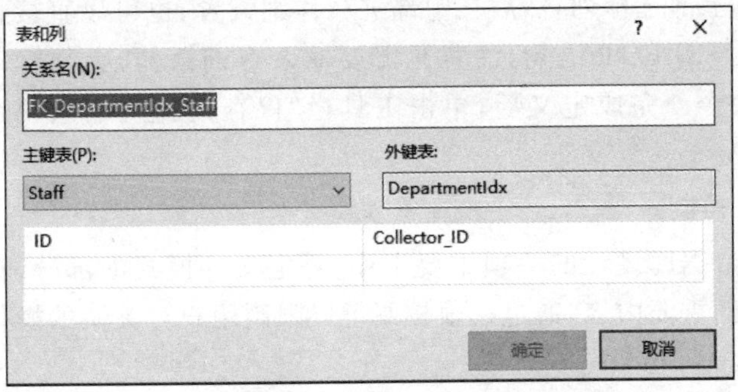

图 10-6 参照主表和参照字段设置对话框

单中选择“新建视图”命令，打开如图 10-7 所示的对话框。

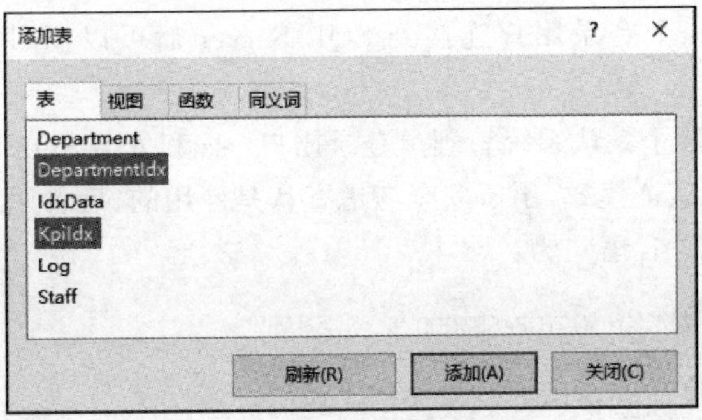

图 10-7 选择视图中涉及的表

选择 DepartmentIdx 和 KpiIdx 两张表，单击“添加”按钮，选中的表会添加到视图编辑器中，且自动根据表间的外键生成相应的 SELECT 语句。单击“关闭”按钮，打开如图 10-8 所示的视图定义界面。

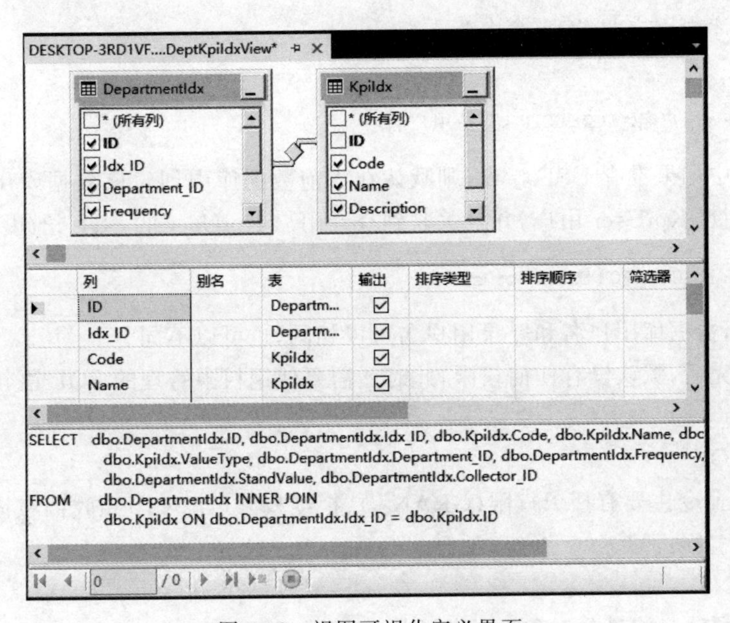

图 10-8 视图可视化定义界面

可以在图 10-8 上部选择列,然后在中部进行详细设置,也可以直接在 SQL 语句区中输入 SELECT 语句,注意只需要输入查询语句,无须输入 CREATE VIEW 命令。完成定义后,单击工具栏"保存"按钮,输入视图名称。

使用脚本创建 KPIs 表格、索引和参照

2. 数据库权限控制

权限控制也是数据库设计的一项重要工作,是定义外模式的部分,更是数据库安全方面的重要内容,通过权限控制可以限制用户对关系的操作类型、操作范围。

1) 用户管理

数据库权限是指数据库用户的权限,SQL Server 中的用户分为登录用户和数据库用户两类,登录用户是指可以连接到 SQL Server 服务器的用户,而数据库用户则是指具体使用某个数据库的用户。一个登录用户连接到 SQL Server 后可以同时对应多个数据库中的用户。

SQL Server 中有两个默认系统管理员登录用户:sa 和安装 SQL Server 的 Windows 账户,前者用于混合身份认证模式,出于安全考虑默认是停用的,后者用于集成身份认证。

创建登录用户的 SQL 语句为:

```
CREATE LOGIN <登录用户名> WITH PASSWORD = '登录密码'
```

例如,为 KPIs 创建一个专用的登录用户 KpiUser:

```
CREATE LOGIN KpiUser WITH PASSWORD = '340$Uuxwp7Mcxo7Khy';
```

SQL Server 中每个数据库都可以有自己的数据库用户,其中有一个默认用户 dbo,是 DATABASE OWNER(数据库所有者)的缩写,默认 sa 和前述 Windows 账户对应所有数据库的 dbo 用户。

创建数据库中用户的 SQL 命令为:

```
USE <数据库>;
CREATE USER <用户名> FOR LOGIN <登录用户名>;
```

上述命令中如果没有 USE 指令,则默认在当前数据库中创建该数据库用户。例如,在 KPIs 数据库创建 KpiUser 用户,并且关联到登录用户 KpiUser 的 SQL 语句为:

```
CREATE USER KpiUser FOR LOGIN KpiUser
```

可以看到,数据库用户名和登录用户名可以相同,也可以不同。

用户创建完后,默认没有任何权限,此时还需要使用权限管理的 SQL 语句,来设置数据库用户的权限。

2) 权限 SQL

SQL 权限命令主要有授予权限(GRANT)、拒绝权限(DENY)和收回权限(REVOKE)三个。

(1) GRANT

授权总的语法是将某个对象上的某些操作权限授予某些用户,对象可以是数据库、表、

视图等，而可用的权限和对象有关。例如，表或视图上可能的权限为 SELECT、UPDATE、INSERT、DELETE 等。权限也可以用 ALL 代替，表示对象上所有可能的权限。例如，把视图 StaffView 的查询权限授予数据库用户 KpiUser，SQL 语句为：

```
GRANT SELECT ON StaffView TO KpiUser
```

再如，把 Staff 表的更新职务字段和删除记录权限授予用户 KpiUser 的 SQL 语句为：

```
GRANT UPDATE(JobTitle), DELETE ON Staff TO KpiUser
```

（2）DENY

拒绝是一种反向授权，语法和 GRANT 语句类似。如果用户被拒绝某个权限，那么即使通过 GRANT 授予了正向的权限，用户也不会获得该权限。

（3）REVOKE

收回权限就是撤销原来 GRANT 授予的权限，所以介词用 FROM。例如，撤销前面授予 KpiUser，在 KpiIdx 中插入新记录的权限，SQL 语句为：

```
REVOKE INSERT ON KpiIdx FROM KpiUser
```

GRANT 和 REVOKE 中都有一个特殊的用户 PUBLIC，它表示的是所有数据库用户。例如，收回所有用户对表 Department 的查询权限，SQL 语句为：

```
REVOKE SELECT ON Department FROM PUBLIC;
```

3. KPIs 数据库文件

1）连接字符串

在创建 SQL Server 数据库文件后，VS 会自动添加到该文件的连接，默认使用 LocalDB 数据库引擎，该引擎更适用于开发环境，通常需要将其修改成使用 SSE。

发布 KPIs 为 IIS 默认网站的子站点和附加文件方式的数据库配置

连接 SSE 数据库文件的方式只能使用集成身份认证方式，对于网站来说就是 Web 服务器进程的运行账户，如 IIS 的网站默认用户为 DefaultAppPool①。连接成功后，映射到的数据库用户就一定是 dbo，也就是数据库的所有者，拥有数据库所有操作权限。

因为采用数据库文件方式，实际上就是这个网站应用专属的数据库，所以没有必要在数据库系统的层面进行用户权限的管控。

SSE 数据库文件方式的另一个重要概念是动态附加（AttachDB）和用户进程（User Instance），如 KPIs 数据库连接字符串为：

```
Data Source = .\SQLEXPRESS;AttachDbFilename = |DataDirectory|\KPIs.mdf;
Integrated Security = True;User Instance = True
```

（1）Data Source 中的“.”代表本地计算机，SQLEXPRESS 则表示默认的 SSE 实例名。

（2）AttachDbFilename：是 SSE 数据库文件方式的特有连接特性，表示动态附加数据库文件。文件路径中可以使用特殊标识符|DataDirectory|，它表示网站的 App_Data 文件

① 实际和 IIS 版本有关，可参见本书 5.6 节。

夹,而且能够根据网站实际部署自动确定数据库文件的绝对路径。这是 SSE 针对 ASP.NET 网站提供的功能,这也是为什么把数据库文件创建到 App_Data 文件夹中的原因。

(3) Integrated Security:表示是否集成身份认证模式,对于数据库文件方式必须是 True。

(4) User Instance:表示是否为连接数据库文件的应用启动独立的 SSE 进程,相当于为这个应用启动一个独立的 DBMS,专门负责这个数据库文件的管理。动态附加文件方式时通常为 True。

2) 文件权限

使用独立的 SSE 进程还有一个文件权限的问题。调试时的网站会用当前 Windows 登录用户,通常不会有权限问题。但部署后的网站,如果是 IIS,则会以 Windows 中 IIS_IUSERS 用户组的身份作为 SSE 的进程用户,所以必须保证该用户组拥有读写数据库文件的权限[①]。

右击部署后的 App_Data 文件夹,选择"属性"命令,在对话框中切换到安全页,单击"编辑"按钮,打开图 10-9 所示的安全设置对话框,在"组或用户名"中选择 IIS_IUSRS 组,这是 IIS(包括其中运行的网站应用)访问 Windows 资源的用户身份。在下方的"IIS_IUSRS 的权限"中,选中"完全控制"后面"允许"列的复选框。

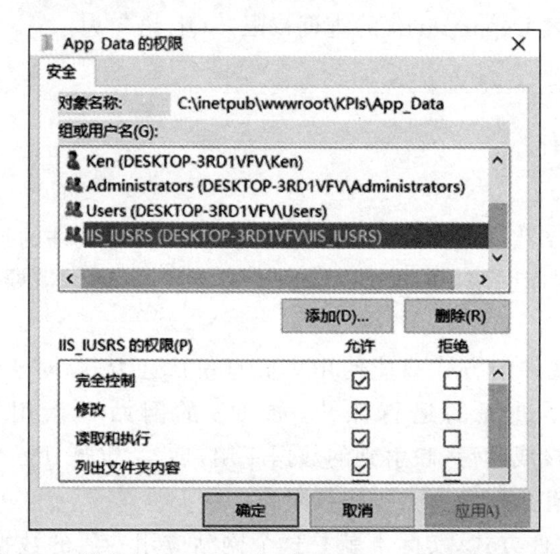

图 10-9 设置 IIS_IUSRS 组对 App_Data 的完全控制权限

单击"应用"或"确定"按钮完成设置,通常需要重启一下网站才能让新权限生效。如果没有配置好文件权限,当网站试图向数据库中写入记录时,就会出现 KPIs.mdf 是只读数据库的错误提示信息,如图 10-10 所示。

注意发布 Web 应用时,如果选中了"发布前删除所有现有文件"选项会造成 App_Data 文件夹权限设置丢失,需要重新设置文件夹权限。

① 和上传文件夹同理,参见 6.4 节上传文件夹权限处理。

图 10-10　只读数据库错误信息

10.2　系统架构

KPIs 属于小型网站系统，但如果不把程序代码组织好，会给系统实现和维护带来很大的麻烦。所以，在实现系统之前，有必要先完成系统的架构设计。

所谓系统架构就是指程序代码的组织方式。采用面向对象的思想，通常把程序代码组织成一个一个的组件[①]，组件之间互相调用、互相配合，从而实现整个系统功能。架构设计就是需要确定系统分成哪些组件、组件之间的交互关系和交互方式。

1. 三层架构

1）什么是三层架构

任何一个软件系统的总体功能都是：输入→处理→输出。从这个角度来说，一个应用系统所需要完成的任务可以分为三类：负责输入/输出的界面处理、负责读写数据库的数据访问，以及负责按业务规则加工处理数据的业务逻辑处理。相应的代码也可以组织成对应的三部分（称为层）：表示层（User Interface，UI）、数据访问层（Data Access Layer，DAL）和业务逻辑层（Business Logic Layer，BLL），这就是所谓的三层架构。每一层中的代码都会进一步组织成一个或多个组件，三层之间总的关系如图 10-11 所示。

（1）UI：表示层中的类称为界面类，负责生成界面，接收用户的输入，然后调用业务逻辑层中的业务处理类完成业务处理，最后将结果呈现给用户。界面类不应该涉及业务逻辑的处理，但通常需要负责用户输入的初步校验、格式转换等工作。Web 应用系统中，表示层主要由 Web 页面类组成。

（2）BLL：业务逻辑层中的业务处理类，负责接受表示层的请求；然后通过调用数据访问层中的类获取数据库中的数据，完成所要求的业务计算；最后将结果反馈给表示层。如果需要，同样通过调用数据访问层的类将结果写回数据库。显然业务逻辑层是整个系统的处理核心，所以有时也将业务处理类称为服务类（Service），强调其接受请求并完成请求任务的服务特性。通常把业务处理根据相关性分组，同组的业务处理组织成一个服务类。

---

① 也就是类，系统架构中为了强调其封装性，以及通过接口提供服务的特性，将其称为组件。

(3) DAL：数据访问层中的类，负责直接读写数据库。有了数据访问层，服务类就无须关心实际数据是如何存储到数据库的，如何从数据库中获取数据的，而专注于业务逻辑的实现。数据访问层中的类通常对应数据库中的一张表或视图，负责这张表或视图的操作，相应的对象又称为数据访问对象(Data Access Object，DAO)。

2) 实体层

DAL 从数据库获取数据后，须将其封装在对象中传递给 BLL。BLL 处理完数据后，同样需要将结果封装在对象中传递给 UI。DAL 传递给 BLL 的对象通常和数据库中的实体记录相对应，所以通常将这些对象称为实体对象(Entity)。在简单的系统中，实体对象会同时用于 BLL 传递给 UI。将所有的实体对象的定义集中在一起，就形成了所谓的实体层(Entity Layer)。引入实体层后的三层架构就形成了如图 10-12 所示的关系。

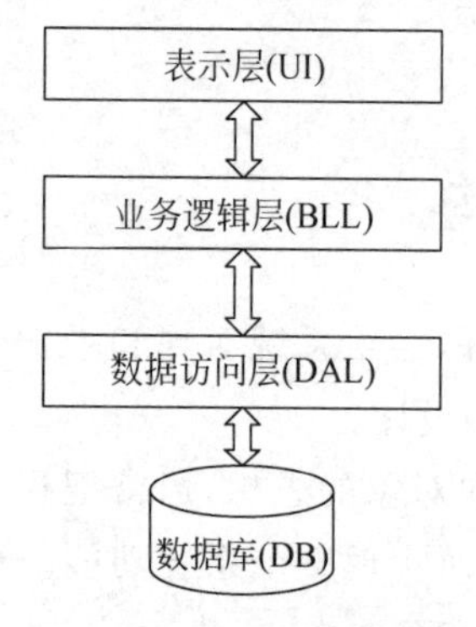

图 10-11　三层架构示意图

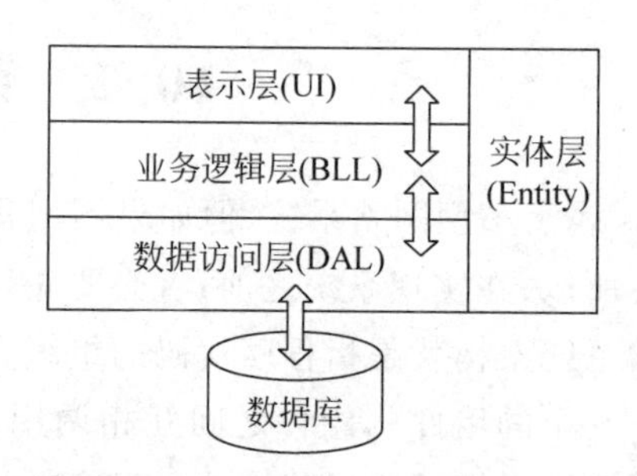

图 10-12　包含实体层的三层架构示意图

3) 三层架构的特点

注意三层架构中每一层的分工原则。

(1) DAL 仅提供对数据库的 CRUD 操作，而不关心业务逻辑。

(2) BLL 不会直接访问数据库，其与数据库的交互是通过 DAL 提供的方法。在调用 DAL 方法前，BLL 应该进行自己的逻辑判断或者业务处理。另外，BLL 也可以提供和数据库操作无关的其他业务处理方法。

(3) UI 不能调用 DAL 方法，只能调用 BLL 方法。

三层架构是人们总结出来的一种代码组织方式，其最大优点是结构清晰、易扩展、易维护，缺点是复杂。小型项目使用三层架构会得不偿失，如 MPMM 就没有采用三层架构。

2. KPIs 系统架构

1) 搭建解决方案框架

针对三层架构对 KPIs 项目工程文件进行规划，可以选择在 KPIsWeb 项目中新建各层的文件夹，将相应的类文件组织到文件夹中，但更常见的是为每一层建一个独立的项目。KPIs 针对小型网站项目，将 BLL、DAL、Entity 三层合并到一个独立的项目中，牺牲一些灵活性，换来一些开发便捷性。

添加 BLL、DAL、Entity 三层合一的项目并引用

打开 KPIs 解决方案，选择“文件”→“添加”→“新建项目”命令，弹出如图 10-13 所示的界面，由于新增项目中只是一些类的定义，所以选

择“类库”模板。输入项目名称 KPIs. BDE，单击“确定”按钮，VS 在 KPIs 解决方案中增加一个名为 KPIs. BDE 的项目。

图 10-14 所示为 KPIs 的解决方案资源管理器，KPIs 解决方案包含两个项目：KPIs. BLL 项目实现三层架构中的 BLL、DAL 和 Entity，KPIsWeb 项目实现三层架构中的 UI。

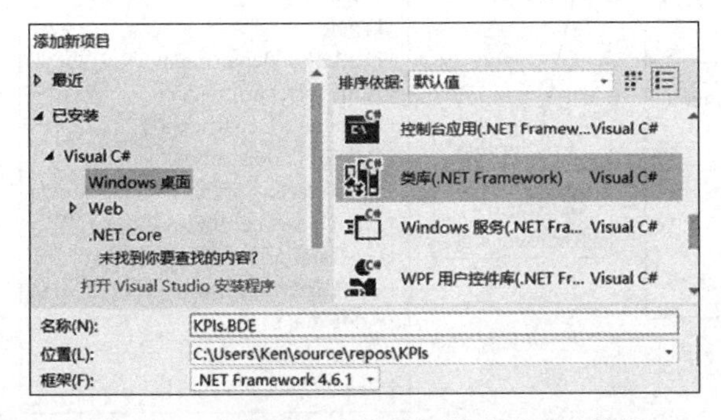

图 10-13　向解决方案中添加新的项目对话框

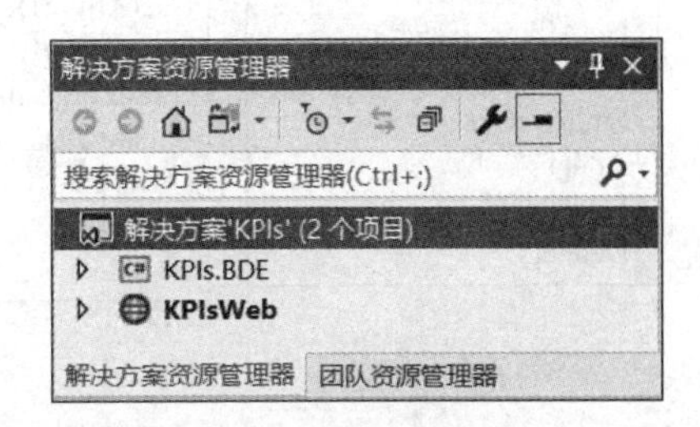

图 10-14　KPIs 解决方案资源管理器

为了让 KPIsWeb 项目能使用 BDE 项目中的类，要为 KPIsWeb 项目添加对 BDE 项目的引用。右击 KPIsWeb 项目的“引用”文件夹，选择“添加引用”命令，打开如图 10-15 所示的对话框。由于引用的是同一个解决方案中的项目，所以选择“项目”下的“解决方案”选项。

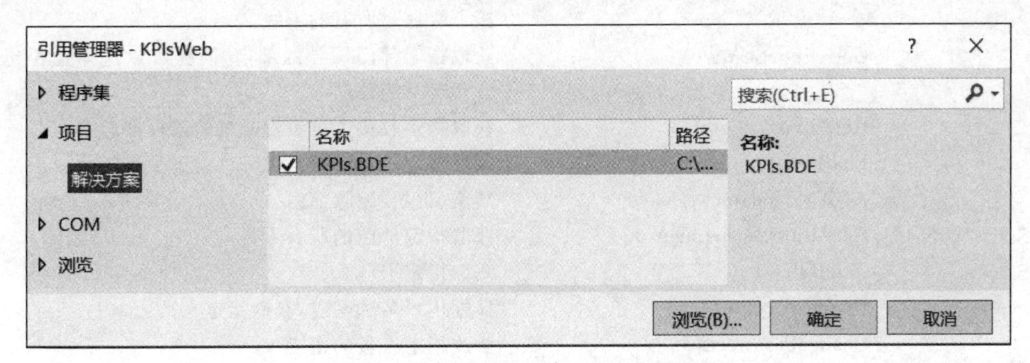

图 10-15　添加引用对话框

勾选图 10-15 所示的 KPIs. BDE 项目后，单击“确定”按钮，在 KPIsWeb 项目的 Bin 文件夹中就会出现 KPIs. BDE 程序集，如图 10-16 所示。

2）DAL 和 BLL 设计

DAL 和 BLL 其实就是类的定义，所以设计 DAL 和 BLL，实际上就是类的设计，可以通过类图来表示。通常开发人员从 UseCase 入手，考虑每个界面中的业务处理过程，从而设计出 Service 类，然后根据 Service 类和数据库设计资料设计 DAO 类。图 10-17 为 KPIs 的 BLL 类图，每个 Service 类对应一类业务处理任务。

图 10-16　KPIsWeb 项目的 Bin 文件夹

每个服务的详细描述如表 10-1 所示。

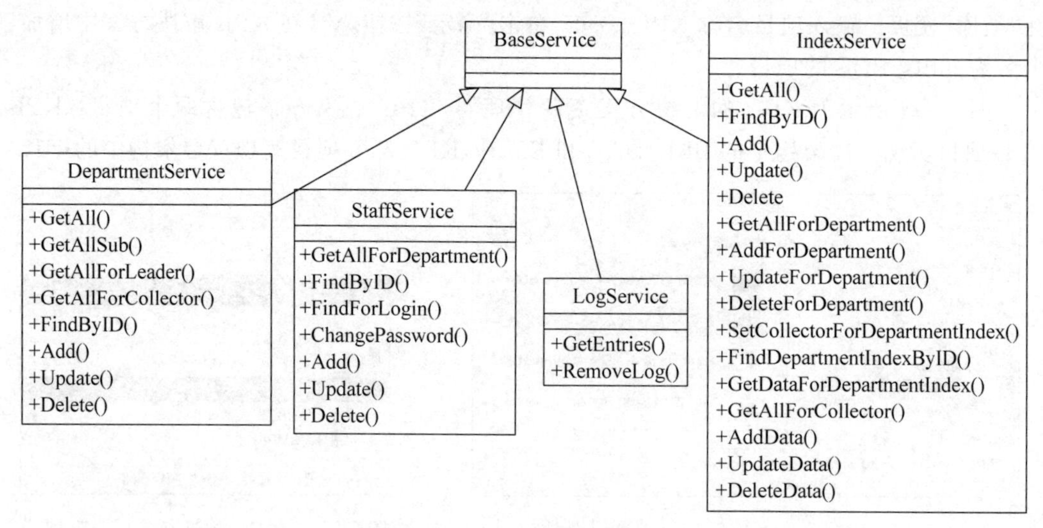

图 10-17　KPIs 服务类图

表 10-1　服务类方法一览表

服 务 类	服 务 方 法	描　　述
Department Service	GetAll()	获取所有部门
	GetAllSub()	获取指定部门的所有下级部门,可以选择包含直接下级还是所有的下级
	GetAllForLeader()	获取指定部门领导的部门,同样可以选择是否包含所有下级部门
	GetAllForColletor()	获取指定收集人员负责收集的指标部门
	FindByID()	获取指定 ID 的部门
	Add()、Update()、Delete()	新增、更新、删除部门
Staff Service	GetAllForDepartment()	获取指定部门的所有人员
	FindByID()	获取指定 ID 的人员
	FindForLogin()	根据用户名和密码,获取指定人员
	ChangePassword()	修改指定人员的密码
	Add()、Update()、Delete()	新增、更新、删除人员
Index Service	GetAll()	获取所有指标
	FindByID()	获取指定 ID 的指标
	Add()、Update()、Delete()	新增、更新、删除指标
	GetAllForDepartment()	获取指定部门的所有指标
	AddForDepartment()	为指定部门添加指标
	UpdateForDepartment()	更新指定部门的某个指标
	DeleteForDepartment()	删除指定部门的某个指标
	SetCollectorForDepartmentIndex()	为某个部门指标设置采集人员
	FindDepartmentIndexByID()	获取指定 ID 的部门指标
	GetDataForDepartmentIndex()	获取指定部门指标的数据
	GetAllForCollector()	获取指定采集人员的部门指标,可限制指标部门
	AddData()、UpdateData()、DeleteData()	新增、更新、删除指标数据

续表

服务类	服务方法	描述
Log Service	GetEntries()	获取日志条目。可指定条件：日期范围，部门指标
	RemoveLog()	删除日志条目。可指定条件：日期范围，部门指标

所有的 Service 类都继承 BaseService 类，以便在其中实现一些公共服务的处理。

KPIs 的 DAL，每个 DAO 类对应数据库中的某个表或视图，具体设计在 BLL 实现过程中考虑，所以不再给出 DAL 类图。

3. 实现 KPIs 的 DAL 和 Entity

1) EntityFramework

有很多工具可以自动生成 DAL 代码，ADO. NET EntityFramework（简称 EF）是微软公司推荐的 ORM[①] 工具，它可以在关系数据库的数据模型和编程语言的对象模型之间建立映射关系，通过将操纵对象模型的 LINQ[②] 语句自动翻译成 SQL 语句，实现对关系型数据库的操作。EF 允许以对象访问方式来访问对象模型，且 LINQ 查询表达式和 SQL 类似。通过 EF 可以快速实现 DAL 和 Entity。

为 BDE 项目添加 ADO. NET 实体数据模型自动生成 DAL 和 Entity 代码

在 KPIs. BDE 项目中添加新项，选择 ADO. NET 实体数据模型，输入名称 KPIsDB，确定后，在弹出对话框中选择“空 EF 设计器模型”（如图 3-1 所示）。创建成功后，双击打开 KPIsDB. edmx 文件，出现设计器界面。

由于已经在数据库中创建了表格、视图和关联，所以只需要从数据库添加表和视图就可以完成 DAL 的开发。选择设计器快捷菜单中的“从数据库更新模型”命令，在图 10-18 所示的向导中选择连接的数据库和需要导入的表和视图。

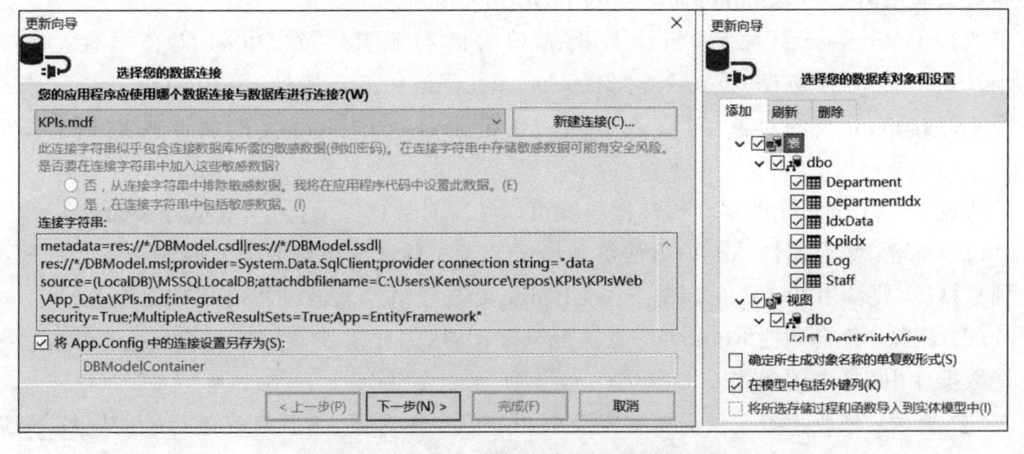

图 10-18 从数据库更新模型的向导对话框

① 对象关系映射（Object Relational Mapping，简称 ORM，或 O/RM，或 O/R mapping），是一种程序技术，用于实现面向对象编程语言中不同类型系统的数据之间的转换。

② LINQ（Language Integrated Query，语言集成查询）是一组用于 C# 和 Visual Basic 语言的扩展。它允许编写 C# 或者 Visual Basic 代码，以操作内存数据的方式查询数据库。

完成后,设计器中出现数据库对应的模型,内有Department、DepartmengIdx等实体类图以及实体间关联连线,VS根据这个模型自动生成实体类和数据库访问代码,其效果就是创建了一个关系数据库的对象数据库映像,供编程语言使用。展开KPIsDB.edmx文件的下级代码文件,可以看到系统自动生成了一组实体类和数据库访问类文件,如图10-19所示。

图10-19 解决方案资源管理器中自动生成的代码文件

图10-19中Department.cs文件中定义了名为Department的实体类,对应数据库中的Department表,每个Department对象对应表中的一条记录,即一个部门对象。注意其中的KPIsDB.Context.cs文件中的KPIsDBContainer类,就是负责实现所有数据库读写操作的DAL类。

2) DbContext

完成数据库读写的DAL方法是由数据库上下文类(DbContext)提供的,操作上述对象数据库,首先要获得一个DbContext对象。VS自动生成的DbContext类名是“ADO.NET实体对象模型名+< Container >”,如KPIsDBContainer。

取得DbContext对象后,每个数据表就会映射到其一个DbSet集合属性。例如Department表映射成DbContext对象的Departments[①]集合属性,其中的每一个元素是一个Department类的对象,对应表中的一条记录,Department类的属性映射到记录的字段。

通过对DbContext的集合属性操作就可以实现对数据库的操作,基本方法如下:

(1) 新增:集合属性Add()方法可新增记录。注意该方法对数据库的操作不会立即提交到数据库,要调用DbContext的SaveChanges()方法才会将改动提交到数据库。

(2) 删除:集合属性Remove()方法可删除记录,同样需要调用SaveChanges()方法才会在数据库中执行删除操作。

(3) 修改:修改一条记录需要首先获取相应的实体对象,然后修改该对象的属性,最后调用SaveChanges()方法将修改提交到数据库。

(4) 查询:使用集合属性的Where()方法指定查询条件,方法返回的查询结果也是实体对象集合,但该集合并不适合程序操作,通常在返回结果上调用ToList()方法,将其转换成List <实体类>的列表。

---

① 集合属性名是否为复数形式,可在更新向导中选择,复数形式便于区分集合(表)、对象(记录)。

3）DbContext 连接字符串

在第一次根据数据库生成模型时，VS 会在项目中自动添加配置文件 app. config，并在其中添加默认连接字符串配置节，需将其复制到 KPIsWeb 项目的 web. config 中，并修改成 SSE 动态附加数据库文件的形式：

```
<connectionStrings>
    <add name = "KPIsDBContainer" connectionString = "metadata = res:// * /KPIsDB.csdl|res://
 * /KPIsDB.ssdl | res:// * /KPIsDB.msl; provider = System.Data.SqlClient; provider connection
string = &quot; data source = .\SQLEXPRESS; attachdbfilename = |DataDirectory|\KPIs.mdf;
integrated security = True; connect timeout = 30; MultipleActiveResultSets = True; App =
EntityFramework&quot;User Instance = True" providerName = "System.Data.EntityClient" />
</connectionStrings>
```

因为网站运行时，类库项目生成的程序集会嵌入到网站中，因此 EF 读取的配置文件是网站配置文件 web. config，而不是类库项目的配置文件 app. config。

4）配置 EF 程序包

创建 ADO. NET 实体数据模型时，VS 会自动为项目添加 EF 程序包，所以 KPIs. BDE 项目已经配置好了对 EntityFramework 程序集的引用。但还需要为 KPIsWeb 项目添加 EF 程序包。

使用 NuGet 管理 BDE 项目的 EntityFramework 程序集包

右击解决方案资源管理器中的 KPIs 解决方案，在弹出的快捷菜单中选择“管理解决方案的 NuGet 程序包(N)…”命令，启动如图 10-20 所示的解决方案包管理器。

选中 EntityFramework 程序包，勾选 KPIsWeb 项目，单击“安装”按钮，NuGet 工具会自动为 KPIsWeb 项目添加所有必须的引用和配置。

图 10-20 NuGet 解决方案包管理器界面

4. 实现 KPIs 的 BLL

1) BaseService 类

在 KPIs. BDE 项目中添加文件夹 BLL,在其中添加一个 BaseService 类,实现一些异常处理、日志记录等 BLL 服务类的公共功能,具体的定义可以根据需要随时添加,KPIs 主要将其用作工具类。由于每个 Service 类都需要通过 DbContext 对象来进行数据库操作,故将 DbContext 对象定义为 BaseService 类的一个成员变量(变量名为 db)。BaseService 类具体定义代码如下:

```
using KPIs.BDE;                                    //DAL 和 Entity 所在命名空间
using System.Security.Cryptography;                //加密方法命名空间
namespace KPIs.BLL                                 //修改成 BLL 命名空间
{
  public class BaseService
  {
    ///<summary>
    /// DbContext 对象
    ///</summary>
    protected KPIsDBContainer db = new KPIsDBContainer();
    /// <summary>
    /// 获取字符串对应的 MD5 摘要字符串
    /// </summary>
    public static string GetMd5Password(string password)
    {
      MD5CryptoServiceProvider md5 = new MD5CryptoServiceProvider();
      byte[] bPass = Encoding.Unicode.GetBytes(password);
      string md5Pass = Convert.ToBase64String(md5.ComputeHash(bPass));
      return md5Pass;
    }
  }
}
```

注意上述代码中的 GetMd5Password()方法,用于将输入参数转换成 MD5 码。当记录用户密码时,先调用该方法将用户输入的密码明文转换成 MD5 码,然后再保存到数据库;当校验用户密码是否正确时,也需要先将用户输入的密码明文转换成 MD5 码,然后和数据库中的 MD5 码进行比对。这就是 MD5 用户密码校验算法。

MD5 加密算法的特点是无法根据 MD5 码还原出加密前的明文,用于保存用户密码可以提高安全性,防止用户密码的泄漏。

2) DepartmentService 类

下面以 DepartmentService 类为例,说明如何实现 KPIs 的 BLL。在 KPIs. BDE 项目中添加 DepartmentService 类,相应的框架代码为:

```
using KPIs.BDE;                                    //DAL 和 Entity 命名空间
namespace KPIs.BLL
{
  public class DepartmentService : BaseService
  {
  }
```

```
}
```

对照表 10-1 逐一实现每个服务方法，例如获取所有部门的 GetAll()方法代码为：

```
public List<Department> GetAll()
{
  return db.Departments.ToList();             //调用 db.Departments 属性的 ToList()方法
}
```

上述代码直接使用了 db 对象的 Departments 集合属性，调用 ToList()方法将其转换为 List<Department>类型的列表，这就是 EF 获取数据库某张表中所有记录的方法。

3）实现 GetAllSub()方法

获取所有下级部门的业务分为 4 种情况，表 10-2 给出了 4 种情况和相应的实现思路。

表 10-2　获取下级部门的 4 种情况

包含本部门	递归获取	实现思路
不包含	递归：所有后代部门	利用 Path 字段。因为所有后代的 Path 都以指定部门的 Path 开头，所以可以用 SQL 的 LIKE 比较符实现。LINQ 中通过 StartsWith()方法达到同样的效果
包含	非递归：仅直接下级部门	利用 Parent_ID 字段，直接确定下级部门
	递归或非递归	获得不包含本部门的列表，然后将本部门添加到列表中

DepartmentService 类中 GetAllSub()方法具体代码如下：

```
/// <summary>
/// 获取指定部门的所有下级部门
/// </summary>
/// <param name="deptID">指定部门 ID.</param>
/// <param name="withSelf">是否包含指定部门本身.</param>
/// <param name="isRecursive"> true,递归获取所有下级部门.</param>
public List<Department> GetAllSub(int deptID, bool withSelf,
bool isRecursive)
{
   Department dept = db.Departments.FirstOrDefault(d => d.ID == deptID);//指定部门对象
   if (dept == null) return null;
   List<Department> result = null;
   if (isRecursive)                            //包含所有下级部门
   {
      result = db.Departments.Where(d => d.Path.StartsWith(dept.Path +
         Consts.PathSeparator)).ToList(); //利用 Path 实现
   }
   else                                        //仅包含直接下级部门
   {
      result = db.Departments.Where(d => d.Parent_ID == deptID).ToList();
   }
   if (withSelf)                               //若 withSelf 为真,应包含该部门本身,插入本部门
   {
      result.Insert(0, dept);
   }
```

```
        return result;
    }
```

上述代码中，db.Departments.Where()方法中的条件表达式称为 lambda 表达式：首先用一个例子变量(如这里的 d)表示集合中的非特定对象；然后用"=>"符号带出后续的逻辑表达式；逻辑表达式为标准的 C# 逻辑表达式，而且表达式中可以引用例子变量，这表示结果集合中的每个对象都必须满足该逻辑表达式。EF 可以在数据库表对应集合对象(如 db.Departments)上执行 Where()方法来实现条件查询，返回的就是满足条件的对象集合，同样需要用 ToList()方法将该集合转换成列表。

其他 BLL 的查询方法可以用相同的思路实现，不再重复介绍。

4) 实现增删改

以 StaffService 类为例，说明如何实现 CUD 操作。例如，新增人员方法的代码如下：

```
public int Add(string name, string userName, string jobTitle,
  bool isAdmin, bool isLeader, int departmentID)
{
  string password = BaseService.GetMd5Password("123");   //默认密码 123,存放 MD5 码
  Staff staff = new Staff()                              //创建新的人员对象
  {                                                      //使用参数值设置对象的属性
    Name = name, UserName = userName, JobTitle = jobTitle, IsAdmin = isAdmin,
    IsLeader = isLeader, IsCollector = isCollector, Department_ID = departmentID, Password
= password
  };
  db.Staff.Add(staff);                                   //向 Staff 集合添加这个新的对象
  db.SaveChanges();                                      //正式写入数据库
  return 1;
}
```

上述代码通过 3 个步骤向数据库 Staff 表中新增记录：首先创建 Staff 对象，然后调用集合属性 db.Staffs 的 Add()方法向集合中添加这个对象，最后调用 db.SaveChanges()方法将所有变动提交到数据库。如果需要添加多条记录，需要创建多个对象执行多次 Add()方法，或者创建一个对象集合(如数组)执行一次 AddRange()方法，但都需要最后执行一次 SaveChanges()方法，将改变正式写入数据库。

注意 KPIs 中用户处理的业务逻辑：用户就是人员(即 Staff)，且所有用户都是由管理员负责维护，不允许自行注册。

修改记录仍然需要通过 3 个步骤完成：首先用 FirstOrDefault()方法获取需要修改的对象，然后修改这个对象的属性，最后再用 db.SaveChanges()方法提交修改到数据库。例如，StaffService 类中修改人员资料的 Update()方法详细代码如下：

```
public int Update(int staffID, string name, string jobTitle,
   bool isAdmin, bool isLeader, int deptId)
{
  //根据用户 ID 获取人员对象
  Staff staff = db.Staffs.FirstOrDefault(d => d.ID == staffID);
  if (staff == null) return 0;                           //找不到该人员对象
  //修改这个对象
```

```
    staff.Name = name;
    staff.UserName = userName;
    staff.JobTitle = jobTitle;
    staff.IsAdmin = isAdmin;
    staff.IsLeader = isLeader;
    staff.IsCollector = isCollector;
    staff.Department_ID = deptId;
    db.SaveChanges();                                   //保存到数据库
    return 1;
}
```

考虑到用户信息一旦确定就不允许管理员随意修改，所以上述 Update()方法并不修改人员的用户名和密码。注意其中调用了 db.Staffs 的 FirstOrDefault()方法，其用法和 Where()方法一致，但仅返回满足条件的第 1 个对象，如果没有满足条件的对象，则返回 null。

删除记录通常只需要提供记录 ID 字段值，但 EF 中需要先获取删除对象，然后再用 Remove()方法从集合中移除这个对象，最后同样需要调用 db.SaveChanges()方法提交删除操作到数据库。例如，StaffService 类中的 Delete()方法代码如下：

```
/// <summary>
/// 删除人员
/// </summary>
/// <param name = "staffID">人员 ID.</param>
public int Delete(int staffID)
{
    //根据用户 ID 获取人员
    Staff staff = db.Staffs.FirstOrDefault(d => d.ID == staffID);
    if (staff == null) return 0;                        //找不到该人员对象
    db.Staffs.Remove(staff);
    db.SaveChanges();
    return 1;
}
```

由于用户密码需要经过 MD5 加密，所以在 StaffService 类中单独实现 ChangePassword()修改密码方法，具体代码如下：

```
// <summary>
/// 修改指定人员的密码
/// </summary>
/// <param name = "staffID">人员 ID.</param>
/// <param name = "password">新密码.</param>
public int ChangePassword(int staffID, string password)
{
    Staff staff = db.Staffs.FirstOrDefault(d => d.ID == staffID);
    if (staff == null) return 0;                        //找不到该人员对象
    password = BaseService.GetMd5Password(password);    //密码加密后存放
    staff.Password = password;
    db.SaveChanges();
    return 1;
}
```

KPIs 的所有 BLL 方法都可以用这样的思路来实现,请读者在后续开发中逐步完成所有 BLL 服务类的开发。

5. 指标管理页面

9.2 节中将 KpiIdx 指标表分解为新的 KpiIdx 指标表和 DepartmentIdx 部门指标表,为此需要增加指标管理的功能模块。将原来的指标管理模块改名为部门指标管理模块,新增指标管理模块页面文件 Admin/KpiManage.aspx。注意更新 KPIs 的设计文档,反映上述修改。

另外,还需要对 Site.master 母版页中的菜单项进行修改,为相应的页面代码增加如下内容:

```
<asp:HyperLink ID = "hlIndexManage" NavigateUrl = "~/Admin/IndexManage.aspx"
  runat = "server">部门指标</asp:HyperLink>
<asp:HyperLink ID = "hlKpiManage" NavigateUrl = "~/Admin/KpiManage.aspx"
  runat = "server">指标管理</asp:HyperLink>
```

10.3 用户登录和权限

1. 完善 Login.aspx 页面

1) 校验控件

用户输入数据的初步校验和转换通常由 UI 负责,最基本的输入数据校验任务就是检查用户输入数据是否符合格式要求,如日期格式是否正确、数字文本框不允许录入字母等。在用户登录界面,一般要求用户名和密码不能为空。

完善 Login.aspx 登录页面

对于 Web 应用来说,校验分为客户端和服务端。客户端校验就是在浏览器中进行数据校验,服务端校验则是在浏览器将请求提交到 Web 服务器后才进行数据检查。显然,客户端校验效率比较高。

ASP.NET 提供的校验控件可以完成绝大部分的输入数据校验任务,具体如表 10-3 所示。

表 10-3 ASP.NET 校验控件

验证类型	使用的控件	说明
必填字段验证	RequiredFieldValidator	确保用户不会跳过某一项输入
比较验证	CompareValidator	将用户输入与一个常数值或另一个控件或特定数据类型的值进行比较(使用小于、等于或大于等比较运算符)
范围验证	RangeValidator	检查用户的输入是否在指定的上下限内,可以检查数字对、字母对和日期对限定的范围
正则表达式验证	RegularExpressionValidator	检查项与正则表达式定义的模式是否匹配。此类验证能够检查可预知的字符序列,如电子邮件地址、电话号码、邮政编码等内容中的字符序列
自定义验证	CustomValidator	使用自己编写的验证逻辑检查用户输入
验证结果显示	ValidationSummary	以摘要的形式显示页面上所有验证控件的验证错误

为确保用户输入用户名和密码后才能提交登录请求，在 Login.aspx 页面中添加必填字段验证控件，下面是需要改动部分的页面代码：

```
<li><span class="login_label">用户:</span>
  <asp:TextBox ID="tbUserName" CssClass="login_username" runat="server"
    MaxLength="15"></asp:TextBox>
  <asp:RequiredFieldValidator ID="rvUserName"
    runat="server" ErrorMessage="请输入用户名." Text="*" Display="Dynamic"
    ControlToValidate="tbUserName" CssClass="promptText">
    </asp:RequiredFieldValidator>
</li>
<li><span class="login_label">密码:</span>
  <asp:TextBox ID="tbPassword" CssClass="login_password" runat="server"
    MaxLength="15" TextMode="Password"></asp:TextBox>
  <asp:RequiredFieldValidator ID="rvPassword"
    runat="server" ErrorMessage="请输入密码." Text="*" Display="Dynamic"
    CssClass="promptText" ControlToValidate="tbPassword">
    </asp:RequiredFieldValidator>
</li>
```

上述代码和原来的页面代码相比，增加了两个 RequiredFieldValidator 控件，也就是必填字段校验控件。必填校验控件的重要属性如下。

(1) ControlToValidate：1 个必填校验控件负责校验 1 个输入控件，该属性用于指定被校验控件的 ID 属性值。例如，上述代码中 ID = rvUserName 的校验控件，其 ControlToValidate 属性值为 tbUserName，所以被校验控件就是 ID=tbUserName 的控件，也就是用户名输入框。

(2) ErrorMessage：指定当校验未通过时显示给用户的提示信息，该信息会显示在校验结果显示控件 ValidationSummary 中。如果没有显示控件，提示信息就不会显示，但用户仍然无法提交请求，这可能会让用户感到困惑。

(3) Text：设置校验控件的显示文本。就像 Label 控件一样，校验控件也是可显示的，显示内容就是 Text 指定的文本。

(4) Display：指定校验控件的显示方式。Static 表示一直显示 Text 属性值，Dymatic 表示只有校验失败时才显示，None 表示不显示。

使用了上述校验控件后，如果用户没有输入用户名和密码，则单击“登录”按钮后，页面显示的效果如图 10-21 所示，在输入框后面出现了校验控件的文本“*”，且浏览器不会向服务器发出登录请求。

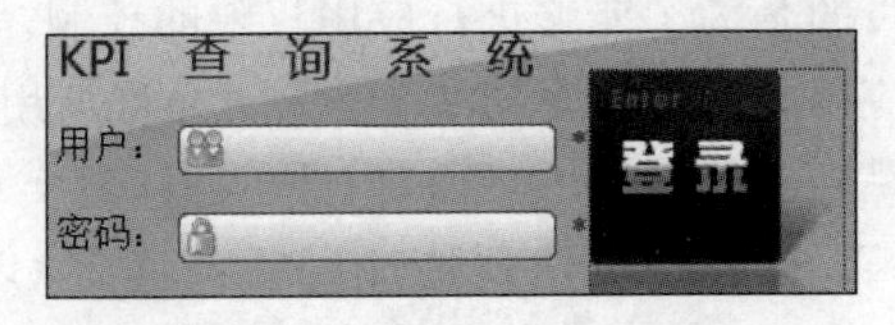

图 10-21　必填校验控件的效果

校验控件默认采用 Unobtrusive 模式，所以还需要用 NuGet 包管理器为 KPIsWeb 项目安装 AspNet.ScriptManager.jQuery 的程序包。具体操作可参见本书配套操作视频或查找网络资料。

2）身份验证

为登录页面的“登录”按钮添加单击事件处理，完成用户登录请求的处理，具体代码如下：

```
protected void btLogin_Click(object sender, ImageClickEventArgs e)
{
    StaffService svr = new StaffService();          //创建 BLL 服务对象
    Staff staff = svr.FindForLogin(tbUserName.Text, tbPassword.Text);
    if (staff == null) lbPrompt.Text = "用户名或密码错误.";    //登录失败
    else                                             //登录成功,根据用户角色跳转到对应的页面.
    {
        if (staff.IsAdmin) Response.Redirect("~/Admin/KpiManage.aspx");
        else if (staff.IsLeader) Response.Redirect("~/Index/List.aspx");
        else Response.Redirect("~/Collect/List.aspx");
    }
}
```

上述代码调用了 BLL 层 StaffService 类中的 FindForLogin()方法，具体代码为

```
/// <summary>
/// 根据用户名和密码获取人员,失败返回 null
/// </summary>
public Staff FindForLogin(string userName, string password)
{
    //根据用户名获取人员
    Staff staff = db.Staffs.FirstOrDefault(d => d.UserName == userName);
    //检查密码是否匹配(加密后)
    if (staff != null
    && staff.Password == BaseService.GetMd5Password(password))
    {
        return staff;
    }
    return null;
}
```

从上述代码可以看到三层架构的优势，即每一层的任务都非常清晰。显然，只要把每一层方法的名称、参数、任务都定义清楚，就可以由不同的人员分工合作、并行开发。

3）应用权限控制

登录进行身份验证的目的是为了能够进行应用权限的控制。身份验证是第 1 步：当前是哪个用户在访问系统？应用权限控制是第 2 步：是否允许该用户的请求？虽然在身份验证的处理中根据用户角色跳转到了相应的页面，但并不意味着实现了权限控制。例如，目前的 KPIs 系统，即使没有登录，只要在浏览器地址栏输入页面 URL，就可以直接访问这个页面。

可见，对于需要限制用户访问的页面，在收到用户访问请求时，必须检查请求用户的身份信息，以确定是否允许该请求。因此，完成身份认证后需要将该身份认证信息保存起来，供所有页面检查。

在KPIsWeb项目中定义一个PageBase类作为所有页面的基类(注意由于ASP.NET网站类项目的限制,该文件必须创建在名为App_Code的ASP.NET文件夹中,否则定义的类是无法被引用的),是否可以在PageBase中定义一个静态属性(相当于全局变量),用于保存身份认证信息呢?例如,为PageBase类增加CurrUser静态属性,具体代码为:

准备空白页面和PageBase页面基类

```
public class PageBase : System.Web.UI.Page
{
    Protected static Staff CurrUser { get; set; }
}
```

然后修改所有页面的代码,继承PageBase。例如,修改Login.aspx页面的代码:

```
public partial class Login : PageBase { … }
```

接着修改“登录”按钮的处理代码,在登录成功后,保存用户信息。代码为:

```
protected void btLogin_Click(object sender, ImageClickEventArgs e)
{
   …
   else                                           //登录成功,根据用户角色跳转到对应的页面
   {
      PageBase.CurrUser = staff;                  //保存当前用户信息
      …
   }
}
```

最后,在任意页面中都可以通过访问PageBase.CurrUser静态属性来获取当前用户信息。例如,在指标管理页面KpiManage.aspx的Page_Load()方法中,检查当前用户是否是管理员,如果不是,则跳转到登录页面。具体代码为:

```
if (PageBase.CurrUser == null || !PageBase.CurrUser.IsAdmin)
{
   Response.Redirect("~/Login.aspx");
}
```

这样修改后,用户如果直接输入页面URL,则PageBase.CurrUser静态属性值为null,所以会跳转到Login.aspx页面,从而阻止非法的页面访问。

2. 状态管理

1) 网站应用运行方式

上述代码中,登录页面和权限控制的总体思路是正确的,单机测试也会正常通过,但对于网站应用来说,该代码有一个重大漏洞:对于一个网站应用来说,处理不同用户请求的是运行在Web服务器中的同一个应用程序,如图10-22所示。

状态管理范围和权限控制演示

如果没有深刻理解网站应用的运行方式,开发人员容易写出似是而非的代码,如上面登录代码可能发生用户信息被覆盖的错误。当系统管理员

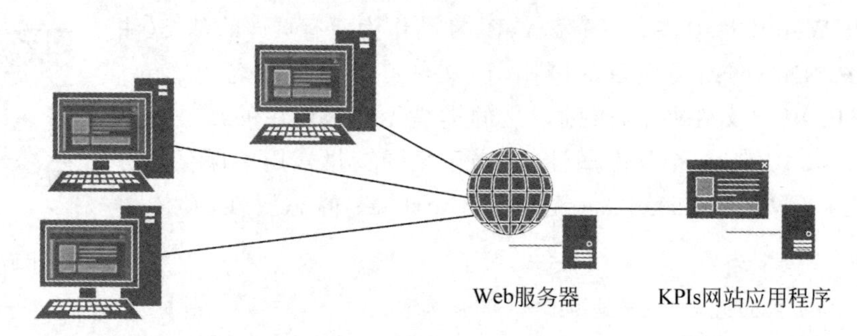

图 10-22　KPIs 网站应用程序和客户端的对应关系

Admin 从一台计算机登录后，PageBase. CurrUser 中就是 Admin 的信息，此时所有访问 KPIs 系统的人员都会被当作 Admin。

显然，使用全局变量保存身份认证信息是不可行的，考虑使用页面属性来保存身份认证信息。为此，修改 PageBase 类中的静态属性 CurrUser 为类属性：

```
public Staff CurrUser { get; set; }
```

也就是去掉 static 修饰符，然后将所有原来 PageBase. CurrUser 的代码都修改成 this. CurrUser。例如，“登录”按钮事件处理中保存用户信息的代码修改为：

```
protected void btLogin_Click(object sender, ImageClickEventArgs e)
{
    …
    else                                        //登录成功,根据用户角色跳转到对应的页面
    {
        this.CurrUser = staff;                  //保存当前用户信息
        …
    }
}
```

上述修改犯了另一个错误，因为网站应用本质上是无状态的，即每次请求的页面对象都是一个新实例，其中的属性会被初始化。ASP. NET 页面对象生命周期如图 10-23 所示。

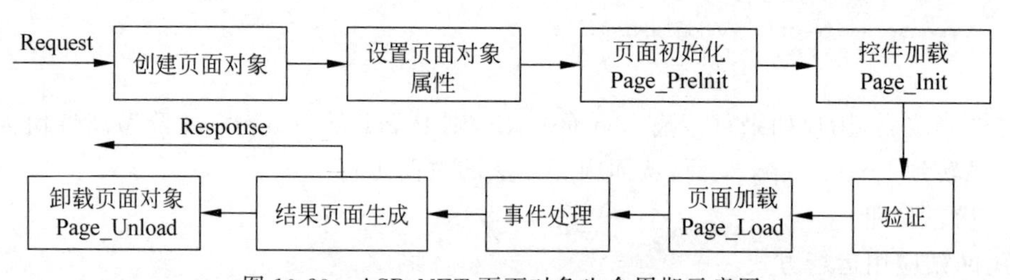

图 10-23　ASP. NET 页面对象生命周期示意图

以 Login. aspx 为例说明 ASP. NET 页面对象生命周期。

(1) 当用户输入用户名、密码单击“登录”按钮后，浏览器向服务器发出请求，请求页面仍然是 Login. aspx 页面。

(2) 创建 Login 页面对象，然后设置 Request、Response 等属性。

(3) 完成页面中各控件的构建，然后调用页面对象的 Page_Load()方法。

(4) 执行页面中的各事件处理方法，在 Login 页面中就是“登录”按钮的单击事件处理方法 btLogin_Click()。

(5) 生成结果页面(一般是 HTML 页面)，将该结果页面发回给请求的浏览器。

(6) 完成发送后，卸载该页面对象，清理属性(包括 Request、Response 等)。

所以，当服务器把生成的页面发送给客户端后，整个页面对象被删除，保存在页面对象中的身份认证信息也就丢失了。

由此可见，使用网站应用的静态属性，则该静态属性的作用范围为所有用户的所有请求，作用范围过大；如果使用页面对象属性，则该属性的作用范围仅仅是这个页面的这次请求，作用范围过小。

2) 实现状态管理

为了能让 Web 应用系统正常工作，很多时候需要在用户不同的请求之间传递某个状态(数据)。例如，身份认证要求用户登录后，该用户所有后续请求都带有这个用户的身份认证状态。为此，有必要对无状态的 Web 页面工作方式进行变通，实现状态管理。

实现状态管理的方法有很多，根据状态信息保存的位置，可以分为客户端和服务端两类，表 10-4 给出了 ASP. NET 中支持的常用状态管理方法。

表 10-4　常用状态管理方法

位　置	方　法	说　明	作用范围
客户端网页	HiddenField	隐藏控件，向服务器提交页面请求时，隐藏控件中的内容和其他控件一同发送，可以在其中保存任何信息	从包含隐藏控件的页面到接收表单的页面
	QueryString	查询字符串、URL 结尾附加的信息	从查询字符串超链接页面到 URL 请求的页面
	ViewState	每个 ASP. NET 页面都有一个_ViewState 隐藏控件用于保存页面状态，称为状态包(StateBag)	对同一个页面的连续请求
客户端文件	Cookie	服务器可随页面发送给浏览器少量数据，浏览器将其保存在文本文件或内存中，称为 Cookie。当浏览器请求该网站任何页面时，都会将该网站的 Cookie 和请求一同发送给服务器	Cookie 有效期内，该用户的所有请求
服务器端	ApplicationState	应用程序状态。网站应用程序的一个全局变量，可以在其中保存任何信息	所有用户的所有请求
	SessionState	会话状态。用户打开浏览器开始向服务器发出请求，到这个浏览器被关闭，称为一次浏览器会话。会话状态可以为每个活动(进行中)的会话保存任何信息	一次会话中的所有请求

开发人员选择状态管理方法，首先需要考虑其作用范围。例如，MPMM 中，记录 ID 字段值仅用于生成录入页面和保存页面，可以使用 HiddenField、QueryString 或 ViewState。对于身份认证信息，需要的作用范围是该用户的所有请求，所以可以使用 Cookie 或 SessionState。如果需要跨用户之间的信息传递，应该使用 ApplicationState。

其次需要考虑性能问题。如果选择客户端方法,则每次请求都需要将状态从客户端传递到服务端,消耗的是网络资源;如果选择服务端方法,则会增加服务器资源的消耗。

最后需要考虑安全问题。将状态保存在客户端可能造成信息泄露,也容易被伪造;保存在服务器端,通常没有这个问题。不过安全问题可以通过加密的手段来解决。

状态管理方法中 ViewState 和 ApplicationState 的数据结构都是哈希表(Hash table),如储存信息到 ApplicationState 的代码为:

```
int cnt = 0;
if (Application["UserCnt"] != null)              //ApplicationState 中保存了 UserCnt 值?
{
   cnt = (int)Application["UserCnt"];            //从 ApplicationState 中获取这个值
}
Application["UserCnt"] = (cnt + 1);              //UserCnt + 1 保存到 ApplicationState 中
```

上述代码中的 Application 为页面对象属性,通过该属性访问的就是 ApplicationState 这个全局应用程序状态变量,所以上述代码可以在页面方法中正常执行。

ViewState 也是页面属性,访问方法和 Application 完全相同,但访问的仅仅是该页面的状态包。另外,ViewState 中只能保存简单值,无法直接保存对象。可以用 ViewState 代替 HiddenField,但前者属于 ASP. NET 特有技术,后者是网页通用技术。

3. 实现身份验证状态

1)使用 Session 状态

SessionState 采用 Hashtable 数据结构,可直接保存对象。使用 SessionState 保存身份认证信息可以直接将整个用户对象保存到 SessionState 中。修改前述 PageBase 类中 CurrUser 属性的定义,利用 get 和 set 方法,将身份认证信息修改为保存在 SessionState 中,CurrUser 属性定义的具体代码为:

```
public Staff CurrUser
{
   get
   {
      //从 Session 中读取当前用户值,转换成 Staff 类型
      Staff staff = Session[Consts.CurrUserKey] as Staff;
      return staff;
   }
   set
   {
      //保存到 Session 中,若 value = null 就是清除
      Session[Consts.CurrUserKey] = value;
   }
}
```

修改完 CurrUser 属性的 get 和 set 方法,无须修改其他使用 CurrUser 属性的代码。例如,登录页面中登录成功后保存身份认证信息的代码无须改变;KpiManage. aspx 中检查身份认证信息的代码也无须改变。这是使用属性而不是成员变量的优势之一。

上述代码中的 Consts. CurrUserKey 为字符串常量,直接使用 Session["CurrUser"]这样的立即数方式是不规范的,应该用常量代替。所以在 KPIs. BDE 项目中创建一个名为

Consts 的静态类，归集整个系统中的常量，具体代码如下：

```
public static class Consts
{
    /// <summary>
    /// 部门路径中的分隔符
    /// </summary>
    public const string PathSeparator = "/";

    /// <summary>
    /// Session/Cookie 保存当前用户的 Key
    /// </summary>
    public const string CurrUserKey = "CurrUser";
}
```

Site.master 中需要显示当前用户的信息以及可用的主菜单项，相应的代码定义在该母版页 Page_Load()方法中。母版页对象也有 Session 属性，可以直接使用，具体代码为：

```
protected void Page_Load(object sender, EventArgs e)
{
    if (!Page.IsPostBack)
    {
        //获取保存在 Session 中的当前用户对象
        Staff user = Session[Consts.CurrUserKey] as Staff;
        if (user != null)
        {
            //设置母版页上的用户名显示文本
            lbUserName.Text = string.Format("{0}[{1}]", user.Name,
            user.UserName);
            SetMenuByRights(user.IsAdmin, user.IsLeader);     //设置主菜单
        }
    }
}
```

上述代码中的 SetMenuByRights()用于设置主菜单，即根据用户角色确定可见超链接，具体定义如下：

```
private void SetMenuByRights(bool isAdmin, bool isLeader)
{
    hlDeptManage.Visible = isAdmin;                  //管理员可管理部门
    hlIndexManage.Visible = isAdmin;                 //管理员可管理部门指标
    hlKpiManage.Visible = isAdmin;                   //管理员可管理指标
    hlStaffManage.Visible = isAdmin;                 //管理员可管理人员
    hlLog.Visible = isAdmin || isLeader;             //管理员或部门领导可查看日志
    hlIndex.Visible = isLeader;                      //部门领导可分析指数
    hlCollect.Visible = true;                        //所有人都可能进行数据采集
}
```

另外，母版页中还有一个注销用户的超链接按钮，单击该按钮可清理身份认证信息，相应的事件处理代码如下：

```
protected void btLogout_Click(object sender, EventArgs e)
{
    Session[Consts.CurrUserKey] = null;          //清空身份认证信息
    Response.Redirect("~/Login.aspx");           //返回登录页面
}
```

2）使用 Cookie

Cookie 则是由客户端浏览器负责管理的,其使用方法和其他状态管理方法有所不同。浏览器对 Cookie 大小有限制,只有不超过 4KB 的数据才能保证被接受,因此 Cookie 中不能存放大量数据,也不能直接保存对象。Cookie 的读写操作分别通过 Request 和 Response 的 Cookies 属性进行。

如果使用 Cookie 取代 SessionState 来保存身份认证信息,则需要修改 PageBase 中的 CurrUser 属性。下面首先将读写 Cookie 的方法封装成自定义工具类的静态方法,在 KPIsWeb 项目的 App_Code 文件夹中新增自定义工具类 Utils,具体代码如下：

```
public static class Utils
{
    /// <summary>
    /// 从 Cookie 中获取用户信息
    /// </summary>
    public static Staff GetCurrUser(HttpCookieCollection cookies)
    {
        //获取保存用户 ID 字段值的 Cookie
        HttpCookie cookie = cookies[Consts.CurrUserKey];
        if (cookie != null)                                  //Cookie 存在, 则提取用户 ID 字段值
        {
            int userID = Convert.ToInt32(cookie.Value);
            StaffService svr = new StaffService();
            return svr.FindByID(userID);                     //调用 BLL 方法获取用户对象
        }
        else
        {
            return null;
        }
    }
    /// <summary>
    /// 保存用户信息到 Cookie
    /// </summary>
    public static void SetCurrUser(HttpCookieCollection cookies, Staff currUser)
    {
        //生成 Cookie 对象
        HttpCookie cookie = new HttpCookie(Consts.CurrUserKey);
        if (currUser != null)
        {
            cookie.Value = currUser.ID.ToString();          //保存用户 ID 字段值
            cookie.Expires = DateTime.Now.AddMinutes(30); //Cookie 在 30min 后过期
        }
        else                                                 //value == null, 表示需要清除 Cookie
        {
```

```
            //过期时间为 1 天前，浏览器会删除过期 Cookie
            cookie.Expires = DateTime.Now.AddDays(-1);
        }
        cookies.Add(cookie);                                    //加入到返回的 Cookie 中
    }
}
```

受到浏览器对 Cookie 的限制，上述代码中 Cookie 仅保存了登录用户 ID 字段值，需要读取数据库才能获取登录用户对象。因此，在 PageBase 类中增加_currUser 成员变量，用于缓存当前登录的用户对象，减少访问数据库的频率，相应的 PageBase 类的 CurrUser 属性读写器代码修改如下：

```
/// <summary>
/// 当前用户缓存
/// </summary>
private Staff _currUser = null;
/// <summary>
/// 获取/保存当前用户身份认证信息
/// </summary>
public Staff CurrUser
{
    get                                                     //获取当前用户
    {
        if (_currUser == null)                              //尚未设置好缓存,则需要设置缓存
        {
            _currUser = Utils.GetCurrUser(Request.Cookies); //读取 Cookie,获取用户对象
        }
        return _currUser;                                   //返回缓存好的用户对象
    }
    set                                                     //设置当前用户
    {
        _currUser = value;                                  //更新缓存
        Utils.SetCurrUser(Response.Cookies, _currUser);     //设置 Cookie,记录用户对象
    }
}
```

从上述 Utils 类和 PageBase 类的两段代码中，可以看到 Cookie 的操作方法。

(1) 读取：从 Request 对象 Cookies 集合属性用索引器方法读取，下标为读取 Cookie 的 Key 值。注意先判断是否存在对应 Cookie，然后再从中读取 Value 属性值。

(2) 增加：使用指定 Key 值创建 Cookie 对象，设置 Cookie 对象 Value 和 Expires 属性值，并将该 Cookie 对象添加到 Response 的 Cookies 集合属性中。其中 Value 属性值为保存到 Cookie 的值，Expires 属性值为 Cookie 过期时间。

(3) 修改：向 Response 的 Cookies 集合属性中添加相同 Key 值的 Cookie 对象，就可以实现对该 Cookie 的修改。

(4) 删除：由于 Cookie 保存在客户端无法直接删除，只能通过修改 Cookie 的 Expires 为某个过期时间，浏览器会自动删除所有过期的 Cookie。

注意同一个网站可以在浏览器中存储多个 Cookie，每个 Cookie 由其 Key 值来标识。

例如,上述代码中使用了 Consts. CurrUserKey 常量来保证写入和读取身份认证信息的 Cookie 为同一个。

完成身份认证信息存储到 Cookie 的代码修改后,登录和权限控制的代码同样无须修改,但 Site. Master 母版页由于没有继承 PageBase 类,所以需要自行从 Cookie 中获取用户,具体需要修改的代码如下:

```
protected void Page_Load(object sender, EventArgs e)
{
        …
        //获取保存在 Cookie 中的当前用户对象
        Staff user = Utils.GetCurrUser(Request.Cookies);
        …
    }
}
/// <summary>
/// 注销退出,返回登录页面
/// </summary>
protected void btLogout_Click(object sender, EventArgs e)
{
    Utils.SetCurrUser(Response.Cookies, null);              //删除身份认证 Cookie
    Response.Redirect("~/Login.aspx");
}
```

3) 多值 Cookie

在前面的代码中,由于并不是所有的页面都使用 Site. Master 母版页,所以没有将 CurrUser 属性从 PageBase 类移动到母版页类中。由于母版页本身也需要读写当前用户,所以利用自定义工具类的静态方法来共享当前用户的读写代码。这样做虽然代码上避免了重复,但并不能减少数据库读写操作。考虑到模板页中仅需要显示用户名和姓名,因此可以在 Cookie 中直接保存当前用户除 ID 字段值以外的其他信息。

修改数据库并刷新 ADO. NET 实体数据模型

一个 Cookie 对象不但可以通过 Value 属性保存单个值,还可以通过 Values 属性保存多个值,修改 Utils 工具类中的用户 Cookie 读写方法的代码如下:

```
/// <summary>
/// 保存用户信息到 Cookie
/// </summary>
public static void SetCurrUser(HttpCookieCollection cookies, Staff currUser)
{
    //生成 Cookie 对象
    HttpCookie cookie = new HttpCookie(Consts.CurrUserKey);
    if (currUser != null)
    {
        //向一个 Cookie 中保存人员各字段
        cookie.Values["ID"] = currUser.ID.ToString();
        cookie.Values["Name"] = currUser.Name;
        cookie.Values["UserName"] = currUser.UserName;
```

```
        cookie.Values["IsAdmin"] = currUser.IsAdmin.ToString();
        cookie.Values["IsLeader"] = currUser.IsLeader.ToString();
        cookie.Values["IsCollector"] = currUser.IsCollector.ToString();
        cookie.Values["DepartmentID"] = currUser.Department_ID.ToString();
        cookie.Expires = DateTime.Now.AddMinutes(30);      //过期为 30min 以后
    }
    else                                                    //value == null 需要清除
    {
        //过期时间为 1 天前,浏览器自动删除过期 Cookie
        cookie.Expires = DateTime.Now.AddDays(-1);
    }
    cookies.Add(cookie);                                    //加入到返回的 Cookie 中
}
/// <summary>
/// 从 Cookie 中获取用户信息
/// </summary>
public static Staff GetCurrUser(HttpCookieCollection cookies)
{
    //获取保存用户 ID 的 Cookie
    HttpCookie cookie = cookies[Consts.CurrUserKey];
    if (cookie != null)                                     //存在,则提取
    {
        //根据 Cookie 中的各字段值,构造人员对象
        Staff staff = new Staff();
        staff.ID = Convert.ToInt32(cookie.Values["ID"]);
        staff.Name = cookie.Values["Name"];
        staff.UserName = cookie.Values["UserName"];
        staff.IsAdmin = Convert.ToBoolean(cookie.Values["IsAdmin"]);
        staff.IsLeader = Convert.ToBoolean(cookie.Values["IsLeader"]);
        staff.IsCollector = Convert.ToBoolean(cookie.Values["IsCollector"]);
        staff.Department_ID = Convert.ToInt32(cookie.Values["DepartmentID"]);
        return staff;
    }
    else
    {
        return null;
    }
}
```

注意上述读取 Cookie 的代码中,为了构造人员对象,首先创建了一个 Staff 对象,然后逐条用 Cookie 中的值对 Staff 对象中的属性进行赋值。其他代码和利用单值 Cookie 保存身份认证信息没有什么不同。

在客户端完成登录后,可以到浏览器保存 Cookie 的文件夹找到这个 Cookie,打开这个 Cookie 文本文件,可以看到其中的内容为:

```
CurrUser
ID=1&Name=系统管理员&UserName=Admin&IsAdmin=True&IsLeader=False
localhost/1024380010265630413714299003184030413710*
```

上述内容需注意以下 3 个方面。

(1) 安全性：用户可以轻易查看 Cookie 中的身份认证信息，没有加密则没有安全性可言。

(2) SessionID：最后一串数字是 ASP. NET 自动添加的，用于标识用户会话，否则服务端就会无法区分 Cookie 的拥有者。

(3) 中文处理：有些浏览器无法正确处理 Cookie 中的中文字符，如上面的"系统管理员"，此时需要使用 URL 编码技术，该技术主要用于 URL 中查询变量的特殊字符转换。例如，保存姓名到 Cookie 中的代码需要修改为：

```
cookie.Values["Name"] = HttpUtility.UrlEncode(currUser.Name);     //URL 编码
```

相应读取姓名的代码需要修改为：

```
staff.Name = HttpUtility.UrlDecode(cookie.Values["Name"]);        //URL 解码
```

习　题　10

一、选择题

1. 在 ASP. NET 项目中，附加文件方式的数据库文件通常应该保存在(　　)文件夹中。

A) App_Data　　B) App_Start　　C) App_DB　　D) App_Code

2. "Data Source=.\SQLEXPRESS; AttachDbFilename=|DataDirectory|\KPIs.mdf; IntegratedSecurity=True; User Instance=True"连接字符串中的"|DataDirectory|"指(　　)。

A) SQL Server 默认数据库文件存放路径

B) Windows 默认的数据库文件存放路径

C) BLL 类库项目默认的数据库文件存放路径

D) ASP. NET 网站项目默认的数据库文件存放路径

3. 下列 SQL 语句中，能够实现"收回用户 U4 对学生表(STUD)中的学号(XH)的修改权"功能的是(　　)。

A) REVOKE UPDATE(XH) ON TABLE FROM　U4

B) REVOKE UPDATE(XH) ON TABLE FROM　PUBLIC

C) REVOKE UPDATE(XH) ON STUD FROM U4

D) REVOKE UPDATE(XH) ON STUD FROM PUBLIC

4. 数据库管理系统通常提供授权功能来控制不同用户访问数据的权限，这主要是为了实现数据库的(　　)。

A) 可靠性　　B) 一致性

C) 完整性　　D) 安全性

5. 在. NET 开发环境下开发一个 Web 网站应用系统，当搭建三层架构的业务逻辑层时，需要创建的项目类型是(　　)。

A) Web 应用程序　　B) 类库

C) 控制台应用程序　　D) Windows 应用程序

6. 在.NET 框架下开发三层架构应用程序时，关于三层架构的说法错误的是(　　)。
   A) 三层架构体现了“高内聚，低耦合”的思想
   B) 三层架构在大中型应用系统中应用较多
   C) 三层架构适用于客户界面需求经常发生变化的情景
   D) 三层架构适用于客户对开发语言要求经常发生变化的情景
7. 在.NET 框架下开发三层架构应用程序时，L2S 自动生成的代码属于(　　)。
   A) 表示层　　B) 业务逻辑层　　C) 数据访问层　　D) 控制层
8. 关于三层架构的描述错误的是(　　)。
   A) 三层架构可以大大提高程序运行效率
   B) 三层架构可以使得系统结构更清晰
   C) 三层架构可以大大降低程序后期维护成本
   D) 三层架构可以充分发挥团队协作开发的优势
9. 假设查询变量为 parentID，下列正确的 LINQ 参数查询语句是(　　)。
   A) db. Departments. Where(d => d. Parent_ID = @parentID)；
   B) db. Departments. Where(d => d. Parent_ID = parentID)；
   C) db. Where(Departments. Parent_ID = @parentID)；
   D) db. Where(Departments. Parent_ID = parentID)；
10. LINQ 中判断一个字符串以另一个字符串开始的方法是(　　)。
   A) Contains()　　B) StartsWith()
   C) Like()　　D) TrimStart()
11. 为业务逻辑层的服务类创建一个基类 BaseService 的理由是(　　)。
   A) 所有的 Service 都继承 BaseService，这样比较规范统一
   B) 要实现三层架构，必须为服务类创建一个基类
   C) 可以在 BaseService 完成一些公共的服务处理，如错误日志的记录
   D) BaseService 是实现和数据访问层对接的桥梁
12. 下面是 ASP. NET 的校验控件，其中(　　)用于检查输入是否为空。
   A) CompareValidator　　B) RangeValidator
   C) RegularExpressionValidator　　D) RequiredFieldValidator
13. 用于自动显示校验汇总错误信息的 ASP. NET 控件是(　　)。
   A) ValidatorInfomation　　B) ValidationSummary
   C) ValidationExpression　　D) CustomValidator
14. Web 应用状态管理中，最适合在保存单个页面内部状态的技术为(　　)。
   A) HiddenField 控件　　B) Cookie
   C) ApplicationState　　D) SessionState
15. Web 应用状态管理中，SessionState 适合保存(　　)。
   A) 和整个应用有关的全局信息
   B) 两个页面跳转时需要传递的信息
   C) 和访问 Web 应用用户有关的信息
   D) 单个页面回发(PostBack)操作需要保存的信息

16. 以下关于 MD5 说法错误的是(　　)。

A) MD5 不是加密算法,而是摘要算法,经过 MD5 算法处理后的结果无法还原出原文

B) 用户密码应该用 MD5 算法处理后保存,可避免数据库泄露导致的用户密码泄露

C) 用户密码经过 MD5 算法处理后无法还原,所以无法检验用户输入的密码是否正确

D) 如果用 MD5 算法保存用户密码,则系统应该提供重置密码的功能

二、填空题

1. 首次将数据库表添加到 ADO. NET 实体数据模型设计器时,VS 会在 DAL 项目中自动添加________和连接字符串,但还需要手工将该连接字符串复制到 ASP. NET 项目的配置文件________中。

2. DBContext 类中为数据库中的________________,定义了相应的 DbSet<T>类集合属性,通过该属性就可以实现对数据库表的 CRUD 操作。

3. Web 应用本质上是无状态的,为了保存当前登录用户的身份信息,可以使用________________或________________。

4. 系统通过用户提供的凭据确认用户身份的过程叫作________________,根据用户身份确定用户可以进行的合法操作叫作________________。

5. 使用 L2S 向数据库 Department 表增加一条记录的方法是 db. Department.________(dept)。

三、是非题

(　　)1. 附加文件方式的 SQL Server 数据库在调试时可以正常读写数据,所以 Web 应用发布后无须进行任何权限设置。

(　　)2. 如果数据库表的某个字段可以为空,那么 L2S 中对应实体类的属性也允许为空。

(　　)3. 对 DBContext 中的集合属性进行各种增加、修改、删除操作后,只有执行 DBContext 的 SsaveChanges()方法才会把所有变更一次性提交到数据库。

(　　)4. ADO. NET 实体数据模型设计器中,可以分别添加表示记录的实体类和表示表的集合属性。

(　　)5. ASP. NET 状态管理技术中,ViewState 本质上是 HiddenField 控件技术。

(　　)6. 通过在登录页面中检查用户角色,跳转到相应的初始页面,是实现 Web 应用权限控制的简便方法。

(　　)7. 使用 MD5 算法处理后的数据无法还原,因此不适用于用户密码的加密。

四、问答题

为什么说 Web 应用本质上是无状态的?将无状态的 Web 应用改造成有状态的常用状态管理技术有哪些?

五、实践题

为"门店销售指标跟踪系统"创建 SQL Server 附加文件方式的数据库,并按照关系模型创建数据库表格,创建必要的索引、参照,创建必要的视图。按照三层架构为系统项目添加业务逻辑层和数据访问层项目;完成业务逻辑层的服务类图设计;按照三层架构的分工原则实现门店管理模块;按照三层架构的分工原则实现用户登录模块,并通过 SessionState 或 Cookie 方式实现保存用户身份,完成权限管控的代码。

第11章

实现管理功能

学习目标

- 了解页面静态设计和交互设计的基本方法；
- 了解防止按钮触发校验的技巧；
- 了解 ASP.NET 数据源 ObjectDataSource 控件和 GridView 数据控件的用法；
- 掌握数据绑定表达式，了解页面后台方法应用于数据绑定的技巧；
- 理解查找功能的必要性，掌握查找功能的实现；
- 掌握编辑状态的管理技巧，了解 GridView 控件传递行命令参数的技巧；
- 掌握 ASP.NET 树形控件的操纵算法，掌握 TreeView 控件节点事件的绑定和处理；
- 掌握 LINQ to Object 查找对象的方法；掌握 LINQ 排序 OrderBy()方法；
- 掌握 SQL 连接查询，了解 LEFT OUT JOIN 连接；
- 了解 FormView 控件的使用；
- 理解更新指标数据可能存在的问题。

本章以指标管理、部门指标管理和指标数据采集 3 个模块为例，说明如何实现 KPIs 的管理功能。各模块中的页面路径和名称见表 8-1。

11.1 指标管理

在 Admin 文件夹中添加 KpiManage.aspx 页面，用于指标管理。

1. 页面设计

1）布局框架

后台管理页面布局参见 8.1 节，总体布局继承自母版页。KpiManager.aspx 页面本身布局采用表格来实现，表格适用于比较简单且固定的布局。具体的页面框架代码如下：

实现指标管理页面——页面布局和浏览指标

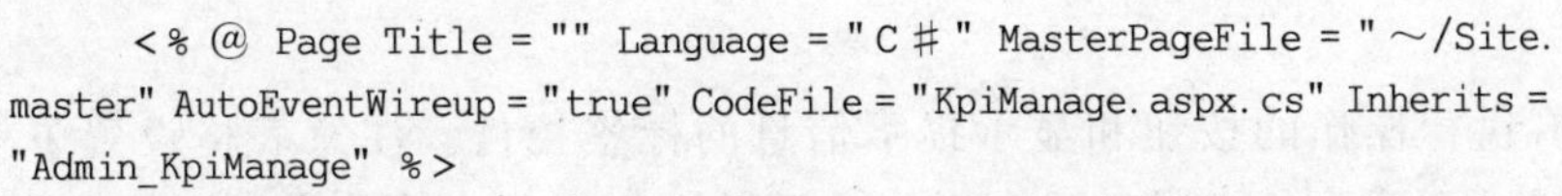

```
    <%@ Page Title = "" Language = "C#" MasterPageFile = "~/Site.
master" AutoEventWireup = "true" CodeFile = "KpiManage.aspx.cs" Inherits =
"Admin_KpiManage" %>
    < asp:Content ID = "Content1" ContentPlaceHolderID = "head" Runat =
"Server">
        指标管理
    </asp:Content>
    <asp:Content ID = "cntMain" ContentPlaceHolderID = "cphMain" runat = "server">
      <table border = "0" style = "width: 100%">
        <tr>
          <td>查找指标:<asp:TextBox ID = "tbSearchText" runat = "server">
          </asp:TextBox>
```

```
            <asp:Button ID = "btSeek" runat = "server" Text = "查找"
            CausesValidation = "False"/>
          </td>
          <td><asp:LinkButton ID = "btAdd" runat = "server" OnClick = "btAdd_Click"
              CausesValidation = "False">添加指标</asp:LinkButton>
          </td>
        </tr>
        <tr><td colspan = "2"><% -- 第 2 行,指标表格 -- %></td></tr>
        <tr><td colspan = "2"><% -- 第 3 行,编辑区域 -- %></td></tr>
      </table>
    </asp:Content>
```

上述<table>…</table>部分代码,表格第 1 行分为 2 列,第 1 列中包含一个快速查找指标的文本框和查找按钮,第 2 列是一个 LinkButton 控件,用于新增指标。为了防止这两个按钮触发页面上的校验控件,两者都设置了 CausesValidation 属性值为 False。表格第 2 行用于展示指标表,使用 ASP.NET 的 GridView 控件,这是 ASP.NET 展示数据库表格的常用控件。表格第 3 行是输入指标具体内容的编辑区域。

2) 编辑区域

编辑区域中使用输入控件、校验控件和说明标签。利用 5 行 3 列的表格来实现编辑控件的布局,每行为 1 个输入控件,用于输入指标的某个字段值,第 1 列放置字段名标签,第 2 列为输入控件,第 3 列为补充说明和校验控件。页面代码框架如下:

```
<table id = "tabEdits" runat = "server" style = "width: 100 % ">
  <tr>
    <td><% -- 标签 -- %></td>
    <td><% -- 输入控件 -- %></td>
    <td><% -- 校验控件 -- %></td>
  </tr>
  …
  <tr>
    <td style = "height: 30px"></td>
    <td style = "height: 30px" colspan = "2">
      <asp:button id = "btOK" runat = "server" text = "确定" onclick = "btOK_Click" />
      <asp:label id = "lbPrompt" runat = "server" cssclass = "prompt">
      </asp:label>
    </td>
  </tr>
</table>
```

上述代码中有执行操作的按钮和显示提示信息的标签控件。注意表格设置了 id 和 runat 属性,以便通过页面后台代码对整个表格的显示进行控制。请读者自行设置表格中的行。输入控件的具体设计如表 11-1 所示。

表 11-1　指标管理页面编辑控件设计

字段	控件	ID	属性	校验	提示信息
Code	TextBox	tbCode	MaxLength="50"	必填	
Name	TextBox	tbName	MaxLength="50"	必填	

续表

字段	控件	ID	属性	校验	提示信息
Description	TextBox	tbDescription	TextMode="MultiLine" Height="100px" Width="270px" MaxLength="500"		说明文字在 500 字以内
ValueType	DropDownList	ddlValueType	Width="100px"		

表格中 ddlValueType 下拉列表框控件页面代码为：

```
<asp:DropDownList ID="ddlValueType" runat="server" Width="100px">
    <asp:ListItem Value="0">普通数值</asp:ListItem>
    <asp:ListItem Value="1">百分比</asp:ListItem>
</asp:DropDownList>
```

3）交互设计

界面设计的核心是交互设计，也就是确定用户如何通过界面来完成用例，而布局和美工都是为交互服务的。本书第 8 章已给出了 KPIs 界面布局和美工设计，下面以指标管理页面为例进行交互设计。

界面交互设计可以用各种工具来表示，这里采用最简单的文字描述，如表 11-2 所示。

表 11-2 指标管理界面交互设计

用 例	交 互 设 计
浏览指标	用户在查找框输入关键字，单击“查找”按钮；系统获取所有 Code 或 Name 中包含这个关键字的指标，显示在指标列表中。关键字如果为空，则表示查找所有指标。页面初始化时，默认查找所有指标
添加指标	用户单击“添加指标”按钮，系统在页面下方显示编辑区域，编辑区中的输入控件设置为默认值。用户输入新增指标的内容，单击“确定”按钮，系统向数据库添加该指标。如果失败则显示提示信息，否则刷新显示新增后的指标列表
编辑指标	用户单击指标列表中某一行上的“编辑”按钮，系统在页面下方显示编辑区域，编辑区中的输入控件设置为该行指标的值。用户输入修改指标的内容，单击“确定”按钮，系统向数据库更新该指标。如果失败显示提示信息，否则刷新显示修改后的指标列表
删除指标	用户单击指标列表中某一行上的“删除”按钮，系统在页面下方显示编辑区域，编辑区中的输入控件设置为该行指标的值，并提示用户是否删除。用户单击“确定”按钮，系统从数据库删除该指标。如果失败则显示提示信息，否则刷新显示删除指标后的指标列表

注意表 11-2 中对交互设计的文字描述涉及用户和系统，但仅说明做什么，并没有关于如何实现的内容。

2. 浏览指标

1）IndexService 服务类

添加 BLL 服务类 IndexService，并在其中添加 GetIdxBySearchText()方法，代码如下：

```
/// <summary>
/// 获取所有 Code 或 Name 包含指定文本的指标
/// </summary>
```

```
/// <param name = "searchText">空表示获取所有指标.</param>
public List < KpiIdx > GetIdxBySearchText(string searchText)
{
  if (string.IsNullOrEmpty(searchText))                 //参数为空
  {
    return GetAllIndex();                               //获取所有指标
  }
  else
  {
    return db.KpiIdxs.Where(d => d.Code.Contains(searchText)
      || d.Name.Contains(searchText)).ToList();         //获取匹配的指标
  }
}
```

上述代码中 GetAllIndex()方法获取所有指标,也是 IndexService 类的方法。参数非空时,通过 Contains()方法用于检查字符串中是否包含查找文本,相当于 SQL 语句的 LIKE 模糊匹配。可将上述获取查找匹配指标的 LINQ 语句翻译成如下的 SQL 语句:

```
SELECT ID, Code, Name, [Description], ValueType FROM dbo.KpiIdx
    WHERE Code Like '%' + searchText + '%' OR Name Like '%' + searchText + '%'
```

2) DataSource 数据源控件

ASP.NET 提供了很多展示数据的控件,称为数据绑定(DataBinding)控件,这些控件可以自动从数据源(DataSource)控件中获取数据用于展示,不同类型的数据源需要使用相应的数据源控件。例如,访问 SQL Server 用 SqlDataSource 控件,KPIs 中访问 BLL 服务对象则用 ObjectDataSource 控件。

从工具栏找到 ObjectDataSource 控件,将其拖放到 Admin\KpiManage.aspx 页面中(布局表格中的第 2 行),修改其 ID 属性值为 odsIndex。在图形设计界面选中 odsIndex 控件,单击控件右上角的快捷任务图标[>],在任务列表中选择"配置数据源"任务。

在配置数据源向导中选择获取数据方法所在的服务类,如图 11-1 所示。由于 KPIs 中 BLL 为独立项目,可能出现"选择业务对象"下拉列表框找不到所需服务类的情况,此时需要尝试重新编译 BLL 项目,并取消选中图 11-1 中的"只显示数据组件"复选框。

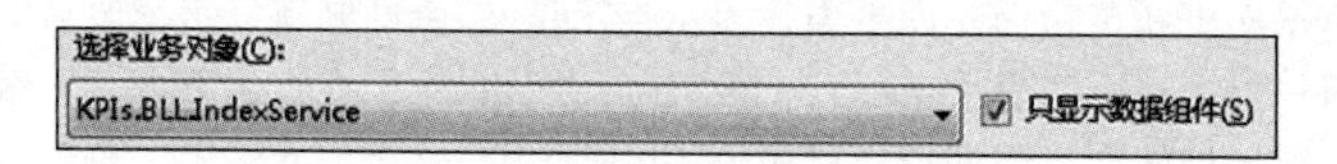

图 11-1 为 ObjectDataSource 控件选择业务对象

在图 11-1 中选择 IndexService 服务类,单击"下一步"按钮选择检索数据方法,如图 11-2 所示(可以看到数据源还支持 CUD 操作)。KPIs 中仅使用检索方法,所以在 SELECT 页选择 GetIdxBySearchText()方法即可。

下一步是为方法选择参数值来源,如图 11-3 所示。可选参数值来源非常丰富,如控件、Session、QueryString、表单、Cookie 等。查找参数 SearchText 值来自于 tbSearchText 文本框控件,所以"参数源"选择 Control,ControlID 选择 tbSearchText。

配置完数据源后,当数据绑定控件需要从 odsIndex 控件中获取数据时,odsIndex 控件就会调用 IndexService 对象的 GetIdxBySearchText()方法,并从 tbSearchText 控件中获取

图 11-2　为 ObjectDataSource 控件选择检索方法

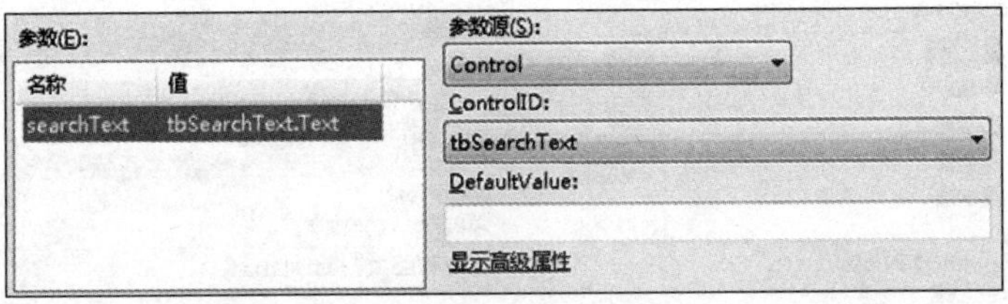

图 11-3　为 ObjectDataSource 控件指定参数源

输入文本作为 searchText 参数的值。

3）GridView 网格控件

KPIs 中主要使用 GridView 网格控件来实现数据列表功能。网格控件的功能通常包括自定义显示格式、分页、排序等显示操作，也可能提供添加、修改、删除等操作的支持。

从工具栏拖动 GridView 控件到 Admin/KpiManage.aspx 页面，放到布局表格第 2 行，将 ID 属性值设为 gvIndex，单击快捷任务按钮，出现图 11-4 所示的任务列表，在“选择数据源”中选择 odsIndex 数据源控件。

选择图 11-4 中的“自动套用格式”任务，打开如图 11-5 所示的“自动套用格式”对话框，选择“传统型”架构，可以看到展示效果比较符合 KPIs 的整体风格。

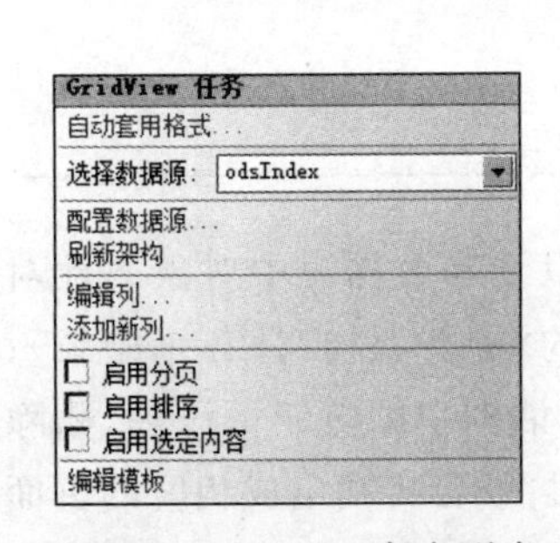

图 11-4　GridView 任务列表

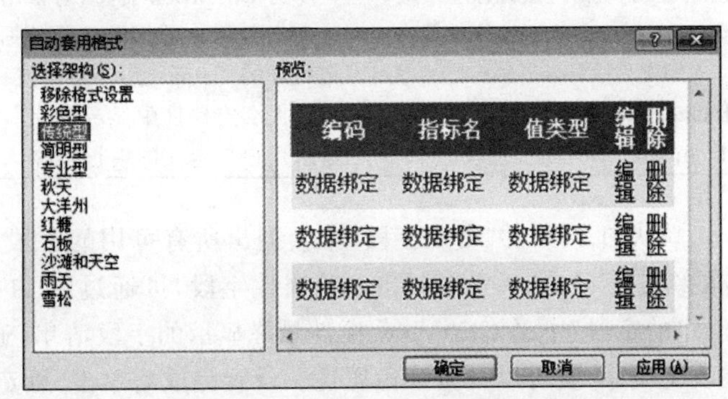

图 11-5　GridView 自动套用格式

选择图 11-4 中的“编辑列”任务，打开如图 11-6 所示的对话框，定义在 GridView 控件中显示的字段。

KPIs 中主要使用 BoundField、ButtonField、TemplateField 三种字段（指 GridView 的列，不是数据库的字段），表 11-3 中简单描述了各类字段的作用。

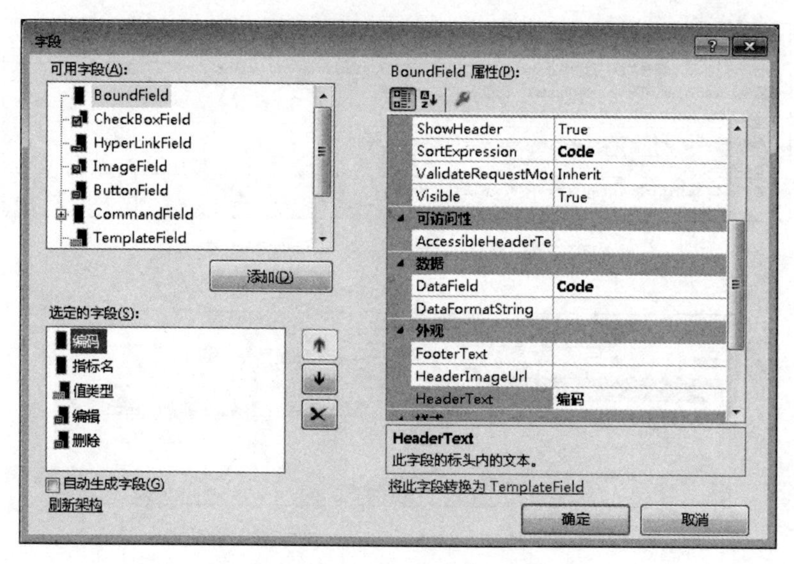

图 11-6　GridView 字段定义

表 11-3　GridView 字段类型及说明

字段类型	说　明
BoundField(数据绑定字段)	将 DataSource 数据源的字段数据以文本方式显示
ButtonField(按钮字段)	在数据绑定控件中显示命令按钮,根据控件的不同,它可显示具有自定义按钮控件(如“添加”或“移除”按钮)的数据行或数据列,按下时会引发 RowCommand 事件
CommandField(命令字段)	显示含有命令的 Button 按钮,包括了 Select、Edit、Update、Delete 命令按钮(DetailsView 控件的 CommandField 才支持 Insert 命令)
CheckBoxField(CheckBox 字段)	显示为 CheckBox 类型,通常用于布尔值的显示
HyperLinkField(超链接字段)	将 DataSource 数据源字段数据显示成 HyperLink 超级链接,并可指定另外的 NavigateUrl 超链接
ImageField(图片字段)	在数据绑定控件中显示图片字段
TemplateField(模板字段)	显示用户自定义的模板内容

默认图 11-6 的“可用字段”中会列出所有可用的字段类型以及和数据源中对象属性对应的绑定字段(如果没有列出对象属性字段,可通过图 11-4 中的“刷新架构”任务来刷新);“选定的字段”中是 GridView 控件最终显示的字段清单,通过对话框中的按钮可添加、删除或改变顺序,还可以设置字段属性。设置完成后单击“确定”按钮,就会自动生成相应的页面代码,下面是为 gvIndex 控件添加各字段后的页面代码:

```
<asp:GridView ID = "gvIndex" runat = "server" AutoGenerateColumns = "False"
DataSourceID = "odsIndex" CellPadding = "4" ForeColor = "#333333"
GridLines = "None" Width = "100%" OnRowCommand = "gvIndx_RowCommand" DataKeyNames = "ID">
...
<Columns>
  <asp:BoundField DataField = "Code" HeaderText = "编码"
  SortExpression = "Code" />
  <asp:BoundField DataField = "Name" HeaderText = "指标名"
```

```
    SortExpression = "Name" />
    <asp:BoundField DataField = "ValueType" HeaderText = "值类型"
    SortExpression = "ValueType" />
    <asp:ButtonField CommandName = "Modify" HeaderText = "修改" Text = "修改" >
      <ItemStyle Width = "5 %" />
    </asp:ButtonField>
    <asp:ButtonField CommandName = "Remove" HeaderText = "删除" Text = "删除" >
      <ItemStyle Width = "5 %" />
    </asp:ButtonField>
  </Columns>
  …
  </asp:GridView>
```

上述代码<Columns>…</Columns>节内的每个<asp：xxxField>就是一个字段，请读者根据这些字段的类型和属性，在图 11-6 所示对话框中为 gvIndex 控件设置字段。

4）绑定表达式

KpiIdx 对象的 ValueType 属性值为 0 或 1，直接使用 BoundField 字段显示显然很不友好，需要通过数据绑定表达式技术来显示代码对应的名称。在图 11-6 所示的“选定的字段”中选中 ValueType(值类型)字段，然后单击“将此字段转换为 TemplateField”超链接，将其转换成 TemplateField 类型的字段，相应的页面代码变为：

```
  <asp:TemplateField HeaderText = "值类型" SortExpression = "ValueType">
    <ItemTemplate>
      <asp:Label ID = "lbV" runat = "server" Text = '<% # Bind("ValueType") %>'>
      </asp:Label>
    </ItemTemplate>
    <EditItemTemplate>
      <asp:TextBox ID = "tbV" runat = "server" Text = '<% # Bind("ValueType") %>'>
      </asp:TextBox>
    </EditItemTemplate>
  </asp:TemplateField>
```

删除上述代码中的<EditItemTemplate>…</EditItemTemplate>节，KPIs 不打算使用 GridView 的编辑功能，所以可以删除其中的编辑模板定义。<ItemTemplate>…</ItemTemplate>节为显示模板定义，通过其中的 Label 控件显示字段值。

可以看到上述 Label 控件 Text 属性值为<% # Bind("ValueType") %>，这就是数据绑定表达式，其中 ValueType 就是绑定对象的属性名(上述例子中为 KpiIdx 对象的 ValueType 属性)。数据绑定表达式有两种：<% # Eval("字段名") %>和<% # Bind("字段名") %>。Eval()方法是单向的，仅用于显示；Bind()方法是双向的，不但可以显示属性值，而且还可以通过输入控件将输入值赋给绑定对象的属性。

由于只用于显示，所以将上述代码中的绑定表达式修改为如下代码：

```
  <asp:Label ID = "Label1" runat = "server" Text = '<% # Eval("ValueType") %>'>
  </asp:Label>
```

但这样显示的还是 ValueType 属性值，而不是直观的名称，为此需要在 KpiManager.aspx.cs 文件中为页面类添加 FormatValueType()方法，注意参数类型是 object，具体代码如下：

```
/// <summary>
/// 格式化 ValueType 字段的值
/// </summary>
protected string FormatValueType(object valueType)
{
    return Consts.GetValueTypeName(valueType.ToString());
}
```

上述代码中的 GetValueTypeName()为 Consts 静态类的静态方法，考虑到这是对常量的处理，所以安排在了 Consts 类中，相应的代码为：

```
/// <summary>
/// 获取 KPI 指标,值类型 ValueType 的名称
/// </summary>
public static string GetValueTypeName(string valueType)
{
  if (valueType == "0") return "普通数值";
  else return "百分比";
}
```

在数据绑定表达式中可以调用所在页面类方法，实现对绑定值的转换，表达式代码为

```
Text = '<%# FormatValueType(Eval("ValueType")) %>'
```

注意绑定表达式中调用的方法必须是对应页面类的 public 或 protected 方法，而且因为 Bind()方法是双向的，所以 Bind()方法无法应用这样的转换。

5) 页面初始化

KPIs 在页面初始化时进行权限检查，因为每个页面都需要该功能，不同页面的权限检查需要分为几种情况，将相应代码组织到 Utils 自定义工具类中。例如，Utils 类中的 IsAdmin()方法检查用户是否具有管理员的权限，如果没有则跳转到 Login.aspx 页面，具体代码如下：

```
/// <summary>
/// 检查是否拥有管理员权限
/// </summary>
/// <param name = "user">用户对象</param>
/// <param name = "page">页面对象</param>
public static void IsAdmin(Staff user, PageBase page)
{
    if (user == null || !user.IsAdmin)
    {
        page.Response.Redirect("~/Login.aspx");
    }
}
```

IsAdmin()方法接受当前用户和页面对象两个参数，其中页面对象用于实现页面的跳转。基于 IsAdmin()方法实现 KpiManager.aspx 页面的 Page_Load()方法具体代码如下：

```
protected void Page_Load(object sender, EventArgs e)
{
    Utils.IsAdmin(this.CurrUser, this);              //权限检查
    if (!Page.IsPostBack)
    {
        Master.SetContentTitle("指标管理");          //设置页面内容标题
        tabEdits.Visible = false;                    //隐藏编辑区域
    }
}
```

上述代码中的 Master 为页面的对象属性，对应页面所在的母版页。SetContentTitle()方法则是定义在 Site.master.cs 文件中母版页的公开方法，具体代码为：

```
public partial class Site : System.Web.UI.MasterPage
{
    …
    /// <summary>
    /// 设置母版页内容标题
    /// </summary>
    public void SetContentTitle(string title)
    {
        this.lbContentTitle.Text = title;
    }
}
```

注意 ASP.NET Web 网站项目的限制，Site.master.cs 文件并没有保存在 App_Code 文件夹中，所以页面 Master 属性仅仅是母版页基类的对象，自定义母版页类的公开属性或方法无法被页面引用。针对这种情况，需要通过内容页中的 MasterTye 指令对母版页实施强类型化。例如，在上述 KpiManager.aspx 页面代码的<%@ Page %>后面添加如下代码：

```
<%@ MasterType VirtualPath="~/Site.master" %>
```

6）查找指标

根据配置，odsIndex 控件会自动实现查找指标的功能。“查找”按钮所起的作用仅仅是触发 PostBack 请求，无论是首次或 PostBack 请求页面，odsIndex 控件都会获取 tbSearchText 控件的输入值，然后调用指定的服务类方法获取指标，从而实现查找指标的功能。

3. 更新指标

在 IndexService 类中添加 KPI 指标 CUD 方法，读者可以参考 10.2 节中的 StaffService 类自行完成，下面是界面处理方面的内容。

实现指标管理页面——更新指标

1）编辑区控件控制

根据交互设计，实现 CUD 操作的界面控制需要实现 3 个功能：隐藏和显示编辑区、根据指标对象设置编辑区控件内容、清空编辑区控件内容。为此，为 KpiManage.aspx 页面类添加 SetEdits()和 ClearEdits()方法，具体代码如下：

```
/// <summary>
```

```
/// 辅助:根据指标对象设置编辑框
/// </summary>
private void SetEdits(KpiIdxRow kpiIdx)
{
  tbCode.Text = kpiIdx.Code;
  tbName.Text = kpiIdx.Name;
  tbDescription.Text = kpiIdx.Description;
  ddlValueType.SelectedValue = kpiIdx.ValueType;
  lbPrompt.Text = string.Empty;
}
/// <summary>
/// 辅助:清空编辑框
/// </summary>
private void ClearEdits()
{
  tbCode.Text = string.Empty;
  tbName.Text = string.Empty;
  tbDescription.Text = string.Empty;
  ddlValueType.SelectedIndex = 0;
  lbPrompt.Text = string.Empty;
}
```

2）进入编辑状态——修改和删除

当单击 KpiManage.aspx 页面 gvIndex 控件中的“修改”或“删除”按钮时,页面需要进入相应的编辑状态,这个状态只需要在当前页面中保持,所以可以用 ViewState 来实现。

单击 GridView 控件某行中的按钮,会触发 GridView 控件的行命令(RowCommand)事件(而不是按钮事件),该事件会传递触发事件的行号和按钮的 CommandName 属性值。进一步,如果将按钮的 CommandName 属性值设置为 Edit、Update 或 Delete,GirdView 控件会自动进行默认的行编辑处理,KPIs 中不打算采用 GridView 控件的这个默认机制,所以需要将 gvIndex 控件中的修改和删除按钮的 CommandName 属性值分别设置为 Modify 和 Remove。

为 gvIndex 控件添加行命令事件处理方法 gvIndex_RowCommand(),具体代码为:

```
/// <summary>
/// GridView 行命令:进入修改或删除指标状态
/// </summary>
protected void gvIndex_RowCommand(object sender, GridViewCommandEventArgs e)
{
    int lineIdx = Convert.ToInt32(e.CommandArgument); //触发命令的行号
    int idxID = (int)gvIndex.DataKeys[lineIdx].Value; //行数据关键字
    IndexService svr = new IndexService();
    KpiIdx kpiIdx = svr.FindIdxByID(idxID);            //根据关键字获取指标对象
    if (kpiIdx != null)
    {
        ViewState[Consts.ActionKey] = e.CommandName; //记录编辑类型:修改或删除
        ViewState[Consts.CurrRecordKey] = kpiIdx.ID; //记录指标对象 ID 属性值
        SetEdits(kpiIdx);                            //根据指标对象设置编辑区域中的控件
        tabEdits.Visible = true;                     //让编辑区可见
```

```
        if (e.CommandName == Consts.ActionDelete)
        {
            lbPrompt.Text = "确定删除该指标?";        //如果是删除操作,则显示删除提示信息
        }
    }
}
```

上述代码主要进行了以下 3 方面的处理。

(1) 获取 ID 属性值。

事件参数 CommandArgument 传递触发事件的行号,而 GridView 控件会将绑定对象清单的 Key 值保存到 DataKeys 数组属性中,因此用 CommandArgument 中的行号作为下标,可以获取触发事件行绑定对象的 Key 值。

Key 值对应的具体属性通过 GridView 控件的 DataKeyNames 属性来指定,例如 gvIndex 控件的 DataKeyNames="ID",表示指标 ID 属性为 Key。因此,可以通过 int idxID=(int) gvIndex.DataKeys[lineIdx].Value 获取指标 ID 属性值。如果希望能从 DataKeys 中同时获取指标的 Code 属性值,那么可以让 DataKeyNames="ID,Code",然后通过以下语句获取指标 ID 和 Code 属性值:

```
int idxID = (int)gvIndex.DataKeys[lineIdx].Values["ID"];
string idxCode = gvIndex.DataKeys[lineIdx].Values["Code"].ToString();
```

(2) 保存编辑状态。

通过页面 ViewState 保存当前编辑类型和对象 ID 属性值。由于 ViewState 采用 Hashtable 数据结构,因此需要指定保存状态的 Key 值,为此在 Consts 类中添加了相关 Key 值和编辑类型常量,具体代码为:

```
//页面状态 Key 值:当前对象
public const string CurrRecordKey = "CurrRecord";
//页面状态 Key 值:当前对象的上级对象 ID 属性,如上级部门 ID、人员所属部门 ID
public const string ParentIDKey = "ParentID";
//页面状态 Key 值:编辑类型
public const string ActionKey = "Action";
//编辑类型:修改,注意和 GirdView 按钮的 CommandName 保持一致
public const string ActionEdit = "Modify";
//编辑类型:增加,注意和 GirdView 按钮的 CommandName 保持一致
public const string ActionAdd = "New";
//编辑类型:删除,注意和 GirdView 按钮的 CommandName 保持一致
public const string ActionDelete = "Remove";
```

(3) 显示当前记录信息。

使用获取的 ID 属性值,调用 BLL 服务类方法获取对象,如上述代码中的"KpiIdx kpiIdx=svr.FindIdxByID(idxID);";然后调用前述的 SetEdits()方法显示对象内容。

3) 进入编辑状态——新增

单击 KpiManage.aspx 页面上的 btAdd 按钮("添加指标"按钮)进入新增状态,新增时只需记录编辑类型为新增即可,btAdd 按钮事件处理方法的具体代码为:

```
/// <summary>
```

```
/// 命令:进入添加指标状态
/// </summary>
protected void btAdd_Click(object sender, EventArgs e)
{
  ViewState[Consts.ActionKey] = Consts.ActionAdd;     //记录编辑类型:添加
  ClearEdits();                                       //清空编辑控件
  tabEdits.Visible = true;                            //显示编辑区
}
```

4) 执行编辑操作

进入编辑状态后可在编辑区查看或修改内容,单击 btOK 按钮(“确定”按钮)执行数据库操作,具体过程为:从页面 ViewState 获取编辑类型和 ID 属性值,然后根据编辑类型调用 BLL 方法完成数据库操作。如果数据库操作失败,则页面显示错误提示信息;如果成功,则刷新页面以反映编辑后的指标清单。具体的事件处理 btOK_Click()方法代码如下:

```
/// < summary>
/// 执行编辑指标操作
/// </summary>
protected void btOK_Click(object sender, EventArgs e)
{
  if (ViewState[Consts.ActionKey] != null)                        //处于编辑状态
  {
    string cmdName = ViewState[Consts.ActionKey].ToString();      //获取编辑类型
    IndexService svr = new IndexService();                        //准备 BLL 服务对象
    bool succeeded = true;                                        //设置操作结果标记变量
    if (cmdName == Consts.ActionDelete)                           //1. 删除操作
    {
      int idxID = (int)ViewState[Consts.CurrRecordKey];
                                                                  //获取删除对象 ID 属性值
      try
      {
        svr.DeleteIdx(idxID);                                     //执行删除操作
      }
      Catch                                                       //失败
      {
        lbPrompt.Text = "删除失败.只能删除没有被使用的指标."; //提示错误信息
        succeeded = false;                                        //操作结果标记失败
      }
    }
    else if (cmdName == Consts.ActionEdit)                        //2. 修改操作
    {
      int idxID = (int)ViewState[Consts.CurrRecordKey];
                                                                  //获取修改对象 ID 属性值
      try
      {
        svr.UpdateIdx(tbCode.Text, tbName.Text, tbDescription.Text,
          ddlValueType.SelectedValue, idxID);               //从控件收集数据,执行修改操作
      }
      catch                                                       //失败
      {
```

```
            lbPrompt.Text = "修改指标失败,注意指标编码不能重复."; //提示错误信息
            succeeded = false;                                //操作结果标记失败
          }
        }
        else if (cmdName == Consts.ActionAdd)                 //3. 新增操作
        {
          try
          {
            svr.AddIdx(tbCode.Text, tbName.Text, tbDescription.Text,
              ddlValueType.SelectedValue);                  //从控件收集数据,执行新增操作
          }
          catch                                               //失败
          {
            lbPrompt.Text = "新增指标失败,注意指标编码不能重复."; //提示错误信息
            succeeded = false;                                //操作结果标记失败
          }
        }
        if (succeeded)                                        //成功,强制刷新页面
        {
          Response.Redirect("~/Admin/KpiManage.aspx");
        }
      }
    }
```

11.2 部门指标管理

在Admin文件夹下添加IndexManage.aspx页面用于部门指标管理。部门指标管理的交互模式和指标管理总体来说是类似的,最大的不同在于部门指标需要参照部门和指标,也就是指定部门指标所属的部门和所应用的指标。像这种参照了另一个对象的情况,通常不应该让用户直接录入参照对象信息,而应该提供选择参照对象的方式。

1. 实现部门树

用树形方式展示部门,用户通过单击树中代表部门的节点来指定部门指标所属的部门。

实现部门树的设置

1) 公开母版页属性

许多页面要用到部门树,因此将其放在Site.master母版页中。为了让嵌套在母版页中的页面能够访问到这个部门树(treeDept)控件,需要在Site.master.cs文件中为Site类中添加公开属性,代码如下:

```
/// <summary>
/// 部门树控件
/// </summary>
public TreeView TvDept { get { return treeDept; } }
```

注意必须在前台页面代码中添加MasterTye指令,才能访问到母版页的自定义公开属性。

2）操纵 TreeView

（1）生成算法。

部门树控件是一个 ASP.NET 的 TreeView 控件，基于层次数据构造 TreeView 控件需要使用递归算法，以生成部门树为例，算法描述如下。

```
(1)根据数据库中根部门记录,生成部门树的根节点。
(2)生成以指定节点为根的树的方法 BuildSubTree()。
  (2.1)获取根部门的所有直接下级部门;
  (2.2)为每个下级部门
    (2.2.1)生成部门对应的节点,作为指定根节点的子节点;
    (2.2.2)递归调用 BuildSubTree(),构造该子节点为根的子树。
```

（2）树节点。

TreeView 控件的每个节点都是 TreeNode 对象，根据部门对象创建节点的语句为：

```
TreeNode node = new TreeNode(dept.Name, dept.ID.ToString());
```

TreeNode 类构造函数的第 1 个参数指定节点显示名称，第 2 个参数指定节点附加数据，也就是 TreeNode 对象的 Text 和 Value 属性。通过 TreeNode 对象的 ChildNodes 属性可以管理该节点的所有子节点，子节点仍然是 TreeNode 对象，因此为根节点 root 添加子节点的语句为“root.ChildNodes.Add(node)；”。

（3）根节点。

TreeView 控件可以有多个根节点，通过属性 Nodes 来管理。例如，清理 treeDept 控件所有根节点，然后添加一个新的根节点，代码为：

```
treeDept.Nodes.Clear();                                        //清空 TreeView 控件
TreeNode root = new TreeNode(dept.Name, dept.ID.ToString());//创建根节点
treeDept.Nodes.Add(root);                                      //将节点添加到 TreeView 控件中
```

（4）当前选中节点。

当用户单击某个节点时，该节点会被选中成为 TreeView 控件的当前节点，通过 TreeView 控件的 SelectedNode 属性可以获取这个节点。例如：

```
return treeDept.SelectedNode;                                  //返回选中的节点
```

也可以通过代码设置 TreeView 的选中节点：首先需要找到节点，然后通过设置该节点的 Selected 属性来实现。例如，将根节点设置为选中状态的代码为：

```
root.Selected = true;
```

（5）选中节点改变事件。

当前节点改变时会触发 TreeView 控件的 SelectedNodeChanged 事件，KPIs 中的部门树在母版页，但每个页面都有自己 SelectedNodeChanged 事件处理方法，因此需要通过代码来绑定事件处理方法。绑定代码如下：

```
Master.TvDept.SelectedNodeChanged
   += new EventHandler(tvDept_SelectedNodeChanged);
```

上述代码的 tvDept_SelectedNodeChanged()方法就是页面后台的事件处理方法。例如

IndexManage.aspx 页面中，当前部门节点改变时需要列出新的部门指标清单，该事件处理方法的代码如下：

```
/// <summary>
/// 部门选择改变
/// </summary>
protected void tvDept_SelectedNodeChanged(object sender, EventArgs e)
{
  int deptID = Convert.ToInt32(Master.TvDept.SelectedValue);
                                              //获取选中节点的部门 ID
  SetCurrDept(deptID, Master.TvDept.SelectedNode.Text);
                                              //设置当前部门并获取该部门的指标清单
}
```

3) LINQ to Object

部门树生成算法需要多次检索部门数据（获取直接下级部门），为避免反复读取数据库造成性能问题，KPIs 中采用一次性获取所需部门清单到内存，然后在内存中检索的方法。

将部门清单保存在 List<Department>类型的 deptList 列表中，使用 LINQ to Object 的 Where()或 FirstOrDefault()方法可以方便地在列表中检索特定的数据，这两个方法的用法和访问数据库的 LINQ 方法一模一样。例如，从上述 deptList 列表中获取根部门的代码为：

```
Department dept = deptList.FirstOrDefault(d => d.Parent_ID == null);
```

从 dtDept 列表中获取指定部门的下级部门的代码为：

```
List<Department> depts = deptList.Where(d => d.Parent_ID == deptID).ToList();
```

4) 构造部门树

下面给出构造部门树的完整代码，因为每个模块都要设置这个部门树，只是不同模块对应不同的部门清单，所以将设置部门树方法封装到了 Utils 自定义工具类中。代码如下：

```
/// <summary>
/// 根据部门清单创建部门树
/// </summary>
/// <param name = "treeDept">部门树控件.</param>
/// <param name = "deptList">部门清单的列表.</param>
/// <param name = "rootID">指定根部门 ID 属性值.0 表示指定顶级部门.</param>
/// <param name = "defID">指定当前节点的部门 ID 属性值.0 表示指定根节点</param>
/// <returns>默认选择的部门节点.</returns>
public static TreeNode BuildDeptTreeView(TreeView treeDept,
  List<Department> deptList, int rootID = 0, int defID = 0)
{
  treeDept.Nodes.Clear();                         //清空部门树
  Department dept;
  //根据参数 rootID 确定获取的根部门
  if (rootID <= 0) dept = deptList.FirstOrDefault(d => d.Parent_ID == null);
                                                  //顶级部门
  else dept = deptList.FirstOrDefault(d => d.ID == rootID);                  //指定部门
  if (dept != null)                               //存在根部门
```

```
    {
      TreeNode root = new TreeNode(dept.Name, dept.ID.ToString());
                                               //创建根节点
      treeDept.Nodes.Add(root);                //将节点添加到树中
      if (defID == 0) defID = dept.ID;         //没有指定当前节点,就指定根节点为当前节点
      BuildDeptSubTree(dept.ID, deptList, root, defID);
                                               //创建 root 节点为根的子树(即整棵树)
    }
    return treeDept.SelectedNode;              //返回选中的节点
        }
/// <summary>
/// 创建指定节点为根的子树
/// </summary>
/// <param name = "deptID">子树的根节点部门 ID 字段值.</param>
/// <param name = "deptList">所有部门清单的列表.</param>
/// <param name = "root">子树根节点.</param>
/// <param name = "defID">指定当前部门的 ID 属性值.</param>
public static void BuildDeptSubTree(int deptID,
        List<Department> deptList, TreeNode root, int defID)
{
    if (deptID == defID) root.Selected = true;  //该节点为指定的当前节点,选中它
    //找出所有直接下级部门
    List<Department> depts = deptList.Where(d => d.Parent_ID == deptID).
      ToList();
    foreach (Department dept in depts)          //为每个直接下级部门添加对应子节点
    {
      TreeNode node = new TreeNode(dept.Name, dept.ID.ToString());
      root.ChildNodes.Add(node);
      BuildDeptSubTree(dept.ID, deptList, node, defID);
                                               //递归调用构建子节点的子树
    }
}
```

5）初始化部门树

修改 IndexManage.aspx 页面为继承自 PageBase 类，在页面 Page_Load()方法中，通过调用 Utils 自定义工具类的 BuildDeptTreeView()方法构造部门树，初始化代码如下：

```
protected void Page_Load(object sender, EventArgs e)
{
    Utils.IsAdmin(this.CurrUser, this);        //权限检查
    //TreeView 控件内容会利用 ViewState 自动保持,只在首次载入时才需要生成部门树
    if (!Page.IsPostBack)
    {
      int defID = 0;
      int.TryParse(Request["id"], out defID);  //试图提取 URL 中指定的默认当前部门 ID 属性值
      DepartmentService svr = new DepartmentService();
      List<Department> deptList = svr.GetAll();//获取所有部门清单
      TreeNode selectedNode = Utils.BuildDeptTreeView(
        Master.TvDept, deptList, 0, defID);    //调用自定义工具类方法创建部门树
      //根据当前节点保存页面当前部门(状态)
      SetCurrDept(Convert.ToInt32(selectedNode.Value), selectedNode.Text);
```

```
    Master.SetContentTitle("指标管理");         //调用母版页方法设置母版页中的内容标题
    SetDdlIndex();                              //设置编辑区中的指标选择下拉列表框
    SetDdlCollector();                //设置编辑区中的负责指标采集的数据员选择下拉列表框
  }
  //当前部门改变处理,事件处理绑定不会自动保持,所以每次页面载入都要重新绑定
  Maseter.TvDept.SelectedNodeChanged
     += new EventHandler(tvDept_SelectedNodeChanged);
}
```

2. 浏览部门指标

更新视图、实现部门指标管理页面

1）修改DAL和BLL修改DeptKpiIdxView视图,添加部门名称、采集人姓名字段,以免界面显示名称时需要再次根据ID属性值访问数据库,修改后的视图定义SELECT语句为:

```
SELECT DepartmentIdx.ID, DepartmentIdx.Idx_ID, KpiIdx.Code,
  KpiIdx.Name, KpiIdx.[Description], KpiIdx.ValueType,
  DepartmentIdx.Department_ID, DepartmentIdx.Frequency,
  DepartmentIdx.[Weight], DepartmentIdx.StandValue,
  DepartmentIdx.Collector_ID, Department.Name AS Department_Name,
  Staff.Name AS Staff_Name
FROM DepartmentIdx INNER JOIN KpiIdx
  ON DepartmentIdx.Idx_ID = KpiIdx.ID INNER JOIN Department
  ON DepartmentIdx.Department_ID = Department.ID
  LEFT OUTER JOIN Staff ON DepartmentIdx.Collector_ID = Staff.ID
```

由于部门指标DepartmentIdx表的Collector_ID字段值可为NULL,所以连接类型采用LEFT OUTER JOIN,否则Collector_ID字段值为NULL的部门指标记录就不会出现在视图中。

修改视图后,打开KPIsDB.edmx实体模型,根据数据库刷新模型,更新视图对象。在BLL服务类IndexService中添加方法SearchDeptIdxByDepartment(),代码如下:

```
/// <summary>
/// 获取指定部门的包含 SearchText 的部门指标
/// </summary>
/// <param name = "searchText">空表示获取指定部门的所有部门指标.</param>
public List<DeptKpiIdxView> SearchDeptIdxByDepartment(int deptID,
string searchText)
{
  if (string.IsNullOrEmpty(searchText))          //获取指定部门的所有部门指标
  {
    return db.DeptKpiIdxViews.Where(d => d.Department_ID
    == deptID).ToList();
  }
  else                                           //获取指定部门的关键字匹配部门指标
  {
    return db.DeptKpiIdxViews.Where(d => d.Department_ID == deptID &&
      (d.Code.Contains(searchText)
      ||d.Name.Contains(searchText))).ToList();
  }
}
```

2）设置数据源

IndexManage.aspx 页面的数据源参数有两个：一个是 SearchText，参数和指标页面的数据源设置完全相同；另一个是 deptID，参数为当前部门的 ID 属性值。由于部门树位于母版页中，所以数据源控件无法自动获取 deptID 参数值，为此在如图 11-3 所示的对话框中为 deptID 参数选择“参数源”为 None，具体参数值将通过后台代码设置。

完成配置后，IndexManage.aspx 页面的数据源控件 odsDeptIdx 的页面代码如下：

```
<asp:ObjectDataSource ID = "odsDeptIdx" SelectMethod =
"SearchDeptIdxByDepartment"
TypeName = "KPIs.BLL.IndexService" runat = "server">
  <SelectParameters>
    <asp:Parameter DefaultValue = "0" Name = "deptID" Type = "Int32" />
    <asp:ControlParameter ControlID = "tbSearhName" DefaultValue = ""
    Name = "searchText" PropertyName = "Text" Type = "String" />
  </SelectParameters>
</asp:ObjectDataSource>
```

为 IndexManage.aspx 页面类添加 SetCurrDepartment()方法，完成记录页面状态(当前部门)、为 odsDeptIdx 控件 deptID 参数赋值的工作(searchText 参数值 odsDeptIdx 控件会自动获取)，具体代码如下：

```
/// <summary>
/// 设置当前选择部门
/// </summary>
private void SetCurrDepartment(int deptID, string deptName)
{
  ViewState[Consts.ParentIDKey] = deptID;      //保存当前部门 ID 到 ViewState 中
  lbDeptName.Text = deptName;                  //显示当前部门名称
  ViewState[Consts.ActionKey] = null;          //清除编辑状态
  tabEdits.Visible = false;                    //非编辑状态,隐藏编辑区
  //设置数据源 deptID 参数值
  odsDeptIdx.SelectParameters["deptID"].DefaultValue = deptID.ToString();
}
```

在 IndexManage.aspx 页面的 Page_Load()方法中设置完部门树后调用上述方法，传递参数为部门树当前节点 Value 和 Text 属性值。在 treeDept 控件 SelectedNodeChange 事件处理代码中，也需要调用这个方法。请读者自行完成上述调用代码以及 GridView 控件的设置。

3. 部门指标编辑操作

1）编辑区

IndexManage.aspx 页面编辑区和 KpiManage.aspx 页面的布局基本相同，主要区别在于选择指标部分，选择指标相关控件的具体页面代码如下：

```
<table id = "tabEdits" runat = "server" width = "100%" cellpadding = "5">
...
  <tr>
    <td align = "right">指标: </td>
    <td><asp:DropDownList ID = "ddlIndex" runat = "server" AutoPostBack = "True"
```

```
            Width = "200px"
            OnSelectedIndexChanged = "ddlIndex_SelectedIndexChanged"/></td>
        <td><span class = "note">(选择指标)</span></td>
    </tr>
    <tr>
        <td align = "right">编码:</td>
        <td><asp:TextBox ID = "tbCode" ReadOnly = "true" runat = "server"/></td>
        <td></td>
    </tr>
    <tr>
        <td align = "right">名称: </td>
        <td><asp:TextBox ID = "tbName" ReadOnly = "true" runat = "server"/>
        </td><td></td>
    </tr>
    <tr>
        <td align = "right">说明:</td>
        <td><asp:TextBox ID = "tbDescription" ReadOnly = "true"
        TextMode = "MultiLine"
            runat = "server" Height = "100px" Width = "270px"/></td><td></td>
    </tr>
    <tr>
        <td align = "right">类型: </td>
        <td><asp:TextBox ID = "tbValueType" ReadOnly = "true" runat = "server"/>
        </td><td></td>
</tr>
…
</table>
```

上述代码第 1 个控件为选择指标下拉列表框，其余控件仅用于显示指标详细信息，因此设置了只读属性。选择指标下拉列表框的可选指标清单需要根据数据库 KpiIdx 表设置，为 IndexManage. aspx 页面类添加设置 ddlIndex 指标下拉列表框的 SetDdlIndex()方法，代码如下：

```
private void SetDdlIndex()
{
  IndexService svr = new IndexService();
  List<KpiIdx> idxList = svr. GetAllIndex();  //获取所有指标
  ddlIndex. Items. Clear();
  foreach (KpiIdx idx in dtIdx. Rows)          //各指标选项
  {
    ddlIndex. Items. Add(new ListItem(idx. Name, idx. ID. ToString()));
                                                //生成下拉选项
  }
}
```

在 IndexManage. aspx 页面的 Page_Load()方法中调用上述方法，完成编辑区指标下拉列表框的设置。当切换选择指标时，还需要在其他控件中显示指标详细信息，为此需要响应 ddlIndex 控件 SelectedIndexChanged 事件（上述页面代码已经为 ddlIndex 控件绑定了 ddlIndex_SelectedIndexChanged()事件处理方法），事件处理方法的具体代码为：

```
/// <summary>
/// 切换指标下拉选择,同步切换显示指标详细信息的控件
/// </summary>
protected void ddlIndex_SelectedIndexChanged(object sender, EventArgs e)
{
    int id = Convert.ToInt32(ddlIndex.SelectedValue);
                                            //下拉列表框当前选择的指标 ID 属性值
    IndexService svr = new IndexService();
    KpiIdx idx = svr.FindIdxByID(id);       //根据 ID 属性值获取指标对象
    if (idx != null)                        //根据指标对象设置控件
    {
        tbCode.Text = idx.Code;
        tbName.Text = idx.Name;
        tbDescription.Text = idx.Description;
        tbValueType.Text = Consts.GetValueTypeName(idx.ValueType);
    }
}
```

编辑区部分控件输入内容是数字,可通过校验控件对输入内容进行控制,避免输入非法数值。例如,输入权重的 tbWeight 文本框,其校验控件的页面代码为:

```
<asp:RegularExpressionValidator ID = "revWeight" runat = "server"
CssClass = "prompt"
  ErrorMessage = "只能是 0～100 的整数" Display = "Dynamic"
  ControlToValidate = "tbWeight"
  ValidationExpression = "(100)|\d{1,2}">* 只能是 0～100 的整数
</asp:RegularExpressionValidator>
```

输入部门指标基准值的 tbStandValue 文本框,其校验控件的页面代码为:

```
<asp:RegularExpressionValidator ID = "revStandValue" runat = "server"
CssClass = "prompt" ErrorMessage = "只能是数值" Display = "Dynamic"
  ControlToValidate = "tbStandValue"
ValidationExpression = "\d{1,15}\.?\d{0,2}">* 只能是数值
</asp:RegularExpressionValidator>
```

上述校验控件都是正则表达式校验控件,可以实现较复杂的个性化校验规则。

2) 其他辅助方法

KPIs 各页面交互模式基本相同,页面所需主要辅助方法也相同。至于 IndexManage.aspx 页面特有的辅助方法,除了前述 SetDllIndex()方法,还有数据员下拉列表框和当前部门 ID 属性值的处理方法。

(1) 选择采集数据员。

数据员下拉列表框,也需要在页面初始化时进行选项填充。考虑到管理员、领导通常不会去录入数据,所以为人员表增加 IsCollector 字段,只有 IsCollector=true 的人员才是数据员。注意,如果采用多值 Cookie 来保存当前用户,则需要将 IsCollector 字段值也保存到 Cookie 中。

另外,管理员不一定熟悉数据员,所以在人员下拉列表框中同时提供人员的部门和姓名。为此需要在数据库中新建人员视图,将人员所在部门名称也包含进去,相应 SQL 语

句为：

```
CREATE VIEW StaffView AS
SELECT s.ID, s.Name, s.UserName, s.[Password], s.JobTitle, s.IsAdmin,
  s.IsLeader, s.IsCollector, s.Department_ID, d.Name AS DeptName
FROM Department d INNER JOIN Staff s ON d.ID = s.Department_ID
```

将 StaffView 视图添加到 KPIsDB.edmx 模型中，增加 StaffView 实体集。修改 BLL 中 StaffService 类的方法，添加 IsCollector 字段的处理，添加获取所有采集人员的 GetAllCollectors()方法，代码为：

```
public List<StaffView> GetAllCollectors()
{
  return db.StaffViews.Where(d => d.IsCollector == true).ToList();
}
```

基于上述修改，可以实现数据员选择下拉列表框的设置方法，具体代码如下：

```
/// <summary>
/// 设置采集数据员下拉列表框
/// </summary>
private void SetDdlCollector()
{
  StaffService svr = new StaffService();
  List<StaffView> dtStaff = svr.GetAllCollectors();           //获取所有采集数据员
  ddlCollector.Items.Clear();
  ddlCollector.Items.Add(new ListItem("停止采集", "-1"));
                                                              //取消采集数据员的选项
  foreach (StaffView staff in dtStaff)                        //为每个采集数据员
  {
    ddlCollector.Items.Add(new ListItem(string.Format("{0}-{1}",
    staff.DeptName,
      staff.Name), staff.ID.ToString()));                     //生成下拉列表框选项
  }
}
```

因为部门指标是允许没有数据员的(此时无法录入该部门指标的数据)，上述代码添加了一个额外的“停止采集”选项，其值为-1，用于表示清除部门指标的数据员。SetDdlCollector()方法也在 Page_Load()方法中被调用。

(2) 清空输入控件内容。

IndexManage.aspx 页面的 ClearEdits()方法负责清空输入控件，注意其中指数和数据员选择下拉列表框的默认值处理，特别是指标详细信息控件的设置方法，具体代码如下：

```
/// <summary>
/// 辅助:清空编辑框
/// </summary>
private void ClearEdits()
{
  ddlIndex.SelectedIndex = 0;                          //默认选择第 1 项指标
  ddlIndex_SelectedIndexChanged(null, null);
```

```
                                                    //代码触发事件处理,填充指标详细信息
    tbFrequency.Text = string.Empty;
    tbWeight.Text = "0";
    tbStandValue.Text = "0";
    ddlCollector.SelectedIndex = 0;                 //默认选择第 1 项,即停止采集
    lbPrompt.Text = string.Empty;
}
```

(3) 设置输入控件内容。

设置输入控件的 SetEdits()方法根据部门指标 DeptKpiIndexView 视图对象设置控件内容,该视图对象含有完整的指标信息,可以直接完成指标详细信息控件的设置。注意,如果部门指标没有指定数据员,则数据员选择下拉列表框应该默认选中“停止采集”这个选项。完整的方法定义代码如下:

```
/// <summary>
/// 辅助:根据部门指标对象设置编辑框
/// </summary>
private void SetEdits(DeptKpiIdxView deptIdx)
{
  ddlIndex.SelectedValue = deptIdx.Idx_ID.ToString();     //指标选择下拉列表框设置
  //直接设置指标详细信息控件,不调用 ddlIndex_SelectedIndexChanged()方法,避免访
  //问数据库
  tbCode.Text = deptIdx.Code;
  tbName.Text = deptIdx.Name;
  tbDescription.Text = deptIdx.Description;
  tbValueType.Text = Consts.GetValueTypeName(deptIdx.ValueType);
  tbFrequency.Text = deptIdx.Frequency;
  tbWeight.Text = deptIdx.Weight.ToString();
  tbStandValue.Text = deptIdx.StandValue.ToString();
  if (deptIdx.Collector_ID == null)                       //没有指定数据员
    ddlCollector.SelectedIndex = 0;
  else
    ddlCollector.SelectedValue = deptIdx.Collector_ID.ToString();
  lbPrompt.Text = string.Empty;
}
```

3) 实现编辑操作

编辑操作同样分为进入编辑状态和执行编辑操作两步,其中进入编辑状态的处理和指标管理页面完全相同(当然编辑对象不同)。执行编辑操作时,由于涉及参照指标、参照数据员和数值字段,在收集输入内容上有所不同。下面是编辑区 btOK 按钮的单击事件处理 btOK_Click()方法的代码:

```
protected void btOK_Click(object sender, EventArgs e)
{
  if (ViewState[Consts.ActionKey] != null)
  {
    int deptID = (int)ViewState[Consts.ParentIDKey];          //当前部门 ID 属性值
    string cmdName = ViewState[Consts.ActionKey].ToString(); //编辑类型
    IndexService svr = new IndexService();
```

```
bool succeeded = true;
if (cmdName == Consts.ActionEdit || cmdName == Consts.ActionAdd)
                                                  //修改或新增操作
{
  //从控件中获取参数
  int idxID = Convert.ToInt32(ddlIndex.SelectedValue);
  int weight = Convert.ToInt32(tbWeight.Text);
  decimal standValue = Convert.ToDecimal(tbStandValue.Text);
  int? collectorID = null;                        //数据员
  if (ddlCollector.SelectedValue != "-1")         //数据员选择不是"停止采集"
    collectorID = Convert.ToInt32(ddlCollector.SelectedValue);
  if (cmdName == Consts.ActionEdit)               //更新操作
  {
    int deptIdxID = (int)ViewState[Consts.CurrRecordKey];
    try
    {
      svr.UpdateDeptIdx(deptIdxID, idxID, deptID, tbFrequency.Text,
              weight,standValue, collectorID);
    }
    catch
    {
      lbPrompt.Text = "更新部门指标失败.";
      succeeded = false;
    }
  }
  else //新增操作
  {
    try
    {
      svr.AddDeptIdx(idxID, deptID, tbFrequency.Text, weight,
        standValue,collectorID);
    }
    catch
    {
      lbPrompt.Text = "添加部门指标失败.";
      succeeded = false;
    }
  }
}
else if (cmdName == Consts.ActionDelete)
{
  int deptIdxID = (int)ViewState[Consts.CurrRecordKey];
  try
  {
    svr.DeleteDeptIdx(deptIdxID);
  }
  catch
  {
    lbPrompt.Text = "删除失败.只能删除没有采集数据的部门指标.";
    succeeded = false;
  }
```

```
        }
        if (succeeded)                  //成功,则刷新页面,且用 QueryString 保持当前选择的部门状态
          Response.Redirect("~/Admin/IndexManage.aspx?id=" + deptID);
    }
}
```

上述代码的最后,当编辑操作成功时,通过重定向到本页面实现页面刷新,同时为了保持当前部门状态,还通过 QueryString 传递当前部门 ID 属性值,对应的 Page_Load()方法中对此查询变量有相应的处理。

11.3 数据采集列表页面

在 KPIsWeb 项目中添加 Collect 文件夹,然后在其中添加 List.aspx 页面。由于数据员负责采集的指标相关部门不一定能形成层级关系,所以 List.aspx 页面的部门树只有一层。另外,List.aspx 页面中列出当前部门的部门指标清单,数据员可以直接录入其中某个部门指标最新采集的数据,也可以跳转到某个部门指标的数据明细管理页面。

实现采集员部门树和采集指标清单

1. 需求调整

有领导提出,希望在部门指标清单中就能看到指标最新采集的数据。为此需要为 DepartmentIdx 表添加 NewValue 和 NewDate 字段,用于保存最新采集的数据和对应的采集日期,同时修改 DeptKpiIdxView 视图,同样为其增加这两个字段。

打开 KPIsDB.edmx,从数据库更新模型,因为新增字段值无须手工录入,所以无须修改目前 BLL 和 UI 中的已有代码。

2. 部门指标清单

1) 采集部门树

(1) BLL 方法。

在 DepartmentService 类中添加 GetAllForColletor()方法,获取数据员采集部门清单。由于采集任务记录在 DepartmentIdx 表中,获取数据员采集部门清单需要利用导航属性。导航属性体现了表之间关联关系,在 KPIsDB.edmx 设计器中可以看到 Department 和 DepartmentIdx 类是互相关联的(因为数据库中两张表之间创建了外键参照关系),所以 DepartmentIdx 对象有一个 Department 属性表示相关的 Department 对象,反之 Department 对象有一个 DepartmentIdxes 集合属性表示相关的 DepartmentIdx 对象集合。利用这个特性,很容易就能实现嵌套查询,具体代码如下:

```
/// <summary>
/// 获取指定数据员负责采集的指标相关部门清单
/// </summary>
/// <param name="collectorID">指定数据员的人员 ID 属性值.</param>
public List<Department> GetAllForColletor(int collectorID)
{
  //选择哪些部门:参数 collectorID 指定的数据员在其部门指标的数据员清单中
  return db.Departments.Where(d => d.DepartmentIdxes
```

```
    .Select(di => di.Collector_ID).Contains(collectorID)).ToList();
}
```

实现上述代码的 LINQ 查询方案有很多，请读者想一下是否有更好的查询方案。

(2) 生成采集部门树。

所有页面的部门树生成方法都在 Utils 自定义工具类中实现，采集指标列表和指标数据明细页面都使用其中的 BuildDepartmentTreeViewForCollector()方法，具体代码如下：

```
/// <summary>
/// 创建数据员的采集部门树,单层树,树的根节点为一个虚拟部门(Name = 采集部门,ID = 0)
/// </summary>
/// <param name = "treeDept">目标树控件.</param>
/// <param name = "collectorID">数据员 ID 属性值.</param>
/// <param name = "defID">默认部门 ID 属性值,0 表示默认根部门.</param>
/// <returns>默认部门对应节点.</returns>
public static TreeNode BuildDepartmentTreeViewForCollector(
TreeView treeDept, int collectorID, int defID = 0)
{
  treeDept.Nodes.Clear();
  DepartmentService svr = new DepartmentService();
  List<Department> deptList = svr.GetAllForColletor(collectorID);
  TreeNode root = new TreeNode("采集部门", "0");              //虚拟根部门
  treeDept.Nodes.Add(root);
  if (defID == 0) root.Selected = true;
  foreach (Department dept in deptList)
  {
    TreeNode node = new TreeNode(dept.Name, dept.ID.ToString());
    root.ChildNodes.Add(node);
    if (dept.ID == defID) node.Selected = true;
  }
  return treeDept.SelectedNode;
}
```

2) 查询部门指标

数据员可以通过输入指标 Code 或 Name 属性值来查找部门指标，查找的部门指标限定在当前部门中，但选择根节点的虚拟部门表示不限定部门。

(1) BLL 方法。

为 IndexService 类添加查找部门指标的 SearchDeptIdxForCollector()方法，代码为：

```
/// <summary>
/// 为数据员获取指定部门的匹配 SearchText 的部门指标
/// </summary>
/// <param name = "staffID">数据员的人员 ID 属性值.</param>
/// <param name = "deptID">部门 ID 属性值,0 表示所有部门.</param>
/// <param name = "searchText">查找关键字,空表示获取所有部门指标.</param>
public List<DeptKpiIdxView> SearchDeptIdxForCollector(int staffID,
string searchText, int deptID = 0)
{
  searchText = searchText ?? string.Empty;                       //null 设置成空串
  if (deptID > 0)
```

```
    { //在指定部门中查找数据员负责采集的部门指标,并按指标 ID 字段值排序
      return db.DeptKpiIdxViews.Where(d => d.Department_ID == deptID
        && (d.Code.Contains(searchText)||d.Name.Contains(searchText))
        && d.Collector_ID == staffID).OrderBy(d => d.Idx_ID).ToList();
    }
    else
    { //不限定部门查找数据员负责采集的部门指标,按部门编号和指标 ID 字段值排序
      return db.DeptKpiIdxViews.Where(d => d.Collector_ID == staffID
        && (d.Code.Contains(searchText) || d.Name.Contains(searchText)))
        OrderBy(d => d.Department_ID).ThenBy(d => d.Idx_ID).ToList();
    }
}
```

注意上述代码中是如何使用 LINQ 实现排序的。单个字段排序采用 OrderBy()方法,多字段排序第 1 个排序字段仍然使用 OrderBy()方法,后续排序字段用 ThenBy()方法。无论是 OrderBy()方法还是 ThenBy()方法都只能一次指定一个排序字段。

(2) GridView 和 DataSource 控件。

采集指标列表使用 GridView 控件配合 DataSource 控件实现,其中 GirdView 控件中有两列按钮列,其他为普通的内容列。下面是 GridView 控件的关键页面代码:

```
<asp:GridView ID="gvDeptIdx" runat="server" DataSourceID="odsDeptIdx" ……
  OnRowCommand="gvDeptIdx_RowCommand" DataKeyNames="ID,Department_Name, Name">
  <Columns>
    ...
    <asp:ButtonField CommandName="Details" DataTextField="Name"
      HeaderText="指标" ShowHeader="True">
      <ItemStyle Width="18%" />
    </asp:ButtonField>
    <asp:ButtonField CommandName="Modify" Text="输入">
      <ItemStyle Width="5%" />
    </asp:ButtonField>
  </Columns>
  ...
</asp:GridView>
```

注意:上述代码中,gvDeptIdx 控件的 DataKeyNames 属性指定了 3 个字段名,这是为了能从 gvDeptIdx 控件的 DataKeys 属性中直接获取这些值,这会减少数据库访问,但增加网页的大小,需要权衡考虑是否采用这种缓冲技术。

ObjectDataSource 控件调用 IndexService 服务类的 SearchDeptIdxForCollector()方法,3 个参数中的 staffID 和 deptID 参数通过后台代码设置,searchText 参数直接从 tbSearchName 控件获取。完整的页面代码为:

```
<asp:ObjectDataSource ID="odsDeptIdx" runat="server"
  SelectMethod="SearchDeptIdxForCollector" TypeName="KPIs.BLL.IndexService">
  <SelectParameters>
    <asp:Parameter Name="staffID" Type="Int32" />
    <asp:Parameter DefaultValue="0" Name="deptID" Type="Int32" />
    <asp:ControlParameter ControlID="tbSearhName" DefaultValue=""
      Name="searchText" PropertyName="Text" Type="String" />
```

```
    </SelectParameters>
</asp:ObjectDataSource>
```

3）页面后台代码

页面初始化和当前部门改变时，需要重新设置 odsDeptIdx 控件的 staffID 和 deptID 参数值，所以为 List.aspx 页面定义设置 odsDeptIdx 控件参数的方法，具体代码为：

```
private void SetOdsParameters(string deptID, int staffID)
{
  odsDeptIdx.SelectParameters["deptID"].DefaultValue = deptID;
  odsDeptIdx.SelectParameters["staffID"].DefaultValue = staffID.ToString();
  tabEdits.Visible = false;                                //退出编辑状态
}
```

在部门树节点改变事件处理方法中调用上述方法实现当前部门的切换，代码为：

```
/// <summary>
/// 部门选择改变
/// </summary>
protected void tvDept_SelectedNodeChanged(object sender, EventArgs e)
{
  SetOdsParameters(Master.TvDept.SelectedValue, this.CurrUser.ID);
}
```

页面 Page_Load()方法中，为部门树绑定上述 tvDept_SelectedNodeChanged()事件处理方法和其他初始化工作，包括设置 odsDeptIdx 控件参数值。Page_Load()方法代码如下：

```
protected void Page_Load(object sender, EventArgs e)
{
  Utils.IsCollector(this.CurrUser, this);          //权限检查
  if (!Page.IsPostBack)
  {
    int defID = CheckQueryString();                //获取通过查询参数传递的默认部门 ID 属性值
    TreeNode selectedNode = Utils.BuildDepartmentTreeViewForCollector(
            Master.TvDept, this.CurrUser.ID, defID);      //构造采集部门树
    Master.SetContentTitle("指标数据采集");    //设置内容标题
    SetOdsParameters(selectedNode.Value, this.CurrUser.ID);
                                                   //设置数据源参数
  }
  //绑定部门树当前节点改变事件处理方法
  Master.TvDept.SelectedNodeChanged += new EventHandler(
  tvDept_SelectedNodeChanged);
}
```

上述代码中检查权限的 Utils.IsCollector()方法和前述 Utils.IsAdmin()方法基本相同，而 CheckQueryString()方法是从 QueryString 中提取参数的方法。具体代码如下：

```
private int CheckQueryString()
{
  int defID = 0;
  int.TryParse(Request["id"], out defID);          //提取 URL 中指定的默认部门 ID 属性值
```

```
    return defID;
}
```

3. 录入指标数据

1) 编辑区

指标数据录入编辑区的整体布局和其他页面编辑区相同,关键的页面代码(略去了所有用于实现布局的表格标记)如下:

实现采集员部门指标数据采集

```
部门: <asp:Label ID = "lbDeptName" runat = "server"></asp:Label>
指标: <asp:Label ID = "lblIdxName" runat = "server"></asp:Label>
指标日期:<asp:TextBox ID = "tbCDate" runat = "server" MaxLength = "50"/>
  <asp:RegularExpressionValidator ID = "RegularExpressionValidator1"
  runat = "server" ErrorMessage = "日期格式非法" CssClass = "prompt"
Display = "Dynamic"
    ControlToValidate = "tbCDate" ValidationExpression = "\d{4}/\d{2}\/d{2}">
     * 日期格式非法</asp:RegularExpressionValidator>
  <span class = "note">(日期格式:2014 - 12 - 01)</span>
指标值:<asp:TextBox ID = "tbValue" runat = "server" MaxLength = "20"/>
  <asp:RegularExpressionValidator ID = "revValue" runat = "server"
    ErrorMessage = "只能是数值" CssClass = "prompt" Display = "Dynamic"
    ControlToValidate = "tbValue" ValidationExpression =
    "\d{1,15}\.?\d{0,2}">
     * 只能是数值</asp:RegularExpressionValidator>
<asp:Button ID = "btOK" runat = "server" Text = "确定" OnClick = "btOK_Click" />
<asp:Label ID = "lbPrompt" runat = "server" CssClass = "prompt"></asp:Label>
```

上述代码中部门和指标 Label 控件用于显示当前录入的部门指标所在的部门名称和指标名称;指标日期 TextBox 控件用于录入指标数据规定的采集日期,为了防止输入非法格式的日期,采用了正则表达式校验控件;而指标值 TextBox 控件也通过正则表达式校验控件实现了对数值格式的校验。

上述输入控件不包含指标数据对象的其他几个字段,如实际录入时间、录入的数据员信息,因为这些字段值由 KPIs 自动确定,无须用户输入。

2) 进入编辑状态

当用户单击 gvDeptIdx 控件的指标列或"输入"按钮,就会触发 GridView 控件的 RowCommand 事件,gvDeptIdx_RowCommand()事件处理方法的具体代码如下:

```
/// <summary>
/// gvDeptIdx行命令处理,输入数据或浏览明细数据
/// </summary>
protected void gvDeptIdx_RowCommand(object sender,
GridViewCommand EventArgs e)
{
  int lineIdx = Convert.ToInt32(e.CommandArgument);   //触发行命令的行号
  //从GridView控件的DataKeys中提取部门ID属性值
  int deptIdxID = (int)gvDeptIdx.DataKeys[lineIdx].Values["ID"];
  if (e.CommandName == Consts.ActionEdit)             //修改操作
  {
    //记录修改状态,设置编辑区控件
```

```
        ViewState[Consts.CurrRecordKey] = deptIdxID;
        //从 GridView 控件的 DataKeys 中提取部门名称和指标名称
        lbDeptName.Text = gvDeptIdx.DataKeys[lineIdx].Values["Department_
        Name"].ToString();
        lbIdxName.Text = gvDeptIdx.DataKeys[lineIdx].Values["Name"].ToString();
        tbCDate.Text = DateTime.Today.ToShortDateString();
                                                        //规定采集日期默认为当天
        tbValue.Text = "0";                             //采集指标数据默认值为 0
        tabEdits.Visible = true;                        //显示编辑区
        lbPrompt.Text = string.Empty;
      }
      else                                  //跳转明细页面操作:传递 id = <部门指标 ID 属性值>
      {
        Response.Redirect(string.Format("Data.aspx?id={0}", deptIdxID));
      }
    }
```

3）保存指标数据

进入修改状态后，用户在编辑区输入指标数据，然后单击“确认”按钮，系统将指标数据保存到数据库。为此，需要在 IndexService 服务类中添加指标数据的 CRUD 方法。注意指标数据的 CUD 方法需要完成以下两项额外工作：同步更新日志、同步更新对应部门指标最新值。

（1）调整日志表结构。

日志记录的是历史操作，当涉及的指标或数据员调整时，已经生成的日志记录不应该随之调整，所以日志表不应该参照指标、人员表，而应该直接在日志表中保存这些信息。修改后的日志表如表 11-4 所示。

表 11-4　修改后的日志 Log 表

字段名	类　型	属　性	说　明
ID	Int64	PK,IDENTITY	日志 ID
ActTime	DateTime	NOT NULL	操作时间
Action	String(10)	NOT NULL	操作类型。一共有三个取值：新增、修改、删除。考虑仅用于显示，所以直接保存中文
Description	String(100)	NOT NULL	操作详情。文字方式的描述，例如：删除数据，采集时间：×××，值：×××
CollectorName	String(50)	NULL	操作人姓名
CollectorUserName	String(50)	NULL	操作人用户名
DeptIdx_ID	Int32	NOT NULL,FK	数据所属的部门指标 ID，参照 DepartmentIdx.ID
DeptName	String(50)	NULL	部门名称
IdxName	String(50)		指标名称

完成数据库表格修改后，需要刷新 KPIsDB.edmx。VS 可能无法正确处理外键字段 DepartmentIdx_ID 改名为 DeptIdx_ID，所以可以考虑先删除 Logs 实体类后再刷新。

(2) 更新部门指标最新值。

以新增指标数据的 AddData()方法为例,说明 IndexService 服务类中部门指标数据 CUD 方法的实现。AddData()的具体代码如下:

```
public int AddData(DateTime cdate, decimal value, int deptIdxID,
Staff collector)
{
  DeptKpiIdxView index = db.DeptKpiIdxViews
    .FirstOrDefault(d => d.ID == deptIdxID);        //获取部门指标
  if (index == null) return 0;                      //不存在则直接返回 0,表示没有添加成功
  Log newLog = new Log()                            //创建日志对象
  {
    ActTime = DateTime.Now,                         //自动确定操作时间
    Action = "新增",
    Description = string.Format("新增数据,采集时间:{0},值:{1}.",
      cdate.ToShortDateString(), value),
    CollectorName = collector.Name,
    CollectorUserName = collector.UserName,
    DeptIdx_ID = deptIdxID,
    DeptName = index.Department_Name,
    IdxName = index.Name
  };
  db.Logs.Add(newLog);                              //插入日志
  //若部门指标最新值日期早于当前日期,则更新为部门指标最新值
  if (index.NewDate == null || index.NewDate < cdate)
  {
    DepartmentIdx old = db.DepartmentIdxes.First(d => d.ID == deptIdxID);
    old.NewValue = value;                           //最新值
    old.NewDate = cdate;                            //最新值日期
  }
  IdxData newIdx = new IdxData()                    //创建部门指标数据对象
  {
    CDate = cdate,
    Value = value,
    IDate = DateTime.Now,                           //自动确定实际录入时间
    DeptIdx_ID = deptIdxID,
    CollectorUserName = collector.UserName,
    CollectorName = collector.Name
  };
  db.IdxDatas.Add(newIdx);
  db.SaveChanges();                                 //将所有更新提交到数据库
  return 1;
}
```

上述代码涉及多个数据库表的操作:db.DeptKpiIdxViews.FirstOrDefault()获取部门指标,db.Logs.Add()添加日志,db.DepartmentIdxes.First()获取需更新的部门指标并赋予最新值,db.IdxDatas.Add()用于添加部门指标数据。最后通过 db.SaveChanges()将所有更新提交到数据库。

11.4　数据采集明细页面

添加 Collect/Data.aspx 页面用于展示某个部门指标的数据明细。Data.aspx 页面采用和 List.aspx 页面相同的部门树，单击部门树节点跳转回 List.aspx 页面，其内容区包括 3 部分：部门指标详细信息、指标数据明细列表和指标数据编辑区。

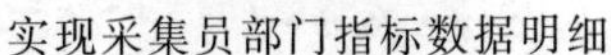

实现采集员部门指标数据明细

整理采集员部门指标数据明细页面的代码

1. 部门指标详细信息

数据明细页面应该明确展示当前正在管理的数据明细属于哪个部门指标，同时提供一些部门指标详细信息便于用户掌握部门指标的特性。

1) FormView

使用 FormView 控件展示数据源中的单条记录非常方便，FormView 控件允许自由定义记录展示的布局，开发人员需要创建一个包含控件的模板，模板中通过绑定表达式来指定控件显示的属性。Data.aspx 页面将部门指标 FormView 控件放置在内容布局表格前，具体的页面代码如下：

```
<asp:FormView ID="fvDeptIdx" runat="server" DataSourceID="odsDeptIdx">
  <ItemTemplate>
    <div class="content_subtitle">
      部门:<asp:Label ID="lbDN" runat="server"
      Text='<%# Eval("Department_Name") %>'/>
      指标:<asp:Label ID="lbIdxName" runat="server"
      Text='<%# Eval("Name") %>'/>
      采集频率:<asp:Label ID="lbFreq" runat="server"
      Text='<%# Eval("Frequency") %>'/>
      权重:<asp:Label ID="lbWeight" runat="server"
      Text='<%# Eval("Weight") %>'/>
      </div>
      <div class="content_subtitle">
       <asp:Label ID="lbDesc" runat="server"
       Text='<%# Eval("Description") %>'/>
      </div>
      <div class="content_subtitle">
       目标值:<asp:Label ID="lbSV" runat="server"
       Text='<%# Eval("StandValue") %>'/>
       最新值:<asp:Label ID="lbNV" runat="server"
       Text='<%# Eval("NewValue") %>'/>
       最新日期:<asp:Label ID="lbND" runat="server"
       Text='<%# Eval("NewDate") %>'/>
      </div>
```

```
    </ItemTemplate>
  </asp:FormView>
```

上述 fvDeptIdx 控件的布局放置在< ItemTemplate >标记之间，定义了数据展示模板(FormView 控件还可以用< EditItemTemplate >和< InsertItemTemplate >标记定义修改和新增的模板)，通过 3 个< div >标记实现布局，它们的样式类都是 content_subtitle，相应的 CSS 代码如下：

```
.content_subtitle
{
  /* 前 5 行用于实现文本超出长度自动截断，并添加省略号) */
  white-space: nowrap;
  overflow: hidden;
  -ms-text-overflow: ellipsis;                                /* IE 6 */
  -o-text-overflow: ellipsis;                                 /* Opera */
  -moz-binding: url("ellipsis.xml#ellipsis");                 /* FireFox */
  text-indent: 25px;
  color: Blue;
  width: 726px;
  height: 28px;
  line-height: 28px;
  background: url(../Images/content_title.jpg) no-repeat;     /* 背景图片 */
}
```

2) DataSource

fvDeptIdx 控件使用 ObjectDataSource 控件作为数据源获取展示的部门指标对象，该数据源则调用了 IndexService 服务类的 FindDeptIdxByID()方法，具体的页面代码为：

```
<asp:ObjectDataSource ID = "odsDeptIdx" runat = "server"
SelectMethod = "FindDeptIdxByID" TypeName = "KPIs.BLL.IndexService">
  <SelectParameters>
    <asp:QueryStringParameter DefaultValue = "0" Name = "deptIdxID"
    QueryStringField = "id" Type = "Int32" />
  </SelectParameters>
</asp:ObjectDataSource>
```

上述 odsDeptIdx 控件的 deptIdxID 参数指定数据所属部门指标 ID 属性值，页面代码中指定了其来源为 QueryString，域为 id。相应地，在 List.aspx 页面中单击 gvDeptIdx 控件中指标名称时，使用“Response.Redirect(string.Format("Data.aspx?id={0}", deptIdxID));”语句，通过 QueryString 传递部门指标 ID 属性值，这样 odsDeptIdx 控件就能自动获取这个参数值了。

2. 指标数据明细列表

1) 页面布局

指标数据明细列表的布局和其他管理页面列表布局相同，第 1 行为查找和添加按钮，第 2 行为 GridView 和 DataSource 控件，第 1 行的页面代码如下：

```
<tr>
  <td>
```

```
指定日期:<asp:TextBox ID="tbFromDate" runat="server" /> -
<asp:TextBox ID="tbToDate" runat="server" />
<asp:Button ID="btSeek" runat="server" Text="查找"
CausesValidation="False" />
<asp:RegularExpressionValidator ID="revFromDate" runat="server"
  ErrorMessage="日期格式非法" CssClass="prompt" Display="Dynamic"
  ControlToValidate="tbFromDate"
  ValidationExpression="\d{4}/\d{2}/\d{2}">
  * 日期格式非法 </asp:RegularExpressionValidator>
<asp:RegularExpressionValidator ID="revToDate" runat="server"
  ErrorMessage="日期格式非法" CssClass="prompt" Display="Dynamic"
  ControlToValidate="tbToDate"
  ValidationExpression="\d{4}/\d{2}/\d{2}">
  * 日期格式非法</asp:RegularExpressionValidator>
</td>
<td>
  <asp:LinkButton ID="btAdd" runat="server" OnClick="btAdd_Click"
    CausesValidation="False">添加数据</asp:LinkButton>
</td>
</tr>
```

上述代码中,表格第 1 行的第 1 列为两个输入日期的 tbFromDate 和 tbToDate 文本框,以及触发页面回发(Postback)的查找按钮。为了确保文本框输入为合法日期格式,还设置了两个正则表达式校验控件。第 1 行第 2 列为添加数据 btAdd 按钮,注意其 CausesValidation 属性设置用于避免引发校验控件的校验动作。

下面是布局第 2 行的 GridView 控件和 DataSource 控件,其中 GridView 控件和之前其他 GridView 控件只有字段不同,故省略。第 2 行的页面代码如下:

```
<tr>
  <td colspan="2">
    …
    <asp:ObjectDataSource ID="odsIdxData" runat="server"
      SelectMethod="GetIdxData" TypeName="KPIs.BLL.IndexService">
      <SelectParameters>
        <asp:Parameter Name="deptIdxID" Type="Int32" />
        <asp:ControlParameter ControlID="tbFromDate"
          Name="dateFrom" PropertyName="Text" Type="DateTime" />
        <asp:ControlParameter ControlID="tbToDate" Name="dateTo"
          PropertyName="Text" Type="DateTime" />
      </SelectParameters>
    </asp:ObjectDataSource>
  </td>
</tr>
```

上述 odsIdxData 控件调用了 IndexService 服务类的 GetIdxData()方法,其 deptIdxID 参数值从查询变量获取,日期范围 dateFrom 和 dateTo 参数值自动从相应的文本框中获取。

在 IndexService 服务类中添加 GetIndexData()方法,具体代码如下:

```
/// <summary>
/// 获取指定部门指标,指定日期范围内的所有部门指标数据
/// </summary>
public List<IdxDataView> GetIdxData(int deptIdxID, DateTime dateFrom,
  DateTime dateTo)
{
  return db.IdxDataViews.Where(d => d.CDate >= dateFrom && d.CDate <= dateTo
    && d.DeptIdx_ID == deptIdxID).ToList();
}
```

上述代码中的 IdxDataView 为新建视图,以便在获取部门指标数据的同时获取对应部门指标标准值,其定义视图的相应 SELECT 语句如下:

```
SELECT i.ID, i.CDate, i.Value, i.IDate, i.DeptIdx_ID,
  i.CollectorUserName, i.CollectorName, d.StandValue
FROM IdxData i INNER JOIN DepartmentIdx d ON i.DeptIdx_ID = d.ID
```

2) 页面初始化

Data.aspx 页面 Page_Load()方法需要完成的任务可分为 3 部分：首先是权限检查；然后是针对非回发页面请求的初始化,包括获取当前部门指标 ID 属性值、构造部门树、设置内容标题、隐藏编辑区,以及设置查询文本框和 DataSource 控件参数的默认值；最后是为部门树当前节点变更事件绑定处理方法。该方法的具体代码如下：

```
protected void Page_Load(object sender, EventArgs e)
{
  Utils.IsCollector(this.CurrUser, this);        //检查权限
  if (!Page.IsPostBack)                          //非回发页面请求
  {
    int deptIdxID = SaveQueryStringState();    //获取并保存部门指标 ID 属性值到 ViewState
    //构造部门树
    Utils.BuildDepartmentTreeViewForCollector(Master.TvDept,
      this.CurrUser.ID, -1);
    Master.SetContentTitle("采集数据明细");   //设置内容标题
    tabEdits.Visible = false;                  //隐藏编辑区
    //设置默认查询日期范围
    tbFromDate.Text = DateTime.Today.AddMonths(-1).ToShortDateString();
    tbToDate.Text = DateTime.Today.ToShortDateString();
    //设置 deptIdxID 查询参数值
    odsIdxData.SelectParameters["deptIdxID"]
      .DefaultValue = deptIdxID.ToString();
  }
  Master.TvDept.SelectedNodeChanged += new EventHandler (tvDept_SelectedNode- Changed);
}
```

上述代码调用 Utils.BuildDepartmentTreeViewForCollector()方法时,传递的默认部门 ID 属性值为−1,表示默认不选择任何部门节点。至于 SaveQueryStringState()方法,则负责从 QueryString 中获取部门指标 ID,并保存到 ViewState 中,具体代码为：

```
private int SaveQueryStringState()
{
```

```
    int deptIdxID = 0;
    int.TryParse(Request["id"], out deptIdxID); //获取当前部门指数 ID 属性值
    ViewState[Consts.ParentIDKey] = deptIdxID; //保存到 ViewState 中
    return deptIdxID;                          //返回 ID 属性值
}
```

Page_Load()方法最后为部门树绑定了 tvDept_SelectedNodeChanged()节点改变事件处理方法，该方法的代码如下：

```
/// <summary>
/// 当前部门改变,返回部门指标列表页面
/// </summary>
protected void tvDept_SelectedNodeChanged(object sender, EventArgs e)
{
    //通过 QueryString 参数,指定列表页面默认选择部门
    Response.Redirect(string.Format("List.aspx?deptId={0}", Master.TvDept
    .SelectedValue));
}
```

3. 指标数据编辑区

编辑区只需采集日期和部门指标数据的输入文本框，具体的页面编码和清空、设置编辑区的辅助方法，请读者自行编写。

1) BLL 方法

前面已经实现了添加部门指标数据的 AddData()方法，还需要在 IndexService 服务类中实现修改和删除部门指标数据的方法，具体代码为：

```
/// <summary>
/// 修改指标数据
/// </summary>
public int UpdateData(long idxDataID, DateTime cdate, decimal value,
Staff collector)
{
    //获取部门指标数据对象
    IdxData idxData = db.IdxDatas.FirstOrDefault(d => d.ID == idxDataID);
    if (idxData == null) return 0;
    //获取部门指标(视图)对象,用于日志记录
    DeptKpiIdxView index = db.DeptKpiIdxViews
      .FirstOrDefault<DeptKpiIdxView>(d => d.ID == idxData.DeptIdx_ID);
    if (index == null) return 0;
    Log newLog = new Log()                    //修改数据的日志对象
    {
      ActTime = DateTime.Now,
      Action = "修改",
      Description = string.Format("修改数据,{1}[{0}]→ {3}[{2}]",
        idxData.CDate.ToShortDateString(),idxData.Value,
        cdate.ToShortDateString(), value),
      CollectorName = collector.Name,
      CollectorUserName = collector.UserName,
      DeptIdx_ID = idxData.DeptIdx_ID,
      DeptName = index.Department_Name,
```

```
        IdxName = index.Name
    };
    db.Logs.Add(newLog);
    //如果修改的是最新值,则更新部门指标最新值
    if (index.NewDate == null || index.NewDate <= cdate)
    {
        DepartmentIdx old = db.DepartmentIdxes.First(d => d.ID == deptIdxID);
        old.NewValue = value;
        old.NewDate = cdate;
    }
    idxData.CDate = cdate;                          //修改部门指标数据
    idxData.Value = value;
    idxData.IDate = DateTime.Now;
    idxData.DeptIdx_ID = deptIdxID;
    idxData.CollectorUserName = collector.UserName;
    idxData.CollectorName = collector.Name;
    db.SaveChanges();                               //提交到数据库
    return 1;
}
/// <summary>
/// 删除采集数据
/// </summary>
public int DeleteData(long idxDataID, Staff collector)
{
    IdxData idxData = db.IdxDatas.FirstOrDefault(d => d.ID == idxDataID);
    if (idxData == null) return 0;
    DeptKpiIdxView index = db.DeptKpiIdxViews
        .FirstOrDefault<DeptKpiIdxView>(d => d.ID == idxData.DeptIdx_ID);
    if (index == null) return 0;
    Log newLog = new Log()                          //删除数据的日志对象
    {
        ActTime = DateTime.Now,
        Action = "删除",
        Description = string.Format("删除数据,{1}[{0}]",
            idxData.CDate.ToShortDateString(), idxData.Value),
        CollectorName = collector.Name,
        CollectorUserName = collector.UserName,
        DeptIdx_ID = idxData.DeptIdx_ID,
        DeptName = index.Department_Name,
        IdxName = index.Name
    };
    db.Logs.Add(newLog);
    //若删除的是部门指标的最新值,则清除部门指标最新值
    if (index.NewDate!= null && index.NewDate == idxData.CDate)
    {
        DepartmentIdx adptDeptIdx = db.DepartmentIdxes.FirstOrDefault
            (d => d.ID == idxData.DeptIdx_ID);
        adptDeptIdx.NewDate = null;
        adptDeptIdx.NewValue = null;
    }
    db.IdxDatas.Remove(idxData);                    //删除部门指标数据
```

```
    db.SaveChanges();                              //提交到数据库
    return 1;
}
```

2）实现编辑功能

部门指标数据的编辑实现技术和其他页面是一样的，只是细节上有所不同，特别注意指标数据 ID 字段值的类型是 Int64，对应 C# 数据类型是 long。下面是进入编辑状态的代码：

```
/// <summary>
/// 工具栏按钮命令:进入新增指标数据的状态
/// </summary>
protected void btAdd_Click(object sender, EventArgs e)
{
    ViewState[Consts.ActionKey] = Consts.ActionAdd;    //记录编辑类型:新增
    ClearEdits();                                      //清空编辑控件
    tabEdits.Visible = true;                           //显示编辑区
}
/// <summary>
/// GridView 行命令:进入修改、删除指标数据的状态
/// </summary>
protected void gvIdxData_RowCommand(object sender,
    GridViewCommandEventArgs e)
{
    int lineIdx = Convert.ToInt32(e.CommandArgument); //触发命令的行号
    long idxDataID = (long)gvIdxData.DataKeys[lineIdx].Value;
                                                       //对应数据 ID 属性值
    IndexService svr = new IndexService();
    IdxData idxData = svr.FindIdxDataByID(idxDataID);
    if (idxData != null)                               //设置当前记录
    {
        ViewState[Consts.ActionKey] = e.CommandName;   //记录编辑类型:修改/删除
        ViewState[Consts.CurrRecordKey] = idxData.ID;  //记录指标数据 ID 属性值
        SetEdits(idxData);                             //显示修改或删除指标数据内容
        tabEdits.Visible = true;                       //显示编辑区
        if (e.CommandName == Consts.ActionDelete)      //删除操作,显示删除提示信息
        {
            lbPrompt.Text = "确定删除该指标数据?";
        }
    }
}
```

执行编辑操作需要从多处收集数据：编辑区的输入控件、ViewState 和当前用户，具体的代码如下：

```
/// <summary>
/// 执行编辑指标数据命令
/// </summary>
protected void btOK_Click(object sender, EventArgs e)
{
```

```
if (ViewState[Consts.ActionKey] != null)                          //编辑状态
{
  string cmdName = ViewState[Consts.ActionKey].ToString(); //获取编辑类型
  IndexService svr = new IndexService();                          //准备 BLL 对象
  bool succeeded = true;                                          //操作结果标记变量
  int deptIdxID = (int)ViewState[Consts.ParentIDKey];
                                                                  //获取部门指标 ID 属性值
  if (cmdName == Consts.ActionDelete)                             //删除操作
  {
    long idxDataID = (long)ViewState[Consts.CurrRecordKey];
                                                                  //获取指标数据 ID 属性值
    try
    {
      svr.DeleteData(idxDataID, this.CurrUser);                   //执行删除操作
    }
    catch                                                         //失败
    {
      lbPrompt.Text = "删除失败.";                                 //提示信息
      succeeded = false;                                          //标记操作失败
    }
  }
  else if (cmdName == Consts.ActionEdit || cmdName == Consts.ActionAdd)
  {
    DateTime cdate = DateTime.Parse(tbCDate.Text);
    decimal value = decimal.Parse(tbValue.Text);
    if (cmdName == Consts.ActionEdit)
    {
      long idxDataID = (long)ViewState[Consts.CurrRecordKey];
                                                                  //修改指标数据 ID 属性值
      try
      {
        svr.UpdateData(idxDataID, cdate, value, deptIdxID,
          this.CurrUser);
      }
      catch
      {
        lbPrompt.Text = "修改失败,注意同一部门指标,指标日期不允许重复.";
        succeeded = false;
      }
    }
    else
    {
      try
      {
        svr.AddData(cdate, value, deptIdxID, this.CurrUser);
      }
      catch
      {
        lbPrompt.Text = "新增失败,注意同一部门指标,指标日期不允许重复.";
        succeeded = false;
      }
```

```
            }
          }
          if (succeeded)                                              //成功,刷新页面
          {
            Response.Redirect(string.Format("Data.aspx?id = {0}", deptIdxID));
          }
        }
      }
```

4. 存在的问题

上述实现方案中存在两个问题尚未考虑：一个是事务管理，另一个是日期输入方式。

更新指标数据的同时，系统还更新日志和部门指标，这些应该是一个原子操作：要么一起更新成功，要么一起失败，这就是事务管理的作用；否则可能日志记录成功了，但指标数据却没有成功写入，就会出现数据不一致。目前，由于 EF 会在执行 SaveChanges()方法时一次性提交所有更新，且自动启动事务管理，所以尚不用处理这个问题。

日期的输入目前采用校验控件，实际操作起来并不方便，合理的方式应该是在日历控件中选择日期，这个问题在第 12 章解决。

本章内容已经覆盖了实现 KPIs 所有管理模块的技术，包括页面布局的方法、GridView 和 DataSource 控件的使用、TreeView 控件的操作，以及结合 ViewState 和 QueryString 实现 CUD 所需要的页面状态管理。表 11-5～表 11-7 给出了其他管理模块的交互设计，请读者模仿本章自行实现这些管理模块。

表 11-5　部门管理交互设计

用　例	交互设计
浏览部门	部门树选择当前部门。查找框输入关键字，单击“查找”按钮，系统获取所有 Code 或 Name 字段中包含关键字的(当前部门的直接下级)部门，显示在部门列表中。关键字如果为空，则表示查找所有直接下级部门。页面初始化时，默认查找所有直接下级部门
新增部门	单击“添加部门”按钮，显示编辑区，编辑区中各输入控件设置为默认值。输入新增部门的内容，单击“确定”按钮，向数据库添加该部门(作为当前部门的直接下级)。如果成功则刷新页面，否则显示提示信息
修改部门	单击部门列表中某行的“修改”按钮，显示编辑区，编辑区中各输入控件设置为该行部门的内容。输入修改部门的内容，单击“确定”按钮，在数据库中更新该部门。如果成功则刷新页面，否则显示提示信息
删除部门	单击部门列表中某行的“删除”按钮，显示编辑区，编辑区中各输入控件设置为该行部门的内容，并提示用户是否删除。单击“确定”按钮，从数据库删除该部门。如果成功则刷新页面，否则显示提示信息

表 11-6　人员管理交互设计

用　例	交互设计
浏览人员	部门树选择当前部门。查找框输入关键字，单击“查找”按钮，系统获取所有 Name 或 UserName 字段中包含关键字的当前部门人员，显示在人员列表中。关键字如果为空，则表示查找所有当前部门人员。页面初始化时，默认查找所有当前部门人员

续表

用　　例	交 互 设 计
添加人员	单击"添加人员"按钮,显示编辑区,编辑区中的输入控件(IsAdmin、IsLeader、IsCollector 字段的应该用 CheckBox 控件)设置为默认值。输入新增人员内容,单击"确定"按钮,为当前部门添加该人员到数据库。如果成功则刷新页面,否则显示提示信息(增加、修改、删除人员的 DAL 和 BLL 方法在 10.1 节中有详细介绍)
修改人员	单击人员列表中某行的"修改"按钮,显示编辑区,编辑区中的输入控件设置为该行人员的内容。用户输入修改人员的内容,单击"确定"按钮,在数据库中更新该人员信息。如果成功则刷新页面,否则显示提示信息
删除人员	单击人员列表中某行的"删除"按钮,显示编辑区域,编辑区中的输入控件设置为该行人员的内容,并提示用户是否删除。单击"确定"按钮,从数据库删除该人员。如果成功则刷新页面,否则显示提示信息

表 11-7　日志管理交互设计

用　　例	交 互 设 计
浏览日志	在查找框输入日期范围、操作类型(全部、增、删、改),单击"查找"按钮,获取日期范围内、指定操作类型、用户所在部门(包括下级部门)的指标操作日志,显示在日志列表中。页面初始化时,默认查找最近一周的所有日志。日期范围不允许为空
删除日志	使用 Checkbox 控件选择"全部/部分日志",单击"删除"按钮,删除所有选中的日志行

注意:为了更好地展示各模块的实现思路,KPIs 的代码组织并不非常规范,读者可以参考第 3 篇的内容对 KPIs 进行代码重构练习。

习　题　11

一、选择题

1. 下列工作(　　)不属于界面设计的任务。

   A) 美工设计　　B) 布局设计　　C) 交互设计　　D) 实体设计

2. 下列控件中(　　)可以通过绑定 BLL 对象来访问数据库。

   A) SqlDataSouce 控件　　B) XmlDataSource 控件

   C) ObjectDataSource 控件　　D) AccessDataSource 控件

3. 有关 ObjectDataSource 控件说法正确的是(　　)。

   A) 它只有绑定数据访问层方法,才能返回正确数据

   B) 只能通过 ADO. NET 方式访问数据库

   C) 使用 ObjectDataSource 控件,需要在 UI 写 SQL 语句操作数据库

   D) ObjectDataSource 控件一般绑定业务逻辑层方法

4. 对于 Eval 和 Bind 绑定方式说法错误的是(　　)。

   A) Eval 和 Bind 都可以直接进行格式化,如<%# Eval("日期字段","{0: dd/MM/yyyy}") %>或<%# Bind("日期字段", "{0: dd/MM/yyyy}") %>

   B) Eval 是只读方法,Bind 支持读写功能

   C) Eval 可以单独使用,而 Bind 必须和控件配合使用。

D) Eval 可以调用后台方法进行处理,Bind 不可以

5. 数据绑定<%# FormatValueType(Eval("ValueType")) %>中的 FormatValueType()方法是(　　)。

A) ASP.NET 的全局方法　　B) 页面的自定义方法

C) GridView 类提供的方法　　D) Consts 静态类的静态方法

6. GridView 控件绑定的数据源必须是(　　)。

A) TableView 控件　　B) Table 控件

C) Dataset 控件　　D) DataSource 控件

7. GridView 控件 RowCommand 事件里的参数 e 表示(　　)。

A) 触发事件的行对象信息　　B) 页面上的返回按钮

C) GridView 控件模板中的按钮　　D) 关闭按钮

8. GridView 的(　　)字段类型允许开发人员使用自定义控件。

A) ButtonField　　B) CommandField

C) ImageField　　D) TemplateField

9. 绑定 TreeView 控件 tvD 的当前节点改变事件处理方法的代码是(　　)。

A) tvD.SelectedNodeChanged = tvD_NodeChanged();

B) tvD.SelectedNodeChanged += new EventHandler(tvD_NodeChanged);

C) tvD.SelectedNodeChanged += tvD_NodeChanged();

D) tvD.SelectedNodeChanged += new EventHandler(tvD_NodeChanged());

二、填空题

1. 假设为 ObjectDataSource 控件指定 GetIdxBySearchText(string searchText)作为查询方法,现在希望通过某个 TextBox 控件作为 searchText 参数的来源,则需要指定参数源类型为________________。

2. TreeView 控件中的每个节点都是________类型的对象,该对象用于管理所有子节点的属性为________。单击某个节点时,该节点被选中成为 TreeView 控件的当前节点,通过________可以获取当前节点。

3. LINQ 中________用于指定排序字段,有多个排序字段则需要用________来依次指定其余的排序字段。

4. 为数据库创建视图,同时包含员工姓名和所在部门名称的 SQL 语句为:

```
CREATE VIEW StaffView AS
SELECT Staff.ID, Staff.Name, Department.Name AS DeptName
FROM Department ________ Staff ON Staff.Department_ID = Department.________
```

5. 更新指标数据的同时,还需要同时更新日志和部门指标,这些更新应该是一个原子操作:要么________________,要么________________。

三、是非题

(　　)1. ASP.NET 的校验控件虽然使用方便,但单击页面上的任意按钮都会触发所有的校验,所以不适用于需要分组校验的场景。

(　　)2. 由于 Web 应用可以通过超链接跳转到想要查看的数据页面,所以一般情况下无须提供查找数据的功能。

(　　)3. 根据层次关系数据使用 TreeView 控件生成一棵树,需要使用递归算法。

(　　)4. ASP.NET 中,为 HTML 元素加上 runat="server"和 ID 属性的目的是为了能够在后台服务端代码中操纵这个元素。

(　　)5. ASP.NET 中的 FormView 控件主要是为了方便创建 HTML 表单。

(　　)6. SQL 中一共有 4 种连接: JOIN、LEFT JOIN、RIGHT JOIN 和 FULL JOIN。

四、实践题

1. 下面的代码属于 GridView 控件触发的删除或编辑行命令事件处理,请完善代码。

```
protected void gvIndex_RowCommand(object sender, GridViewCommandEventArgs e)
{
  int lineIdx = Convert.ToInt32(e.________);          //触发命令的行号
  int idxID = (int)gvIndex.DataKeys[lineIdx].Value;   //对应数据关键字
  IndexService svr = new IndexService();
  KpiIdx kpiIdx = svr.FindIdxByID(________);          //获取行数据对象
  if (kpiIdx != null)
  {
    ViewState[Consts.ActionKey] = e.________;         //记录编辑类型:修改/删除
    ViewState[Consts.CurrRecordKey] = kpiIdx.ID;      //记录指标 ID 属性值
    SetEdits(kpiIdx);                                 //显示修改/删除内容
    tabEdits.Visible = ________;                      //显示编辑区
    if (e.CommandName == Consts.ActionDelete)
      lbPrompt.________ = "确定删除该指标?";           //显示删除提示信息
  }
}
```

2. 请使用伪代码的方式给出生成部门树的算法。

3. 为"门店销售指标跟踪系统"实现区域门店的树形结构展示,实现门店销售指标浏览和管理,实现门店销售指标数据的输入和浏览。

第12章

高级 Web 界面开发

学习目标

- 了解服务端和客户端动态技术的区别。理解 JavaScript，理解什么是客户端脚本；
- 掌握< script >标记，掌握 JavaScript 的基本语法；
- 深刻理解文档对象模型 DOM，掌握常见的 DOM 属性和方法，掌握常见的 DOM 事件；
- 了解 DOM 中的窗口对象、文档对象和位置对象；
- 掌握 JavaScript 日历控件的使用，掌握 jQuery 日历控件的使用；
- 理解什么是 jQuery，了解 jQuery 的基本概念；
- 掌握 JavaScript 函数的定义方法，理解 JavaScript 对象，掌握创建和操作 JavaScript 数组对象的方法；
- 掌握 jQuery 基本语法和常见对象，理解 jQuery 对象和 DOM 对象的联系和差别，掌握两者之间的转换方法；
- 掌握 jQuery 基本选择器，了解其他的 jQuery 选择器，掌握 ASP. NET 控件客户端 ID 和服务端 ID 的联系和转换；
- 掌握 jQuery 事件和事件处理函数的绑定语法；
- 了解 JSON 数据格式，了解操纵 JSON 数据的方法；
- 理解服务端和客户端图表技术的区别，掌握 ASP. NET 图表控件 MsChart 实现折线图的技术，掌握 jQuery 图表控件 jqPlot 实现折线图的技术。

网页的动态技术可以分为客户端和服务端两种，在服务端动态生成页面的技术是服务端动态技术。有时实现一些 Web 界面特效，使用服务端动态技术会比较麻烦甚至无法实现，而必须使用客户端动态技术。

12.1 数据分析模块

领导登录 KPIs 系统后，直接跳转到数据分析页面。数据分析页面和数据采集列表页面相比，有 3 个不同之处：部门树以用户所在部门为根，包括所有下级部门；无须输入数据的功能；GridView 控件的行命令为打开对应部门指标的分析明细页面。

实现数据分析列表

1. 分析列表页面

为 KPIsWeb 项目添加 Index 文件夹，然后在其中添加分析列表 List. asxp 页面，用于分析列表展示（参见表 8-1）。

1）部门树

在自定义类 Utils 中添加 BuildDepartmentTreeViewForLeader()方法，生成领导的部门树，具体代码为

```
/// <summary>
/// 创建领导的部门树:根节点为领导所在部门
/// </summary>
/// <param name = "treeDept">目标树控件.</param>
/// <param name = "staffID">领导人员 ID 属性值.</param>
/// <param name = "staffDeptID">领导所在部门 ID 属性值.</param>
/// <param name = "defID">默认选择部门 ID 属性值,0 表示根部门,负数表示不选择部门.
</param>
/// <returns>选择部门对应节点.</returns>
public static TreeNode BuildDepartmentTreeViewForLeader(TreeView treeDept,
  int staffID, int staffDeptID, int defID = 0)
{
  treeDept.Nodes.Clear();
  DepartmentService svr = new DepartmentService();
  var deptList = svr.GetAllSub(staffDeptID, true, true);
  return BuildDepartmentTreeView(treeDept, dtDept, staffDeptID, defID);
}
```

上述代码基于已有的 BuildDepartmentTreeView()方法，注意领导所在部门不一定是顶级部门，所以需要通过 staffDeptID 参数指定领导所在的部门。

2）GridView 和 DataSource 控件

参照 Collect/List.aspx 页面设置好 Index/List.aspx 页面中的 GridView 控件，将其中的“指标”字段改为 BoundField 字段，“输入”字段标题改为“分析”，改动部分的页面代码如下：

```
<asp:GridView ID = "gvDeptIdx" …… DataKeyNames = "ID">
  <AlternatingRowStyle BackColor = "White" />
  <Columns>
    ……
    <asp:BoundField DataField = "Name" HeaderText = "指标">
    <ItemStyle Width = "15%" />
    </asp:BoundField>
    ……
    <asp:ButtonField CommandName = "Modify" Text = "分析">
    <ItemStyle Width = "5%" />
    </asp:ButtonField>
  </Columns>
  …
</asp:GridView>
```

上述 gvDeptIdx 控件使用的 DataSource 控件页面源代码为：

```
<asp:ObjectDataSource ID = "odsDeptIdx" runat = "server"
TypeName = "KPIs.BLL.IndexService"
  SelectMethod = "SearchDeptIdxByDepartment" >
  <SelectParameters>
```

```
    <asp:Parameter DefaultValue = "0" Name = "deptID" Type = "Int32" />
    <asp:ControlParameter ControlID = "tbSearhName" DefaultValue = ""
    Name = "searchText" PropertyName = "Text" Type = "String" />
  </SelectParameters>
</asp:ObjectDataSource>
```

3）后台代码

分析列表页面的后台代码比较简单，具体代码如下：

```
protected void Page_Load(object sender, EventArgs e)
{
  Utils.IsLeader(this.CurrUser, this);                    //权限检查
  if (!Page.IsPostBack)
  {
    TreeNode selectedNode = Utils.BuildDepartmentTreeViewForLeader
          (Master.TvDept, this.CurrUser.ID, this.CurrUser.Department_ID);
    Master.SetContentTile("数据分析");
    SetOdsParameters(selectedNode.Value);
  }
  Master.TvDept.SelectedNodeChanged += new EventHandler
        (tvDept_SelectedNodeChanged);
}
/// <summary>
/// 当前部门改变事件处理
/// </summary>
protected void tvDept_SelectedNodeChanged(object sender, EventArgs e)
{
  SetOdsParameters(Master.TvDept.SelectedValue);
                                        //设置 ObjectDataSource 控件的 deptID 参数值
}
/// <summary>
/// 设置 ObjectDataSource 控件的 deptID 参数值
/// </summary>
private void SetOdsParameters(string deptID)
{
  odsDeptIdx.SelectParameters["deptID"].DefaultValue = deptID;
}
/// <summary>
/// GridView 控件行命令事件处理:浏览数据明细
/// </summary>
protected void gvDeptIdx_RowCommand(object sender,
  GridViewCommandEventArgs e)
{
  int lineIdx = Convert.ToInt32(e.CommandArgument); //触发命令的行号
  int deptIdxID = (int)gvDeptIdx.DataKeys[lineIdx].Values["ID"];
                                                     //对应数据关键字
  //跳转到明细页面,传递 id=<部门指标 ID>
  Response.Redirect(string.Format("Data.aspx?id={0}", deptIdxID));
}
```

分析列表页面的其他内容，请读者自行补充完整。

2. 分析明细页面

实现数据分析详情

在Index文件夹中添加Data.aspx分析明细页面,单击列表页面中的“分析”按钮,打开一个新的浏览窗口,在其中显示这个明细页面。

1) 页面代码

Index/Data.aspx页面不使用母版页,具体的页面代码如下:

```
<head runat="server">
  <title>KPI分析明细页面</title>
  <link href="../Styles/Site.css" rel="stylesheet" type="text/css" />
</head>
<body>
  <form id="form1" runat="server">
  <div>
    <div class="content_title">分析明细页面</div>
    <table border="0" width="738">
      <tr><td><%-- 显示部门指标详细信息的FormView和DataSource--%></td></tr>
      <tr><td width="100%"><%-- 日期查找 --%></td></tr>
      <tr><td><%-- 显示指标数据的GridView和DataSource--%></td></tr>
      <tr><td><%-- 分析图表 --%></td></tr>
    </table>
  </div>
  </form>
</body>
```

由于没有使用母版页,所以需要自行在头部引入Site.css样式表。至于表格内的各项内容等,除了分析图表外,和Collect/Data.aspx页面完全相同,因此请读者自行完成。

2) 后台代码

在Collect/Data.aspx页面基础上删减得到Index/Data.aspx页面后台代码,具体如下:

```
protected void Page_Load(object sender, EventArgs e)
{
  Utils.IsLeader(this.CurrUser, this);
  if (!Page.IsPostBack)
  {
    tbFromDate.Text = DateTime.Today.AddMonths(-1).ToShortDateString();
    tbToDate.Text = DateTime.Today.ToShortDateString();
  }
}
```

3. 打开分析明细页面

1) 客户端脚本代码

使用浏览器执行JS脚本

可以在页面代码中嵌入用JavaScript语言编写的脚本,JavaScript代码由浏览器解释并执行,从而在客户端执行特定任务。在Index/List.aspx页面代码的<asp:Content>控件之内,<table>标记前添加如下代码:

```
<script type="text/javascript">
```

```
    function openData(id) {
      window.open("Data.aspx?id = " + id, "分析明细", "height = 800,width = 750,
      toolbar = no, menubar = no, location = no");
    }
</script>
```

上述代码定义了 JavaScript 的 openData()函数,其作用是打开新浏览器窗口,并在浏览器窗口中向服务器发出 URL 为 Data. aspx? id=×××的请求(×××为参数 id 的值)。

2) 超链接字段

删除 Index/List. aspx 页面中 gvDeptIdx 控件的“分析”按钮字段,然后添加超链接字段(HyperLinkField),设置新字段 Text 属性值为“分析”,DataNavigateUrlFields 属性值为 ID,DataNavigateUrlFormatString 属性值为“javascript: openData({0});”,将其转换为 TemplateField,在最终返回给浏览器的页面代码中,该超链接字段会成为如下 HTML 元素:

```
<a id = "cphMain_gvDeptIdx_HyperLink1_1" href = "javascript:openData(9);">分析</a>
```

其 href 属性值并不是一个标准 URL,而是一段 JavaScript 代码,表示调用 openData()函数,传递参数值为 9(gvDeptIdx 控件对应行的数据对象 ID 属性值)。当用户单击这个超链接时,浏览器就会执行“javascript: ”后的代码,而不是发出 URL 请求。

不借助 JavaScript 也可以在新浏览窗口中打开指定 URL 的页面,HTML 的<a>标记允许指定 target 属性来规定在何处打开 URL 文档,如<a target="_blank" href="Data.aspx">,但不能像 JavaScript 那样对新浏览窗口的外观进行控制。

12.2 JavaScript 基础

JavaScript(简称 JS)是一种脚本语言,是一种解释性语言,由浏览器负责解释并执行,通常被嵌入 HTML 页面,向 HTML 页面添加交互行为。JS 与 Java 有关系,不过只保留了基本关键字的相似,很多网页客户端功能、比较“酷”的 UI 效果就是通过 JS 来实现的。

随着 AJAX 技术的广泛应用,JS 变得越来越重要。例如,受到热烈追捧的 HTML5 标准都是通过 JS 来编写的。可以说,学习 Web 程序开发就必须学习 JS 语言。

1. JS 语法

1) 弱类型

JS 变量是一种弱类型变量,也就是同一个变量可以保存各种类型的值,所以定义函数的时候无法指定参数的类型,直接写出参数名即可,如前面的 openData()函数。定义变量时也无法指定变量类型,统一用 var 关键字来表示变量定义。例如:

```
var i = 3;
var j = 4;
j += i;
i = "Change to string.";
```

注意:弱类型并不是无类型。在上述例子中,i 和 j 一开始是数值型变量,因为赋值了整数,所以执行 j+=i;后,j 的值为 7; 最后给 i 重新赋值字符串,i 就成为字符串变量。

2）<script>标记

为了将 JS 代码和 HTML 代码区分开来，需要将 JS 代码包括在<script>标记中。实际上<script>标记用于定义客户端脚本，而不仅仅是 JavaScript，所以应该使用 type 属性规定脚本的类型，例如：

```
<script type = "text/javascript">
  …
</script>
```

2. 文档对象模型[①]

JS 是面向对象编程语言，为了能够操作 HTML 文档，JS 将所有 HTML 元素都作为对象来看待。一个 HTML 文档中的所有对象以及对象之间的层次关系就构成了所谓的文档对象模型(Document Object Mode，DOM)。这里所说的 DOM，准确地说是 HTMLDOM，是一套关于如何获取、修改、添加或删除 HTML 元素的标准。

1）DOM 节点树

根据 DOM 标准，HTML 文档中的所有内容都是节点：

- 整个文档是一个文档节点；
- 每个 HTML 元素是元素节点；
- HTML 元素内的文本是文本节点；
- 每个 HTML 属性是属性节点；
- 注释是注释节点。

DOM 将 HTML 文档视作树结构，这种结构被称为节点树。假设 HTML 文档代码为

```
<html>
<head>
  <title>KPIs 系统</title>
</head>
<body>
  <a href = "Admin/DeptManage.aspx">部门管理</a>
  <h1>部门</h1>
</body>
</html>
```

则对应的节点树如图 12-1 所示。

2）DOM 属性和方法

JS 可以对 DOM 进行访问，所有 DOM 节点被定义为 JS 中的对象，称为 DOM 对象，编程接口就是对象方法和对象属性。对象方法是 JS 能够执行的动作，如添加或修改元素；对象属性是 JS 能够获取或设置的值，如节点的名称或内容。

下面是一些常用的 DOM 对象方法。

(1) getElementById(id)：document 对象的方法，获取带有指定 ID 的 DOM 对象。

(2) appendChild(node)：插入新的子节点。

---

① 本节基于 W3School 的教程编写，参考 http://www.w3school.com.cn/htmldom/dom_intro.asp。读者还可以使用 http://www.w3school.com.cn/tiy/t.asp 在线测试一些小的 JS 脚本，方便学习。

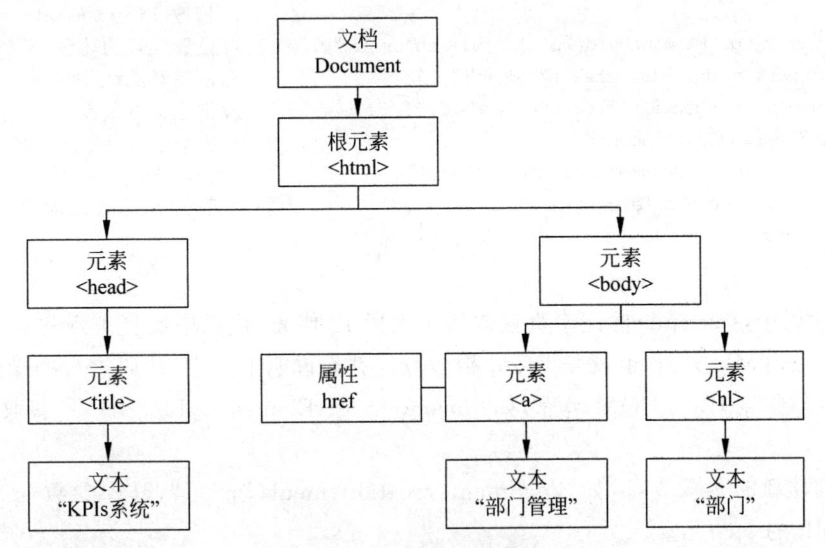

图 12-1　一个 DOM 树的例子

（3）removeChild(node)：删除子节点。

下面是一些常用的 DOM 对象属性。

（1）innerHTML：元素节点的文本值。

（2）parentNode：节点的父节点。

（3）childNodes：节点的子节点集合。

（4）attributes：节点的属性节点集合。

特别注意，DOM 元素节点拥有的是下级文本节点，不是文本属性，而 innerHTML 属性获取的是元素节点所有下级节点对应的完整 HTML 文本。例如，对于下列 HTML 代码：

```
<head id="header">
  <title>this is a title</title>
</head>
<body>
  <p id="intro">Hello World!</p>
</body>
```

通过“document.getElementById("header").innerHTML；”获取的文本值为“<title>this is a title</title>”，而“document.getElementById("intro").innerHTML；”获取的文本值为“Hello World!”。

3）操作 DOM 元素

下面通过 JS 脚本修改<p>元素的文本内容并将其设置成蓝色字体，然后创建一个新的<p>元素并添加到<div>元素中。包含具体 JS 脚本的 HTML 代码如下：

```
<body>
  <div id="div1">
    <p id="p1">Hello World!</p>
  </div>
  <script type="text/javascript">
    document.getElementById("p1").innerHTML = "New text!";
```

```
                                                            //修改 id = p1 的<div>节点的文本
        document.getElementById("p1").style.color = "blue";  //设置样式为蓝色
        var para = document.createElement("p");              //创建新的<p>节点
        var node = document.createTextNode("This is new.");   //创建文本节点
        para.appendChild(node);                               //为<p>节点添加下级文本节点
        var element = document.getElementById("div1");        //获取 id = div1 的节点
        element.appendChild(para);                        //将创建的<p>节点添加到<div>节点下
    </script>
</body>
```

上述代码中,<script>标记中直接放置了大段 JS 代码,代码中反复出现的 document 对象就是整个 HTML 文档,也就是 DOM 根节点。补充说明上述 JS 代码进行的操作。

(1) 获取指定 ID 的 DOM 节点,如"document.getElementById("p1");"获取 id=p1 的<p>节点。

(2) 创建新的元素节点,如"document.createElement("p");",其中参数"p"表示创建的是 HTML 的<p>元素。

(3) 创建新的文本节点,如"document.createTextNode("This is new.");",其中参数"This is new."就是文本节点的内容。

(4) 设置元素节点的内容,如"document.getElementById("p1").innerHTML="New text!";",设置<p id="p1">元素内嵌套的内容。

(5) 设置元素节点的属性,如"document.getElementById("p1").style.color="blue";",设置<p id="p1">元素 style 属性的 color 属性值为 blue。

(6) 为元素节点添加子节点,如"para.appendChild(node);",为新增<p>节点(记录在 JS 变量 para 中)添加新增的文本节点(node)。

4) DOM 事件

DOM 允许 JS 对 HTML 事件作出反应,注意 HTML 事件都是发生在浏览器中的,常见的 HTML 事件如下。

(1) 用户单击时,onclick 事件。

(2) 网页已加载时,onload 事件。

(3) 鼠标移到元素上时,onmouseover 事件;鼠标从元素上移出时,onmouseout 事件。

(4) 输入控件中文本被改变时,onchange 事件。

(5) HTML 表单被提交时,onsubmit 事件。

(6) 输入控件获得焦点(被选中进入输入状态)时,onfocus 事件。

如果希望浏览器在某个事件发生时执行指定 JS 代码,那就需要为元素绑定事件处理的 JS 代码。例如编写如下 HTML 页面代码:

```
<head>
  <script type="text/javascript">
    function changetext(id) {
      id.innerHTML = "hello!";
    }
  </script>
</head>
<body>
```

```
  <h1 onclick="changetext(this)">请单击这段文本!</h1>
</body>
```

上述代码通过 onclick 属性为<h1>元素绑定了事件处理的 JS 代码，浏览器打开该页面后，页面中是一段文字"请单击这段文本！"，当用户单击这段文字时，就会触发 onclick 事件，浏览器就会执行"changetext(this)"这段 JS 脚本，也就是调用 changetext()这个 JS 函数，并且传递触发事件的元素节点(this)作为参数。

在 changetext()函数中，将参数 id 指定的元素节点的 innerHTML 属性设置为"hello!"。所以就会看到原文字在单击后变成了"hello!"。这个动态效果完全由浏览器负责完成，是客户端动态效果。

可以看到，在 HTML 元素的事件属性(如上述 onclick 属性)中，可以直接使用 JS 代码，而无须<script>标记。

3. "顶级"模型对象

1) 窗口对象

窗口对象 window 超越了文档的范围，它属于 BOM(浏览器对象模型)部分，是装载 HTML 文档的浏览器窗口。引用 window 对象的属性、方法、事件时，不需对象名前缀，如访问 window 对象的 name 属性。下面两句 JS 脚本(x 为<p>节点对象)都可以：

```
x.innerHTML= name;
x.innerHTML= window.name;
```

JS 脚本很多没有对象名前缀的方法，如 alert()函数，实际上就是 window 对象的方法。window 对象一个重要方法是 open()函数，相应的语法为

```
open(<URL 字符串>, <窗口名称字符串>, <参数字符串>);
```

(1) <URL 字符串>：描述所打开的窗口需要请求的 URL。如果为空串，则表示新窗口中不打开任何网页。

(2) <窗口名称字符串>：描述被打开的窗口名称(window.name)，为窗口指定的 name 可以用于超链接的 target 属性。

(3) <参数字符串>：用于指定打开窗口的外观。如果为空串，则打开一个普通窗口；否则需要在字符串里写上一个或多个参数，参数之间用逗号隔开。具体的参数如下。

① top＝#：窗口顶部离开屏幕顶部的像素值。

② left＝#：窗口左端离开屏幕左端的像素值。

③ width＝#：窗口的宽度(像素值)。

④ height＝#：窗口的高度(像素值)。

⑤ menubar＝…：窗口有没有菜单，取值 yes 或 no。

⑥ toolbar＝…：窗口有没有工具条，取值 yes 或 no。

⑦ location＝…：窗口有没有地址栏，取值 yes 或 no。

⑧ directories＝…：窗口有没有连接区，取值 yes 或 no。

⑨ scrollbars＝…：窗口有没有滚动条，取值 yes 或 no。

⑩ status＝…：窗口有没有状态栏，取值 yes 或 no。

⑪ resizable＝…：窗口能不能调整大小，取值 yes 或 no。

注意 open()方法有返回值,返回它打开的窗口对象,如"var newWindow = open('', '_blank');"语句把新窗口对象赋值给变量 newWindow,以后可以通过这个变量控制窗口。

关闭窗口的方法为 close(),如"newWindow.close();"可以把前面打开的窗口关闭掉。如果直接执行 close()方法,则表示把当前窗口关闭掉。

2) 文档对象

每个载入浏览器的 HTML 文档都会成为文档(document)对象。通过文档对象可以从脚本中对 HTML 页面中的所有元素进行访问。文档对象是 window 对象的子对象,可通过 window.document 或直接用 document 的方式访问。

文档对象最常用的就是获取特定 ID 元素节点的 getElementById()方法,还有 createElement()、createTextNode()等创建元素节点的方法。

除了根据 ID 获取元素节点,document 对象还支持多种多样的元素节点获取方法,例如,获取指定标记所有元素节点的 getElementsByTagName()方法,返回一个元素节点数组。下面的 JS 代码,首先获取所有<p>元素节点数组,然后循环遍历这个数组,使用 document.write()方法向 HTML 文档写入内容:

```
<p>Hello World!</p>
<p>DOM 很有用!</p>
<script type="text/javascript">
  x = document.getElementsByTagName("p");
  for (var i = 0; i < x.length; i++) {
    document.write("第" + i + "段的 innerHTML 是: " + x[i].innerHTML);
    document.write("<br>");
  }
</script>
```

上述代码中使用了 for 循环来实现遍历,注意变量 i 的定义用 var 关键字,数组 x 的长度为 x.length。JS 中数组也是对象,length 属性就表示该数组中元素的个数。

document 对象还提供了元素节点集合属性,常用的如下。

(1) all[]: 提供对文档中所有 HTML 元素节点。

(2) forms[]: 返回对文档中所有 Form 元素节点。

(3) images[]: 返回对文档中所有 Image 元素节点。

(4) links[]: 返回对文档中所有 Area 和 Link 元素节点。

还有一些重要的对象,如 cookie、URL 等,也可以通过 document 对象属性来实现(注意这是在浏览器中通过 JS 来访的客户端对象,不要和服务端的相应对象混淆起来),常用的如下。

(1) body: 提供对<body>元素的直接访问。

(2) cookie: 设置或返回与当前文档相关的所有 Cookie。

(3) URL: 返回当前文档的 URL。

(4) referrer: 返回载入当前文档的 URL。

(5) title: 返回当前文档的标题。

3) 位置对象

位置对象存储在 window 对象的 location 属性中,表示浏览器中当前显示文档的 Web

地址。位置对象的 href 属性存放的是文档的完整 URL,其他属性分别给出了 URL 的各组成部分。如果直接读取 location 对象,实际上返回的就是 location. href 属性。

通过 location 对象还能控制浏览器显示的文档。例如,把一个含有 URL 的字符串赋予 location 对象或它的 href 属性,浏览器就会试图载入新的 URL 文档。

除了用完整的 URL 替换当前 URL 外,还可以修改 URL 某个部分,只需要给 location 对象的其他属性赋值即可。这样做会创建新的 URL,浏览器会将它装载并显示出来。

除了 URL 属性外,location 对象的 reload()方法可以重新装载当前文档,replace()可以装载一个新文档而不会增加一个新的历史记录(即在浏览器的历史列表中,新文档将替换当前文档)。

12.3　实现日期输入

1. JS 日历控件

ASP. NET 提供了日历控件,但其消耗的资源比较多,用起来也不是很方便,通常开发人员会选用 JS 日历控件。通过网络很容易就能找到免费开源的 JS 控件,包括 JS 日历控件。

使用 JS 日历控件实现日期输入

1) 日历控件应用效果

JS 日历控件是纯客户端的,其输入不会直接提交给服务器,而是通过将输入的日期值保存到某个输入控件中,最后通过表单提交给服务器。为了节省页面空间,通常采用单击文本框弹出日历控件的方式来实现日期输入,图 12-2 为一款 JS 日历控件的应用效果。

图 12-2　JS 日历控件应用效果

2) 引用 JS 库文件

像 JS 日历控件这样需要大量 JS 代码的情况,通常将所有 JS 代码组织在一个独立文件中,用. js 作为该文件的扩展名,这就是 JS 库。例如,图 12-2 所示的 JS 日历控件就是以 Calender. js 库文件[1]的方式提供的。在 KPIsWeb 项目中添加 Scripts 文件夹,将 Calendar. js 库文件复制到该文件夹中。

页面使用某个 JS 库时,可通过< script >标记的 src 属性来指定 JS 库文件。例如,KPIs 的 Collect/List. aspx、Collect/Data. aspx 和 Index/Data. aspx 三个页面需要使用 JS 日历控

---

① 教材源码资料中提供的这个 JS 日期控件仅在 IE 浏览器的兼容模式下能正常工作。

件,所以需要在这三个页面的页面代码中加入如下代码:

```
<script type="text/javascript" src="../Scripts/Calendar.js">
</script>
```

上述代码是通过相对路径的方式来指定引用的 Calendar.js 库文件。考虑将引用代码放到 Site.master 母版页中,这样所有使用母版页的页面都可以使用这个 JS 库,此时必须使用网站绝对路径,因为使用母版页的页面可能在不同文件夹中。但<script>标记不是 ASP.NET 控件,无法直接使用"~/…"这样的网站绝对路径,只能使用 ASP.NET 嵌入标记方式,即以下代码中的<%=<表达式>%>标记,具体代码为:

```
<script type="text/javascript"
src="<% = ResolveUrl("~/Scripts/Calendar.js") %>">
</script>
```

Index/Data.aspx 页面没有使用母版页,所以仍然需要单独引用该 JS 库文件,通常将 JS 库文件的引用代码安排在<head>元素中,具体页面代码如下:

```
<head runat="server">
  <title>KPI 分析明细页面</title>
  <link href="../Styles/Site.css" rel="stylesheet" type="text/css" />
  <script type="text/javascript"
  src="../Scripts/Calendar.js"></script>
</head>
```

3) 使用 JS 日历控件

不同 JS 控件使用方法都不一样,对于本例中的 JS 控件,需要在相应的文本框中添加 onfocus 事件处理,在事件处理中调用 calendar()这个 JS 函数即可,具体页面代码为:

```
<td width="100%">
  指定日期:<asp:TextBox ID="tbFromDate" runat="server" onfocus="calendar()" /> -
  <asp:TextBox ID="tbToDate" runat="server" onfocus="calendar()" />
  <asp:Button ID="btSeek" runat="server" Text="查找"
  CausesValidation="False" />
</td>
```

上述代码中的 tbFromDate 和 tbToDate 文本框都指定了 onfocus 事件的处理,用户单击这些文本框时,文本框获得输入焦点,于是浏览器就会执行 calendar()这个 JS 函数。

实际上,Calendar.js 库文件中的 JS 脚本向 DOM 中添加了一个<div>元素,用于显示日历控件,但该元素一开始是隐藏的。在 calendar()函数中,首先判断触发 onfocus 事件的 HTML 元素,然后根据 HTML 元素确定日历控件的显示位置,并显示这个<div>元素。用户选择日期后,JS 脚本会将该日期写入到触发 onfocus 事件的 HTML 元素中,完成日期输入。

对于服务器来说,日期是通过 tbFormDate 和 tbToDate 文本框控件提交的,所以服务端代码无须任何修改。而且,由于日历控件能够保证用户输入正确格式的日期,所以也不再需要日期格式校验控件。

2. jQuery 日历控件

使用 JS 虽然可以做出更优秀、更漂亮的用户界面,提高网站用户体验,但使用 JS 操作

DOM 对象仍然显得比较烦琐，且存在浏览器兼容性问题。jQuery 的出现大大改变了此现象，它极大地简化了 JS 编程，而且兼容各种不同的浏览器。

使用 jQuery 日历控件实现日期输入

1）jQuery 基本概念

jQuery 本身就是一个 JS 库，它提供了相当简洁的方法来完成以下任务。

- HTML 元素选取；
- HTML 元素操作；
- CSS 操作；
- HTML 事件函数；
- JS 特效和动画；
- DOM 遍历和修改；
- AJAX。

由于 jQuery 功能强大、简单易用，而且性能和浏览器兼容性都非常优秀，所以得到了广泛应用，许多基于 jQuery 开发的 JS 库不断被推出，这就是所谓的 jQuery 插件。

网上有很多独立的 jQuery 插件，也有很多 jQuery 插件集合，如 jQuery UI、easyUI、LigerUI、DWZ、QuickUI 等。不同插件集合有各自的特点和用法，通常开发人员会选择一套适合自己的 jQuery 插件集合。

2）使用 jQuery 和 easyUI 库

要使用 easyUI 的 jQuery 插件集合，首先要为页面引入 jQuery 和 easyUI 库文件，可以从网上下载或使用本教程所提供的文件，解压后复制到相应的文件夹，具体操作如下。

（1）复制整个 themes 文件夹到 KPIsWeb 的 Scripts 文件夹中，这是 easyUI 使用的风格主题包。easyUI 提供了几个不同的主题，如果只打算使用其中的某个主题，则可以删除其他的主题文件夹，如 black、bootstrap 等，但不要删除 icon 文件夹和 icon. css 文件。

（2）删除 VS 自动添加到 Scripts 中的几个 jQuery 库文件，因为这些 jQuery 库文件很可能和 easyUI 不兼容。

（3）复制解压根文件夹中的 jquery. min. js 和 jquery. easyui. min. js 两个文件到 Scripts 文件夹。前者就是 jQuery 库，后者就是 easyUI 库。文件名中带着 min，说明这是压缩后的 JS 库，可以减小库文件的体积，减少网络带宽的消耗，不过不便于查看和调试。

（4）复制解压文件夹 locale 中的 easyui－lang－zh_CN. js 文件到 Scripts 文件夹中。这是本地化文件，zh_CN 表示是中国大陆地区，使用该文件不但能够让 easyUI 控件显示成中文界面，而且会按照中文习惯设置一些格式，如日期格式。

做好上述准备工作后，就可以在页面中引用这些文件了。在 Site. master 母版页中，用如下的页面代码替换前面对 Calender. js 库文件的引用，具体页面代码为：

```
<link rel = "stylesheet" type = "text/css"
href = "Styles/themes/default/easyui.css" />
<link rel = "stylesheet" type = "text/css"
href = "Styles/themes/icon.css" /><script type = "text/javascript"
  src = "<% = ResolveUrl("~/Scripts/jquery.min.js") %>"></script>
<script type = "text/javascript"
```

```
    src = "<% = ResolveUrl("~/Scripts/jquery.easyui.min.js") %>">
    </script>
  <script type = "text/javascript"
    src = "<% = ResolveUrl("~/Scripts/easyui - lang - zh_CN.js") %>">
  </script>
```

上述代码使用了两个 easyUI 的 CSS 文件，第 1 个为主题风格样式表，第 2 个为图标定义样式表，easyUI 充分利用了 HTML 元素的 CSS 样式，所以这两个 CSS 文件是必须引用的。注意 JS 库文件的引用顺序，因为这 3 个库文件之间存在着依赖关系，而浏览器是按照引入顺序依次处理的，所以不能改变上述代码中的引用顺序。

同样为 Index/Data.aspx 页面修改上述引用代码，由于使用了网站绝对路径的方式，所以上述代码可以直接用于该页面。

3）使用 easyUI 日期控件

引入上述文件后可以直接使用 easyUI 的日期控件。删除原日期输入框中的 onfocus 事件定义，替换成特殊的 CSS 样式名，具体页面代码为：

```
  <td width = "100 % ">
    指定日期:<asp:TextBox ID = "tbFromDate" runat = "server"
    class = "easyui - datebox" /> -
    <asp:TextBox ID = "tbToDate" runat = "server" class = "easyui - datebox" />
    <asp:Button ID = "btSeek" runat = "server" Text = "查找"
    CausesValidation = "False" />
  </td>
```

只要文本框的 class 属性值包含 easyui-datebox 样本类，这个文本框就会被 easyUI 改造成日期输入框，呈现出如图 12-3 所示的效果。

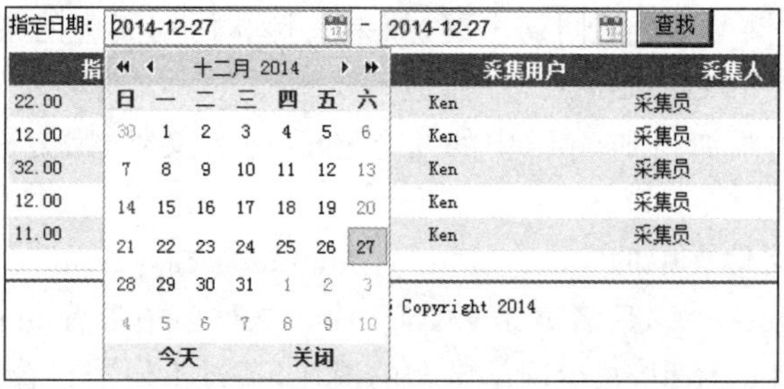

图 12-3　easyUI 日期控件的显示效果

同样，easyUI 日期控件纯粹是客户端的改变，发送回服务器的途径仍然是通过 Form 的文本框（对应 ASP.NET 的文本控件），所以服务端无须任何改变。

12.4　jQuery 基础

由于存在着大量 jQuery 插件集合，Web 开发人员可以轻松开发出高级 Web 界面。但要用好 jQuery 插件，需要掌握 jQuery 的一些基本概念以及 JS 的一些重要概念。

1. JS 函数和对象

函数是 JS 的核心，jQuery 控件经常需要传递 JS 函数来实现控制或获取处理结果。所以，必须对 JS 函数和 JS 对象有深刻的理解。

1）函数概述

定义 JS 函数的基本语法如下：

```
function functionName(arg0, arg1, … ,argN) {
  //statements
}
```

JS 函数无须定义参数类型，甚至可以不定义参数，直接通过 arguments 数组来获取参数值。例如下面的 sayHi()函数定义：

```
function sayHi() {
  if (arguments.length > 0) {                    //如果参数数量> 0
    if (arguments[0] == "bye") {                 //如果第 1 个参数为"bye"
      return;
    }
    alert(arguments[0]);                         //弹出对话框中显示第 1 个参数的值
  }
}
```

2）对象概述

JS 函数实际上是功能完整的对象，开发者定义的任何函数都是 Function 的对象，因此可以通过创建 Function 对象的方法来定义函数，语法格式如下：

```
var function_name = new Function(arg1, arg2, …, argN, function_body);
```

其中，每个 argX 都是函数的参数，而最后一个参数是函数主体代码，这些参数必须是字符串。例如：

```
var sayHi = new Function("sName", "sMessage",
"alert(\"Hello \" + sName + sMessage);");
```

定义了一个名为 sayHi 的函数对象，它和以下定义完全等价：

```
function sayHi(sName, sMessage) {
  alert("Hello" + sName + sMessage);
}
```

通常不会用 new Function()这种方式去定义函数或对象，因为这样书写很不方便。但一定要理解在 JS 中函数和对象是等价的。

3）操作函数对象

除了通过调用函数的方式使用函数外，还可以把函数名作为变量进行赋值。例如：

```
function doAdd(iNum) {
  alert(iNum + 10);
}
var alsodoAdd = doAdd;
doAdd(10);                                       //输出 "20"
```

```
alsodoAdd(10);                          //输出 "20"
```

上述代码定义了 doAdd()函数,然后 alsodoAdd 变量被声明为指向 doAdd()函数,这样用 doAdd 或 alsodoAdd 这两个变量都可以执行该函数的代码。

因为函数名是指向函数的变量,所以还可以把函数作为参数传递给另一个函数。例如:

```
function callAnotherFunc(fnFunction, vArgument) {
  fnFunction(vArgument);
}
callAnotherFunc(doAdd, 10);             //输出 "20"
```

上述代码中,callAnotherFunc()函数有两个参数,fnFunction 是要调用的函数,vArgument 是传递给 fnFunction 函数的参数。最后把 doAdd()函数和数值参数 10 传递给 callAnotherFunc()函数,从而执行 doAdd(10),输出 20。

4) 数组对象

JS 中各种数据类型实际上都是对象,如数值、布尔、字符串、日期、数组、函数和正则表达式,下面简要介绍数组对象。

(1) 创建数组。

JS 数组都是 Array 类型的对象,因此需要通过 new 命令来创建数组对象。下面的代码定义了一个名为 mycars 的数组对象:

```
var mycars = new Array();
```

这样定义的数组是长度可变的,可以直接为某个下标的数组元素赋值。例如:

```
mycars[1] = 1;
mycars[2] = true;
mycars[3] = "BMW";
```

上述代码执行后,mycars 数组的长度为 4,数组中的元素类型分别为 undefined、数值型、布尔型和字符串型,值分别为 undefined、1、true 和"BMW"。可见 JS 数组不但长度会自动增长,而且元素类型还可以各不相同。

undefined 类型是 JS 特有的类型,只有 1 个值的 undefined,就好像 boolean 只有两个值——true 和 false 一样。默认地,当使用 var 定义一个变量但没有给变量初始化值时,该变量的类型就是 undefined。

也可以使用一个整数值来控制数组容量,但只是指定了初始的数组长度。例如:

```
var mycars = new Array(3);
```

还可以直接在创建数组对象时初始化数组元素。例如:

```
var mycars = new Array(1, true, "BMW");
```

甚至使用方括号标记的方法也可以直接写出一个数组对象:

```
var b = ["George", "Andrew", "Thomas"];
```

(2) 遍历数组。

要循环输出数组中的元素,可以根据数组的长度用 for 循环。例如:

```
var mycars = new Array(1, true, "BMW");
for (i = 0; i < mycars.length; i++) {
  document.write(mycars[i] + "<br />")
}
```

其中,通过数组对象的 length 属性可以获得当前数组的长度。也可以用 for(…in…)的语法,注意和 C#中的 foreach(…)的区别。

```
for (x in mycars) {
  document.write(mycars[x] + "<br />")
}
```

(3) 操作数组。

Array 数组对象提供了一些常见的操作方法。concat()方法可以将两个数组合并成另一个数组,例如下面的代码输出“George,John,Thomas,James,Adrew,Martin”:

```
var arr = new Array("George", "John", "Thomas");
var arr2 = new Array("James", "Adrew", "Martin");
arr = arr.concat(arr2);
document.write(arr);
```

join()方法可以将数组中的元素连接成为一个字符串。例如:

```
document.write(arr.join());
document.write(arr.join("."));
```

上述代码第 1 条语句输出用默认连接符“,”分隔的字符串“George,John,Thomas”,第 2 条输出用指定连接符“.”分隔的字符串“George.John.Thomas”。

字符串的 split()方法和 join()方法作用刚好相反,例如下面的代码将字符串根据指定连接符“.”分割成数组:

```
var arrstr = "George.John.Thomas";
var arr = arrstr.split(".");
```

要对数组中的元素进行排序,可以使用数组对象的 sort()方法。例如:

```
arr.sort();
```

和 concat()方法不同,sort()方法不但会返回排序后的数组,而且被排序数组本身也会被修改成有序的状态。如果是数值数组,则 sort()方法按照数值大小进行排序,否则就统一转换成字符串后,按照字典序进行排序。

2. jQuery 选择器

jQuery 一个重要功能是便捷地获取 DOM 对象,这就是 jQuery 选择器的功能。掌握 jQuery 选择器是理解和编写 jQuery 代码的关键,而掌握 jQuery 选择器的关键是如何准确地指定需要选择的 DOM 对象。

jQuery 选择器通过标记名、属性名或其他内容来选择 DOM 对象。如果满足条件的 DOM 对象有多个,那么选择器就会选中一组 DOM 对象。通过选择器可以完成对 DOM 对象组的操作。实际上,即使选择器选中的是单个 DOM 对象,jQuery 也会统一按对象组方式来处理。

1) jQuery 语法和对象

jQuery 的基础语法如下：

```
$(selector).action();
```

- $表示这是 jQuery 语句。
- selector,即选择器,指定 DOM 对象的选择条件。
- action()表示对对象组的操作方法。

例如：

```
$("p").hide();          //隐藏所有段落(<p>)
$(".test").hide();      //隐藏所有 class="test"的 DOM 对象
$("#test").hide();      //隐藏所有 id="test"的 DOM 对象(一般来说,id 属性值应该是唯一的)
```

需要注意的是,jQuery 选择器获取的并不是 DOM 对象本身,而是 jQuery 对 DOM 对象的封装,称为 jQuery 对象。jQuery 为 jQuery 对象定义了很多特有的方法,如上述例子中的 hide()方法,其作用是隐藏对应的 DOM 元素。

jQuery 对象和 DOM 对象虽然存在对应关系,但它们是不同的对象,所以不能通过 jQuery 对象访问对应 DOM 对象的属性和方法,也不能通过 DOM 对象使用 jQuery 对象的属性和方法。不过 jQuery 提供了 jQuery 对象和 DOM 对象互相转换的方法。

(1) 将 jQuery 对象转换成 DOM 对象

jQuery 选择器获取的一定是 jQuery 对象组,如 $("p")获取所有段落<p>对象,那么通过以下方法可以获取对应的 DOM 对象：

```
$("p")[0];              //使用索引器获取第 0 个 DOM 对象
$("p").get(1);          //使用 get 方法获取第 1 个 DOM 对象
```

例如,如果在页面写入下面的 JS 脚本：

```
<script type="text/javascript">
  $(document).ready(function () {
    var firstP = $("p")[0];        //使用索引器获取第 0 个 DOM 对象,保存到 firstP 变量中
    alert(firstP.innerHTML);       //弹窗,显示 firstP 对象的内容(innerHTML 属性)
  });
</script>
```

在浏览器打开上述页面时,就会弹出一个对话框显示第 0 个段落元素的内容。

(2) 将 DOM 对象转换成 jQuery 对象

在上例中,主要的 JS 语句位于一个 document 的 ready()方法中,但 document 这个对象被 $()所包围,这就是 jQuery 将 DOM 对象转换成 jQuery 对象的方法。

(3) $(document).ready()方法

DOM 对象转换成 jQuery 对象后就可以执行 jQuery 的方法了,所以上述 ready()方法就是 jQuery 文档对象的方法,该方法接受一个 JS 函数作为参数,一旦浏览器准备好整个文档的 DOM 树时,jQuery 就会执行这个 JS 函数。

jQuery 代码常常放到一个匿名函数中,然后将这个匿名函数作为参数传递给 ready()

方法,这样可以有效防止在文档 DOM 完全加载(就绪)之前就运行 jQuery 代码。如果在文档没有完全加载之前就运行 JS 函数,操作可能失败。例如,在载入<body>元素之前浏览器就开始执行 $("p")选择器,就会获得一个空的数组,此时执行 hide()方法不会有任何效果。

匿名函数的定义方法和普通函数一样,只是无须指定函数名。由于 JS 函数就是一个对象,所以将其传递给 ready()方法是合理的。注意将整个函数对象的定义放到 ready()方法的()之间,JS 代码的这种写法如果不注意排版格式,很容易导致括号不匹配,所以一定要养成良好的代码书写风格。

2) 基本选择器

基本选择器是 jQuery 中最常用的选择器,也是最简单的选择器,它通过元素 ID、样式 class 或 HTML 标记名来查找 DOM 元素,表 12-1 中给出了基本选择器和表示法。

表 12-1　jQuery 基本选择器

名称	说　明	返　回
#id	根据元素的 ID 选择。对应 document.getElementByID("id")	指定 ID 的单个元素构成的对象集合
tag	根据元素的名称选择。对应 document.get- ElementsByTagName("tag")	所有<tag>标记的元素构成的对象集合
.className	根据元素的 css 类选择	返回所有使用了 className 样式的元素构成的对象集合
*	选择所有元素。对应 document.all[]	所有元素构成的对象集合

考虑使用 jQuery 选择器实现如下功能:在分析明细页面显示当前部门指标的明细信息时,如果“最新值”小于“标准值”,则用红色显示。显然,这需要获取特定元素的值,所以应该使用 ID 选择器,为此需要考虑 ASP.NET 控件的 ID 属性值。特别注意 ASP.NET 控件对应的 HTML 元素 ID 属性值通常不等于 ASP.NET 控件的 ID 属性值,通常把前者称为 ASP.NET 控件的客户端 ID,后者称为服务端 ID。

在浏览器中打开分析明细页面,右击页面,选择“查看源文件”命令,可以看到显示“最新值”和“标准值”的 Label 控件客户端 ID 属性值分别为 fvDeptIdx_lbNewValue 和 fvDeptIdx_lbStandardValue,也就是在原服务端 ID 属性值之前加上了控件所在 FormView 控件的服务端 ID 属性值作为前缀。

根据上述客户端 ID 属性值,在 Index/Data.aspx 页面的<head>元素中添加如下代码:

```
<script type="text/javascript">
  $(document).ready(function () {
    var stdv = $("#fvDeptIdx_lbStandardValue");  //标准值控件的 jQuery 对象
    var newv = $("#fvDeptIdx_lbNewValue");        //最新值控件的 jQuery 对象
    var fstdv = parseFloat(stdv.html());          //解析标准值控件对象的内容,转换成数值
    var fnewv = parseFloat(newv.html());          //解析最新值控件对象的内容,转换成数值
    if (fstdv != NaN && fnewv != NaN && fnewv < fstdv) {            //最新值<标准值
      newv.css({color:"red",backgroundColor:"#bbffaa"});
                                                  //设置最新值控件的样式
    }
  });
</script>
```

上述代码首先使用 jQuery 的 ID 选择器，获取标准值和最新值控件的 jQuery 对象，保存在 stdv 和 newv 两个 JS 变量中；然后调用 jQuery 对象的 html()方法获取对应 HTML 元素的内容，并使用 JS 的 parseFloat()函数将内容转换成数值。如果转换失败，变量中保存的将是 NaN 的 JS 值，表示非法数值。如果两者都是合法数值，并且最新值小于标准值，那么调用 jQuery 对象 newv 的 css()方法，设置 newv 对象对应的 HTML 元素样式，设置字体颜色(color)为 red，背景色(backgroundColor)为#bbffaa。

使用 ID 选择器可以获取特定的 jQuery 对象，而使用 css 类选择器会选中所有使用这个样式的 jQuery 对象。例如，在上述代码中添加如下的 JS 语句：

```
$(".content_subtitle").css("font-weight", "bold");
//所有 content_subtitle 样式用粗体
```

css 类选择器的特点是以“.”开始，这和 CSS 样式表中用“.”开始表示类的定义是一致的。

jQuery 还支持在一个$()中包含多个选择器，选择器之间用“,”分隔，选择器之间是或的关系。例如：

```
$(".content_subtitle,#btSeek").css("font-weight", "bold");
```

表示同时选中 css 类为 content_subtitle 或 id="btSeek"的元素，然后调用 css()方法将它们的字体设为粗体。

jQuery 选择器具有丰富的选择能力，下面给出的例子只需要简单了解即可。

- $("p.intro")：选取所有 class="intro"的<p>元素。
- $("p#demo")：选取所有 id="demo"的<p>元素。
- $("ul li:first")：每个<ul>的第一个<li>元素。
- $("[href$='.jpg']")：所有带有以".jpg"结尾的属性值的 href 属性。
- $("div#intro .head")：id="intro"的<div>元素中的所有 class="head"的元素。
- $("body>div")：<body>内的直接子<div>。
- $("body div")：选择<body>内的所有后代<div>。
- $("#one+div")：紧跟在 ID 为 one 的元素后面的<div>。
- $("#two").siblings("div")：ID 为 two 的元素所有兄弟<div>元素。
- $("#two~div")：ID 为 two 的元素后面的所有兄弟<div>元素。

3. jQuery 事件

jQuery 事件处理方法是 jQuery 中的核心函数，而事件处理程序指的是当 HTML 页面中发生某些事件时所调用的 JS 函数。例如，前面多次使用的 document 对象的 ready()事件处理方法，绑定的事件处理程序是一个匿名函数。

另一个常用的事件处理方法是 click()，用于为元素绑定单击事件处理程序。例如，为所有<span>对象绑定一个 JS 方法，实现单击<span>元素，弹出对话框中显示该<span>元素内容的 JS 脚本如下：

```
function prompt() {                    //定义事件处理程序 prompt()函数
  alert($(this).html());               //弹出对话框，显示触发事件的元素的内容
}
```

```
$(document).ready(function () {  //文档载入后执行匿名函数
  $("span").click(prompt);
                                  //获取所有<span>元素,绑定 click 事件处理程序 prompt()函数
});
```

ASP.NET 中的 Label 控件实际上最终生成的就是<span>元素，如果将上述代码加入 Index/Data.aspx 页面中，则单击部门指标某个明细信息时，都会调用 prompt()方法。直接将事件处理程序作为参数定义在 click()方法中也是可以的，具体代码如下：

```
<script type="text/javascript">
  $(document).ready(function() {
    $("span").click(function() { alert($(this).html()); });
  });
</script>
```

4. JSON 数据格式

在前面例子中使用 jQuery 的 css 类选择器为 HTML 元素设置样式时，使用以下的语句实现同时修改多个样式项：

```
newv.css({color:"red",backgroundColor:"#bbffaa"});        //设置最新值控件的样式
```

实际上传递给 css()方法的参数是一个 JSON 对象，JS(包括 jQuery)中经常使用 JSON 对象来表示复杂的数据结构。

JSON(JS Object Notation)是一种轻量级数据交换格式，JSON 采用完全独立于语言的文本格式。相比于 XML，JSON 不但体积更小，更易于阅读和编写，同时也易于机器解析和生成。这些特性使 JSON 成为理想的数据交换格式，因此得到远超 JS 范围的广泛应用。

1) 基本格式

JSON 的基本格式为名/值对的集合。所谓名/值对，格式为字段名称，后面写一个冒号，然后是值。例如：

```
"firstName" : "John"
```

其中，firstName 就是名，而值为字符串"John"。当然还可以使用其他类型的值，例如：

```
"age" : 23
```

JSON 基本值可以是数字(整数或浮点数)、字符串(双引号中)、逻辑值(true 或 false)、空值(null)。不能单独出现名或值，必须以集合方式出现。集合用花括号表示，例如：

```
{"firstName" : "John"}
```

如果集合中有多个名/值对，则用逗号分隔，例如：

```
{ "firstName": "Brett", "lastName": "McLaughlin", "age": 23 }
```

实际上 JS 认为这定义了一个 JSON 对象(object，或叫结构体 struct、记录 record….)，因为 JS 中可以直接将其作为一个对象来进行操作。例如：

```
var a = { "firstName": "Brett", "lastName": "McLaughlin", "age": 23 };
```

```
alert("Hello, " + a.firstName + " " + a.lastName + ".");
```

2) 嵌套格式

名/值对中的值除了基本值以外,还支持 JS 数组(方括号中)和 JSON 对象(花括号中),所以 JSON 格式足以表示复杂的数据结构。例如:

```
var people = {
  "programmers": [{ "firstName": "Brett", "lastName": "McLaughlin"},
    { "firstName": "Elliotte", "lastName": "Harold"}],
  "authors": [{ "firstName": "Isaac", "lastName": "Asimov" },
    { "firstName": "Tad", "lastName": "Williams" }],
  "musicians": [{ "firstName": "Eric", "lastName": "Clapton" }]
}
alert(people.authors[1].firstName);                    //输出:Tad
```

上述 JS 代码定义了一个名为 people 的 JSON 对象,对象有 programmers、authors 和 musicians 三个属性,每个属性的值都是一个数组(在方括号中),数组中的元素又是 JSON 对象(在花括号中),对象有 firstName 和 lastName 两个属性。代码最后访问了第 1 个小说家(authors[1])的 firstName 属性值。

3) 操纵 JSON

允许修改 JSON 对象的属性,例如将上述 people 中第 1 个 musicians 对象的 lastName 修改成 Rachmaninov 的 JS 代码如下:

```
people.musicians[1].lastName = "Rachmaninov";     //修改 lastName 属性
```

许多语言(如 C#)并不支持 JSON 对象,通常只能处理 JSON 格式的字符串。较新的浏览器[①]和最新的 JS 标准中均包含了原生的对 JSON 的支持,可以用以下的方法将 JSON 对象转换成字符串:

```
var peopleStr = JSON.stringify(people);           //获取 JSON 对象 people 的 JSON 格式字符串
```

实际上可以将任意 JS 对象转换成 JSON 格式的字符串,例如:

```
function User(name, password) {                   //定义对象(类)
  this.userName = name;
  this.password = password;
}
var usr = new User("admin", "123");               //使用 new 方法创建 User 对象
var usrJsonStr = JSON.stringify(usr);             //获取对象 usr 的 JSON 格式字符串
```

也可以用 JSON.parse()方法将 JSON 格式字符串转换成 JSON 对象,例如:

```
var usrJson = JSON.parse(usrJsonStr);             //解析 JSON 格式字符串,获得 JSON 对象
document.write(usrJson.userName);                 //输出 usrJson 的用户名
```

① IE 8、Firefox 3.5、Chrome 等。对于较老的浏览器,可使用 JS 库: https://github.com/douglascrockford/JSON-js/blob/master/json2.js。

12.5　实现指标走势图

在 Web 页面上实现图表展示分为服务端和客户端两种技术，ASP. NET 提供了 MSChart 服务端图表控件，jqPlot 则是一款基于 jQuery 的客户端图表控件。

1. 使用 MsChart 控件

使用 MsChart 控件实现分析图表

虽然不同的图表控件使用方法差异较大，但图表的基本概念却是相同的。

1）指标走势图

图 12-4 所示是 Index/Data. aspx 页面中最终实现的走势图，这是一种折线图，图中有两条折线，实折线为该部门指标的标准值，虚折线为实际值。

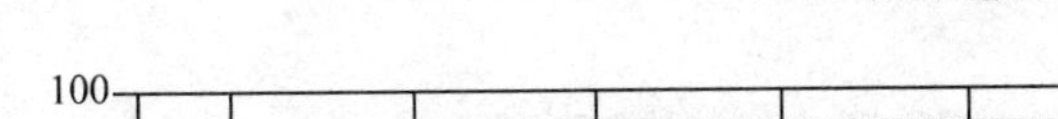

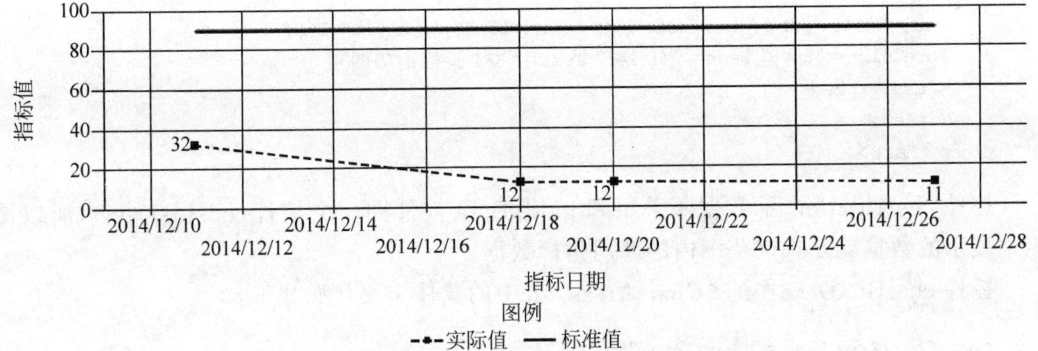

图 12-4　使用 MsChart 实现的 KPI 指标走势图

以图 12-4 为例说明图表的一些基本概念。

（1）ChartAreas：绘图区集合。一个 MsChart 控件中可以同时呈现多个绘图区，每个绘图区有独立的 X、Y 轴和背景色等属性。图 12-4 中只有一个默认绘图区 ChartArea1。注意绘图区域仅仅是一个用于呈现图表的区域，本身并不包含图表的内容。

（2）Series：图表序列集合。图表序列是实际的绘图数据，可以往集合里面添加多个图表序列，每一个图表序列可以有自己的绘制形状、样式、数据。图 12-4 中包含了“实际值”和“标准值”两个图表序列，它们都是折线图，实线对应的数据为（CDate，StandValue），虚线对应的数据为（CDate，Value）。

图表序列可以指定展示在哪个绘图区域中，如果展示在同一个绘图区域中，其效果就是两个序列叠加在一起。

（3）Legends：图例集合。图例用于标注图形中各个线条或颜色的含义，一个 MSChart 控件也可以包含多个图例说明，序列需要指定将自己展示在哪个图例中。图 12-4 中有一个图例，名称为 Legend1，标题为“图例”，停靠在下方，位置居中。两个序列都指定展示在 Legend1 中。

（4）Titles：标题合集。MSChart 控件可以添加多个标题，可设置标题的样式、文字和位置等属性。图12-4添加了一个标题“KPI指标走势图”,显示在图表的上方。

2) 添加MsChart控件

打开Index/Data.aspx页面,从工具栏的数据分类中找到Chart控件,将其拖放到页面布局表格的下方。设置Chart控件的ID="chartIdxData",宽度Width=750px,添加两个图表序列、一个图例Legend1,设置图表标题“KPI指标走势图”,最后得到以下的页面代码:

```
<asp:Chart ID="chartIdxData" runat="server" DataSourceID="odsIdxData"
Width="750px">
  <Series>…</Series>
  <ChartAreas>…</ChartAreas>
  <Legends>
    <asp:Legend Alignment="Center" Docking="Bottom" Name="Legend1"
    Title="图例">
    </asp:Legend>
  </Legends>
  <Titles>
    <asp:Title Font="Microsoft Sans Serif, 15.75pt, style=Bold"
    ForeColor="Navy" Name="Title1" Text="KPI指标走势图">
    </asp:Title>
  </Titles>
</asp:Chart>
```

控件chartIdxData的数据源采用和gvIdxData控件同一个控件(odsIdxData),所以图表中展示的数据就是查询范围内的部门指标数据。

控件chartIdxData中的<ChartAreas>节中的具体定义代码如下:

```
<asp:ChartArea Name="ChartArea1">
  <AxisY Title="指标值"></AxisY>
  <AxisX Title="指标日期"></AxisX>
</asp:ChartArea>
```

上述代码定义名为ChartArea1的绘图区,指定绘图区坐标的标题,Y轴为“指标值”,X轴为“指标日期”。

控件chartIdxData的<Series>节中定义两个图表序列,定义实际值图表序列的代码为:

```
<asp:Series Name="实际值" Legend="Legend1" ChartType="Line" XValueMember=
"CDate" MarkerStyle="Circle" YValueMembers="Value"
IsValueShownAsLabel="True"
      Color="Black" BorderWidth="2" BorderStyle="Dash">
</asp:Series>
```

上述代码指定图表序列名称Name="实际值",Legend="Legend1"表示将Name属性值显示在Legend1图例中;ChartType="Line"表示图表类型为折线图;XValueMember="CDate"、YValueMembers="Value"表示横坐标、纵坐标分别对应数据源对象的CDate、Value属性;MarkerStyle="Circle"指定在折线的数值点位置显示小圆点;IsValueShownAsLabel=true指定在小圆点附近显示具体的数值;Color="Black",BorderWidth="2",BorderDashStyle="Dash"分别指定折线的颜色、线宽和线型。

标准值图表序列设置相对简单一些，具体代码为：

```
<asp:Series ChartArea = "ChartArea1" ChartType = "Line" Legend = "Legend1" Name =
"标准值" XValueMember = "CDate" YValueMembers = "StandValue" Color = "Black"
  BorderWidth = "2">
</asp:Series>
```

2. 使用jqPlot控件

使用jQuery插件jqPlot实现分析图表

使用MsChart控件，ASP. NET首先在服务端生成相应的PNG图片，然后发送给浏览器；而采用客户端图表技术，则是由浏览器根据数据直接在页面绘制出图表。下面以jqPlot这款纯JS控件来实现指标走势图。

1）实现基本图表

在Index/Data. aspx页面中引入jQuery库文件和jqPlot库文件，可以从网上下载或使用本教程所提供的文件，将所有jqPlot库文件复制到Styles/Scripts下。jqPlot采用插件技术，最基本的图表只需要jquery. jqplot. min. js这个库文件，不同的扩展功能需要用到其他以jqPlot开头的插件库文件。

先考虑实现最基本的图表，所以使用以下代码引入库文件：

```
<!--[if lt IE 9]><script type = "text/javascript"
  src = '<% = ResolveUrl("~/Styles/Scripts/excanvas.min.js") %>'></script>
<![endif]-->
<script src = '<% = ResolveUrl("~/Styles/Scripts/jquery.jqplot.min.js") %>'
  type = "text/javascript"></script>
```

上述代码第1段额外JS库文件的引用放在HTML注释中，这是为了兼容9.0以下版本的IE浏览器，所以带有<!--[if lt IE 9]>…<![endif]-->这样的特殊标记。

jqPlot需要将图表绘制在指定的<div>元素中，所以在页面布局的<table>元素后添加以下的页面代码：

```
<div id = "plotIdxData" style = "height:300px; width:100 %;"></div>
```

最后，在document. ready()事件处理程序中调用$. jqplot()方法绘制图表，代码如下：

```
<script type = "text/javascript">
  $(document).ready(function() {
    var values = [<% = ValueJsArray %>];                //定义values实际值数组
    var stands = [<% = StandJsArray %>];                //定义stands标准值数组
    //绘制到HTML元素plotIdxData中，绘制values数据对应的折线、stands数据对应的
    //折线
     $.jqplot('plotIdxData', [values, stands]);
  });
</script>
```

上述代码使用了<%=<表达式>%>形式的ASP. NET页面嵌入代码，服务端在生成页面时会将页面对象的ValueJsArray和StandJsArray属性值写入到表达式所在位置，从而动态生成JS代码，因此需要在页面后台代码中添加以下自定义属性：

```
public string ValueJsArray {get;set;}                  //提供 jqPlot 的实际值数组(字符串)
public string StandJsArray {get;set;}                  //提供 jqPlot 的标准值数组(字符串)
```

上述两个属性的值,需要在 odsIdxData 数据源获取数据后根据数据生成出来。为此,添加 odsIdxData 数据源的 Selected 事件处理方法,该方法中可以访问数据源获取结果数据,具体的事件处理方法代码如下:

```
/// <summary>
/// 数据源 odsIdxData 获取数据后的事件处理
/// </summary>
protected void odsIdxData_Selected(object sender,
ObjectDataSourceStatusEventArgs e)
{
  List<IdxDataView> idxData = e.ReturnValue as List<IdxDataView>;
  //获取结果数据
  //根据数据拼装 JS 数组(字符串格式)
  StringBuilder sbValue = new StringBuilder();
  StringBuilder sbStand = new StringBuilder();
  for (int i = 0; i < idxData.Count; i++)
  {
    sbValue.AppendFormat("{0},", idxData[i].Value);       //拼接实际值
    sbStand.AppendFormat("{0},", idxData[i].StandValue); //拼接标准值
  }
  if (sbValue.Length > 0)
  {
    sbValue.Remove(sbValue.Length - 1, 1);              //移除尾部逗号
    sbStand.Remove(sbStand.Length - 1, 1);              //移除尾部逗号
    ValueJsArray = sbValue.ToString();
    StandJsArray = sbStand.ToString();
  }
  else                          //没有数据,也需要提供一个默认的数据,否则 jqPlot 会报错
    ValueJsArray = StandJsArray = "0";
}
```

图 12-5 是最终展示的效果,和图 12-4 相比不但缺少很多图表元素,而且因为 odsIdxData 获取的数据是按照时间倒序排列的,所以两者的走势刚好相反。

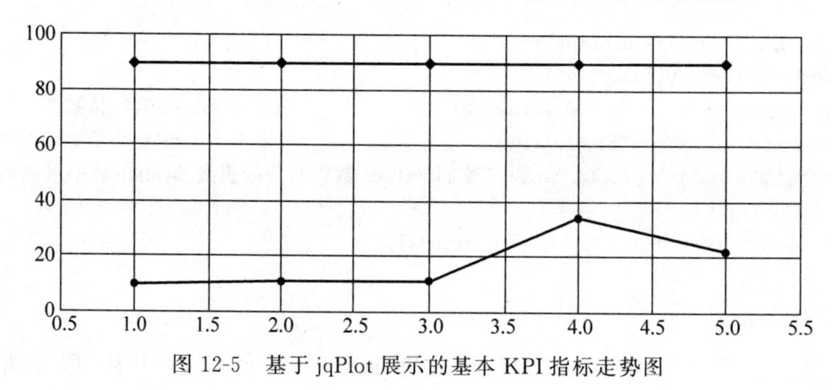

图 12-5　基于 jqPlot 展示的基本 KPI 指标走势图

2）设置 jqPlot 属性

$.jqplot()方法允许通过第 3 个参数设置各种选项，这是一个 JSON 对象，其嵌套层次可以很深。由于很多选项需要用到 jqPlot 的扩展功能，因此还需要引入额外的 jqPlot 插件库文件，常用的如下。

- 支持在绘图区域(Canvas)上绘制文本：jqplot.canvasTextRenderer.min.js；
- 支持绘制坐标刻度标记(Tick)：jqplot.canvasAxisTickRenderer.min.js；
- 支持日期坐标：jqplot.dateAxisRenderer.min.js；
- 支持数据点标记：jqplot.pointLabels.min.js。

请读者自行在 Index/Data.aspx 页面中添加对这些 JS 库文件的引用，注意路径表示方式。

下面定义图表标题的 JSON 对象，具体的 JS 代码为：

```
var title = {"text":"<% = PlotTitle %>", "show":true, "fontSize":24,
"fontFamily":"楷体"};
```

其中，PlotTitle 仍然是页面对象的自定义属性，其值在 odsDeptIdx 控件的 Selected 事件处理方法中设置，相关后台代码如下：

```
public string PlotTitle { get; set; }
/// <summary>
/// 数据源 odsDeptIdx 获取数据后的事件处理
/// </summary>
protected void odsDeptIdx_Selected(object sender,
ObjectDataSourceStatusEventArgs e)
{
  DeptKpiIdxView deptIdx = e.ReturnValue as DeptKpiIdxView;
  PlotTitle = deptIdx.Name;                     //部门指标的指标名称作为图表标题
}
```

jqPlot 支持多达 9 种坐标轴，下面的 JSON 对象定义了 xaxis 和 yaxis 坐标轴，具体的 JS 代码为：

```
var axes = {
  "xaxis": {"renderer": $.jqplot.DateAxisRenderer,
    "tickRenderer": $.jqplot.CanvasAxisTickRenderer,
    "tickOptions": {"labelPosition": "start", "angle": 30, "fontSize":
    "8pt"}
  },
  "yaxis": { "autoscale": true,
    "tickRenderer": $.jqplot.CanvasAxisTickRenderer,
    "tickOptions": {"fontSize": "8pt"}
  }
};
```

上述 xaxis 横坐标轴，设置渲染器(renderer)为 $.jqplot.DateAxisRenderer，以支持日期刻度；设置刻度渲染器(tickRenderer)为 $.jqplot.CanvasAxisTickRenderer，以显示刻度值；通过刻度选项(tickOptions)规定标记从刻度位置(labelPosition)开始(start)、旋转(angle)30°。字体大小为 8pt。上述 yaxis 纵坐标还设置了自动尺寸(autoscale)。

下面是图表序列的样式定义 JSON 对象,JS 代码为:

```
var series1 = {"lineWidth": 2, "pointLabels": { "show": true },
"showMarker":true,};
var series2 = {"lineWidth": 2, "pointLabels": { "show": false },
  "showMarker": false, "color": "red"
};
```

3) 实现高级图表

将前面的几个 JSON 对象组合起来作为指派给 $.jqplot()方法的选项参数,从而实现比较完善的图表展示,完整的 JS 代码如下:

```
<script type="text/javascript">
  $(document).ready(function()
  {
    var values = [<%=ValueJsArray%>];              //定义 values 实际值数组
    var stands = [<%=StandJsArray%>];              //定义 stands 标准值数组
    var title = …                                  //图表标题和样式
    var axes = …                                   //坐标轴和样式
    var series1 = …                                //实际值图表序列样式
    var series2 = …                                //标准值图表序列样式
    $.jqplot("plotIdxData", [values, stands], { "title": title,
    "axes":axes,"series": [series1, series2]       //根据选项绘制图表
    });
  });
</script>
```

注意上述代码是如何组合各选项 JSON 对象的,特别是 series1 和 series2 两个图表序列样式对象组成数组的形式,其顺序和数量必须和 $.jqpolt()方法的第 2 个数组参数一致。

$.jqpolt()方法第 2 个数组参数的每个元素本身又是一个数组,对应一个图表序列的数据,一个图表序列的数据数组中的每个元素对应折线上的一个数据点。数据点元素可以是单个数值,如前面基本图表中的实际值或标准值数组那样,也可以是只有两个元素的数组,这两个元素分别对应横坐标值和纵坐标值。

为了让图表的横坐标能够显示日期刻度,需要修改 ValueJsArray 和 StandJsArray 属性的后台构造方法,将每个图表序列数组的元素从单个数值修改为“指标日期”和“指标值”构成的数组。修改后的 odsIdxData_Selected()事件处理方法如下:

```
protected void odsIdxData_Selected(object sender,
ObjectDataSourceStatusEventArgs e)
{
  List<IdxDataView> idxData = e.ReturnValue as List<IdxDataView>;
  //BLL 方法返回的数据
  StringBuilder sbValue = new StringBuilder();
  StringBuilder sbStand = new StringBuilder();
  for (int i = 0; i < idxData.Count; i++)
  {
    string date = idxData[i].CDate.ToString("yyyy-MM-dd");
                                               //转换成 JS 日期格式字符串
    sbValue.AppendFormat("['{0}',{1}],", date, idxData[i].Value);
```

```
                                           //一个数据点数组
    sbStand.AppendFormat("['{0}',{1}],", date, idxData[i].StandValue);
                                           //一个数据点数组
  }
  if (sbValue.Length > 0)
  {
    sbValue.Remove(sbValue.Length - 1, 1);
    sbStand.Remove(sbStand.Length - 1, 1);
    ValueJsArray = sbValue.ToString();
    StandJsArray = sbStand.ToString();
  }
  else                                     //没有数据,也需要提供一个数据点,否则 jqPlot 会报错
  {
    ValueJsArray = "[['2000-1-1 0:0:0', 0]]";
    StandJsArray = "[['2000-1-1 0:0:0', 0]]";
  }
}
```

查看最终生成页面的源代码,可以看到上述代码产生的图表序列数组,最终得到的 KPI 指标走势图如图 12-6 所示,数据值已自动按照时间排序。

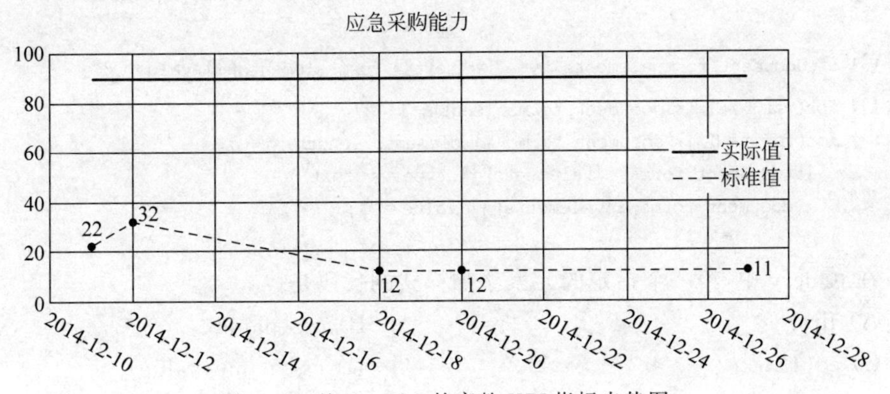

图 12-6　基于 jqPlot 的完整 KPI 指标走势图

习　题　12

一、选择题

1. 使用 JavaScript 脚本在网页中输出<h1>hello</h1>,以下代码正确的是(　　)。

A)
```
<script type="text/javascript">
    document.write(<h1>hello</h1>);
</script>
```

B)
```
<script type="text/javascript">
    document.write("<h1>hello</h1>");
</script>
```

C)
```
<script type="text/javascript">
<h1>hello</h1>
    </script>
```

D）
```
<script type="text/javascript">
    <h1>document.write("hello");</h1>
</script>
```

2. 在 DOM 中根据元素 ID 属性查找节点的 JS 方法是（　　）。

A）document. getElementById()

B）document. getElementByName()

C）document. getElement()

D）document. getElementNode()

3. 下面定义整型变量 i 的 JavaScript 语句，错误的是（　　）。

A）i = 3；　　B）var i = 3；

C）var i="3"；i=3；　　D）i = "3"；

4. 下面的 JavaScript 语句中，（　　）实现清空页面所有表单内的所有文本框。

A）
```
for(var i = 0;i < form1.elements.length;i++) {
  if(form1.elements[i].type == "text") form1.elements[i].value = "";
}
```

B）
```
for(var i = 0;i < document.forms.length;i++) {
  if(forms[0].elements[i].type == "text") forms[0].elements[i].value = "";
}
```

C）
```
if(document.form.elements.type == "text") form.elements[i].value = "";
```

D）
```
for(var i = 0;i < document.forms.length; i++){
for(var j = 0;j < document.forms[i].elements.length; j++){
  if(document.forms[i].elements[j].type == "text")
    document.forms[i].elements[j].value = "";
}
```

5. 在 jQuery 中，给一个指定的元素添加样式的代码是（　　）。

A）first　　B）css(name)

C）eq(1)　　D）css(name,value)

6. 如果想要给文本框添加一个输入验证，可以用 jQuery 事件处理方法（　　）实现。

A）hover(over, out)　　B）keypress(fn)

C）textchange()　　D）change(fn)

7. 下面 jQuery 语句中，（　　）能获取页面<a href="xxx.jpg" title="宇航员返回…">新闻</a>元素的 title 属性值。

A）$("a").attr("title").val()；　　B）$("#a").attr("title")；

C）$("a").attr("title")；　　D）$("a").attr("title").value；

8. 用 jQuery 选择器选取下面代码中的 username 文本框输入值，不正确的是（　　）。

```
<form>
  用户名、<input type="text" id="username" name="username" />
  密码、<input type="password" id="pwd" name=" pwd "/>
</form>
```

A）$("#username").val()；

B）$(".input").val()；

C) $ ("input[name=username]"). val();

D) $ (": input[name=username]"). val();

9. 页面有一个<input type="text" id="name" name="name" value=""/>元素，动态设置该元素值的 jQuery 语句为(　　)。

A) $ ("#name"). val("动态值");　　B) $ ("#name"). text("动态值");

C) $ ("#name"). html("动态值")　　D) $ ("#name"). value("动态值");

10. 选取下面代码中文本内容是"大字体"的<div>元素，下列 jQuery 语句不正确的是(　　)。

```
<form>
  <div class = "big">大字体</div>
  <div class = "small">小字体</div>
</form>
```

A) $ ("div.big");　　B) $ ("div .big");

C) $ ("div: contains('大字体')");　　D) $ ("form > div. big");

二、填空题

1. 动态网页技术根据动态效果生成端的不同可以分为________和________。

2. 以下 HTML 代码，实现单击"关闭窗口"按钮，让用户确认是否关闭当前页面，确认之后关闭窗口。

```
<html>
  <head>
    <script type = "text/javascript" >
      function closeWin(){
        if(confirm("确定要关闭当前页面吗?")) window.close();
      }
    </script>
  </head>
  <body>
    <input type = "button" value = "关闭窗口"________ = "closeWin()"/>
  </body>
</html>
```

3. JavaScript 定义数组 myArray 的语句是 var myArray=________________。

4. JavaScript 数组的________方法将数组中的元素连接成为一个字符串，和 split()方法作用刚好相反，而 concat()方法用于________，还可以用________方法实现数组排序。

5. 获取所有段落(<p>)元素对应 jQuery 对象的语句为________，获取其中第 1 个 DOM 对象的语句为________。

6. $(document). ready(fn)中的函数 fn 执行时间是在浏览器加载完 DOM 之________(前或后)。

三、是非题

(　　)1. JavaScript 是脚本语言，它由浏览器负责解释并执行，属于客户端动态技术。

(　　)2. 服务端图表技术，传递给浏览器的是一张根据数据生成好的图片；客户端图表技术，是浏览器根据数据在客户端绘制的。

(　　)3. JavaScript 的函数和对象完全不同,而且 JavaScript 只支持自定义函数,不支持自定义对象。

(　　)4. JavaScript 中的 undefined 既是类型,也是值。

(　　)5. jQuery 对象就是 DOM 对象,只是通过 jQuery 选择器获取 DOM 对象更方便而已。

(　　)6. ASP. NET 控件会生成对应的 HTML 元素,对应 HTML 元素的 ID 属性值就是 ASP. NET 控件的 ID 属性值。

(　　)7. JSON 相比于 XML 体积更小,更易于阅读和编写,同时也易于机器解析和生成。

四、实践题

1. 列举常用的 DOM 对象,至少 3 个;列举 DOM 对象常用的方法或属性,至少 4 个。

2. 完善"门店销售指标跟踪系统",实现日期的日历输入和门店销售指标数据的折线图。

小明电器商城

第13章

需求分析

学习目标

- 了解“小明电器商城”的系统建设目标；
- 掌握基本的分职能流程图，熟练掌握用例分析和用例图。

13.1 背　　景

随着电子商务的发展，越来越多的传统企业也开始涉足网上交易。因此小明决心开一家网上商城，专门销售各类电器产品。“明”就是聪明的意思，所以小明决定将这个商城命名为 Little Smart Store，简称 LSS。小明希望通过这个商城，达到如表 13-1 所示目的。

表 13-1　LSS 业务前景表

编　号	目　标
P01	让顾客可以全面了解商品的详细信息，消除网上购物的信息不对称问题
P02	通过商品分类来组织众多的商品，方便顾客找到所需要的商品
P03	提供商品评分机制，提高顾客的参与度
P04	通过设计合理的订单处理流程，提高顾客的购物体验
P05	提供多种支付方式，满足不同客户的付款需求

13.2 业务流程分析

当目标系统比较复杂时，直接完成用例分析会变得比较困难，为此需要先对系统涉及的业务进行分析，并采用各种方式将其描述清楚，这就是业务建模。业务流程图是一种有效的业务建模方法。

业务流程分析，首先通过和系统相关人员访谈、收集整理资料来掌握现有业务流程，然后结合业务前景对流程进行优化。下面分析一下 LSS 核心业务流程，注意业务流程分析同样只关心做什么，而不是如何做。

1. 业务流程图

图 13-1 是 LSS 的核心业务流程图，重点在于对业务情况的整体把握。

图 13-1 中的流程图称为分职能流程图，可以清楚地看到业务职责的承担者，图中各图标的含义如表 13-2 所示。

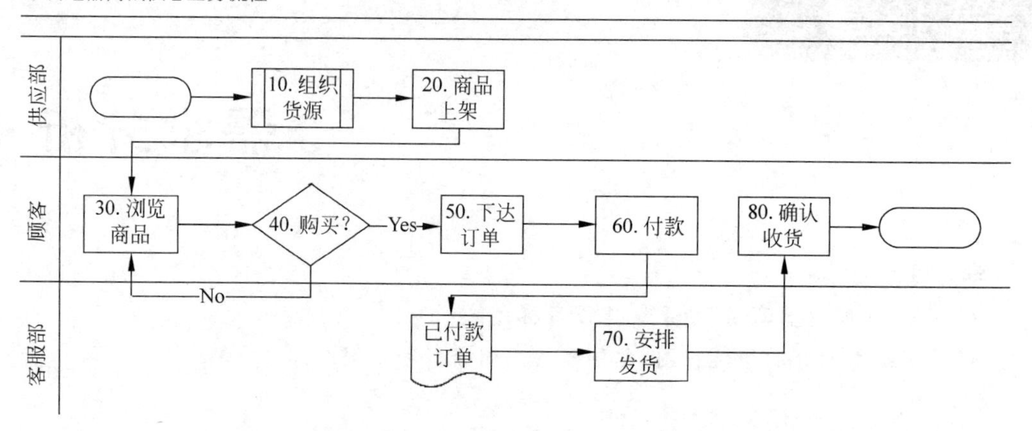

图 13-1 核心业务流程图

表 13-2 流程图图标一览表

图标	名称	功能描述
	水平泳道	泳道表示职能单位,位于泳道中的图标所代表的动作由泳道职能单位负责执行。同一个流程图中,只能使用一种泳道
	垂直泳道	图 13-1 中有“供应部”“客服部”“顾客”三个泳道
	开始/结束	流程的开始和结束都用该图标表示
	动作	表示执行某个动作,完成某项任务,如图 13-1 中的“商品上架”
	子流程	表示这是一个复杂的动作,本身就是一个流程,如图 13-1 中“组织货源”是一个复杂的过程,所以用一个子流程来表示
	文档	表示动作的成果产生了某种形式的文档,文档可以传递给职能部门,作为其他动作的依据,如图 13-1 中的“已付款订单”
	判断	表示判断或分支,如图 13-1 中顾客需要判断是否“购买”商品

2. 流程描述

很多细节的内容,用流程图来表示会显得非常烦琐,此时可以用表 13-3 的方式对流程图进行描述。为了方便将描述和流程图对照起来,图 13-1 中给图标编了号。

表 13-3 LSS 主业务流程描述

编号	责任人	说明
10	供应部	供应部根据商城确定的经营范围、经营策略,组织采购货源
20	供应部	新采购到的商品需要编制相关说明,将其添加到商城的商品目录中,称为上架。如果某类商品停止销售了,那么还应该下架
30	顾客	顾客通过各种方式,查看商城所提供的商品。对于有购买意向的商品,顾客可以将商品加入到购物车
40	顾客	顾客可以调整购物车中的商品,确定是否购买,也可以继续浏览商品
50	顾客	顾客根据购物车中的商品确认运费,指定送货地址,生成订单

续表

编号	责任人	说　明
60	顾客	顾客选择付款方式，完成订单付款，生成已付款订单。如果不付款，订单保留初始状态，初始状态的订单可以删除
70	客服部	客服部根据已付款订单安排发货。发货后，订单变成已发货状态
80	顾客	顾客收到货物确认后，订单变成已完成状态

13.3 用例分析

根据业务流程，结合前景分析得到 LSS 的用例。由于用例较多，为了避免单个用例图过于复杂，根据业务逻辑将用例划分到多个用例图。

1. 顾客用例图

顾客用例图给出针对顾客这个角色的用例图，如图 13-2 所示。

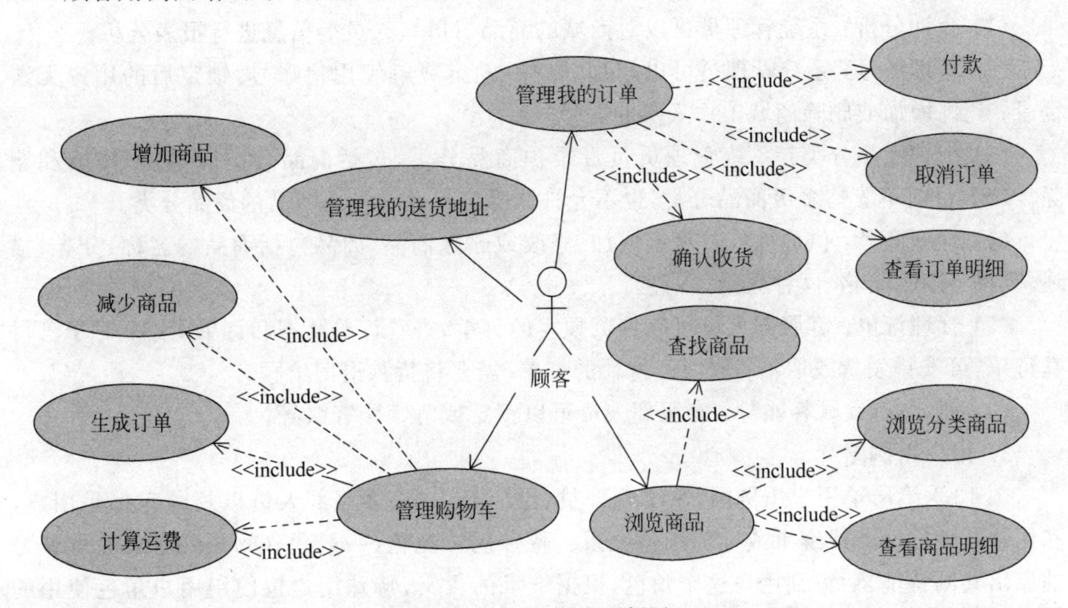

图 13-2　LSS 顾客用例图

同样，可以为用例图添加适当的文字描述。标准用例图描述规范比较复杂，LSS 中采用简单文字描述如下。

(1) 管理我的订单(须登录)：顾客可浏览自己的订单，跟踪订单的状态(包括新建、已付款、已发货、已取消、已收货等)，查看订单明细；对于新建订单，顾客可以付款或取消订单，付款时需要选择付款方式，如支付宝、银联、积分等。对于已收货的订单，顾客可以确认收货。

(2) 管理我的送货地址(须登录)：顾客可以浏览自己的送货地址；执行新增、删除、修改送货地址等操作。

(3) 管理购物车：顾客可在浏览商品或查看商品明细时，将商品加入购物车；也可以在浏览购物车时，增加或减少购物车中商品数量；系统自动根据商品重量计算运费。如果顾客决定购买购物车中的商品，则可以生成订单(须登录且指定送货地址)。

(4) 浏览商品：顾客可以通过指定关键字的方式列出满足条件的商品，即查找商品；或者通过指定商品分类的方式浏览分类商品；也可以查看指定的商品明细。

2. 后台管理用例图

图 13-3 给出了商城后台管理用例图，图中所有用例都必须在登录后才可以使用。

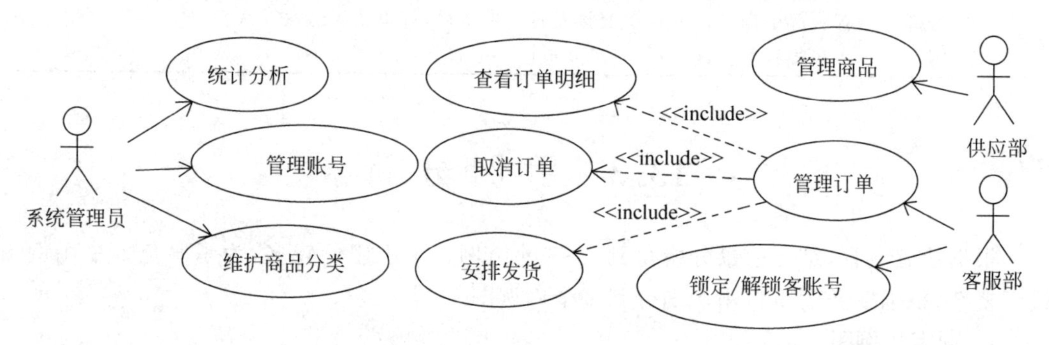

图 13-3 LSS 后台管理用例图

(1) 统计分析：系统管理员可以对商城的商品、订单、人员等信息进行报表分析。

(2) 管理账号：系统管理员可以增加、删除、锁定或解锁用户账号，锁定后的用户无法登录；允许增加或删除商城工作人员的账号。

(3) 维护商品分类：系统管理员负责维护商品分类，包括商品分类的添加、修改和删除。LSS 目前不支持多级商品分类，也不允许删除已经存在下属商品的商品分类。

(4) 管理商品：供应部人员可以增加、修改或删除商品，商品包括商品的名称、分类、描述、重量、体积、价格、库存数量等信息。

(5) 管理订单：客服部人员可以浏览顾客的订单，查看订单状态和订单明细；对于已付款订单，可安排发货或取消；取消已付款的订单，需要将货款退回给顾客。

(6) 锁定/解锁顾客账号：客服部人员可以锁定或解锁顾客账号。

3. 用户用例图

图 13-4 给出了用户用例图，系统管理员、供应部人员、客服部人员以及顾客都是用户，和用户角色之间形成继承或称为泛化关系。特殊用户泛化(一般化，Generalization，也就是抽象出共同特征)后得到用户这个角色，根据继承的含义，特殊用户也使用用户角色使用的所有用例。图 13-4 中都是常见用例，不再给出用例描述。

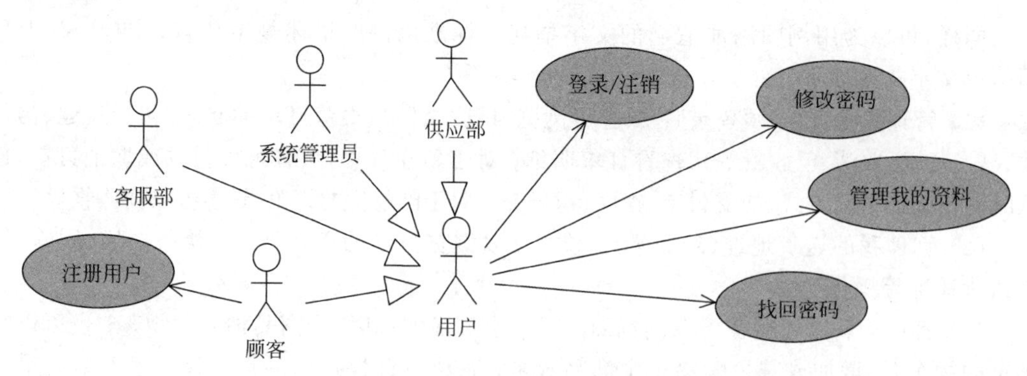

图 13-4 LSS 用户用例图

习 题 13

一、选择题

下列叙述中,关于泳道说法正确的是( )。

A) 游泳馆管理系统中的管理对象,需要精细到泳道的管理

B) 位于泳道中的图标所代表的动作由泳道职能单位负责执行

C) 泳道分为水平泳道和垂直泳道,同一个流程图中,可以同时使用两种泳道

D) 一个流程图中只允许有一条泳道

二、是非题

( )1. 流程图中可以没有开始或结束的图标。

( )2. 用例图不仅仅包含角色和用例,还应该包含用例的描述。

三、实践题

小明电器商城大获成功,小明决定开发一个类似的"小明网上书城"系统,请参考 LSS 完成网上书城的核心业务流程图,然后完成用例分析和用例图。

第14章

系统设计

学习目标

- 熟练掌握系统功能模块设计；
- 掌握 Web 应用界面设计，理解业务前台和业务后台的概念；
- 掌握应用第三方 CSS 模板的技巧；
- 熟练掌握三层架构的搭建；
- 理解 WebApp 和 WebSite 的联系和区别；
- 了解接口层。

14.1 功能模块设计

1. 功能模块图

图 14-1 是 LSS 功能模块图，由于功能模块比较多，所以采用分层设计，将所有功能分为“基本功能”“前台购物”“顾客后台”“管理员后台”和“业务后台”五大部分。这些功能模块和用例之间并不存在一一对应关系，而是根据用例结合业务流程设计出来的。

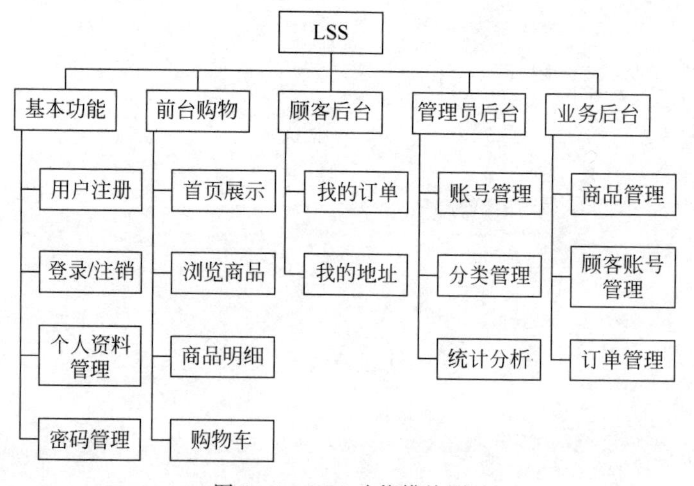

图 14-1　LSS 功能模块图

2. 功能模块说明

表 14-1 给出了 LSS 功能模块简要说明。

表 14-1　LSS 功能模块简要说明

模　　块	功　能	功能描述
基本功能	用户注册	所有人都可以注册成为顾客用户
	登录/注销	未登录游客只能浏览和查看商品
	个人资料管理	查看和修改个人资料、状态、账务
	密码管理	修改或重置密码
前台购物	首页展示	首页列出最新商品、当前用户、购物车、查找商品按钮以及版权信息等。所有人可以查看
	浏览商品	分页列出满足条件的商品清单。所有人可以查看
	商品明细	某个指定商品的详细信息。所有人可以查看
	购物车	查看和管理购物车中的商品。所有人可以查看
顾客后台	我的订单	查看顾客的全部订单和订单详情，执行订单确认、付款、取消等操作
	我的地址	查看和管理顾客的全部送货地址
管理员后台	账号管理	浏览所有账号，允许添加、修改、删除非顾客账号，解锁或锁定所有账号
	分类管理	浏览所有商品分类，允许添加、修改、删除商品分类
	统计分析	统计指定日期范围的商品销售业绩
业务后台	商品管理	浏览全部商品，允许添加、修改、删除商品
	顾客账号管理	浏览全部顾客账号，允许锁定或解锁顾客账号
	订单管理	浏览全部顾客订单，允许发货或取消订单

14.2　界面设计

1. 页面清单

根据功能模块设计可以给出 LSS 页面清单，如表 14-2 所示。注意页面是否覆盖全部功能模块。

表 14-2　LSS 页面清单

模块	路径	页面文件	页面描述
前台门户	/	Site. master	网站母版页，提供查找商品操作；提供注册或注销用户、购物车和后台管理按钮；显示版权信息
		Default. aspx	首页。显示商品分类、商品列表
		Goods. aspx	展示商品明细
		ShoppingCart. aspx	查看和管理购物车
用户管理	/Account	Login. aspx	用户登录或注册
		ChangePassword. aspx	修改密码
		ResetPassword. aspx	找回密码
顾客后台	/My	My. master	顾客后台管理母版页，显示顾客后台管理菜单
		Default. aspx	顾客个人信息查看、修改页面，可进行提现、充值操作
		MyOrders. aspx	浏览、查找自己的订单
		MyOrder. aspx	查看订单明细，订单确认、付款、取消等操作
		MyAddress. aspx	查看和管理顾客的送货地址

续表

模块	路径	页面文件	页面描述
系统管理员后台	/Admin	Admin. master	系统管理员后台母版页,显示系统管理员后台管理菜单
		Default. aspx	系统管理员首页,显示系统信息以及用户、商品统计信息
		Users. aspx	浏览所有账号,解锁或锁定账号
		UserAdd. aspx	添加非顾客用户账号
		Category. aspx	浏览、管理商品分类
		Stat. aspx	允许统计指定时间内商品销售业绩
业务后台	/Back	Back. master	业务后台母版页,显示业务员可操作的菜单
		Goods. aspx	查找、浏览或删除商品
		GoodsAdd. aspx	添加、修改商品
		Orders. aspx	浏览、查找顾客的订单
		Order. aspx	查看订单明细,执行发货、取消订单操作
		Users. aspx	顾客用户查找、浏览、审核、锁定

注意:*并不需要一次性确定表14-2中的所有内容,如其中母版页部分就是根据页面布局需要补充的。*

2. 页面布局设计

LSS页面可以分为两大类:一类是展示商品、查找商品、购买商品等前台操作页面;另一类是系统管理、商品管理、订单管理等后台管理页面,需要设计两个整体布局方案。

1)整体页面布局

图14-2给出了LSS全局页面布局,采用典型的上中下型设计。

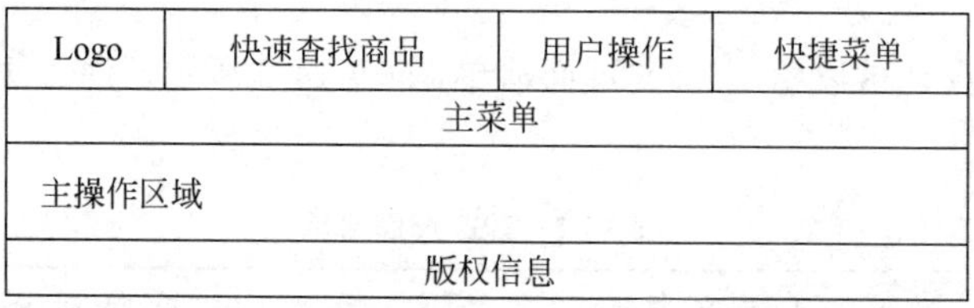

<table>
<tr><td>Logo</td><td>快速查找商品</td><td>用户操作</td><td>快捷菜单</td></tr>
<tr><td colspan="4">主菜单</td></tr>
<tr><td colspan="4">主操作区域</td></tr>
<tr><td colspan="4">版权信息</td></tr>
</table>

图14-2　LSS整体页面布局示意图

图14-2的布局模仿大型网上商城,设置了"快速查找商品"区,用户可以在此输入关键字,单击"查找"按钮查找感兴趣的商品,因为顾客是否能方便地找到感兴趣的商品是能否留住顾客的关键。"用户操作"区域用于显示当前用户信息,如果用户没有登录则显示"登录"按钮,如果用户已经登录则显示"注销"按钮,另外还有进入购物车管理页面的按钮;"快捷菜单"区域显示进入后台管理页面的按钮;"主操作区域"需要根据不同的页面进行具体设计;"版权信息"给出一些与版权有关的信息,包括网站借鉴的作品。例如,LSS界面参考了一个W3Layouts提供的模板,所以按提供方的要求在此明确说明,并提供跳转到提供方的超链接。

由于该布局用于网站的所有页面,考虑使用母版页来实现。

2)后台页面布局

后台页面通常需要提供一系列的二级功能菜单,所以主要就是考虑功能菜单的展现方式,LSS采用左侧两级菜单的方式,由此得到LSS后台页面布局,如图14-3所示。

图 14-3 给出的布局为常见后台管理页面布局,左侧为管理菜单,单击菜单在主操作区域显示对应的管理页面。

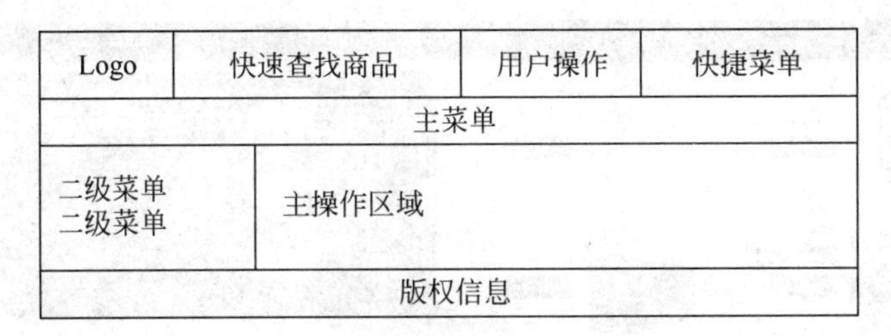

图 14-3 LSS 后台页面布局示意图

可以看到,LSS 后台页面是由在整体页面布局的基础上增加左侧管理菜单得到的,因此考虑使用嵌套在母版页中的母版页来实现。

3. 详细页面设计

详细页面设计应该给出页面清单中每个页面的设计,本节仅列举几个典型页面的设计概要。由于所有详细页面都嵌套在对应母版页中,因此下面仅给出详细页面本身的设计。

1) 首页布局和交互

图 14-4 为首页(Default.aspx)的设计,页面分为左右两部分。"商品清单"部分为 4×4(16 宫格)方式展示的商品列表,上下同时显示翻页用超链接,默认显示最新商品。单击某个商品分类,则商品清单仅显示该商品分类的商品;单击商品标题可以查看商品明细页面(Goods.aspx);单击"购买"按钮可以将商品加入购物车。

2) 商品明细页面布局和交互

图 14-5 给出了商品明细页面的设计,页面分为上下两部分。商品主要信息部分由商品图片、商品标题、商品基本信息、"购买"按钮等构成。详情部分为商品详细描述展示区域。单击"购买"按钮可以将商品加入购物车。

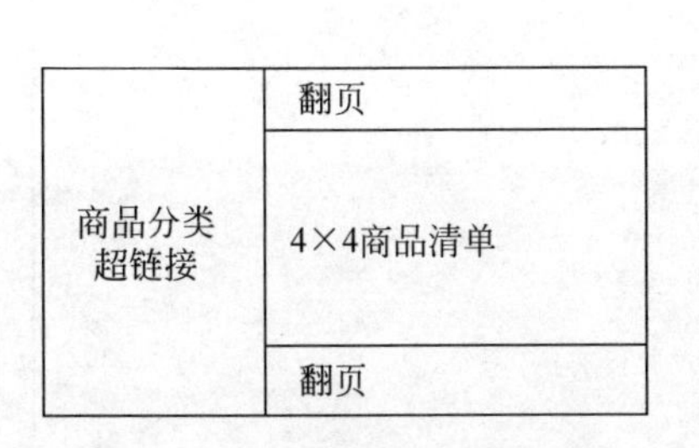

图 14-4 LSS 首页设计示意图

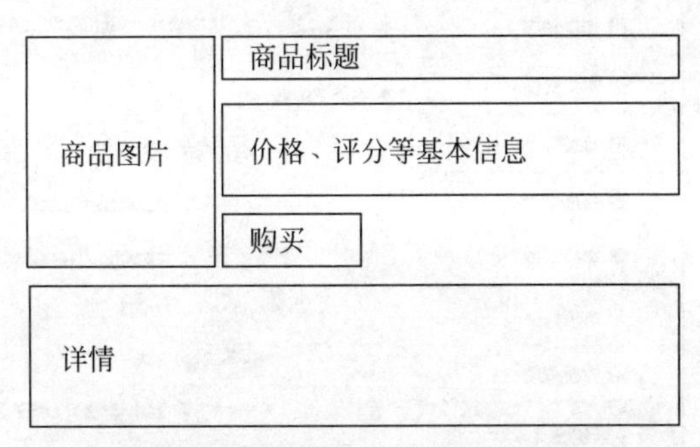

图 14-5 LSS 商品明细页面设计示意图

4. 页面风格设计

界面设计包括美工和交互设计,其中美工设计第一步是确定界面风格。可以从免费的模板网站寻找适合系统的网页模板。在 LSS 中找了两个 CSS 模板,如图 14-6 和图 14-7 所示。

图 14-6 的模板适合前台页面,图 14-7 的模板则适用于后台页面,但模板通常不会完全满足需求,需要对其 DIV+CSS 设计进行分析,并根据需要调整。DIV+CSS 实现布局的最核心的原理,就是盒子模型以及元素定位。LSS 最终的 CSS 定义,请读者分析本书配套的源代码文件。

Smart
Store
IPHONE
4S 32GB
NEW PRODUCTS

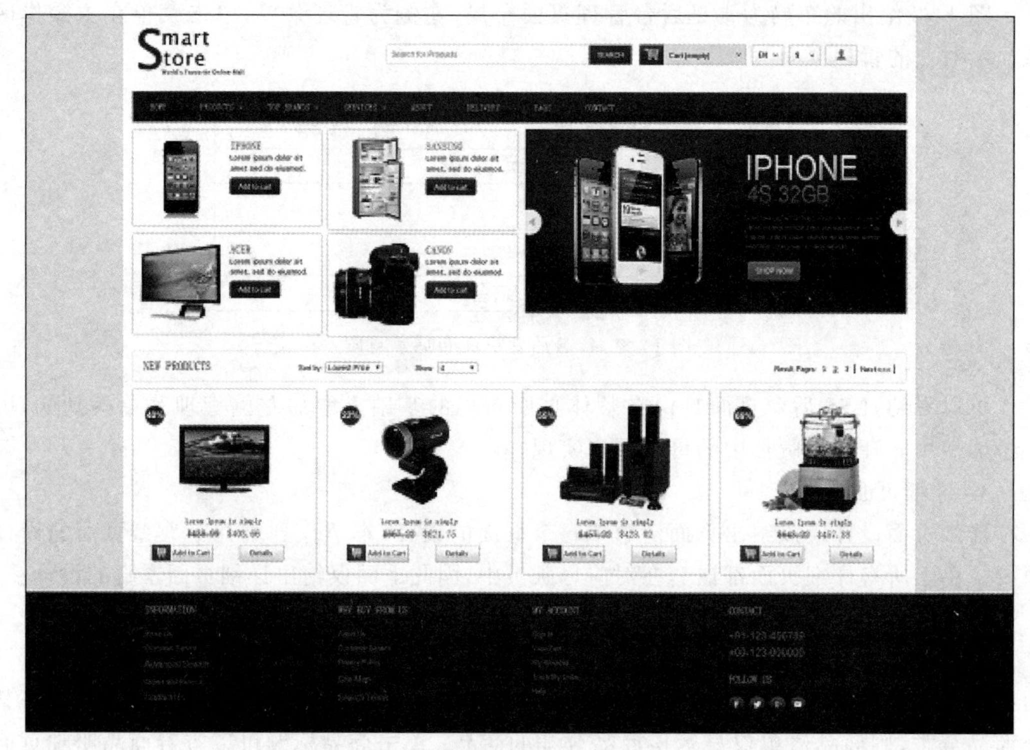

图 14-6　一个免费前台页面模板浏览效果

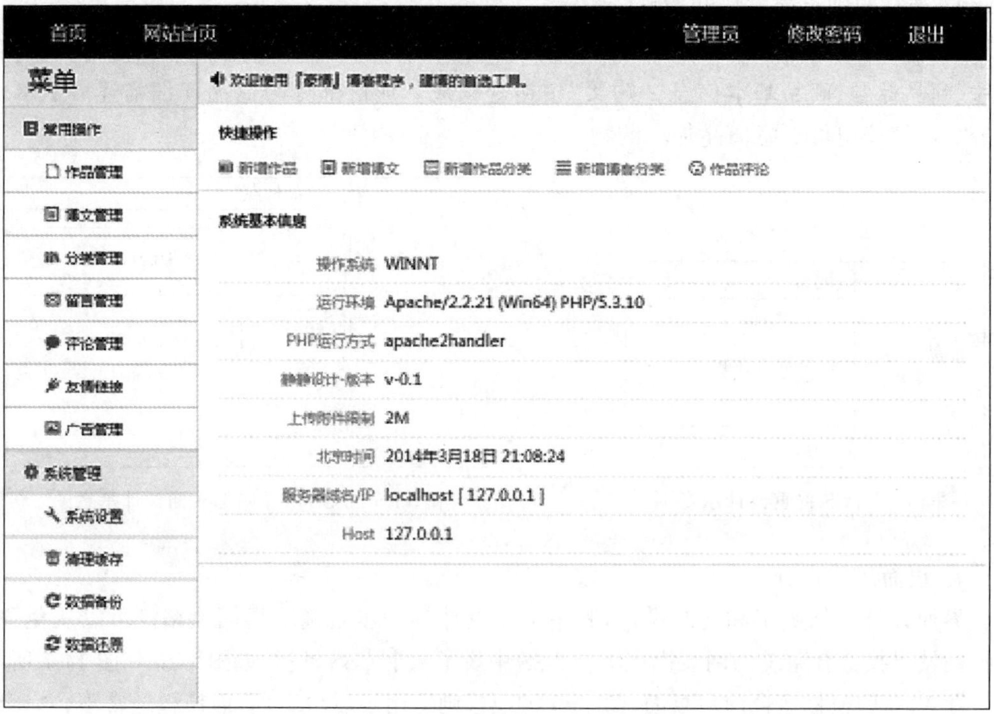

首页
网站首页
管理员
修改密码
退出
菜单
欢迎使用『萌博』博客程序，建博的首选工具。
常用操作
作品管理
博文管理
分类管理
留言管理
评论管理
友情链接
广告管理
系统管理
系统设置
清理缓存
数据备份
数据还原
快捷操作
新增作品
新增博文
新增作品分类
新增博客分类
作品评论
系统基本信息
操作系统 WINNT
运行环境 Apache/2.2.21 (Win64) PHP/5.3.10
PHP运行方式 apache2handler
静静设计-版本 v-0.1
上传附件限制 2M
北京时间 2014年3月18日 21:08:24
服务器域名/IP localhost [127.0.0.1]
Host 127.0.0.1

图 14-7　一个免费后台页面模板浏览效果

14.3 系统架构

1. WebApp 项目

创建 LSS 解决方案和其中的项目

新建名为 LSS. Web 的项目,注意选择网站项目的类型为“ASP. NET Web 应用程序”,同时修改解决方案名称为 LSS,如图 14-8 所示。

在接下来的对话框中选择“空”模板,以免 VS 为项目做过多的配置。

这里使用的 Web 应用程序类型项目(简称 WebApp)和前面两个案例中创建的“ASP. NET 空网站”项目(简称 WebSite)有所不同,但都可以用来开发 ASP. NET 动态网站。

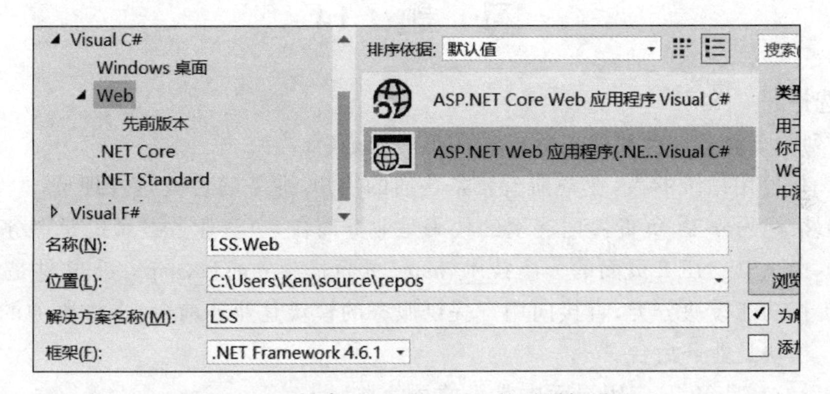

图 14-8 创建 LSS. Web 项目的对话框设置

相对来说,WebSite 比较灵活方便,但功能上有所限制,适合开发中小型的网站系统;WebApp 支持的功能更多,项目管理方面也更规范,适合开发大型网站系统。如果需要选择,通常应该选择创建 WebApp 类型的项目。

2. 三层架构

LSS 同样采用三层架构,但和 KPIs 不同,LSS 的实体层、DAL、BLL 和 UI 层,每一层都用一个单独的项目来实现,具体的项目规划如表 14-3 所示。

表 14-3 LSS 项目规划

项目/命名空间	项目类型	作用
LSS. Web	网站项目	界面表示层
LSS. BLL	类库	业务逻辑层
LSS. Model	类库	数据库模型项目,仅用于生成 DAL 和 Entities 中的代码
LSS. DAL	类库	数据访问层(数据库上下文类的定义)
LSS. Enities	类库	实体类层,包括常量和自定义工具类
数据库系统	SQL Server 2017 Express	数据持久化(将数据保存在磁盘中)

在 LSS 解决方案中新建 LSS. BLL、LSS. Model、LSS. DAL 和 LSS. Entites 四个类库项目,各组件之间的关系如图 14-9 所示。

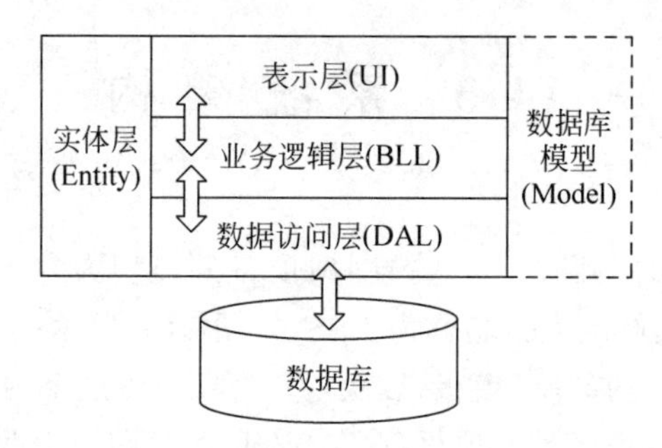

图 14-9 LSS 解决方案中各组件关系示意图

习 题 14

一、选择题

1. 下列关于业务前台和业务后台说法正确的是(　　)。

   A) 指使用系统的人,业务前台就是普通的用户,业务后台就是管理员

   B) 指代码分工,负责界面展示的代码是业务前台,负责业务逻辑的是业务后台

   C) 指 ASP. NET 页面的分离技术,aspx 页面是业务前台,aspx. cs 文件是业务后台

   D) 指功能模块分类,直接向用户提供服务的模块是业务前台,支撑服务的维护管理模块是业务后台

2. (　　)不是 Web 应用界面中常见的页面类型。

   A) 首页　　B) 列表页　　C) 详情页　　D) 弹出窗口

二、是非题

(　　)1. 功能模块图用于确定将系统划分为哪些模块,和用例图中的用例并不一定是一一对应的关系。

(　　)2. 通常所说的网站模板,是一套 HTML(DIV)+CSS 代码,在实现阶段要根据交互设计用控件替换模板中的一些元素。

三、实践题

完成"小明网上书城"的功能模块设计和界面设计,给出典型的页面布局设计图并列出系统的页面清单。参考 LSS 完成三层架构的解决方案搭建,方案中集成 ASP. NET 成员资格。

第15章

数据库管理

学习目标

- 熟练掌握概念模型的设计，熟练掌握将概念模型转换为关系模型的方法；
- 了解数据库物理设计，掌握基础索引设计；
- 熟练掌握创建 SQL Server 数据库的方法；
- 掌握数据库可编程性的概念；
- 理解存储过程的概念，掌握创建、修改、删除和执行存储过程的 SQL 语句；
- 掌握存储过程参数、返回参数的定义，了解临时表；
- 掌握 SQL 函数的概念，理解 SQL 函数和存储过程的区别和用途，掌握 SQL 自定义函数的创建、修改、删除和执行的 SQL 语句；
- 了解数据库安全性，了解存取控制、审计、加密在数据库安全控制中的应用；
- 了解触发器的工作机制，了解隐含参数 inserted 和 deleted；
- 深刻理解数据库事务的概念和重要性，理解事务的 ACID 属性，了解事务管理的 SQL 语句；
- 了解数据库故障，了解日志的原理和作用，了解备份；
- 深刻理解并发冲突的概念和三种并发错误，了解封锁解决并发冲突的原理，了解乐观并发冲突处理思路。

15.1 数据库设计和实施

1. 概念模型

根据前面的需求分析和系统设计，可以得到如图 15-1 所示的实体类图。

请读者检查一下图 15-1 中的概念模型是否正确，以及是否能够满足以下业务需求。

(1) 不同角色的用户，可以执行不同的操作，顾客用户有一个账户余额，用于取消订单时候的退款。

(2) 一个用户可以有多个地址，其中有一个是默认地址。

(3) 可以设置商品分类，商品分类仅支持单级。一个商品分类下属可以有多个商品。

(4) 商品有标题、照片、详细描述等信息，以及价格、计算运费的重量，还有商品的评价(用于记录顾客对该商品的综合评分)，以及上架时间和下架标记(用于控制商品的有效性)。

(5) 一个用户可以下达多个订单，订单记录订单的总体价格、收货地址、收货人和联系电话以及用于管理订单的订单时间、付款时间、发货时间和收货时间、状态信息。

(6) 一个订单至少有一条订单明细，也可以有多条订单明细，表示该订单中包含了哪些商品，以及这些商品的成交单价、数量。考虑到只有购买过商品的顾客才可对该商品进行评

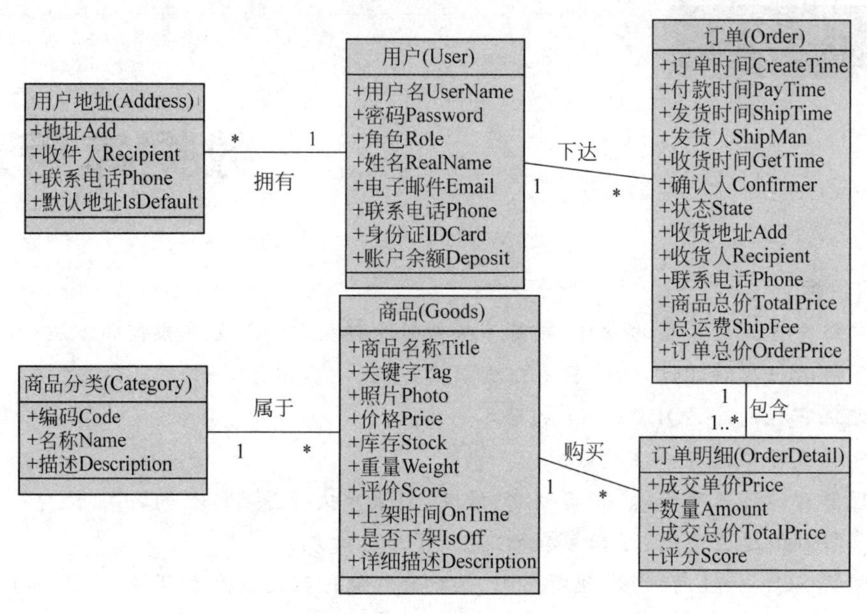

图 15-1　LSS 实体类图

分,所以将对商品的评分设置在订单明细中。

(7) 一条订单明细必然对应一件商品,而一件商品可能被多次购买。

2. 关系模型

LSS 关系模型采用表格方式描述,关系模型的设计主要基于需求分析和图 15-1 所示的实体类图,特别注意关系模型如何体现实体类之间的关系,也就是表 15-1～表 15-6 中外键字段的说明。

表 15-1 保存系统中所有用户的基本信息。

表 15-1　用户(Users)表

字段名	类型	属性	说明
UserID	Int64	PK,IDENTITY	用户 ID
UserName	String (50)	NOT NULL	登录用户名。不允许两个人员的用户名相同
Password	String(50)	NOT NULL	登录密码。采用加密方式存储
RealName	String (50)	NULL	真实姓名
IDCard	String (50)	NULL	身份证号码
Email	String (50)	NULL	电子邮件
Phone	String (50)	NULL	联系电话
Role	String (50)	NOT NULL	用户所属角色。LSS 一共有管理员、供应部、客服部、顾客四种角色。角色决定了用户的操作权限
Deposit	Number(10,2)	NOT NULL	当前账户余额,默认为 0

表 15-2 用于记录送货地址,用户在下达订单时可以从自己的送货地址清单中选择。

表 15-2 用户地址 Address 表

字段名	类型	属性	说明
ID	Int64	PK,IDENTITY	地址 ID
UserID	Int64	NOT NULL,FK	外键,地址所属用户 ID
Address	String(200)	NOT NULL	详细地址
Recipient	String(50)	NOT NULL	收件人
Phone	String(50)	NOT NULL	联系电话
IsDefault	Boolean	NOT NULL	是否为默认地址,默认值为 false。若有多个地址,则默认选择 ID 最小的地址。如果没有默认地址,则不进行默认地址的选择

表 15-3 保存商城销售的商品分类,LSS 项目中仅设置一级商品分类。

表 15-3 商品分类(Category)表

字段名	类型	属性	说明
ID	Int32	PK,IDENTITY	商品分类 ID
Code	String(50)	NULL	商品分类编码
Name	String (50)	NOT NULL	商品分类名称
Description	String(1000)	NULL	商品分类描述

表 15-4 保存商城的所有商品信息。

表 15-4 商品(Goods)表

字段名	类型	属性	说明
ID	Int64	PK,IDENTITY	商品 ID
CategoryID	Int32	NOT NULL,FK	外键。商品所属的商品分类 ID
Title	String(200)	NOT NULL	标题
Tag	String (50)	NULL	搜索关键字
Photo	String(1000)	NOT NULL	照片的图片文件 URL
Price	Number(10,2)	NOT NULL	单价
Stock	Int32	NOT NULL	库存数量。默认为 0
Weight	Int32	NOT NULL	单件重量。默认为 0。用于计算运费。订单的运费和订单中所有商品的总重量有关,具体计算公式为:20kg 以下 10 元,20kg～50kg 的 20 元,50kg～100kg 的 30 元,超过 100kg 的,40 元封顶
Score	Int32	NOT NULL	评价,5 分制。默认 0 分
OnTime	DateTime	NOT NULL	上架时间,默认为添加商品的时间
IsOff	Boolean	NOT NULL	是否下架,默认为 False
Description	String(MAX)	NOT NULL	详细描述

表 15-5 保存用户下达的订单,用于订单的管理。

表 15-5　订单(Orders)表

字段名	类型	属性	说明
ID	Int64	PK,IDENTITY	订单 ID
UserID	Int64	NOT NULL,FK	外键,下达订单的用户 ID
UserName	String(50)	NOT NULL	用户名,用于显示订单所有者
CreateTime	Datetime	NOT NULL	订单创建时间
PayTime	Datetime	NULL	付款时间
ShipTime	Datetime	NULL	发货时间
ShipMan	String(50)	NULL	发货人。保存客服部设置发货状态的人员用户名,便于落实责任。考虑到用户信息可能被删除,且用户名不会修改,所以这里直接保存用户名
CloseTime	DateTime	NULL	订单关闭时间。对应图 15-1 中的 GetTime 属性
CloseMan	String(50)	NULL	订单关闭人。直接保存用户名,对应图 15-1 中 Confirmer 属性
State	Char(1)	NOT NULL	状态：0—新建,1—已付款,2—已发货,3—已确认,4—已取消,5—已退货。默认为 0
Address	String(200)	NOT NULL	详细收货地址。考虑到用户的收货地址可能变更或删除,所以这里直接保存详细地址
Recipient	String(50)	NOT NULL	收货人姓名
Phone	String(50)	NOT NULL	收货人联系电话
TotalPrice	Number(10,2)	NOT NULL	商品总价＝订单明细商品的成交价格总和
ShipFee	Number(10,2)	NOT NULL	根据商品总重量计算的运费
OrderPrice	Number(10,2)	NOT NULL	订单总价＝商品总价＋运费

表 15-6 保存订单的明细商品信息。

表 15-6　订单明细(OrderDetail)表

字段名	类型	属性	说明
ID	Int64	PK,IDENTITY	订单明细 ID
OrderID	Int64	NOT NULL,FK	外键,订单明细所属的订单
GoodsID	Int64	NOT NULL,FK	外键,订单明细对应的商品 ID
Price	Number(10,2)	NOT NULL	成交价格。因为商品可能调价,所以直接保存订单当时的价格
Amount	Int32	NOT NULL	购买数量
TotalPrice	Number(10,2)	NOT NULL	商品总价＝成交价格×购买数量
Score	Int32	NULL	商品评价。收货后,顾客可以给这个商品一个评分,5 分制

3. 物理设计

完成关系模型的设计后,针对所采用的数据库系统完成物理设计,也就是确定数据库的存储结构,确定表结构和索引等内容。

1) 存储结构

首先确定 LSS 的数据库名为 LSStore,数据库文件保存在 SQL Server 默认数据库文件夹中,采用单数据库文件的方式。

2）外键约束

LSS 的关系模式基本上可以直接转换成表结构，注意将数据类型转换成 DBMS 所支持的类型，以及主键、外键、默认值等约束的定义。特别要注意外键约束。表 15-7 给出了 LSS 外键参照的设计。

表 15-7 LSS 外键参照设计

参照名	外键表	主键表	对应键	强制约束	更新/删除
FK_Addres_Users	Address	Users	UserID=UserID	是	/
FK_Goods_Category	Goods	Category	CategoryID=ID	是	/
FK_Orders_Users	Orders	Users	UserID=UserID	是	/
FK_OrderDetail_Orders	OrderDetail	Orders	OrderID=ID	是	/
FK_OrderDetail_Goods	OrderDetail	Goods	GoodsID=ID	是	/

3）索引设计

表 15-8 给出了 LSS 的索引清单。需要注意的是，数据库中究竟需要哪些索引实际上是一个动态的调整过程，DBA 其中一项职责就是使用数据库分析工具确定如何调整索引。另外，不要创建包含大段文本字段的普通索引，这对于提高查找效率的作用并不明显。

表 15-8 LSS 索引清单

表	索引	索引类别	索引字段	作用
Users	PK_Users	聚集索引	UserID	主键
	IX_Users	唯一索引	UserName，Password	常用查找
Address	PK_Address	聚集索引	ID	主键
	IX_Address	索引	UserID，IsDefault	外键，常用查找
Category	PK_Category	聚集索引	ID	主键
Goods	PK_Goods	聚集索引	ID	主键
	IX_Goods	索引	Title，Tag，IsOff	常用查询
	IX_Goods_Category	索引	CategoryID，IsOff	外键，常用查询
	IX_Goods_OnTime	索引	OnTime，IsOff	常用排序
	IX_Goods_Price	索引	Price，IsOff	常用排序
	IX_Goods_Score	索引	Score，IsOff	常用排序
Orders	PK_Orders	聚集索引	ID	主键
	IX_Orders	索引	UserID，State	外键，常用查询
	IX_Orders_Time	索引	CreateTime，State，UserName	常用查询，排序
Order Detail	PK_OrderDetail	聚集索引	ID	主键
	IX_OrderDetail	索引	OrderID	外键，常用查询
	IX_OrderDetail_Goods	索引	GoodsID	外键

根据索引实现的方式，索引可以分为以下 3 种。

（1）聚集（Cluster）索引：决定了数据的物理存放顺序。

（2）B+树：即平衡多叉树，以及众多基于 B 树的改进索引方法，被广泛用于数据库中。SQL Server 中通常的索引采用 B+树来实现。

（3）散列法（Hashing）：散列法也可以用于实现索引。

4. 创建数据库

创建 LSStore 数据库

LSS 采用 MPMM 系统的数据库创建方式，但数据库实施方法和 KPIs 系统基本相同，大部分的实施工作需要读者自行完成。打开图形管理工具 SSMS，连接到本地 SQL Express 或 SQL Server 数据库引擎。创建新的数据库 LSStore，接下来根据数据库设计完成表格、索引、视图等定义。

15.2 数据库可编程性

读者在网站购物时，可能会发现单击历史订单中的商品，打开的商品页面中带有历史快照标记，也就是说卖家更新商品信息后，已被购买的商品会保留订单当时的信息。假设 LSS 中也希望实现类似的功能，可以考虑增加一张 OldGoods 表，如表 15-9 所示。

表 15-9 历史商品(OldGoods)表

字段名	类型	属性	说明
ID	Int64	PK,IDENTITY	历史商品 ID
GoodsID	Int64	NOT NULL,FK	外键。对应商品的 ID
UpdateTime	DateTime	NOT NULL	失效时间，该历史商品是在 UpdateTime 失效的。如要获取订单的商品信息，假设订单日期为 Version，则应该获取 UpdateTime≥Version 的历史记录，也就是 Version 或之后才失效的商品。如果在 Version 之后有多条历史商品记录，则应该取 UpdateTime 最小的那条。如果没有这样的记录，则说明要取的是正式商品表中的记录
Title	String(200)	NOT NULL	商品标题
Photo	String(1000)	NOT NULL	商品图片 URL 路径
Description	String(MAX)	NOT NULL	商品详细描述

记录商品历次修改前的信息，仅记录可能引起买家和卖家争议的字段内容。

当需要获取历史快照时，需要把 OldGoods 和 Goods 表中的记录结合起来。这个处理逻辑可以认为是业务逻辑，因此可以交给网站开发人员负责完成；也可以认为是数据库关系模型处理逻辑(外模式)，因此也可以交给 DBA 负责完成。本书采用 DBA 负责的处理方式。

1. 可编程性

通过视图可以定义数据库外模式。视图实际上就是一条查询 SQL 语句，因此无法实现一些复杂的逻辑。DBMS 还提供将一组 SQL 语句组合在一起的方法，称为数据库可编程性。

通过数据库可编程性，可以定义复杂的数据库外模式，不但提供查询功能，而且可以控制数据库的更新操作。下面以历史商品表的处理为例，介绍 SQL Server 存储过程和函数的基本知识。

2. 存储过程

可编程性——使用存储过程实现商品历史信息的处理

在 SQL Server 中,存储过程是一组 T-SQL 语句,经过编译后可以被多次调用,它可以接收输入参数、输出参数,返回单个或多个结果集以及返回值。创建存储过程的 SQL 语法为:

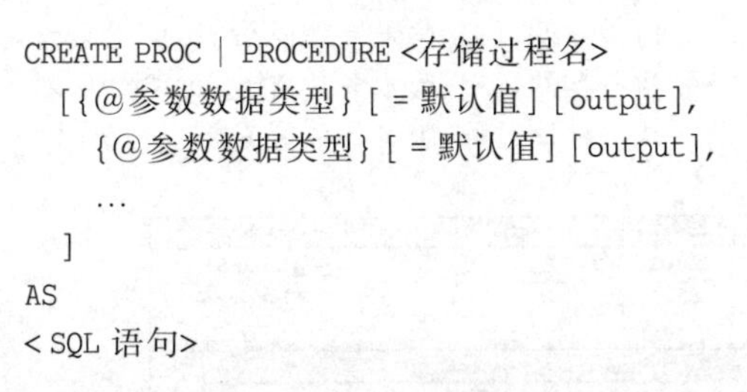

```
CREATE PROC | PROCEDURE <存储过程名>
  [{@参数数据类型} [ = 默认值] [output],
    {@参数数据类型} [ = 默认值] [output],
    ...
  ]
AS
< SQL 语句>
```

例如,获取指定版本商品信息的存储过程定义如下:

```
-- ================================================
-- Author:Author Name
-- Create date: 2015 - 7 - 10
-- Description:获取指定 ID 的指定日期版本的商品
-- ================================================
CREATE PROCEDURE GetGoodsByID
  @ID BIGINT,                              -- 商品 ID 参数
  @Version DateTime = NULL                 -- 日期版本参数,空表示获取最新的版本
AS
BEGIN
  SET NOCOUNT ON;                  -- 避免返回多余的信息,如 SELECT 语句返回的是涉及记录数
  DECLARE @oldID BIGINT                    -- 声明局部变量@oldID
  IF @Version IS NOT NULL                  --
                                 指定了版本,试图获取指定版本的历史记录 ID 字段值
  BEGIN
    SELECT TOP 1 @oldID = ID FROM OldGoods -- 获取历史记录 ID 字段值
    WHERE GoodsID = @ID
        AND UpdateTime >= @Version         -- 指定日期之后更新的版本
    ORDER BY UpdateTime - 按更新日期排序,以获取其中最早的那个版本
  END
  IF @Version IS NULL OR @oldID IS NULL    -- 没有指定版本或历史版本不存在
  BEGIN                                    -- 从 Goods 表获取正式版本的商品信息
    SELECT ID, CategoryID, Title, Tag, Photo, Price,
        Stock, [Weight], Score, OnTime, IsOff, [Description]
    FROM Goods
    WHERE ID = @ID
  END ELSE BEGIN                  -- 结合 Goods 表和 OldGoods 表,获取指定的历史版本商品信息
    SELECT g.ID, CategoryID, og.Title, Tag, og.Photo, Price,
        Stock, [Weight], Score, OnTime, IsOff, og.[Description]
    FROM Goods g JOIN OldGoods og ON g.ID = og.GoodsID
        AND g.ID = @ID AND og.ID = @oldID
  END
END
```

通过 SQL 语句执行存储过程的命令为:

```
EXEC | EXECUTE <存储过程名> <参数列表>
```

例如,执行以下 SQL 语句得到如图 15-2 所示的结果:

```
SELECT * FROM Goods                          -- 获取商品清单
SELECT * FROM OldGoods                       -- 获取历史商品清单
EXEC GetGoodsByID 1 , '2015 - 7 - 21'        -- 执行存储过程,版本参数值为 2015 - 7 - 21
EXEC GetGoodsByID 1 , '2015 - 7 - 2'         -- 执行存储过程,版本参数值为 2015 - 7 - 2
EXEC GetGoodsByID 1 , '2015 - 6 - 20'        -- 执行存储过程,版本参数值为 2015 - 6 - 20
```

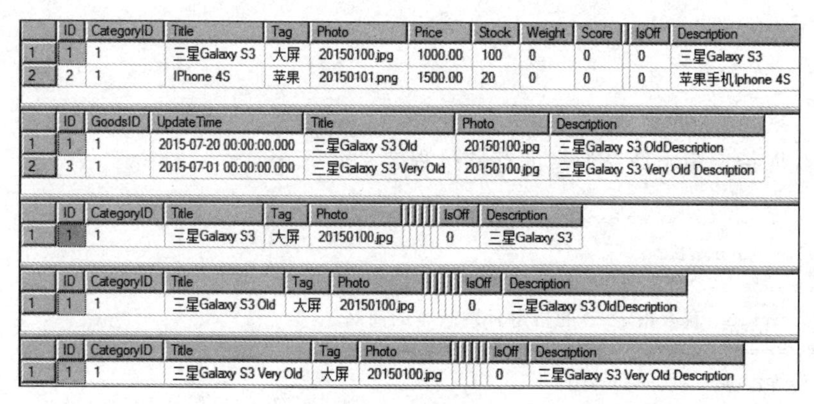

	ID	CategoryID	Title	Tag	Photo	Price	Stock	Weight	Score	IsOff	Description
1	1	1	三星Galaxy S3	大屏	20150100.jpg	1000.00	100	0	0	0	三星Galaxy S3
2	2	1	IPhone 4S	苹果	20150101.png	1500.00	20	0	0	0	苹果手机Iphone 4S

	ID	GoodsID	UpdateTime	Title	Photo	Description
1	1	1	2015-07-20 00:00:00.000	三星Galaxy S3 Old	20150100.jpg	三星Galaxy S3 OldDescription
2	3	1	2015-07-01 00:00:00.000	三星Galaxy S3 Very Old	20150100.jpg	三星Galaxy S3 Very Old Description

	ID	CategoryID	Title	Tag	Photo	IsOff	Description
1	1	1	三星Galaxy S3	大屏	20150100.jpg	0	三星Galaxy S3

	ID	CategoryID	Title	Tag	Photo	IsOff	Description
1	1	1	三星Galaxy S3 Old	大屏	20150100.jpg	0	三星Galaxy S3 OldDescription

	ID	CategoryID	Title	Tag	Photo	IsOff	Description
1	1	1	三星Galaxy S3 Very Old	大屏	20150100.jpg	0	三星Galaxy S3 Very Old Description

图 15-2 存储过程 GetGoodsByID 执行结果

图 15-2 中第 1、2 张表给出了数据库中 Goods 和 OldGoods 表中的记录。第 1 条执行 GetGoodsByID 存储过程的参数为 ID=1,Version='2015-7-21';查看 OldGoods 表可以知道,2015-7-21 之后没有做过更新,所以应该返回 Goods 表中 ID=1 的记录。

第 2 条执行 GetGoodsByID 存储过程的参数为 ID=1,Version='2015-7-2';查看 OldGoods 表知道 2015-7-2 之后在 2015-7-20 做过更新,所以应该获取 OldGoods 表中 ID=1 的这条记录,也就是 Title 字段值为"三星 Galaxy S3 Old"这条记录,如图 15-2 中第 4 张表所示。

请读者自行分析第 3 条执行 GetGoodsByID 存储过程的结果。

对于存储过程的定义注意以下几点。

(1) 参数和局部变量:参数和局部变量必须带有@前缀。如果有多个参数,则在调用存储过程时使用","分隔参数。

(2) 返回结果集:存储过程中最后执行的 SELECT 语句将作为存储过程执行的结果集。

(3) 返回参数:存储过程可以利用带有 output 属性的参数返回其他的值。

(4) 存储过程中的 SQL 语句:除了通常的 SQL 语句,存储过程中还可以使用变量操作、流程控制(分支、循环)等语句。存储过程中也可以执行存储过程。

(5) 临时表:单个数据项、少量的数据可以保存到变量中,如果需要处理大量数据,则可以考虑使用临时表。临时表的表名前带有#前缀,当存储过程执行结束时,临时表会被自动删除。

修改存储过程的语法和创建语法类似,只需要把 CREATE 关键字替换成 ALTER 关键字即可。如果需要删除存储过程,则需要使用 DROP 关键字。

3. 函数

创建自定义标量函数并调用

函数和存储过程的定义非常类似，主要的区别有两点。

(1) 功能：函数中不能执行更新数据库的操作。

(2) 使用：函数可以像存储过程一样通过 EXEC 命令执行，但标量函数还可以像值一样参与表达式运算。

函数分为系统函数和用户自定义函数。系统函数是 DBMS 内部定义好的函数，可以直接在 SQL 语句中使用。例如，获取数据库服务器当前时间的 SQL 语句：

```
SELECT GETDATE() AS CurrTime
```

再如，获取 7 天内上架商品的 SQL 语句：

```
SELECT * FROM Goods                         -- 获取一周内上架的商品清单
WHERE DATEDIFF(day, OnTime, GETDATE())< 7
```

其中，DATEDIFF()函数计算两个日期之间的差值，第 1 个参数 day 表示求相差的天数(用 year 表示求相差的年数、month 表示求相差的月数)，第 2 个参数为开始日期，第 3 个参数为结束日期，返回开始日期距离结束日期的差值。例如，如果当前日期为 2019-2-12，商品的 OnTime 为 2019-2-11，则上述函数表达式值为 1。

正是由于函数可以像值一样参与表达式运算，所以函数具有存储过程无法取代的作用。当系统内置函数无法满足需求时，可以创建自己的函数，相应的语法为：

```
CREATE FUNCTION <函数名> (参数列表)
RETURNS <返回值类型>
BEGIN
  <函数体>
  RETURN <返回值>
END
```

例如，下面的自定义函数接受一个订单状态的代码，返回该代码的中文含义：

```
CREATE FUNCTION dbo.GetOrderStateName -- 创建函数
(@state CHAR(1)) -- 定义参数
RETURNS NVARCHAR(20) -- 定义返回值类型
BEGIN
  DECLARE @result NVARCHAR(20)               -- 定义局部变量
  SELECT @result = CASE @state               -- 根据参数确定返回值，保存到局部变量中
    WHEN '1' THEN '已付款'
    WHEN '2' THEN '已发货'
    WHEN '3' THEN '已收货'
    WHEN '4' THEN '取消'
    ELSE '新建'
  END
  RETURN @result                             -- 返回局部变量作为函数的结果值
END
```

然后就可以在 SQL 语句中使用这个函数：

```
SELECT Recipient, CreateTime, State, dbo.GetOrderStateName([State])
FROM Orders
```

查询结果如表 15-10 所示。

表 15-10　使用 GetOrderStateName()函数获得的查询结果

Recipient	CreateTime	Status	
张三	2015-07-11 00：00：00.000	1	已付款
李四	2015-07-11 16：03：34.657	4	取消

关于函数，补充说明以下几点。

(1) 函数名：注意函数名前面的 dbo 前缀，这涉及 SQL Server 中的架构概念，目前只需要记住在定义、调用时都添加这个前缀即可。

(2) 定义返回值：定义函数返回值类型的关键字是 RETURNS，而返回具体值的关键字是 RETURN，注意两者的区别。

(3) 函数类型：函数根据返回值和参数的类型可以分为标量函数、表值函数和聚合函数，如果参数和返回值都是简单类型的函数，称为标量函数，如上述 GetOrderStateName()函数。

15.3　数据库保护

到目前为止，LSS 在使用数据库时主要利用了 DBMS 的数据存储和检索功能，实际上一个健全的 DBMS 除了基本的数据存储外，还提供了数据安全性、完整性、故障恢复和并发控制四方面的功能，称为数据库保护机制。对于一个实际应用系统来说，这些是必须考虑的问题。

1. 安全性

信息系统都有安全性问题，也就是指保护信息系统中的数据，防止不合法使用所造成的数据泄露、更改、破坏。DBMS 提供了相应的机制来保证数据库中数据的安全。

1) 存取控制

所谓防止不合法使用包含两方面的内容：让合法的用户能且只能进行合法的操作，让不合法的人员无法进行任何操作。所以，安全性控制方法首先需要标识和鉴别用户，这可以通过用户名和密码机制来实现。

为了防止合法用户执行非法操作，用户通过身份认证后还需要通过存取控制来防止误操作，也就是定义用户的权限，并在用户执行操作时进行权限检查。数据库中还可以通过视图机制来实现更精细的数据权限控制。

2) 审计

存取控制属于事先控制，但很多时候无法制定出完善的权限体系，所以还需要采取事后监督机制。数据库审计能够实时记录数据库活动，通过对用户访问数据库行为的记录、分析和汇报，事后生成操作合规性报告、事故追根溯源，同时加强内外部数据库行为记录，提高数据资产安全。

图 15-3 给出了 SSMS 中安全性管理节点中的项目，其中审计功能从 SQL Server 2008

开始集成到了 SQL Server 中，称为审核。

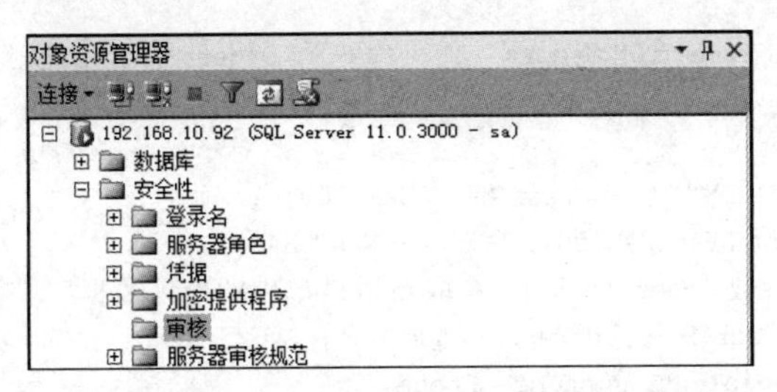

图 15-3 SSMS 中 SQL Server 审计管理节点

3）数据加密

无论是权限控制还是数据库审计，对于 DBA 来说都是无效的，DBA 拥有对数据库进行所有操作的权限，也可以清理数据库审计记录，但 DBA 通常情况下不是数据库应用的合法用户。

为此，对于重要数据可以采用数据加密的方式防止数据泄露。例如，在 KPIs 中，用户密码采用 MD5 摘要加密方式，大大降低用户密码泄露的可能性。再如，员工工资数据也可能采用可逆加密存放[①]的方式。

2. 完整性和触发器

Insert 触发器的创建和演示

标准的数据库约束机制，如主键约束、非空约束、默认值等只能实现比较基本的完整性控制，如果希望数据库实现比较复杂的业务完整性控制，可以考虑使用触发器(Trigger)。

1）创建触发器

触发器是一种特殊的存储过程，它的执行不是程序调用，也不是手工启动，而是由事件来触发。当对某个表进行 INSERT、DELETE 或 UPDATE 操作时就会执行触发器，常用于加强数据的完整性约束和业务规则。

创建触发器的语法为：

```
CREATE TRIGGER <触发器名> ON <表或视图>
{FOR | INSTEAD OF } {INSERT | UPDATE | DELETE}
AS
<主体部分>
```

与存储过程的定义语句相比，主要的差别如下。

(1) 参数和返回值：触发器是由事件驱动自动执行的，所以无法指定参数和返回值。但触发器内部可以获取事件参数，这些参数以触发器内局部变量的形式出现。

(2) 触发事件：触发器必须指定触发事件，也就是指定在哪张表上执行什么操作时需要执行触发器，通过上述语法中的 ON、FOR 或 INSTEAD OF 关键字指定。一个触发器可以同时作用于不同的操作，只要用逗号分隔这些操作。

① 加密工资数据必须采用可逆的加密方式(能通过解密还原)，因为有权限的用户是需要看到这些数据的。而密码加密通常采用的是不可逆加密方式(无法还原出原来的密码)，从而更好地避免密码被破解。

例如,当增加某个用户订单时,自动更新用户地址表(仅举例,LSS 没有这么做):

```
CREATE TRIGGER Order_Insert ON Orders          -- 在 Orders 表上创建触发器
  FOR INSERT                                   -- 当新增时触发
AS
  DECLARE @userid BIGINT, @address NVARCHAR(200)
  DECLARE @recipient NVARCHAR(50), @phone NVARCHAR(50)
  -- 从触发器内置参数 inserted 表中,获取新增订单中的地址数据
  SELECT @userid = UserID, @address = [Address],
    @recipient = Recipient, @phone = Phone
  FROM inserted
  -- 添加对应的地址
  IF NOT EXISTS(SELECT * FROM [Address]        -- 检查地址是否已经存在
    WHERE UserID = @userid AND [Address] = @address)
  BEGIN
    INSERT INTO [Address](UserID, [Address], Recipient,
        Phone, IsDefault)
    VALUES (@userid, @address, @recipient, @phone, 0)
  END
```

执行该 SQL 命令后,在 Orders 表下就会新增一个 Order_Insert 触发器。在 SSMS 中打开 Orders 表的编辑界面,在其中新增一条记录。然后查看地址表 Address,可以看到其中增加了一条新的地址记录。可见向 Orders 表添加记录后,DBMS 的确执行了这个触发器。

2) 触发器隐含参数

触发器中隐含了两个重要的参数:inserted 和 deleted。这两个参数用于存放表中修改的数据行信息。它们是触发器执行时自动创建的,是内存中的临时表,触发器工作完成时自动删除。它们是只读表,不能向其中写入内容。

在前述例子中,通过下面的语句从 inserted 表中获取了插入到 Orders 表中的记录,并将其中的 UserID 和地址信息保存到局部变量中:

```
SELECT @userid = UserID, @address = [Address],
    @recipient = Recipient, @phone = Phone
FROM inserted
```

根据驱动触发器的事件不同,inserted 表和 deleted 表中保存的记录有不同的含义,具体如表 15-11 所示。

表 15-11　inserted 表和 deleted 表记录的内容

事　件	inserted 表	deleted 表
INSERT 记录时	新增记录	空
DELETE 记录时	空	被删除的记录
UPDATE 记录时	更新后的记录	更新前的记录

需要注意的是,这两个隐含参数的值都是表,而不是记录。例如,使用 DELETE 语句一次删除所有满足条件的记录,使用 UPDATE 语句一次更新所有满足条件的记录。

所以上述 Order_Insert 触发器存在一个 BUG:没有考虑 inserted 表中有多条记录的情

况。要让触发器处理这种情况,需要掌握多表更新、查询插入的 SQL 语句,本书不予展开。

3. 数据库事务

在触发器中使用事务滚撤销错误操作

数据库恢复技术和数据库并发控制都是以事务为基本单位的,事务和并发是开发应用软件必须掌握的概念。

1) 什么是事务

数据库事务(Database Transaction)是指将对数据库的一系列操作逻辑上作为单个操作来处理:要么全部被执行,要么全部不执行。例如 LSS 中,当用户使用账户余额进行订单付款时,需要完成两个操作:在 Orders 表修改订单状态为已付款;在 Users 表中修改账户余额。显然这两个操作必须作为一个整体。

在 SQL 语法中与事务相关的语句有 3 条,通常的使用方法为:

```
BEGIN TRANSACTION                        -- 开始事务
  < SQL1 >                               -- 执行 SQL 语句
  < SQL2 >                               -- 执行 SQL 语句
  ...
IF <正确>
  COMMIT TRANSACTION                     -- 提交事务(确认事务操作)
ELSE -- 错误
  ROLLBACK TRANSACTION                   -- 回滚事务(取消事务操作)
```

当 DBMS 执行 BEGIN TRANSACTION 语句开始事务时,会开始一个事务标记(时间点),该标记之后的更新操作会将影响前后的数据库记录到事务日志中。如果接下来的操作没有任何问题,则通过 COMMIT TRANSACTION 语句提交事务,确认所有的更新操作,同时释放事务所占用的资源;如果操作遇到错误,则应该发出 ROLLBACK TRANSACTION 语句回滚事务,DBMS 会根据事务日志恢复到事务开始时的状态。

利用事务可以改进 Order_Insert 触发器,让触发器自动从用户的账户余额中扣款(仅用于举例,LSS 的付款方式是允许用户自行选择的),因为触发器和引起触发器执行的 SQL 默认处于同一个事务中,所以无须显式发出 BEGIN TRANSACTION 指令。成功时也无须发出 COMMIT TRANSACTION 指令,只要在失败时执行 ROLLBACK TRANSACTION 就可以了,具体代码如下:

```
CREATE TRIGGER Order_Insert ON Orders              -- 在 Orders 表上创建触发器
  FOR INSERT                                       -- 当新增时触发
AS
  DECLARE @userid BIGINT, @price DECIMAL(10,2)
  DECLARE @deposit DECIMAL(10,2)
  -- 从触发器内置参数 inserted 表中获取新增订单中的用户和金额
  SELECT @userid = UserID, @price = OrderPrice FROM inserted
  -- 获取存款
  SELECT @deposit = Deposit FROM Users WHERE UserID = @userid
  IF @deposit <@price BEGIN                        -- 如果超额
    RAISERROR('用户没有足够的存款。', 10, 1)         -- 报错
    ROLLBACK TRANSACTION                           -- 回滚事务,取消操作
  END ELSE BEGIN                                   -- 没有超额
```

```
    UPDATE Users SET Deposit = Deposit - @price        -- 更新对应的存款
    WHERE UserID = @userid
  END
```

2) 事务的 ACID 属性

事务是 DBMS 的重要功能,企业级的 DBMS 都有责任提供保证事务物理完整性的机制,通常由 DBMS 中的事务管理子系统负责。事务的物理完整性就是通常所说的事务 ACID 属性。

(1) 原子性(Atomicity):事务必须是原子工作单元;对于其数据修改,要么全都执行,要么全都不执行。例如,新增订单对订单表和订单明细表的操作逻辑上需要作为一个操作对待。

(2) 一致性(Consistency):事务开始前,数据库状态具有完整性;事务完成时,数据库状态仍然保持完整性。

(3) 隔离性(Isolation):不同的用户很可能同时对数据库进行操作,此时要保证一个事务不会看到另一个事务的中间状态,这称为隔离性。因为事务中间状态很可能是错误状态。例如 LSS 中,如果用户 user1 正在下达订单(总价 50 元),同时管理员正在为 user1 充值(原余额 1000 元,充值 100 元)。如果订单事务中获取了充值更新后尚未提交的中间状态余额(1000+100=1100 元),那么订单事务处理余额的结果就是 1100 -50=1050 元。但充值事务由于某个原因失败了,需要回滚事务,恢复原余额为 1000 元。也就是说,正确的余额应该为 1000 -50=950 元。

(4) 持久性(Durability):只要事务被提交,事务所做的更新就会记录到数据库中。即使在执行真正更新的过程中,DBMS 出现致命的系统故障,事务所做的更新也不会丢失。

对于数据库来说,事务无处不在。例如执行 SQL 语句:

```
UPDATE Users SET Deposit = Deposit + 100              -- 向所有用户发放奖金 100 元
```

涉及多条记录的修改,那么有可能在修改了部分记录时数据库系统崩溃了(如服务器电源被拔),如果没有事务,会出现部分记录被修改,部分记录没有被修改的情况。所以,对于每一条 SQL 语句的执行,实际上 DBMS 都会自动开始一个事务,在执行成功后自动提交事务,失败时自动回滚事务。这就是所谓的隐式事务。

4. 数据库恢复

在许多应用系统中,数据库往往是最核心的部分,一旦数据库损坏,将会带来巨大的损失。所谓数据库恢复,就是指在某种故障使数据库的当前状态已经不再正确时,把数据库恢复到某个已知正确的状态。基本的数据库恢复技术有日志文件和数据转储两种。

1) 日志文件

对于事务内部的故障,可以通过日志文件来恢复。创建 SQL Server 数据库时,至少要包含一个 mdf 数据文件和一个 ldf 日志文件,如图 15-4 所示。数据文件包含所有数据库对象和数据;而日志文件则包含数据库的事务日志,也就是事务中更新语句执行前后的数据。

例如 UPDATE Users SET Deposit=Deposit+100 语句执行时,日志文件首先会记录 Users 表中所有记录的 Deposit 字段值(标记为旧值),以及修改后的 Deposit 字段值(标记为新值)。当事务提交时,DBMS 才将修改后的值写入到数据文件中。

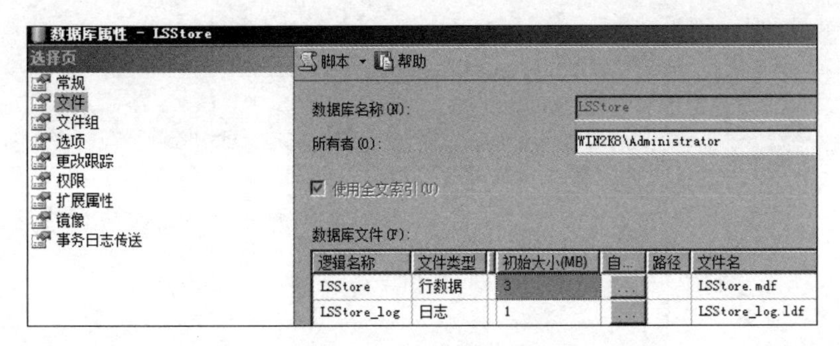

图 15-4　数据库 LSStore 的数据和日志文件

除了记录更新前后的值，日志还会记录更新的时间节点，也就是事务开始的时间和提交的时间。因此，当事务故障时，根据日志文件就可以实现数据库的恢复。

2）数据转储

所谓数据转储，就是数据库的备份，也就是将整个数据库复制到磁带或另一个磁盘上保存起来。和通常文件备份的不同之处在于，数据库备份仅备份处于一致状态时的数据库，也就是不会备份事务的中间状态。

在实际的应用系统中，数据库转储是必不可少的日常操作。除了直接利用 DBMS 的备份功能，有时也会在应用系统中实现针对应用的数据库备份和恢复功能。

5. 并发控制

一个网络应用系统往往有很多用户同时在使用，对应到数据库中常常会有不同的事务在同时执行，这就是所谓的并发事务。当多个事务并发存取数据库时，经常会产生同时读取或修改同一数据的情况，这就是所谓的并发冲突。

若对并发操作不加控制就可能会存取和存储不正确的数据，破坏数据库的一致性，所以 DBMS 必须提供并发控制机制。为了能够理解什么时候需要使用并发控制，首先需要掌握并发事务可能导致的问题，这样在应用开发中就能够发现可能的并发问题点，从而适时引入并发控制机制。

1）并发错误

事务并发操作可能产生的数据不一致问题有修改丢失、不可重复读和读脏数据 3 种。

(1) 修改丢失。两个事务 T1 和 T2 读入同一数据并修改，T2 提交的结果破坏了 T1 提交的结果，导致 T1 的修改丢失。如图 15-5 所示，用户 user1 下达了一个订单，因此需要从 user1 账户中扣除 10 元；同时管理员为 user1 充值 5 元奖励，因此要向 user1 账户中添加 5 元。如果没有并发控制，那就可能出现 user1 账户中扣除 10 元的操作被充值操作覆盖的错误。

(2) 不可重复读。事务 T1 读取数据后，事务 T2 执行更新操作，使 T1 无法再现前一次读取结果。如图 15-6 所示，用户 user1 下达订单，事务首先用 SELECT 语句检查账户余额是否足够；此时 user1 申请的取现 100 元的操作得到了银行的确认，取现事务从 user1 账户中扣除了 100 元；订单事务检查通过后执行 UPDATE 语句，根据当前账户余额计算得到新账户余额为－10 元。同一事务(订单事务)中，SELECT 和 UPDATE 语句读取同一个数据得到了不同的结果，虽然没有丢失数据，但结果明显是不符合业务逻辑的。

(3) 读脏数据。事务 T1 修改某一数据，并将其写回磁盘，事务 T2 读取同一数据后，T1

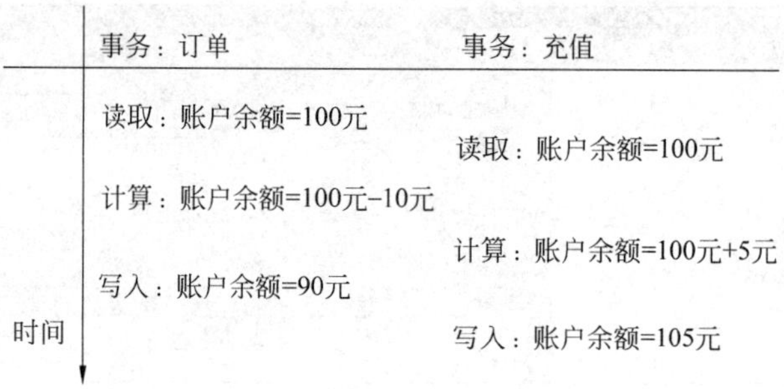

事务：订单　　事务：充值

读取：账户余额=100元

　　读取：账户余额=100元

计算：账户余额=100元−10元

　　计算：账户余额=100元+5元

写入：账户余额=90元

　　写入：账户余额=105元

时间

图 15-5　并发事务导致修改丢失示意图

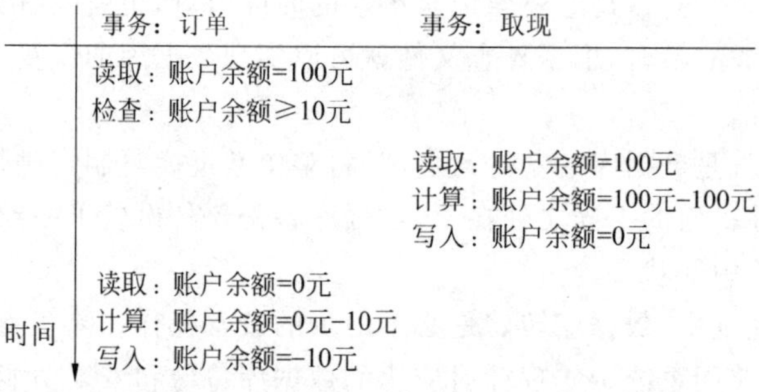

事务：订单　　事务：取现

读取：账户余额=100元
检查：账户余额≥10元

　　读取：账户余额=100元
　　计算：账户余额=100元−100元
　　写入：账户余额=0元

读取：账户余额=0元
计算：账户余额=0元−10元
写入：账户余额=−10元

时间

图 15-6　并发事务导致不可重复读错误示意图

由于某种原因被回滚，这时 T1 已修改过的数据恢复成原值，T2 读到的数据就与数据库中的数据不一致，则 T2 读到的数据就称为脏数据。如果 T1 执行的是新增数据操作，则 T2 读到的数据在数据库中是不存在的，这样的脏数据又称为幻影。图 15-7 所示的月账单查询的事务，就读到了订单事务的脏数据。

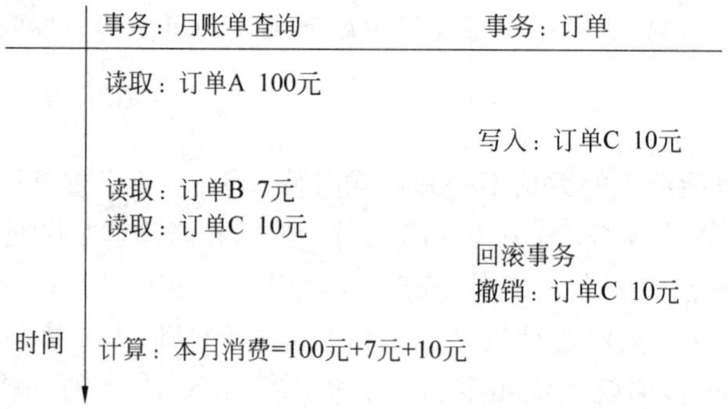

事务：月账单查询　　事务：订单

读取：订单A 100元

　　写入：订单C 10元

读取：订单B 7元
读取：订单C 10元

　　回滚事务
　　撤销：订单C 10元

计算：本月消费=100元+7元+10元

时间

图 15-7　并发事务导致读脏数据示意图

2）封锁

所有导致并发冲突的根本原因都在于没有实现事务 ACID 特性中的隔离性，当一个事务能够读取到另一个事务的中间状态时，就可能发生各种错误。如果要避免并发冲突，实现并发控制，最基本的方法就是封锁，也就是在事务访问的数据对象上设置事务标记，告诉其他事务该数据对象处于事务中间状态，从而避免并发错误。

这种先给数据加锁然后再进行操作的方式称为悲观的并发冲突处理方式，也就是事先假设会并发冲突，于是采取措施避免冲突。

实际应用开发中，倾向于使用乐观的并发冲突处理方式，也就是先假定不会发生冲突，但更新时会检查是否发生了并发冲突，如果发生了再做冲突处理。当然这仍然是基于事务的，具体实现在第 16 章中介绍。

习　题　15

一、选择题

1. 数据库概念模型可以用(　　)来表示。

A) 类图/ER 图　　B) 流程图　　C) SQL 语句　　D) 表格

2. 如何构造出一个合适的关系模型是(　　)主要解决的问题。

A) 物理结构设计　　B) 数据字典
C) 逻辑结构设计　　D) 关系数据库查询

3. 数据库设计中，确定数据库存储结构，即关系、索引、聚簇、日志、备份等数据的存储安排和存储结构，这是数据库设计的(　　)。

A) 需求分析阶段　　B) 逻辑设计阶段
C) 概念设计阶段　　D) 物理设计阶段

4. 在关系数据库设计中，对关系进行规范化处理，使关系达到一定的范式，如达到 3NF，这是(　　)阶段的任务。

A) 需求分析阶段　　B) 概念设计阶段
C) 物理设计阶段　　D) 逻辑设计阶段

5. 在概念模型中，如果有 3 个不同的实体类，3 个 $m:n$ 联系，根据概念模型转换为关系模型的规则，转换为关系的数目是(　　)。

A) 4　　B) 5　　C) 6　　D) 7

6. (　　)不属于实现数据库系统安全性的主要技术和方法。

A) 存取控制技术　　B) 视图技术
C) 审计技术　　D) 出入机房登记和加锁

7. SQL 语言的 GRANT 和 REVOKE 语句主要是用来维护数据库的(　　)。

A) 完整性　　B) 可靠性
C) 安全性　　D) 一致性

8. 数据库的逻辑工作单位是(　　)。

A) 关系　　B) 元组　　C) 事务　　D) 属性

9. 设 T1 与 T2 是两个事务，它们的并发操作如下所示：

```
      T1                    T2
----------------------------------------------
 读 C = 100
                       读 C = 100
                       C←C + 10
                       写回 C
 读 C = 110
```

此时所发生的错误称为(　　)。

A) 丢失修改　　B) 读“脏”数据

C) 不可重复读　　D) 数据完整性错误

10. 以下 SQL 命令用于提交事务的是(　　)。

A) BEGIN TRANSACTION　　B) END TRANSACTION

C) COMMIT TRANSACTION　　D) ROLLBACK TRANSACTION

二、填空题

1. DBMS 提供将一组 SQL 语句组合在一起来完成复杂功能的方法,称为________。

2. SQL Server 中,表名前使用一个________号,表示局部临时表,在断开连接后会自动删除临时表。

3. ________是一种特殊的存储过程,它的执行不由程序调用,也不由手工启动,而是由数据库操作事件引发自动执行的。

4. ________就是制作数据库结构、对象和数据的备份,以便在数据库遭到破坏的时候能够恢复数据库。

5. 事务具有原子性、________、________和________四个特性,简记为________。

6. 并发冲突的处理可以分为两类,一类是使用封锁的方法来避免冲突,另一类仅仅检测冲突,称为________并发冲突处理。

三、是非题

(　　)1. DBA 拥有对数据库进行所有操作的权限,所以无法防止 DBA 获取数据。

(　　)2. 和数据库相关的所有工作统称为数据库事务。

(　　)3. 触发器具有 inserted 和 deleted 两个隐性参数,对于更新触发器来说,deleted 表示更新前的数据,inserted 为更新后的数据。

(　　)4. 日志文件指包含数据库事务日志的文件,用于记录事务中更新语句更新前后的数据。

四、实践题

1. 指出图 15-8 中不合理的关联关系,并根据修正后的 E-R 图完成关系模型的设计。

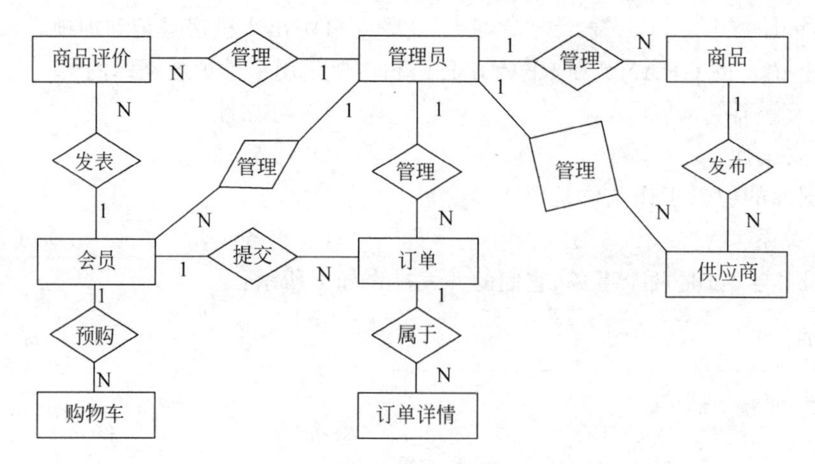

图 15-8　购物系统管理 E-R 图

2. 数据库中现有三张表格,见表 15-12～表 15-14。

表 15-12　Student 表

学　号	姓　名	性　别	年　龄	系　别
1	郭靖	男	20	计算机
2	郭芙	女	19	经管
3	杨康	男	22	化学
4	龙女	女	21	电子
5	杨过	男	24	计算机

表 15-13　Course 表

课　号	课 程 名	学　分
1	SQL Server	4
2	大学英语	3
3	面向对象	4

表 15-14　Score 表

学　号	课　号	成　绩
1	1	90
2	1	85
2	2	77
5	3	58

在 SQL Server 中完成以下任务:

(1) 创建查询 Student 表的所有内容的存储过程 QueryStudents,并执行。

(2) 创建存储过程 SelectStudents,查询指定姓名、性别的学生学号、姓名、性别、课程名和成绩。

(3) 执行存储过程 SelectStudents,查询“郭靖”的信息。

(4) 创建存储过程 InsertStudent,可以通过该存储过程将学生信息插入到 Student 表中,并能将所有学生的平均年龄返回给用户。

(5) 执行存储过程 InsertStudent,将学生的信息(6,李红,女,24,生物)插入到 Student 表中,并获取所有学生的平均年龄。

(6) 创建函数 AverageStudent(),以学号为参数,返回该学生的平均成绩。

(7) 使用 AverageStduent()函数获取每个学生的平均成绩。

3. 完成“小明网上书城”的概念模型设计,将概念模型转换为关系模型;完成索引和外键约束的设计,根据设计创建数据库。

第16章

系统实现

学习目标

- 熟练掌握EF实体类的定义方法；
- 熟练掌握DIV+CSS实现页面整体布局和菜单项；
- 了解校验组的概念和应用；
- 掌握ASP.NET表单认证原理和应用，掌握用户角色的管理，掌握使用配置方式实现权限控制；
- 掌握使用TransactionScope类实现事务管理；
- 了解嵌套母版页的使用，了解CSS负边距技术和字符图标技术；
- 掌握简单统计LINQ，掌握集合函数，了解对应SQL统计函数的使用；
- 熟练掌握使用ASP.NET Repeater控件显示数据，掌握Repeater控件行中触发事件的处理技巧，掌握遍历Repeater控件中行控件的方法；
- 了解使用jQuery实现全选Repeater控件行中Checkbox控件的技巧；
- 了解SQL Server分页逻辑的实现，掌握LINQ实现分页的方法，了解分页页码器；
- 掌握Repeater控件行命令的定义和处理；
- 了解HTML编辑器；
- 理解订单状态管理的业务逻辑，熟练掌握乐观并发处理的实现；
- 理解导航属性的贪婪加载方式，掌握Include()方法的使用。

16.1 搭建系统架构

按照14.3节中的要求创建好各项目和LSS解决方案，删除类库项目中的Class1.cs默认文件。设置各项目之间的引用关系如下。

设置项目之间的引用、为项目配置EF程序包

根据表16-1创建BaseService类和全部空白服务类

(1) LSS.DAL项目：引用LSS.Entities项目。

(2) LSS.BLL项目：引用LSS.Entities、LSS.DAL项目程序集。

(3) LSS.Web项目：引用LSS.Entities、LSS.BLL项目。

其中，LSS. BLL 项目中的业务逻辑服务类清单见表 16-1。

表 16-1 LSS. BLL 项目中的业务逻辑服务类清单

类名	说明
BaseService	业务逻辑服务基类
UsersService	用户处理类
AddressService	用户地址处理类
GoodsService	商品处理类
CategoryService	商品分类处理类
OrdersService	订单处理类，包括订单明细处理

1. 实现 DAL 层和 Entity 层

1）创建 ADO. NET 实体数据模型

分离 DAL 层和 Entities 层命名空间和项目

LSS 的 DAL 层采用和 KPIs 中相同的 EF 技术。在 LSS. Model 项目中添加新项，选择 ADO. NET 实体数据模型，名称设置为 LSSDBModel。由于数据库已经创建完毕，所以确定后在如图 3-1 所示的对话框中选择“来自数据库的 EF 设计器”；单击“完成”按钮，在如图 10-18 所示的向导中选择(或新建)到 LLStore 数据库的连接；再单击“下一步”按钮，在选择数据库对象和设置对话页中选择“需要导入的表和视图”，完成实体类和 DAL 类的设计。

注意在选择数据库对象和设置对话页中，勾选“确定所生成对象名称的单复数形式”选项，如图 16-1 所示。

☑ 确定所生成对象名称的单复数形式(S)
☑ 在模型中包括外键列(K)
☑ 将所选存储过程和函数导入到实体模型中(I)

图 16-1 选择数据库对象和设置

这样生成的 DAL 代码中，实体和实体集的名称将分别是单数和复数形式，方便区分两者。例如，Users 表对应的实体和实体集名称分别为 User 和 Users，Categroy 表对应的实体和实体集名称则分别为 Categroy 和 Categroies。

在添加模型向导中直接选择根据数据库创建模型时 EF 为 LSS 创建的数据上下文类名为<数据库名>＋Entities，例如这里的 LSStoreEntities，这就是自动生成的 DAL 类。查看 LSStoreEntities 类的定义可以看到其构造函数定义为：

```
public LSStoreEntities() : base("name = LSStoreEntities") { }
```

其中，“name = LSStoreEntities”表明 LSStoreEntities 使用配置文件中名为 LSStoreEntities 的连接字符串。根据数据库生成模型时，VS 在 Model 项目中自动添加配置文件 app. config，并在其中添加包含该连接字符串的配置节，需将其复制到 Web 项目的 web. config 中。

和 KPIs 类似，在 BaseService 类中添加一个 LSStoreEntities 对象属性 db，便于在 BLL

的 Service 类中使用这个 DAL 类，具体代码如下：

```
protected LSStoreEntities db = new LSStoreEntities();
```

最后，为了能在 LSS. BLL 项目中使用 DAL，还需要为 LSS. BLL 项目添加对 EF 程序集的引用，实际上 DAL 项目和所有直接或间接使用 DAL 的项目都需要添加对 EF 的支持。使用 NuGet 管理工具为 LSS. BLL、LSS. DAL 和 LSS. Web 三个项目添加 EF 程序包。

2）分离 DAL 层和 Entity 层①

ADO. NET 实体数据模型生成的 DAL 层和 Entity 层代码都位于 LSS. Model 项目中，因此即使只需要引用 Entity 类的项目也同时引用了 DAL 类。通过一些技巧可以将这两层的代码分离到不同的项目中。

首先分离两层的命名空间。展开解决方案资源管理器中的 LSSDBModel. edmx 节点，选中其下的 LSSDBModel. Context. tt 文件(负责生成 DAL 类的 t4 模板文件)，在属性窗体中将“自定义工具命名空间”属性值修改为 LSS. DAL。打开 LSSDBModel. Context. tt 节点下的 LSSDBModel. Context. cs 文件，可以看到原来 LSStoreEntities 类所在的命名空间从 LSS. Model 改变为 LSS. DAL。

选中 LSSDBModel. edmx 节点下的 LSSDBModel. tt 文件(负责生成 Entity 类的 t4 模板文件)，在属性窗体中将“自定义工具命名空间”属性值修改为 LSS. Entities。打开 LSSDBModel. tt 节点下的任意实体类文件，可以看到原来实体类所在的命名空间从 LSS. Model 改变为 LSS. Entities。

自动生成的 LSStoreEntities 类不会应用实体类修改后的命名空间，手动修改代码又随时都可能被覆盖，所以需要修改 t4 模板。双击 LSSDBModel. edmx 打开模型设计器，单击设计器空白处表示选中模型本身，在属性窗体中将“命名空间”属性值修改为 LSS. Entities。双击打开 LSSDBModel. Context. tt 文件，在其中找到代码：

```
using System.Data.Entity.Infrastructure;
```

在其下插入如下代码：

```
using <# = modelNamespace #>;
```

其中，modelNamespace 就对应前述模型的“命名空间”属性。<# = … #>则是 t4 模板输出语句，所以生成的 LSStoreEntities 类代码中，会增加“using LSS. Entities;”这段代码。

接下来分离两层的代码。在 LSS. DAL 项目中添加到 LSSDBModel. Context. tt 文件的链接，在 LSS. Entities 项目中添加到 LSSDBModel. tt 文件的链接。

右击 LSS. DAL 项目，在弹出的快捷菜单中选择“添加”→“现有项”命令，在对话框中导航到 LSS. Model 项目文件夹，如图 16-2 所示。其中，文件名过滤器需要选择“所有文件(＊.＊)”，选中 LSSDBModel. Context. tt 文件后，必须单击“添加”按钮后的下拉按钮，选择下拉列表中的“添加为链接”。同样地，为 LSS. Entities 项目添加到 LSSDBModel. tt 文件的链接。

---

① 本部分内容为严格遵守三层架构的分层原则而采取的技巧。读者可以选择不分离 DAL 层和 Entity 层，从而避免较为复杂的项目管理操作。

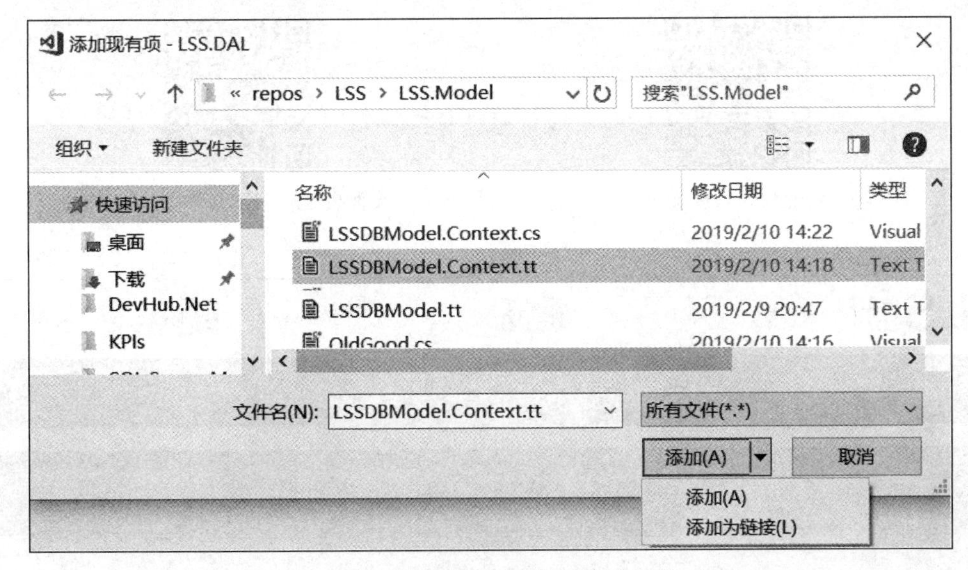

图 16-2　添加现有项对话框的"添加为链接"方式

采用链接方式添加项和被链接的文件实际上是同一个，这样既可以实现代码分离，又可以保持代码和模型的同步更新。显然，LSS. Entities 项目、LSS. DAL 项目和 LSS. Model 项目中的内容是重复的，所以不能在引用 LSS. Entities 项目或 LSS. DAL 项目的同时引用 LSS. Model 项目。

最后，还要将 LSS. Model\bin\Debug\LSS. Model. dll 文件"链接添加"到 LSS. Web 项目中。因为 EF 运行时需要模型本身的信息，所以需要为 LSS. Web 项目添加 LSS. Model. dll 文件(注意不是对程序集的引用)。选中 LSS. Web 项目中的这个文件，设置"复制到输出目录"属性值为"如果较新则复制"，结果如图 16-3 所示。

图 16-3　设置链接文件 LSS. Model. dll 属性

2. 实现母版页

LSS 中最终实现的总体布局效果如图 16-4 所示。下面就来实现负责该布局的母版页，在 LSS. Web 项目中添加母版页文件 Site. Master。

实现 LSS 的母版页

根据表 14-2 创建全部空白页面

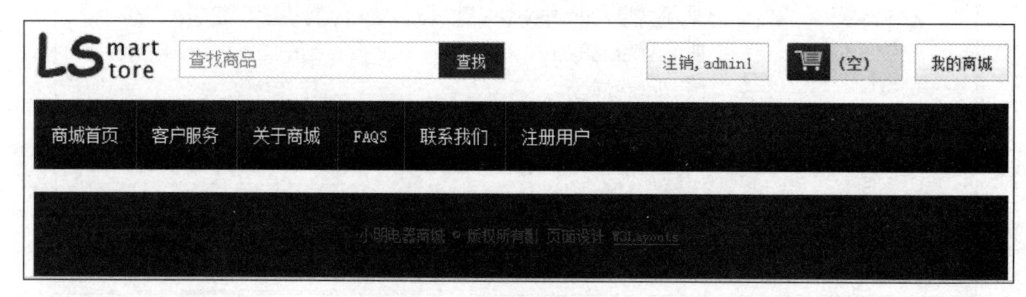

图 16-4　LSS 总体展示效果图

1）页面框架代码

下面是母版页框架的 HTML 代码,基于 DIV+CSS 技术实现图 16-4 所示布局效果。

```
<%@ Master Language = "C#" AutoEventWireup = "true" CodeBehind = "Site.master.cs" Inherits
= "LSS.Web.SiteMaster" %>
<!DOCTYPE html>
<html xmlns = "http://www.w3.org/1999/xhtml">
<head id = "Head" runat = "server">
</head>
<body>
  <form id = "Form1" runat = "server">
    <div class = "wrap">
      <div class = "header">
        <div class = "logo"><% -- Logo 图片 -- %></div>
        <div class = "header_search"><% -- 快速查找区域 -- %></div>
        <div class = "header_right"><% -- 快捷操作区域 -- %></div>
        <div class = "clear"></div>
      </div>
      <div class = "menu"><% -- 主菜单区域 -- %></div>
      <asp:ContentPlaceHolder ID = "MainContent" runat = "server" />
      <div class = "footer clear">
        <div class = "copy_right"><% -- 版权信息 -- %></div>
      </div>
    </div>
  </form>
</body>
</html>
```

其中,<head></head>之间的代码为

```
<head id = "Head" runat = "server">
  <meta http - equiv = "Content - Type" content = "text/html; charset = utf - 8" />
```

```
  <title>小明电器商城</title>
  <script type="text/javascript"
      src="<% = ResolveUrl("~/Scripts/jquery-3.1.1.min.js") %>"></script>
  <link href="~/Styles/Site.css" rel="stylesheet" type="text/css" />
  <link href="~/Styles/Menu.css" rel="stylesheet" type="text/css" />
  <asp:ContentPlaceHolder ID="HeadContent" runat="server">
  </asp:ContentPlaceHolder>
</head>
```

上述代码由 3 部分构成：引入 jQuery 库（可以通过 NuGet 安装，注意调整代码中 jQuery 库的版本号）；两个 CSS 文件的引入，一个为全局 Site.css 文件，另一个是针对主菜单的 Menu.css 文件；头部的 HeadContent 控件，为子页面放置特定头部代码提供内容占位符。

2）快速查找区域

快速查找区域的页面代码为

```
<div class="header_search">
  <div class="search_box">
    <asp:TextBox ID="tbSearchKey" runat="server" placeholder="查找商品">
    </asp:TextBox>
    <asp:Button ID="btSearch" runat="server" Text="查找" />
  </div>
</div>
```

上述代码中 TextBox 控件用于输入查找关键字。header_search 样式定义整个快速查找区域浮动显示在 Logo 图片右边，search_box 样式负责输入控件外边框显示，通过 input[type="text"]子元素选择器定义其中<input>元素的样式为无边框，通过 input[type="submit"]子元素选择器定义查找按钮的样式，最终得到输入框和按钮的组合显示效果，如图 16-4 所示。

3）快捷操作区域

快捷操作区域的页面代码为

```
<div class="header_right">
  <div class="topmenu">
    <span class="menuitem">
      <asp:HyperLink ID="hlAdmin" runat="server">我的商城</asp:HyperLink>
    </span>
  </div>
  <div class="shopping_cart">
    <div class="cart">
      <asp:HyperLink ID="hlShoppingCart" title="查看我的购物车" rel="nofollow"
          runat="server" CssClass="no_product">(空)</asp:HyperLink>
    </div>
  </div>
  <div class="topmenu" title="用户信息">
    <span class="menuitem">
      <asp:LinkButton ID="hlLogin" runat="server" CssClass="username"> 请登录
      </asp:LinkButton>
```

```
      </span>
    </div>
  </div>
```

上述代码由 3 个< div >元素组成,分别是我的商城超链接(链接到后台管理页面)、查看我的购物车超链接、用户信息超链接,通过样式定义控制这些超链接的外观。因为采用了右侧浮动的方式,所以这个 3 个超链接展示的顺序与页面代码顺序恰好相反。

4）主菜单区域

主菜单区域采用 HTML 列表元素来实现,页面代码为

```
<ul id = "dc_mega - menu - orange" class = "dc_mm - orange">
  <li><asp:HyperLink ID = "HyperLink1" runat = "server"
              NavigateUrl = "~/Default.aspx">商城首页</asp:HyperLink></li>
  <li><asp:HyperLink ID = "HyperLink2" runat = "server">客户服务</asp:HyperLink></li>
  <li><asp:HyperLink ID = "HyperLink5" runat = "server">关于商城</asp:HyperLink> </li>
  <li><asp:HyperLink ID = "HyperLink6" runat = "server"> FAQs </asp:HyperLink></li>
  <li><asp:HyperLink ID = "HyperLink7" runat = "server">联系我们</asp:HyperLink></li>
  <li><asp:HyperLink ID = "HyperLink3" runat = "server"
            NavigateUrl = "~/Account/Login.aspx">注册用户</asp:HyperLink></li>
  <div class = "clear"></div>
</ul>
```

列表项默认纵向排列,但 LSS 中通过设置列表< ul >元素的 CSS 样式实现横向排列。这部分样式直接套用了参考免费模板中的 CSS 代码,为了避免和整理过的 CSS 代码混淆,将其独立定义在 Menu.css 文件中。

3. 用户和权限控制

1）登录注册页面

在 LSS.Web 项目中添加 Account 文件夹,然后在其中添加 Login.aspx 页面,注意将其嵌套在 Site.master 这个前台站点的母版页中,简化后的核心页面代码如下:

登录和注册页面及校验控件的处理

```
<%@ Page Title = "登录" Language = "C#" MasterPageFile = "~/Site.
master"
AutoEvent Wireup = "true"
    CodeBehind = "Login.aspx.cs" Inherits = "LSS.Web.Account.Login" %>
<asp:Content ID = "HeaderContent" runat = "server" ContentPlaceHolderID =
"HeadContent">
</asp:Content>
<asp:Content ID = "BodyContent" runat = "server"
ContentPlaceHolderID = "MainContent">
  <div class = "content">
    <div class = "login_panel">
      <h3>登录</h3>
      <asp:TextBox ID = "tbUsername" /> <asp:RequiredFieldValidator />
      <asp:TextBox ID = "tbPassword" /><asp:RequiredFieldValidator />
      <asp:CheckBox ID = "chkRemember" />
      <asp:Button ID = "btLogin" Text = "登录" />
      <asp:Label ID = "lbLoginPrompt" runat = "server"></asp:Literal>
```

```
    </div>
    <div class = "register_account">
      <h3>注册新账号</h3>
      <div class = "column50">
        <asp:TextBox ID = "tbUserNameForRegister" />
        <asp:RequiredFieldValidator />
        <asp:TextBox ID = "tbPassword1" /> <asp:RequiredFieldValidator />
        <asp:TextBox ID = "tbPassword2" /> <asp:RequiredFieldValidator />
        <asp:CompareValidator />
      </div>
      <div class = "column50">
        <asp:TextBox ID = "tbEmail" /> <asp:RequiredFieldValidator />
        <asp:TextBox ID = "tbRealName" />
        <asp:TextBox ID = "tbIDCard" />
      </div>
      <asp:Button ID = "btRegister" />
      <asp:Label ID = "lbRegisterPrompt" />
    </div>
  </div>
</asp:Content>
```

可以将上述代码分为 login_panel 登录区域和 register_account 注册区域。其中,登录区域中有输入用户名的 tbUsername 文本框和输入密码的 tbPassword 密码框,其后都带有相应的校验控件;还有一个 chkRemember 复选框用于选择保持登录状态,以及一个 btLogin 提交按钮。

下面是 tbPassword 密码输入框的页面代码:

```
<asp:TextBox ID = "tbPassword" runat = "server" ValidationGroup = "login"
  placeholder = "密码" TextMode = "Password"></asp:TextBox>
```

上述代码中的 TextMode 属性值 Password 表明这是一个密码输入框;属性 placeholder 用于设置控件的占位提示文本,是 HTML5 新增属性,较新的浏览器都能支持。

Login.aspx 页面中同时包含了登录和注册两个部分,两部分都用了校验控件,但两部分的校验需要分离。也就是说单击“登录”按钮时不需要校验注册部分的控件,反之亦然。通过将登录和注册校验控件的 ValidationGroup 属性值分别设置为 login 和 register,然后将登录和注册按钮的 ValidationGroup 属性值分别设置为对应的 login 和 register,就能达成这个目标。下面是 reqUsername 校验控件和 btLogin 登录按钮的具体页面代码:

```
<asp:RequiredFieldValidator ID = "reqUsername" runat = "server"
  CssClass = "failure" ControlToValidate = "tbUsername" ErrorMessage = "必须填写用户名"
ToolTip = "必须填写用户名" ValidationGroup = "login"> *
</asp: RequiredField Validator>
<asp:Button ID = "btLogin" runat = "server" CssClass = "grey" Text = "登录"
ValidationGroup = "login" />
```

因为校验控件默认采用 Unobtrusive 模式,所以和 KPIs 相同,还需要用 NuGet 包管理器为 LSS.Web 项目安装 AspNet.ScriptManager.jQuery 的程序包。

2）表单认证

所谓基于表单(Forms)认证就是指通过 HTML 表单来输入登录信息，从而实现身份认证的方式。KPIs 基于 Cookie 实现的身份认证也属于表单认证，但实际上 ASP. NET 对此有完善的内置支持，可以大大简化相关的开发工作量。

实现表单认证

启用内置表单认证需要在 ASP. NET 应用程序的 Web. config 文件的 <system. web>配置节中添加如下配置代码：

```
<authentication mode = "Forms">
  <forms loginUrl = "~/Account/Login.aspx" timeout = "2880" />
</authentication>
```

其中，mode 属性指定了认证方式为 Forms，而 loginUrl 属性则指定了登录页面，当 ASP. NET 发现用户没有请求资源的访问权限时，就会跳转到 loginUrl 属性指定的登录页面。

在 Login. aspx 页面中，双击 btLogin 登录按钮添加单击事件处理代码：

```
protected void btLogin_Click(object sender, EventArgs e)
{
  //调用 UsersService 的 ValidateUser 方法,检查用户名和密码是否合法
  UsersService svr = new UsersService();
  if (svr.ValidateUser(tbUsername.Text, tbPassword.Text))     //检查通过
  {
    //调用 FormsAuthentication 表单认证服务类的方法完成登录
    FormsAuthentication.RedirectFromLoginPage(tbUsername.Text,
      chkRemember.Checked);
  }
  else                                                        //检查失败,显示错误信息
  {
    lbLoginPrompt.Text = "用户名或密码错误";
  }
}
```

其中，UserService 类是 LLS. BLL 项目中的服务类，继承 BaseService 服务基类，其 ValidateUser()方法代码如下：

```
public bool ValidateUser(string userName, string password)
{
  string md5Password = getMd5Password(password);            //获取 MD5 加密后的密码
  //使用 Any()方法判断数据库中是否存在用户名和密码匹配的 User 记录
  return db.Users.Any(u => u.UserName == username
    && u.Password == md5Password);
}
```

检查通过后保持用户登录状态只需要调用表单认证服务类 FormsAuthentication 的 RedicrectFromLoginPage()方法即可，该方法完成如下工作。

(1) 保存用户标识。将成功登录的用户名保存到客户端的 Cookie 中，即为客户端浏览器签发身份票据。如果第 2 个参数值为 true，就会设置 Cookie 持久时间为永远，从而签发

一个永久身份票据。考虑到安全的原因，这个身份票据是经过加密的，这也是 ASP. NET 表单认证机制的优势之一。

(2) 返回请求页面。重定向到原请求页面，也就是请求时由于权限不足被重定向到登录页面时用户真正请求的页面。如果不希望自动跳转，则可以用 SetAuthCookie()方法来代替 RedirectFromLoginPage()方法。

FormsAuthentication 类还提供了注销用户的 SignOut()方法，不管是否是永久身份票据，SignOut()方法都能将其删除。例如，在 Site. master 中，如果用户已经登录，那么用户信息超链接就成为了注销按钮，单击时需要执行如下代码：

```
FormsAuthentication.SignOut();                          //从客户端浏览器删除用户身份票据
Response.Redirect("~/Default.aspx");                    //跳转首页
```

用户通过登录页面取得身份票据后，网站中的其他页面如何获得登录用户信息？回顾 KPIs 中的页面基类，其中设置了用户属性，该属性是通过状态化方法(如 Cookie)获取用户标识，然后到数据库中获取用户对象而得到的。ASP. NET 的表单认证采用类似方法，将当前登录用户信息保存在一个称为 HTTP 请求上下文的对象中。

例如，为了在母版页的 hlLogin 用户信息超链接中显示当前用户信息，需要在母版页的 Page_Load()方法中写入如下的代码：

```
protected void Page_Load(object sender, EventArgs e)
{
  if (!IsPostBack)                                          //非回发
  {
    if (HttpContext.Current.User.Identity.IsAuthenticated) //当前用户是否认证
    {
      hlLogin.Text = String.Format("注销,{0}",
        HttpContext.Current.User.Identity.Name);            //显示用户名
    }
  }
}
```

上述代码中 HttpContext. Current 就是当前 HTTP 请求上下文对象，其中的子对象 User 是安全信息对象，User 对象的 Identity 属性就是当前用户标识。通过 Identity 的 IsAuthenticated 属性可以判断当前用户是否已通过身份验证，而 Identity 的 Name 属性就是登录时通过 FormsAuthentication. RedicrectFromLoginPage()方法放入到 Cookie 中的用户标识。

ASP. NET 自动从 Cookie 中提取了身份认证票据，将相关信息保存在 HTTP 请求上下文对象中。如果用户尚未登录，User 对象也可以正常访问，此时 ASP. NET 会创建一个 GenericPrincipal 类的默认安全信息对象，此对象指示一个未登录的用户。

基于 HTTP 请求上下文对象，为 Site. Master 母版页中的 hlLogin 控件添加单击事件处理代码如下：

```
protected void hlLogin_Click(object sender, EventArgs e)
{
  //如果当前用户状态是已认证,说明要注销
```

```
    if (HttpContext.Current.User.Identity.IsAuthenticated)
    {
      FormsAuthentication.SignOut();                       //从客户端浏览器删除用户身份票据
      Response.Redirect("~/Default.aspx");                 //跳转首页,刷新登录状态
    }
    else                                                   //否则,说明要登录
    {
      Response.Redirect("~/Account/Login.aspx");           //跳转登录页面
    }
}
```

3）用户角色

为身份认证票据添加角色信息

在实际的项目中，权限的控制通常是基于角色的，也就是用户组。用户按角色分组后，只要对角色进行权限控制就可以实现对其中全部用户的权限控制，从而大大简化权限控制的管理。LSS 固定设置 Admin、Buyer、Seller 和 User 四个角色，分别对应管理员、采购员、客服和顾客。

用户的角色保存在数据库 Users 表的 Role 字段中，为了让 HTTP 请求上下文对象的 User 对象能提供角色方面的信息，在登录时需要将该字段值添加到身份认证票据中，为此修改 UsersService. ValidateUser( )方法，返回 User 对象：

```
public User ValidateUser(string userName, string password)
{
    string md5Password = getMd5Password(password);       //获取 MD5 加密后的密码
    //返回用户名和密码匹配的 User 记录
    return db.Users.FirstOrDefault(u => u.UserName == username
       && u.Password == md5Password);
}
```

修改 Login. aspx 页面中登录按钮事件处理方法 btLogin_Click()的代码如下：

```
protected void btLogin_Click(object sender, EventArgs e)
{
  //调用 UserService 的 ValidateUser()方法,检查用户名和密码是否合法
  UsersService svr = new UsersService();
  User user = svr.ValidateUser(tbUsername.Text, tbPassword.Text);
  if (user != null)                                        //检查通过
  {
    //手工生成身份认证票据,将用户角色作为 User Data 加入到票据中
    FormsAuthenticationTicket authTicket = new FormsAuthenticationTicket(1,
      user.UserName, DateTime.Now, DateTime.Now.AddMinutes(20),
      chkRemember.Checked, user.Role);                     //user.Role 存入 User Data
    string encryptedTicket = FormsAuthentication.Encrypt(authTicket); //加密
    HttpCookie authCookie = new HttpCookie(                //将加密的身份认证票据存入 Cookie
      FormsAuthentication.FormsCookieName, encryptedTicket);
    Response.Cookies.Add(authCookie);                      //写入 Cookie
    Response.Redirect("~/Default.aspx");                   //跳转到默认首页
  }
  else                                                     //检查失败,显示错误信息
```

```
    {
      lbLoginPrompt.Text = "用户名或密码错误";
    }
}
```

上述代码中的身份认证票据通过 new FormsAuthenticationTicket()方法手工创建，再用 FormsAuthentication.Encrypt()方法加密，然后手工写入 Cookie，这样才可以将角色信息附加到身份认证票据中。注意 Cookie 的名字必须是 FormsAuthentication.FormsCookieName 属性值。

登录时写入的角色信息还需要在每次访问当前用户时提取出来，这个可以通过的 Web 应用程序事件 AuthenticateRequest 来实现。右击 LSS.Web 项目，在弹出的快捷菜单中选择"添加"→"新建项"命令，在对话框中选择"Web"→"常规"分类，选择全局应用程序类模板，保留 Global.asxa 名称，单击"添加"按钮。

双击 Global.asxa 打开 Global.asxa.cs 文件，找到其中的 Application_AuthenticateRequest()方法，为其添加如下代码：

```
HttpCookie authCookie =                                        //身份认证票据 Cookie
    Context.Request.Cookies[FormsAuthentication.FormsCookieName];
If (authCookie != null)                                        //获取成功
{
  FormsAuthenticationTicket authTicket =                       //解密 Cookie 得到身份认证票据
    FormsAuthentication.Decrypt(authCookie.Value);
  //创建身份认证票据时将角色信息写入到 UserData 中,这里取出并根据存入时的格式分解,
  //在 LSS 中并没有实现多角色用户,但 ASP.NET 的默认角色管理是支持多角色用户的
  string[] roles = authTicket.UserData.Split(new char[] { ',' });
  //将上下文的 User 属性修改成添加了角色信息的 GenericPrincipal
  Context.User = new GenericPrincipal(Context.User.Identity, roles);
}
```

上述代码在成功获取身份认证票据后提取其中的角色信息，然后将 Context.User 替换成带有角色信息的 GenericPrincipal 对象，此后就可以通过 HTTP 请求上下文的 User 对象的 IsInRole()方法判断当前用户所属的角色。例如，为了让母版页上 hlAdmin 超链接能够根据登录用户的角色自动跳转到不同页面，可以在母版页 Page_Load()方法中添加下面的代码(将其安排在显示用户名的语句之后)：

```
//根据角色确定"我的商城"超链接如何跳转
var user = HttpContext.Current.User;
if (user.IsInRole(Consts.Role.Admin))                          //属于 Admin 角色?
  hlAdmin.NavigateUrl = "~/Admin/Default.aspx";                //设置超链接目标
else if (user.IsInRole(Consts.Role.Seller))                    //属于 Seller 角色?
  hlAdmin.NavigateUrl = "~/Back/Orders.aspx";                  //设置超链接目标
else if (user.IsInRole(Consts.Role.Buyer))                     //属于 Buyer 角色?
  hlAdmin.NavigateUrl = "~/Back/Goods.aspx";                   //设置超链接目标
else //user.IsInRole(Consts.Role.User) 属于 User 角色?
  hlAdmin.NavigateUrl = "~/My/Default.aspx";                   //设置超链接目标
```

上述代码的 Consts.Role.Admin、Consts.Role.Seller、Consts.Role.Buyer 为字符串常量，值分别为 Admin、Seller 和 Buyer，另有值为 User 的字符串常量 Consts.Role.User。在

LSS. Entities 项目中添加 Consts 静态类,集中管理所有常量。

4) 权限控制

可在 Web. config 文件中配置访问规则,即指定受限资源允许或禁止哪些用户或角色的访问。例如,要求 Profile. aspx 页面的访问者必须是已登录用户,那么可以添加如下配置:

在 Web. config 文件中配置权限控制规则

```
<location path="Profile.aspx">
  <system.web>
    <authorization><deny users="?"/></authorization>
  </system.web>
</location>
```

上述配置中的 path 属性用于指定配置权限的页面,<authorization>节用来配置具体的权限规则。path 属性也可以指定文件夹,例如,将管理员所使用的页面放到 Admin 文件夹,然后设置针对 Admin 文件夹的访问规则:

```
<location path="Admin">
  <system.web>
    <authorization><allow roles="Admin"/><deny users="*"/></authorization>
  </system.web>
</location>
```

这些配置可以全部写到网站根文件夹 Web. config 文件的<configuration>节中,也可以在某个文件夹下添加一个 Web. config 文件来指定针对这个文件夹的访问规则。例如,右击 Admin 文件夹,在弹出的快捷菜单中选择"添加"→"新建项"命令,然后选择 Web 配置文件,为 Admin 文件夹添加一个 Web. config 文件,修改这个文件,添加如下配置:

```
<configuration>
  <system.web>
    <authorization><allow roles="Admin"/><deny users="*"/></authorization>
  </system.web>
</configuration>
```

上述配置就是针对 Admin 文件夹的访问规则,无须<location>节来指定规则对应的资源。

在编制访问规则时,注意以下几点。

(1) <allow>节表示允许,<deny>节表示拒绝,规则的顺序一定不能写错了,ASP. NET 的权限管控模块将按顺序依次判断,一旦匹配上了,规则就会忽略后续规则。

(2) 允许、拒绝的对象可以用 users 属性指定用户类对象,roles 属性指定角色类对象,多个用户或角色可以用逗号分隔。问号"?"表示匿名用户(尚未登录的用户),星号"*"表示所有用户。

(3) 若某个资源只允许某类用户访问,那么最后的一条规则一定是<deny users="*" />,如前面对 Admin 文件夹的配置。也就是说,默认允许所有用户访问,如果没有配置最后的<deny>规则,那么所有没有匹配前面规则的用户(包括匿名用户)都会获得访问权限。

以 Accout 文件夹中 Web. config 文件的访问规则配置为例，具体的配置为：

```
< location path = "Register. aspx">
  < system. web >
    < authorization > < allow users = " * "/> </authorization >
  </system. web >
</location >
< system. web >
    < authorization > < deny users = "?"/> </authorization >
</system. web >
```

(1) 因为 Account 中都是用户管理方面的页面，所以拒绝匿名用户访问(< deny users＝"?">)这个文件夹中的资源。

(2) 假设单独设置了 Register. aspx 注册页面，则因为匿名用户需要注册账户，所以需要用< location >节指定 Register. aspx 页面可以被所有用户(包括匿名用户)访问(< allow users＝ " * ">)。

(3) 如果在根文件夹的 Web. config 文件中配置了表单认证，且指定 Account 文件夹下的 Logoin. aspx 页面为登录页面，则该页面不受访问规则的限制。

请读者根据上述规则和表 14-1 的页面清单为 LSS 配置好所有的权限控制规则。

4. 注册用户和数据库事务

LSS 中登录和注册页面是合二为一的，下面完成 Login. aspx 页面中的注册功能。

通过事务范围防止注册重复用户

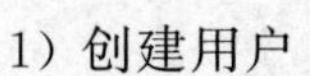

1) 创建用户

完成用户注册分两步操作：创建用户，检查用户名是否重复。在 UsersService 类中添加 CreateUser()方法，代码如下：

```
public bool CreateUser(string userName, string password, string email,
string realName, string idCard, string phone, string roleName)
{
  bool isOK = false;                    //初始化操作结果标记变量,假设结果为失败
  try
  {
    User user = new User()              //创建用户实体对象
    {
      UserName = userName, Password = getMd5Password(password),
      Email = email, RealName = realName, IDCard = idCard,
      Phone = phone, Role = roleName, Deposit = 0
    };
    db.Users.Add(user);                 //新增用户实体对象到 Users 表
    db.SaveChanges();
    if (db.Users.Any(u => u.UserID != user.UserID
    && u.UserName == user.UserName))    //检查用户名是否已存在
      throw new ApplicationException("用户名已存在.");    //存在则抛出异常
    isOK = true;                        //设置成功标记
  }
  catch (Exception exp)                 //捕获所有异常,包括上面用 throw 指令抛出的异常
  {
```

```
        SetError(exp, "创建用户失败,如有需要请联系客服.");        //设置服务对象错误状态
    }
    return isOK;
}
```

关注上述代码对于重复用户的检查在用户创建完成之后，因为即使首先检查用户名是否已经存在，理论上也无法保证检查之后用户创建之前不会被抢注。另外，用户对象的 UserID 属性为标识字段，创建时无须指定值，但调用 SaveChanges()方法写入数据库后，EF 会将数据库生成的 UserID 字段值回写到 user 对象。

2) 数据库事务

显然，注册用户的第 2 步检查操作如果没有通过，需要撤回创建用户的操作，这可以利用数据库事务来实现。在.NET 平台（不仅仅是 ASP.NET），通常使用事务范围(Transaction Scope)的事务管理对象来实现数据库事务管理。

置于同一个事务范围的数据库操作就成为一个事务，如果没有成功提交，就会自动回滚。使用事务范围对 CreateUser()方法进行改造，代码如下：

```
public void CreateUser( … )
{
    isOk = false;                                   //初始化操作结果标记变量,假设结果为失败
    using (TransactionScope ts = new TransactionScope())      //ts 事务范围开始
    {
        try
        {
            …                                       //一系列数据库操作
            ts.Complete();                          //提交事务
            isOk = true;                            //设置成功标记
        }
        …                                           //catch 异常处理
    }                                               //ts 事务范围结束
    return isOK;
}
```

上述代码就是标准的事务范围使用方法。首先需要为项目引用 System.Transactions 程序集；然后使用 using()这种方式开始事务范围；当完成所有数据库操作时，使用事务范围的 Complete()方法提交事务；如果执行过程中出现错误，则会跳过事务提交转而执行异常处理，从而自动回滚事务。

使用事务范围需要注意以下三点。

(1) 必须用 using()这种方式来确定事务范围的管理范围。

(2) 事务范围的管理范围越小越好，尽量不要把不需要事务管理的代码纳入事务范围。

(3) 只要没有执行事务范围的 Complete()方法，在事务范围的末尾，事务会被自动回滚，所做的数据库操作会被撤销。

3) 注册事件处理

基于 UsersService 类的 CreateUser()方法可以完成 Login.aspx 页面的 btRegister 按钮单击事件处理代码，在其中完成用户的添加，具体代码如下：

```
protected void btRegister_Click(object sender, EventArgs e)
```

```
{
  UsersService svr = new UsersService();
  svr.CreateUser(tbUserNameForRegister.Text, tbPassword1.Text,
    tbEmail.Text, tbRealName.Text, tbIDCard.Text, tbPhone.Text,
    Consts.Role.User );          //调用创建用户的服务方法,注册方法固定 User 角色
  if (svr.HasError)              //BaseService 中的错误处理机制,通过 SetError()方法记录异常
  //通过 HasError 知悉服务方法是否出错,详见配套源码
  {
    lbRegisterPrompt.Text = svr.ErrorMsg;            //显示错误信息
  }
  else
  {
    lbRegisterPrompt.Text = "注册成功,请登录";       //显示成功的提示信息
  }
}
```

16.2 实现管理员后台

1. 管理员母版页

管理员后台母版页、负边距、字符图标

管理员首页最终实现的展示效果如图 16-5 所示。

1) 页面布局

在 LSS. Web 项目中新增 Admin 文件夹，然后在其中新增 Admin. master 母版页，该母版页为嵌套在 Site. master 母版页中的嵌套母版页。Admin. master 母版页的页面代码框架为：

系统概况
分类管理
用户管理
用户列表
添加用户
统计分析
销售业绩
销售分析
订单分析

系统基本信息

操作系统	Windows NT 6.2	运行环境	IIS 8.0/ASP.NET 4.0
版本	1.0	服务器域名/IP	localhost [127.0.0.1]
顾客人数	2位	商品分类	3类
商品数量	10件	订单	共22笔，价值278295.00元
待发货订单	共8笔，价值200188.00元	待确认订单	共2笔，价值17298.00元

图 16-5 管理员后台首页效果图

```
<asp:Content ID = "contHead" runat = "server" ContentPlaceHolderID = "HeadContent">
  <link href = "../Styles/Admin.css" rel = "stylesheet" type = "text/css" />
```

```
</asp:Content>
<asp:Content ID="contMain" ContentPlaceHolderID="MainContent" runat="server">
  <div class="admin_main">
    <div class="sidebar-wrap">
      <div class="sidebar-content">
        <!--管理主菜单-->
      </div>
    </div>
    <div class="admin_content">
      <asp:ContentPlaceHolder ID="AdminContent" runat="server">
      </asp:ContentPlaceHolder>
    </div>
    <div class="clear">
    </div>
  </div>
</asp:Content>
```

上述代码在 contHead 内容控件中添加了对 Admin. css 样式表的引用，主要内容在 contMain 内容控件中。主要内容布局是一个< div >元素，其中包含 sidebar－warp 菜单栏和 admin_content 工作区。admin_content 工作区的内容为 AdminContent 内容占位控件，用于嵌入其他子页面的内容。

实现这个布局有两个难点：一是菜单栏宽度固定为 178px，而工作区宽度需要自适应(也就是自动填满菜单栏以外的页面区域)；二是菜单栏和工作区高度需要根据其中的内容自动适应，但又希望两者是等高的(也就是高度以内容高度大的那个为标准，否则下方不对齐，页面不美观)。这需要用到负值边距技术，具体技巧请读者参考本书提供的源代码。

2) 管理菜单

管理主菜单分为两级，并且菜单文字前面有一个图标，总体效果如图 16-5 所示。其中两级菜单利用嵌套的 HTML 列表来实现，下面是示例页面代码，实际的超链接需要替换成 ASP. NET 的 HyperLink 控件，例如用户管理下的两个子菜单：

```
<ul class="sidebar-list">
  <li><a href="#"><i class="icon-font">&#xe000;</i>系统概况</a></li>
  <li><a href="#"><i class="icon-font">&#xe050;</i>分类管理</a></li>
  <li><a href="#"><i class="icon-font">&#xe014;</i>用户管理</a>
    <ul class="sub-menu">
      <li><a href="Users.aspx"><i class="icon-font">&#xe02f;</i>用户列表 </a>
</li>
      <li><a href="UserAdd.aspx"><i class="icon-font">&#xe02a;</i>添加用户 </a></li>
    </ul>
</li>
<li><a href="#"><i class="icon-font">&#xe031;</i>统计分析</a>
    <ul class="sub-menu">
      <li><a href="#"><i class="icon-font">&#xe005;</i>销售业绩</a></li>
      <li><a href="#"><i class="icon-font">&#xe005;</i>销售分析</a></li>
      <li><a href="#"><i class="icon-font">&#xe005;</i>订单分析</a></li>
    </ul>
  </li>
</ul>
```

整个管理菜单是一个应用了 sidebar-list 样式类的 ul 列表。每个菜单为一个 li 列表项。其中统计分析包含一个下级菜单，该菜单就是一个嵌套在统计分析 li 列表项中的 ul 列表，应用的样式类为 sub-menu。sub-menu 主要样式是用 padding-left：21px 实现缩格，用 background：#fff 改变其中子菜单项的颜色。

菜单项前面的图标采用了字符图标（font-face）的技术，也是通过 CSS 来实现的。页面代码中<i class="icon-font"></i>用来显示字符图标。 是通过 Unicode 来指定字符的方法，而样式类 icon-font 则用于指定该字符使用的字库。LSS 支持的所有字符图标可以通过 Admin/IconList.aspx 页面来查看。

2. 统计查询

管理员后台首页显示统计信息

管理员首页 Admin/Default.aspx 使用 Admin/Admin.master 母版页，展示管理员关心的系统基本信息和系统统计信息，如当前系统中的商品总数，效果如图 16-5 所示。由于采用三层架构，首先需要在 BLL 层中添加相应的服务和方法，然后在页面中调用这些方法来获取所需要的统计数据。

1）集合函数

使用 LINQ 查询可以获取记录集合结果，也可以获取记录集合的统计信息。例如，管理员首页中需要获取商品分类总数，也就是商品分类表中的记录数，这可以通过 LINQ 的集合函数来实现。

所谓集合函数，是指以集合为参数获取集合有关统计方面数据的函数，常见的如下。

（1）Count()：计算一个特定集合的元素个数。

（2）Average()：计算一个数值集合的平均值。

（3）Max()：返回一个集合中最大值。

（4）Min()：返回一个集合中最小值。

（5）Sum()：计算集合中选定数值字段值的总和。

下面的代码中，语句 B 统计上架商品的品种总数（同一件商品不管有多少库存都只算 1 次），语句 C 统计商品分类数量，语句 D 统计有订单的用户总数：

```
A. LSStoreEntities db = new LSStoreEntities();
B. db.Goods.Where(g => g.IsOff == false).Count();
C. db.Categories.Count();
D. db.Users.Where(u => u.Orders.Count > 0).Count();
```

EF 会将 LINQ 语句转换成对应的 SQL 语句，结合 SQL 中的统计语句，可以更好地理解它们。下面给出的 SQL 例句中，语句 E 统计上架商品的品种总数，语句 F 为对应的非统计查询语句，可见集合函数的参数就是查询结果中的某个字段：

```
E. SELECT COUNT(ID) FROM Goods WHERE IsOff = 0
F. SELECT ID FROM Goods WHERE IsOff = 0
```

注意集合函数在统计时会忽略值为 NULL 的记录，假设 Category 表中所有记录的 Code 字段值都是 NULL，那么语句 G 的查询结果就是 0。

```
G. SELECT COUNT(Code) FROM Category
```

另外,COUNT()函数计数时并不会考虑值是否重复的问题。例如,假设 Goods 表中只有两条记录,且它们的 Title 字段值相同,那么语句 H 的结果是 2,而不是 1。

```
H. SELECT COUNT(TITLE) FROM Goods
```

如果希望去掉重复,就要用到 DISTINCT 关键字,假如语句 I 的查询结果只有 1 条记录,那么语句 J 的结果就是 1。

```
I. SELECT DISTINCT Title FROM Goods
J. SELECT COUNT(DISTINCT Title) FROM Goods
```

LINQ 用 Distinct()方法实现去重。例如,上述两条语句对应的 LINQ 语句为:

```
db.Goods.Select(g => g.Title).Distinct();
db.Goods.Select(g => g.Title).Distinct().Count();
```

在一条 SELECT 语句中可以有多个统计函数,例如,语句 K 的结果是(用户名数 2,身份证数 0,平均存款 6.5):

```
K. SELECT COUNT(UserName), COUNT(IDCard), AVG(Deposit) FROM Users
```

不过,单条 LINQ 语句是不能使用多个统计函数的。当然,单个统计函数不允许有多个字段作为参数,例如语句 L 就是错误的:

```
L. SELECT COUNT(UserName, IDCard) FROM Users
```

COUNT()函数有一个特殊的参数"*",用于表示整条记录,此时必然返回记录数,而不会考虑字段重复或 NULL 的问题,因此语句 B 实际对应的 SQL 语句为:

```
M. SELECT COUNT(*) FROM Goods WHERE IsOff = 0
```

确实需要以多个字段的值作为统计参数的,可以考虑用表达式将字段拼装到一起。例如语句 N(注意任何值和 NULL 进行运算后的结果都是 NULL):

```
N. SELECT COUNT(UserName + IDCard) FROM Users
```

一个显然的限制是不能混合使用普通字段和集合函数,考虑语句 O 的执行结果:

```
O. SELECT COUNT(*), Title FROM Goods
```

函数 COUNT(*)的结果是一个值,对应 Goods 表中的所有记录,那么结果集中的 Title 字段值该对应哪条记录呢?所以,上述语句 O 是非法的,这个限制对于 LINQ 来说也一样。

2) 显示统计信息

为 UsersService 服务类添加 CountUsers()方法,具体代码为:

```
public int CountUsers()
{
  int cnt = -1;
  try
  {
    cnt = db.Users.Count(u => u.Role == Consts.Role.User);
```

```
    }
    catch (Exception exp)
    {
        SetError(exp);
    }
    return cnt;
}
```

商品分类和商品统计信息的处理方法与此类似，在 CategoryService 和 GoodsService 服务类中分别添加 CountCategory()和 CountGoods()方法。

订单的统计分为三种情况：所有订单、待发货订单和(已发货)待确认订单。在 OrdersService 服务类中添加相应的 CountOrders()方法，代码为：

```
public int CountOrders(string os)
{
    int cnt = -1;
    try
    {
        if (os == OrdersState.All)                       //如果获取所有状态的订单统计数据
        {
            cnt = db.Orders.Count();
        }
        else                                             //获取指定状态的订单统计数据
        {
            cnt = db.Orders.Count(o => o.State == os);
        }
    }
    catch (Exception exp)
    {
        SetError(exp);
    }
    return cnt;
}
```

获取订单金额的 SumOrders()方法和 CountOrders()方法基本相同，将 Count()集合函数替换成 Sum()集合函数即可。注意上述代码中的 OrdersState 类定义在 LSS.Entities 项目中，采用静态类和常量来模拟数据库枚举型字段[①]。

完成统计方法后，在 Admin/Default.aspx 页面的后台 Page_Load()方法中便可以调用这些统计方法完成统计信息的显示，具体代码如下：

```
protected void Page_Load(object sender, EventArgs e)
{
    if (!IsPostBack)
    {
        UsersService usrSvr = new UsersService();
        GoodsService goodsSvr = new GoodsService();
        CategoryService catSvr = new CategoryService();
```

① EF 支持枚举类型，但 LSS 中没有采用。

```
        OrdersService ordSvr = new OrdersService();
        lbUserCnt.Text = string.Format("{0}位", usrSvr.CountUsers());
        lbCategoryCnt.Text = string.Format("{0}类", catSvr.CountCategory());
        lbGoodsCnt.Text = string.Format("{0}件", goodsSvr.CountGoods());
        lbOrdersCnt.Text = string.Format("共{0}笔,价值{1}元",
            ordSvr.CountOrders(OrdersState.All),
         ordSvr.SumOrders(OrdersState.All));
        lbPaidOrdersCnt.Text = string.Format("共{0}笔,价值{1}元",
            ordSvr.CountOrders(OrdersState.Paid),
         ordSvr.SumOrders(OrdersState.Paid));
        lbShippedOrdersCnt.Text = string.Format("共{0}笔,价值{1}元",
            ordSvr.CountOrders(OrdersState.Shipped),
            ordSvr.SumOrders(OrdersState.Shipped));
    }
}
```

3. 用户管理

管理员后台用户清单

一般来说,后台管理对象应该以列表方式呈现,考虑到管理对象数量众多,因此有必要提供查找功能。以 Admin/Users. aspx 用户管理页面为例,管理界面如图 16-6 所示,从上到下依次是查找用户区、工具栏、用户列表。

1) 查找用户

考虑管理员在哪些情况下需要查找用户,从而确定查找条件为注册日期、关键字(包括用户名、真实姓名和电子邮件等)、审核状态、锁定状态,以及用户角色。

调整 Users 表,为其添加注册日期 CreateDate、审核状态 IsApproved 和锁定状态 IsLockedOut 三个字段,刷新 LSSDBModel 模型并修改 UsersService. CreateUser()方法,LSSDBModel 模型刷新后还需要手动生成一个 LSS. Model 项目,以便更新 LSS. Web 中的 LSS. Model. dll 文件,否则 EF 会无法正确处理变更后的数据模型。

注册日期: 2015-4-1 角色: 全部用户 关键字: 审核: 全部 锁定: 全部 查找 刷新

批量审核 批量弃审 批量解锁

	用户名	角色	电子邮件	注册日期	姓名	审核	锁定	最近登录	余额
☐	seller2	Seller		2015-08-07	客服小二	☑	☐	2015-08-07	¥0.00
☐	user2	User	user2@ken.com	2015-07-30	顾客二号	☑	☐	2016-03-25	¥78,427.00
☐	buyer1	Buyer	buyer@lss.com	2015-07-21	超级采购	☑	☐	2016-09-26	¥0.00
☐	admin1	Admin	admin@lss.com	2015-07-21	主管	☑	☐	2017-04-12	¥0.00

<< < 1 > >>

图 16-6 用户后台管理界面分页列表效果图

查找区域安排在工作区最上方,使用单行表格布局。注册日期和关键字查找条件的输入用 ASP. NET 文本框控件,页面代码如下:

```
<th>注册日期:</th>
```

```
<td><asp:Textbox ID="tbCreateDate" CssClass="date_picker common-text" RunAt="server">
</asp:Textbox></td>
<th>关键字:</th>
<td><asp:Textbox ID="tbKey" CssClass="common-text" RunAt="server"></asp:Textbox></td>
```

其中,注册日期使用了一个中文 jQuery 日期控件,需要在 admin. master 母版页中引入该控件的 js 库和样式:

```
<link href="../Styles/calender.css" rel="stylesheet" type="text/css" />
<script type="text/javascript" src="../Scripts/jquery.date_input.pack.js"></script>
```

为了使用日期控件,还需要在页面代码中通过 jQuery 初始化方法为这个文本框控件绑定日期控件,具体 JS 代码如下:

```
<script type="text/javascript">
  $(function() {                          //页面载入后执行这个 JS 函数
    $('.date_picker').date_input();       //为应用 date_picker 样式类的控件绑定日期控件
  });
</script>
```

为了确保输入正确,审核状态、锁定状态和用户类型查找条件的输入采用 ASP. NET 下拉列表框。另外,还需要考虑用户可能不希望限制状态,所以在"是"和"否"的选项之外增加了"全部"选项。以审核状态下拉列表框为例,其页面代码如下:

```
<th>审核:</th>
<asp:DropDownList ID="ddlIsApproved" CssClass="common-select" RunAt="server">
  <asp:ListItem Text="全部" Value="-1" Selected="True"></asp:ListItem>
  <asp:ListItem Text="通过" Value="1" Selected="False"></asp:ListItem>
  <asp:ListItem Text="未通过" Value="0" Selected="False"></asp:ListItem>
</asp: DropDownList>
```

在 UsersService 类中添加 GetUsers()方法,返回 List<User>型的查询结果,具体代码为

```
/// <summary>
/// 获取用户清单
/// </summary>
/// <param name="key">查询条件:关键字,可以为空.</param>
/// <param name="createDate">查询条件:创建日期,获取创建日期之后(>=)的用户.</param>
/// <param name="isApproved">查询条件:是否通过审核,可以为空.</param>
/// <param name="isLocked">查询条件:是否锁定,可以为空.</param>
/// <param name="roleName">查询条件:所属角色,可以为空.</param>
public List<User> GetUsers(string key, bool? isApproved, bool? isLocked,
    DateTime? createDate, string roleName)
{
  List<Users> list = null;
  try
  {
    var uq = db.Users.AsQueryable();        //获取 Users 的可查询接口
    //根据查询参数是否为空,为可查询接口添加相应的查询条件
    if (!string.IsNullOrEmpty(key)) uq = uq.Where(u => u.UserName.Contains(key) || u.
Email.Contains(key) || u.RealName.Contains(key));
```

```
        if (isApproved.HasValue) uq = uq.Where(u => u.IsApproved == isApproved);
        if (isLocked.HasValue) uq = uq.Where(u => u.IsLockedOut == isLocked);
        if (createDate.HasValue) uq = uq.Where(u => u.CreateDate >= createDate);
        if(!string.IsNullOrEmpty(roleName)) uq = uq.Where(u => u.Role == roleName);
        list = uq.ToList();                    //执行查询,获取结果
    }
    catch (Exception exp)
    {
        SetError(exp, "查询用户失败.");
    }
    return list;
}
```

注意上述代码中以下的三个常用编程技巧:

(1) crateDate参数是“DateTime?”类型,isApprove和isLocked参数都是“bool?”类型,类型后面的“?”就是允许变量值为空的意思。允许空的变量,可以用HasValue属性来判断其值是否非空(即不等于null)。

(2) 数据库中DateTime类型字段值带有具体时间,如2016-8-10 12:03:04,参与日期比较时一般不使用“==”运算符,如上述代码中用“>=”运算符来比较CreateDate。

(3) LINQ的Where()方法不会执行真正的查询动作,而是返回一个Queryable对象。Queryable对象可以执行Where()方法添加查询条件,利用这个特性可以根据参数情况实现动态添加多个查询条件。最后在调用ToList()方法时,Queryable对象才真正执行数据库查询动作。

基于GetUsers()方法可以完成查找按钮的单击事件处理,具体代码如下:

```
protected void btSearch_Click(object sender, EventArgs e)
{
    UsersService svr = new UsersService();
    //从输入控件提取查询参数
    DateTime? createDate = Utils.ToNullableDate(tbCreateDate.Text);
    string key = Utils.ToNullableString(tbKey.Text);
    bool? isApproved = Utils.ToNullableBoolean(ddlIsApproved.SelectedValue);
    bool? isLocked = Utils.ToNullableBoolean(ddlIsLocked.SelectedValue);
    string roleName = Utils.ToNullableString(ddlRoleName.SelectedValue);
    //调用GetUsers()方法,获取用户清单,绑定到Repeater控件的数据源属性
    rpUser.DataSource = svr.GetUsers(key, isApproved, isLocked, createDate, roleName);
    rpUser.DataBind();
}
```

上述代码中的Utils类为自定义工具类,类似于MPMM中CommonTools类,提供一些常用的且与业务逻辑无关的方法。其中,ToNullableXXX()方法用于将特定字符串值转换成可为null的对应类型值。例如,其中ToNullableBoolean()方法的实现代码为:

```
/// <summary>
/// 根据字符串,转换成对应的Nullable的逻辑型
/// </summary>
/// <param name = "value">字符串: -1表示null,0表示false,其他表示true.</param>
public static bool? ToNullableBoolean(string value)
```

```
{
  switch (value)
  {
    case " - 1": return null;
    case "0": return false;
    default:
      return true;
  }
}
```

通过这些转换方法，输入控件的内容才能符合 GetUsers()方法的参数要求。目前，将 Utils 自定义工具类定义在 LSS. Web 项目中。

2) Repeater 控件

上述查找用户代码中，通过 GetUsers()方法获取的用户清单绑定到了 rpUser 控件的 DataSource 属性，rpUser 控件负责展示用户列表，但它不是 KPIs 中使用过的 GridView 控件，而是一个 ASP. NET 的 Repeater 控件。

GridView 控件具有功能强大、使用方便的优点，但其生成的页面代码比较复杂，要实现自定义界面比较困难。为此，ASP. NET 提供了 Repeater 控件，相当于一个不带任何预定义展示模板的 GridView 控件。开发人员可以为 Repeater 控件定义展示一条记录的项模板(ItemTempalte)，Repeater 控件会根据记录集使用项模板自动生成最终的列表。

整个用户列表采用 Table 布局，每一个用户为表格中的一行，相应页面代码框架如下：

```
<table class = "result - tab">
  <tr>
    <! -- 标题行 -->
  </tr>
  <asp:Repeater ID = "rpUser" runat = "server">
    <ItemTemplate>
      <tr>
        <! -- 内容行,对应一条记录 -->
      </tr>
    </ItemTemplate>
  </asp:Repeater>
</table>
```

其中的 rpUser 控件会根据绑定数据源(DataSource)，为每条记录生成 ItemTemplate 中的 HTML 代码，即上述<tr><! —内容行—></tr>的内容。

标题行中的第 1 列是一个 HTML 复选框元素，因为该复选框仅用于客户端操作，因此将用 JS 脚本来实现全选或全不选所有行的功能。该标题行第 1 列的页面代码为：

```
<th class = "tc">
  <input id = "chkSelectAll" type = "checkbox" />
</th>
```

为了能让 Repeater 控件根据数据源生成相应的内容，必须使用数据源绑定的语法来为项模板中的 ASP. NET 控件指定显示内容。KPIs 中已经介绍过 Eval()和 Bind()两种绑定方法，用户列表中仅用于显示，所以采用 Eval()绑定方法。上述项模板中<tr>…</tr>的具体内容行页面代码为：

```
<td class = "tc"><asp:CheckBox ID = "chkSelect" CssClass = "chkSelect"
  runat = "server"/></td>
<td><asp:Label ID = "Label1" runat = "server" Text = '<%# Eval("UserName") %>'>
    </asp:Label></td>
<td><asp:Label ID = "Label17" runat = "server"
  Text = '<%# Eval("RoleName") %>'></asp:Label></td>
<td><asp:Label ID = "Label2" runat = "server" Text = '<%# Eval("Email") %>'>
  </asp:Label></td>
<td><asp:Label ID = "Label3" runat = "server"
    Text = '<%# Eval("CreateDate", "{0:yyyy-MM-dd}") %>'></asp:Label></td>
<td><asp:Label ID = "Label4" runat = "server"
    Text = '<%# Eval("RealName") %>'></asp:Label></td>
<td class = "tc"><asp:CheckBox ID = "chkIsApproved"
    ToolTip = '<%# Eval("UserName") %>' runat = "server"
    Checked = '<%# Eval("IsApproved") %>'
    oncheckedchanged = "chkIsApproved_CheckedChanged" AutoPostBack = "true"/> </td>
<td class = "tc"><asp:CheckBox ID = "chkIsLocked" runat = "server"
AutoPostBack = "true" ToolTip = '<%# Eval("UserName") %>
    'Checked = '<%# Eval("IsLockedOut") %>'Enabled = '<%# Eval("IsLockedOut") %>'
    oncheckedchanged = "chkIsLocked_CheckedChanged"/>
    </td>
<td><asp:Label ID = "Label6" runat = "server"
    Text = '<%# Eval("Deposit", "¥{0:N2}") %>'></asp:Label></td>
```

上述代码中，第 1 列是一个 ASP. NET 复选框控件，批量操作时用于选择操作行。另外，还有一些是仅用于显示字段值的 Label 控件列，如 ID 为 Label3 的 Label 控件用于显示注册日期，其绑定到 Text 属性的表达式为<%# Eval("CreateDate", "{0: yyyy-MM-dd}")%>，表明绑定对应数据源中的 CreateDate 属性，同时还附加了一个显示格式化的参数{0: yyyy-MM-dd}。

至于第 7 列中的复选框有两个作用：一是显示数据 IsApproved 属性值；二是管理员单击复选框时执行审核或弃审该用户的操作。第 1 点只要通过 Checked='<%# Eval("IsApproved")%>'绑定语法就可以实现。第 2 点需要在管理员单击复选框时触发 PostBack(回发)，由服务端处理。所以需要将复选框的 AutoPostBack 属性值设为 true，同时为 oncheckedchanged 事件绑定回发事件处理方法 chkIsApproved_CheckedChanged();，处理时还需要知道被审核或弃审的用户名，通过为复选框 ToolTip 属性绑定用户名字段来实现，绑定语法为 ToolTip='<%# Eval("UserName")%>'。具体回发事件处理方法的代码如下：

```
protected void chkIsApproved_CheckedChanged(object sender, EventArgs e)
{
  CheckBox chkApproved = sender as CheckBox;              //触发者为 CheckBox
  string userName = chkApproved.ToolTip;                   //从 ToolTip 属性获取绑定的用户名
  UsersService svr = new UsersService();
  svr.UpdateApproved(userName, chkApproved.Checked); //调用服务更新审核状态
  if(svr.HasError) lbPrompt.Text = svr.ErrorMsg;          //显示错误信息
}
```

其中 UsersService.UpdateApproved()方法的代码为：

```
public void UpdateApproved(string userName, bool approved)
{
  try
  {
    var user = db.Users.FirstOrDefault(u => u.UserName == userName);
    if (user != null && user.IsApproved != approved)  //审核状态不同
    {
      user.IsApproved = approved;                     //修改审核状态
      db.SaveChanges();                               //更新
    }
  }
  catch(Exception exp)
  {
    SetError(exp);
  }
}
```

第 8 列用于解锁用户的复选框，和上述第 7 列的复选框工作原理基本相同。区别是锁定用户的动作应该是登录时处理的(用户多次输入密码错误时将其锁定)，所以管理员只需要解锁操作。实现方法是为复选框 Enabled 属性绑定“<%# Eval("IsLockedOut")%>”，从而在用户被锁定时对应复选框才会生效。请自行实现具体功能。

3) 工具栏

工具栏通常提供新增记录、批量审核、批量删除之类的操作。例如，用户管理工具栏有批量审核、批量弃审、批量解锁三个 LinkButton 控件，相应的页面代码为：

```
<div class="result-list">
  <asp:LinkButton ID="btApprove" runat="server" onclick="btApprove_Click">
    <i class="icon-font">&#xe01f;</i>批量审核</asp:LinkButton>
  <asp:LinkButton ID="btUnApprove" runat="server" onclick="btUnApprove_Click">
    <i class="icon-font">&#xe020;</i>批量弃审</asp:LinkButton>
  <asp:LinkButton ID="btUnlock" runat="server" onclick="btUnlock_Click">
    <i class="icon-font">&#xe015;</i>批量解锁</asp:LinkButton>
</div>
```

批量操作需要用户勾选第 1 列中的复选框来指定批量操作的行，或者单击标题栏中的复选框来全选或全不选所有行。为此，需要为标题栏的复选框添加客户端的 JS 事件处理，批量切换第 1 列的所有复选框状态，通过基于 jQuery 的 JS 脚本来解决这个问题，在 Users.aspx 页面中添加如下代码：

```
<script type="text/javascript">
  $(function() {                              //页面载入后执行这个 JS 函数
    $("#chkSelectAll")                        //使用 ID 选择器选择标题栏的复选框
      .click(function() {                     //使用 click()方法为复选框添加单击事件处理
        $(".chkSelect input:first-child")     //选中第 1 列的所有复选框
          .attr("checked", this.checked);     //设置这些复选框的 checked 属性值
      });
  });
```

```
</script>
```

上述代码使用jQuery的ID选择器选择标题栏的复选框，然后用click()方法为其指定单击的JS事件处理代码。由于使用了jQuery，所以事件处理代码只有一条语句：使用类选择器选中第1列的所有复选框，用attr()方法设置它们的checked属性为标题栏复选框(即表示触发事件的this对象)的checked属性值。

注意jQuery选择器的结果是一个集合，无须循环就可以实现对集合中的所有对象执行统一的操作。但在使用jQuery选择器的时候需要注意，jQuery操纵的是HTML元素，而ASP.NET控件和对应HTML元素之间的不一定是简单的对应关系。例如，用户管理第1列复选框生成的HTML元素定义代码如下(通过浏览器的"查看源文件"命令)：

```
<span class="chkSelect">
    <input id="MainContent_AdminContent_rpUser_chkSelect_1" type="checkbox"
    name="ctl00$ctl00$MainContent$AdminContent$rpUser$ctl01$chkSelect" />
</span>
```

注意上述代码中以下两个关键点。

(1) 一个ASP.NET CheckBox控件对应<span>元素和嵌套在<span>元素中的<input>元素，而CheckBox控件的CssClass样式属性对应的是<span>元素的class属性，所以无法用jQuery的类选择器来选中真正的复选框<input>元素。

(2) <input>元素id属性值是在ASP.NET CheckBox控件ID属性值基础上添加前后缀构成的，所以无法直接用CheckBox控件的ID属性值作为jQuery的ID选择器参数。

因此，代码中使用了jQuery子选择器，选择样式为chkSelect的元素内部第1个<input>元素，即$(".chkSelect input: first-child")，这样才能成功地选中目标<input>元素。

在用户单击工具栏按钮触发服务端事件的处理中，需要获取所有被选中的行，这需要通过遍历Repeater控件的Items属性，依次检查其中的CheckBox控件是否被勾选。例如，批量审核的后台代码如下：

```
protected void btApprove_Click(object sender, EventArgs e)
{
  UsersService svr = new UsersService();
  foreach (RepeaterItem item in rpUser.Items)  //遍历Repeater控件生成的每一行
  {
    if (item.ItemType == ListItemType.Item     //如果是正常的内容行
       || item.ItemType == ListItemType.AlternatingItem)
    {
      //找到行里面的首列chkSelect控件和审核状态的chkIsApproved控件
      CheckBox chkSelect = item.FindControl("chkSelect") as CheckBox;
      CheckBox chkIsApped = item.FindControl("chkIsApproved") as CheckBox;
      //如果这一行的首列chkSelect被选中,并且审核状态是false,需要通过审核
      if (chkSelect.Checked && !chkIsApped.Checked)
      {
        string userName = chkIsApped.ToolTip; //获取用户名
        svr.UpdateApproved(userName, true);   //审核
        if (!svr.HasError)                    //审核成功,更新这一行的chkIsApproved控件状态
```

```
            {
              chkIsApped.Checked = true;          //保持和用户审核状态的一致性
            }
          }
        }
      }
    }
```

另外两个工具栏批量弃审和批量解锁按钮的实现方法基本相同,不再赘述。

4. 用户列表分页

实现用户分页管理

当列表中行数较多时,通常需要采用分页显示的方式,否则过多的数据展示在一个页面,不但会增加系统负担,而且会让用户无所适从。下面对用户管理页面进行分页改造。

1) 分页逻辑

要确定在某一页中展示的数据需要两个参数:一个是每页记录数(PageSize),另一个是请求的页码(CurrentPage,从 1 开始)。获取指定分页数据的基本方法可以分为两类。

(1) 从数据库获取所有数据,然后在 BLL 层的方法中丢弃所有非请求页码的数据。例如,ASP.NET 的 GridView 控件的自动分页功能就是这个原理。显然这种方式浪费了太多资源,实际不太可能采用这种方法。

(2) 仅从数据库获取指定页码的数据,这时又分为两种情况:

① DBMS 直接支持分页的获取,如 SQL Server 2005 开始提供的 ROW_NUMBER() 函数,SQL Server 2012 开始提供的 OFFSET FETCH 子句。

② DBMS 不直接支持分页的获取,需要采用一些变通的方法,如两边夹排序法。

例如,基于 ROW_NUMBER()函数获取分页用户列表的 SQL 语句为:

```
SELECT UserId, Email, IsApproved, IsLockedOut, CreateDate,
  UserName, RealName, Deposit, IDCard, RoleName
FROM (
  SELECT ROW_NUMBER() OVER (ORDER BY CreateDate DESC) AS [ROW_NUMBER], UserId, Email,
IsApproved, IsLockedOut, RoleName, CreateDate,
    UserName, RealName, Deposit, IDCard
  FROM Users
  WHERE (@key IS NULL OR UserName LIKE '%' + @key + '%' OR
    RealName LIKE '%' + @key + '%' OR Email LIKE '%' + @key + '%')
    AND (@isApproved IS NULL OR IsApproved = @isApproved)
    AND (@isLocked IS NULL OR IsLockedOut = @isLocked)
    AND (@createDate IS NULL OR CreateDate >= @createDate)
    AND (@roleName IS NULL OR RoleName = @roleName)
    ) AS ru
WHERE [ROW_NUMBER] BETWEEN @pageSize * (@currentPage - 1) + 1
  AND @pageSize * @currentPage
ORDER BY [ROW_NUMBER]
```

上述 SQL 语句由嵌套查询构成,内层查询获取用户列表,但 ORDER BY 子句被放到了 SELECT 结果列中作为 OVER 关键字的参数,即 ROW_NUMBER() OVER (ORDER

BY…) AS [ROW_NUMBER],其含义是按照 ORDER BY 子句规定顺序为每条结果记录产生一个行号(从 1 开始)。

外层查询从内层查询结果中过滤记录,因为内层查询结果有行号字段,所以要获取特定页码的记录,只需要对行号字段做限制就可以了。根据 PageSize 和 CurrentPage 参数的含义,可以计算出行号应该在 PageSize * (CurrentPage－1)＋1 和 PageSize * CurrentPage 之间。

基于 OFFSET FETCH 子句的 SQL 语句则更加简洁,执行效率也更高,例如获取分页用户列表的 SQL 语句为:

```
SELECT * FROM Users
WHERE (@key IS NULL OR UserName LIKE '%' + @key + '%' OR
    RealName LIKE '%' + @key + '%' OR Email LIKE '%' + @key + '%')
    AND (@isApproved IS NULL OR IsApproved = @isApproved)
    AND (@isLocked IS NULL OR IsLockedOut = @isLocked)
    AND (@createDate IS NULL OR CreateDate >= @createDate)
    AND (@roleName IS NULL OR RoleName = @roleName)
ORDER BY [CreateDate] DESC
OFFSET @pageSize * (@currentPage - 1) ROWS FETCH NEXT @pageSize ROWS ONLY
```

上述 SQL 语句 OFFSET 指定需要跳过的行数,FETCH 则指定获取的最大行数。注意该 SQL 语句必须带有 ORDER BY 子句。

2) BLL 方法

在 LSS.BLL 项目的 UsersService 类中添加完成用户分页查询的 GetPagedUsers()方法,具体的代码如下:

```
/// <summary>
/// 获取分页用户清单
/// </summary>
/// <param name = "recCnt">返回满足条件的记录总数.</param>
/// <param name = "pageSize">指定分页每页记录数.</param>
/// <param name = "currPage">指定页码(从 1 开始).</param>
/// <param name = "createDate">查询条件:创建日期,获取>=创建日期之后的用户.</param>
/// <param name = "key">查询条件:关键字,可以为空.</param>
/// <param name = "isApproved">查询条件:是否通过审核,可以为空.</param>
/// <param name = "isLocked">查询条件:是否锁定,可以为空.</param>
/// <param name = "roleName">查询条件:所属角色,可以为空.</param>
public List<GetPagedUsersResult> GetPagedUsers(out int recCnt, int pageSize,
  int currPage, DateTime? createDate, string key, bool? isApproved, bool? isLocked,
  string roleName)
{
  List<GetPagedUsersResult> list = null;
  recCnt = 0;
  try
  {
    IQueryable<User> uq = buildQuery(key, isApproved, isLocked, createDate, roleName);
    recCnt = uq.Count();                        //获取记录总数
    list = uq.OrderByDescending(u => u.CreateDate)
      .Skip(pageSize * currPage - pageSize)  //跳过前面 currPage - 1 页的记录数
```

```
            .Take(pageSize)                             //获取最多 pageSize 条记录
            .ToList();
    }
    catch (Exception exp)
    {
        SetError(exp, "查询用户失败.");
    }
    return list;
}
```

上述代码中，buildQuery()方法是将 UsersService.GetUsers()方法中根据查询参数拼装 Queryable 对象的语句提取出来封装得到的 UsersService 私有方法。分页逻辑则用 LINQ 的 Skip()方法和 Take()方法配合来实现，EF 会根据所连接的 SQL Server 版本自动决定如何使用 ROW_NUMBER()函数和 OFFSET FETCH 子句的 SQL 语句。

3）页码器

分页列表还应该提供页码器(Pager)，用于显示当前页码，以及供用户选择页码。LSS 中使用第三方控件 AspNetPager 7.2，可以到其官方网站下载该控件的 dll 文件。下载后，将 AspNetPager.dll 拖动到 VS 工具箱中，在工具栏中就会出现如图 16-7 所示的组件项。

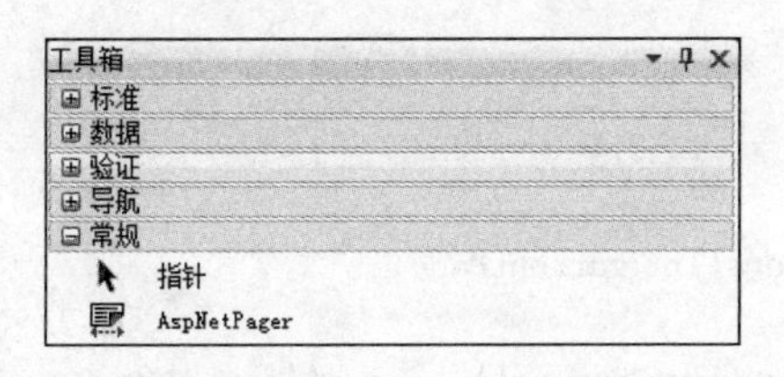

图 16-7 添加 AspNetPager 控件到工具箱

从工具栏把 AspNetPager 控件拖到页面上，设置该控件的 ID 属性值为 pagerUser，设置 AlwaysShow 属性值为 True，其他属性采用默认值即可。

pagerUser 控件的第一个功能是负责管理分页的参数，包括每页记录数和当前页码。在 Admin/Users.aspx 页面的 Page_Load()事件中为 pagerUser 控件设置默认分页参数，具体代码如下：

```
protected void Page_Load(object sender, EventArgs e)
{
    if (!IsPostBack)
    {
        //默认日期查询条件,最近一周
        tbCreateDate.Text = DateTime.Today.AddDays(-7).ToString("yyyy-MM-dd");
        //分页器参数:每页记录数
        pagerUser.PageSize = int.Parse(
            ConfigurationManager.AppSettings["PageSize"]);
        //调用查询按钮事件处理方法,显示默认分页数据
        btSearch_Click(null, null);
    }
}
```

上述代码中设置每页记录数是通过读取 Web.config 文件 AppSettings 节中的配置来

确定的,对应 Web.config 文件中的配置代码为:

```
<configuration>
  <appSettings>
      <add key="PageSize" value="10" />
  </appSettings>
  ….
</configuration>
```

Page_Load()方法代码最后,调用 btSearch 查询按钮的 Click 事件处理方法获取第 1 页的数据并显示。查询按钮的事件处理代码是在原来基础上增加分页参数处理得到的,事件处理和载入数据方法的具体代码为:

```
/// <summary>
/// 查找按钮事件处理,默认获取第 1 页
/// </summary>
protected void btSearch_Click(object sender, EventArgs e)
{
  pagerUser.CurrentPageIndex = 1;
  loadPagedUsers(pagerUser.CurrentPageIndex);
}
/// <summary>
/// 载入指定分页数据
/// </summary>
private void loadPagedUsers(int currentPage)
{
  UsersService svr = new UsersService();      //服务对象
  //整理查询参数
  DateTime? createDate = Utils.ToNullableDate(tbCreateDate.Text);
  string key = Utils.ToNullableString(tbKey.Text);
  bool? isApproved = Utils.ToNullableBoolean(ddlIsApproved.SelectedValue);
  bool? isLocked = Utils.ToNullableBoolean(ddlIsLocked.SelectedValue);
  string roleName = Utils.ToNullableString(ddlRoleName.SelectedValue);
  //分页参数,从分页器获取
  int totalCnt;                               //返回的记录总数
  int pageSize = pagerUser.PageSize;          //每页记录数
  //调用 BLL 的 GetUsers()方法,绑定到 Repeater 控件的数据源
  rpUser.DataSource = svr.GetPagedUsers(out totalCnt, pageSize, currentPage,
    createDate, key, isApproved, isLocked, roleName);
  rpUser.DataBind();                          //执行绑定动作,生成数据对应的行
  pagerUser.RecordCount = totalCnt;           //设置分页器记录总数,确定需要的页码清单
}
```

pagerUser 控件的另一个功能是在页面上展示当前页码、页码选择清单,当用户指定一个新的页码时,pagerUser 控件会触发一个服务端的 OnPageChanged 事件,在这个事件的处理代码中,应该根据 pagerUser 控件新的页码获取对应分页的数据。显然,这个功能和查询按钮的事件处理只有页码不同,由于将载入分页数据的代码独立为了 loadPagedUsers()方法,OnPageChanged 事件处理方法 pagerUser_PageChanged()中只需要如下调用代码:

```
loadPagedUsers(pagerUser.CurrentPageIndex);
```

为 pagerUser 控件绑定 onpagechanged 事件处理方法后的页面代码如下：

```
<webdiyer:AspNetPager ID = "pagerUser" runat = "server" AlwaysShow = "True"
    LayoutType = "Table" onpagechanged = "pagerUser_PageChanged">
```

最终的分页展示效果如图 16-6 所示，应特别注意列表下方页码器的展示效果。

5. 其他管理员功能

管理员的业务操作功能还有添加用户和商品分类管理，这两部分功能在实现技术上并没有新的内容，因此请读者自行完成开发。注意添加用户的角色只能是非顾客。

考虑到统计分析并不是开展网站业务必需的功能，为尽快让 LSS 系统进入可运行状态，将其安排到第 17 章介绍。

16.3　实现业务后台

业务后台是采购员和客服的工作平台，其中大部分功能从实现技术上来说和管理员功能类似。下面主要介绍涉及的新知识部分，其他内容请读者参考本书前面的章节和附带的源代码。

1. 母版页

业务后台管理有自己的菜单，因此也需要自己的母版页。在 LSS. Web 下添加 Back 文件夹，在其中添加嵌套在 Site. Master 母版页中的 Back. master 母版页，具体代码可以参考 Admin/Admin. master 页面。

业务后台母版页和动态菜单

1）动态菜单

业务后台的菜单需要根据用户角色来动态决定显示的内容，具体代码如下：

```
<ul class = "sidebar - list">
  <li runat = "server" id = "miGoods">
    <a href = "#"><i class = "icon - font">&#xe05f;</i>商品管理</a>
    <ul class = "sub - menu">
      <li><a href = "Goods.aspx"><i class = "icon - font">&#xe02f;</i>商品列表</a></li>
      <li><a href = "GoodsAdd.aspx"><i class = "icon - font">&#xe02a;</i>添加商品 </a></li>
    </ul>
  </li>
  <li runat = "server" id = "miOrders">
    <a href = "Orders.aspx"><i class = "icon - font">&#xe05c;</i>订单管理</a></li>
  <li runat = "server" id = "miUsers"><a href = "Users.aspx">
    <i class = "icon - font">&#xe014;</i>用户管理</a></li>
</ul>
```

注意一级菜单项是一个<li>元素，为了能够通过服务端代码控制这个元素，需要为<li>标记添加 runat="Server"属性，并指定 ID 属性。上述代码中一共设置了 3 个一级菜单的<li>元素，它们的 ID 属性值分别是 miGoods、miOrders 和 miUsers，在 Back. master 页面的 Page_Load()方法中就通过如下代码设置菜单项是否可见：

```
if (!IsPostBack)
```

```
{
  //根据角色确定显示的菜单
  var user = HttpContext.Current.User;
  if (user.IsInRole(Consts.Roles.Buyer))
  {
    miGoods.Visible = true;                          //显示 miGoods 菜单项
    miOrders.Visible = miUsers.Visible = false; //隐藏 miOrders 和 miUsers 菜单项
  }
  else if (user.IsInRole(Consts.Roles.Seller))
  {
    miGoods.Visible = false;                         //隐藏 miGoods 菜单项
    miOrders.Visible = miUsers.Visible = true;  //显示 miOrders 和 miUsers 菜单项
  }
}
```

2）权限控制

根据角色动态显示菜单项仅仅避免了无效菜单项的展示，在 B/S 系统中不能有效控制权限，因为用户可以在浏览器地址栏中输入 URL 来直接访问对应模块。因此，必须同时进行权限的配置，在 Back 文件夹中添加 Web.config 文件，并编写如下权限控制配置代码：

```
<?xml version = "1.0" encoding = "utf - 8"?>
<configuration>
  <location path = "Goods.aspx"><system.web>
    <authorization><allow roles = "Buyer"/><deny users = " * "/></authorization>
  </system.web></location>
  <location path = "GoodsAdd.aspx"><system.web>
    <authorization><allow roles = "Buyer"/><deny users = " * "/></authorization>
  </system.web></location>
  <location path = "Order.aspx"><system.web>
    <authorization><allow roles = "Seller"/><deny users = " * "/></authorization>
  </system.web></location>
  <location path = "Orders.aspx"><system.web>
    <authorization><allow roles = "Seller"/><deny users = " * "/></authorization>
  </system.web></location>
  <location path = "Users.aspx"><system.web>
    <authorization><allow roles = "Seller"/><deny users = " * "/></authorization>
  </system.web></location>
</configuration>
```

上述代码为每个文件单独配置权限，显然很烦琐，所以通常应该按照权限控制的需要，将具有相同权限配置的页面安排到同一个文件夹中。读者可以自行优化上述权限控制。

业务后台商品分页清单

2. 商品列表

商品管理 Back\Goods.aspx 页面和 Admin\Users.aspx 页面从实现技术的角度来说基本相同，前者的很多内容可以从后者复制，然后适当进行修改，下面补充说明一些关键点。

1）分页方法

GoodsService. GetPagedGoods()方法中关键的分页 LINQ 语句为：

```
list = gq.OrderByDescending(u => u.OnTime)                              //排序
  .Skip(pageSize * currPage - pageSize).Take(pageSize)          //分页
  .Select(g => new {g.ID, g.CategoryID, g.Title, g.Tag, g.Photo, g.Price, g.Stock,
      g.Weight, Score = g.Score, OnTime = g.OnTime, IsOff = g.IsOff})          //选字段
  .ToList()                                                       //从数据库读取到内存
  .Select(g => new Good {ID = g.ID, CategoryID = g.CategoryID, Title = g.Title,
     Tag = g.Tag, Photo = g.Photo, Price = g.Price, Stock = g.Stock, Weight = g.Weight,
     Score = g.Score, OnTime = g.OnTime, IsOff = g.IsOff}) //封装成 Good 对象
  .ToList();                                                      //生成 Good 类对象列表
```

注意上述 LINQ 语句用了两次 Select()方法和 ToList()方法，目的是为了提高效率。因为 Description 字段值通常包含大量文本，而列表中并不需要显示这些文本，所以没有必要从数据库获取这个字段值。第一个 Select()方法限定需要获取的字段，排除了 Description 字段。但 EF 查询数据库时如果需要自定义结果对象，只能构造简单对象（包括匿名对象，即无类型对象），而不能是实体类对象（如 LSS. Entities. Good 类对象）。对于内存中的数据则没有这个限制，所以第一个 ToList()方法从数据库获取数据到内存后，就可以再用一次 Select()方法将匿名对象转换成 LSS. Entities. Good 对象。

LINQ 是一种语言，可以将其用于不同场景的查询操作，用于数据库查询的叫作 LINQ to Entities，用于内存集合（如数组、列表等）查询的叫作 LINQ to Object。可见上述第一个 Select()方法和 ToList()方法是 LINQ to Entities 的方法，而第二个 Select()方法和 ToList()方法则是 LINQ to Object 的方法。

2）查找条件

查找条件的设计需要综合考虑数据实体的属性和业务操作的特征，这里设计了上架时间、商品分类、关键字和上架状态 4 项。其中商品分类为下拉列表框，其选择项除了“全部分类”外其他需要从数据库的 Category 表中获取，对应的页面代码为：

```
<th>分类:</th>
<td>
  <asp:DropDownList ID="ddlCategory" CssClass="common-select" runat="server">
    <asp:ListItem Text="全部分类" Value="" Selected="True"></asp:ListItem>
  </asp:DropDownList>
</td>
```

在 Goods. aspx 的 Page_Load()方法中添加如下代码，为下拉列表框设置其他商品分类选项：

```
if (!IsPostBack)
{
  //设置查询指定商品分类的下拉框
  CategoryService svr = new CategoryService();
  List<Category> dtCat = svr.GetData(null);                         //获取分类清单
  for (int i = 0; dtCat != null && i < dtCat.Count; i++)
  {
    //依次创建 ListItem 项,添加到下拉框列表
```

```
        ddlCategory.Items.Add(new ListItem(dtCat[i].Name, dtCat[i].ID.ToString()));
    }
    …                                                           //其他初始化设置
}
```

3) 定制列表内容

Back\Goods.aspx 页面中的商品列表仍然采用 Repeater 控件,下面是关键绑定代码:

```
<asp:Repeater ID="rpGoods" runat="server"
OnItemCommand="rpGoods_Item_Command">
  <ItemTemplate>
    <asp:Label ID="Label1" runat="server"
      Text='<%# GetCategoryName(Eval("CategoryID")) %>'></asp:Label>
    <asp:HyperLink ID="hlGoods" runat="server" Text='<%# Eval("Title") %>' Target="_
blank"
      NavigateUrl='<%#Eval("ID","~/Goods.aspx?id={0}") %>'></asp:HyperLink>
    <asp:CheckBox ID="chkIsOff" ToolTip='<%# Eval("ID") %>' runat="server"
      Checked='<%# Eval("IsOff") %>'
      OnCheckedChanged="chkIsOff_Checked Changed" AutoPostBack="true"/>
    <asp:HyperLink ID="hlEdit" runat="server" Target="_blank"
      NavigateUrl='<%# Eval("ID", "~/Back/GoodsAdd.aspx?id={0}") %>'>修改
    </asp:HyperLink>
    <asp:LinkButton ID="btDelete" runat="server" CommandName="Delete"
      OnClientClick="return confirm('您确定要删除这个商品?');"
      CommandArgument='<%# Eval("ID") %>' Text="删除"
      CausesValidation ="False" />
  </ItemTemplate>
</asp:Repeater>
```

为上述代码添加表格元素后,对应的显示效果如图 16-8 所示。

分类	商品	价格	库存	上架时间	下架	操作
智能手机	IPhone 4S	¥1,500.00	20	2015-06-21	☐	修改 删除
智能手机	三星Galaxy S3	¥1,000.00	100	2015-06-21	☐	修改 删除

<< < 1 > >>

图 16-8 商品管理列表浏览效果

图 16-8 中列表第 1 列为商品分类名称,但 GetPagedGoods()方法获取的结果中只有商品分类 ID 字段。所以上述绑定代码在绑定 CategroyID 字段时采用了自定义绑定转换函数,其 GetCategoryName()方法是列表所在页面的方法:

```
protected string GetCategoryName(object catgoryID)
{
  return ddlCategory.Items.FindByValue(catgoryID.ToString()).Text;
}
```

考虑到反复访问数据库的效率非常低下,上述代码使用了一个技巧:因为 ddlCategory 控件保存了所有分类的 ID 和 Name 字段值,所以可以通过查询该控件的 Items 属性来获取

商品分类的名称。

图 16-8 中列表第 2 列为超链接，单击跳转到前台商品明细页面，为了不打断采购员的商品管理操作，该超链接的 Target 属性为_blank，表示在新窗口中打开商品明细页面。

4）列表命令处理

图 16-8 中列表最后一列是操作按钮，用于对列表行进行操作。Repeater 控件行操作触发事件，除了设置行中控件的 AutoPostBack 属性值为 true 外，一般通过行中 Button 类控件(如 Button、LinkButton 控件)触发 ItemCommand 事件。

例如，单击商品列表操作列的 btDelete 按钮触发 rpGoods 控件的 ItemCommand 事件。和 GridView 控件一样，按钮可以设置 CommandName 属性和 CommandArgument 属性，通过 CommandName 属性区分触发事件的按钮，通过 CommandArgument 属性获得关联的数据。按钮 btDelete 的 CommandName 属性为 Delete，CommandArgument 属性绑定了对应商品 ID 字段。通过事件处理方法参数 e 可以获取相应的 CommandName、CommandArgument 和 CommandSource 属性值，其中 CommandSource 属性值就是触发事件的控件。rpGoods 控件的 ItemCommand 事件处理代码如下：

```
/// <summary>
/// Repeater 行命令处理
/// </summary>
protected void rpGoods_ItemCommand(object source, RepeaterCommandEventArgs e)
{
  long id = Utils.ParseInt64(e.CommandArgument);
  GoodsService svr = new GoodsService();
  if (e.CommandName == "Delete")                          //是删除命令
  {
    svr.Delete(id);
    if (!svr.HasError)                                    //删除服务方法调用成功
    {
      LoadPagedData(pagerGoods.CurrentPageIndex);         //重新载入列表数据
    }
    Utils.ShowPrompt(lbPrompt, svr.ErrorMsg);             //显示或清除提示信息
  }
}
```

删除操作通常需要弹出确认对话框，这可以通过 JS 脚本来实现。例如，rpGoods 控件的数据绑定页面代码中，为 btDelete 按钮绑定了 OnClientClick 事件，具体页面代码为：

```
<asp:LinkButton ID = "btDelete" runat = "server" CommandName = "Delete"
  OnClientClick = "return confirm('您确定要删除这个商品?');"
  CommandArgument = '<% # Eval("ID") %>' Text = "删除" CausesValidation = "False" />
```

当用户单击 btDelete 按钮(LinkButton 类按钮对应 HTML 超链接)时，首先触发浏览器中的 JS onclick 事件，执行“return confirm('您确定要删除这个商品?')；”的 JS 脚本，弹出一个浏览器的确认对话框，如果用户单击对话框中的“确定”按钮，则这段 JS 脚本返回 true，否则返回 false。一旦 OnClientClick 事件处理脚本返回 false，浏览器就会取消该超链接请求，从而达到取消删除操作的目的。

3. 编辑商品

编辑商品页面包括新增和修改两方面的功能,本节仅介绍一些细节上的优化和改进,其他内容请读者参考以前的内容自行完成。

业务后台商品维护页面、HTML在线编辑器

1) HTML 编辑器

商品明细信息应该是图文并茂的,在 B/S 应用中往往直接采用 HTML 来表示这样的内容,但网站的管理员用户并不是软件开发人员,因此有必要提供一个在线的可视化 HTML 编辑器,如 CKEditor 编辑器。

从 CKEditor 的网站(http://ckeditor.com/download)下载 CKEditor for ASP.NET 文件,解压后,将_Samples 文件夹下的 ckeditor 文件夹整个复制到 LSS.Web 根文件夹下,并为 LSS.Web 项目添加对其中 bin 文件夹中 CKEditor.NET.dll 程序集的引用。

为了让 CKEditor 编辑器能够上传 HTML 文本中使用到的图片等多媒体资源,还需要从 http://cksource.com/ckfinder/download 下载 CKFinder for ASP.NET 文件,解压缩后,为 LSS.Web 项目添加对其 bin/Release 文件夹中 CKFinder.NET.dll 程序集的引用。

在 VS 的工具箱中右击,在弹出的快捷菜单中选择"选择项"命令,在弹出的选择工具箱项窗口中单击"浏览"按钮,找到前述的 CKEditor.NET.dll 文件,连续单击"确定"按钮。工具箱中出现了一个名为 CKEditorControl 的控件,将其拖放到页面上,这就是 CKEditor 编辑器。

要让 CKEditor 编辑器使用 CKFinder 控件管理上传文件,还需要在页面的 Page_Load()方法中写入如下代码,为 CKEditor 控件指定上传文件控件:

```
CKFinder.FileBrowser fileBrowser = new CKFinder.FileBrowser();
                                        //创建 CKFinder 上传控件
fileBrowser.SetupCKEditor(tbIntro);     //绑定到 tbInro 控件(具体的 CKEditor 控件)上
```

最终实现的效果如图 16-9 所示,单击其中的多媒体按钮用于上传多媒体文件,以及管理或直接使用已经上传的多媒体文件。

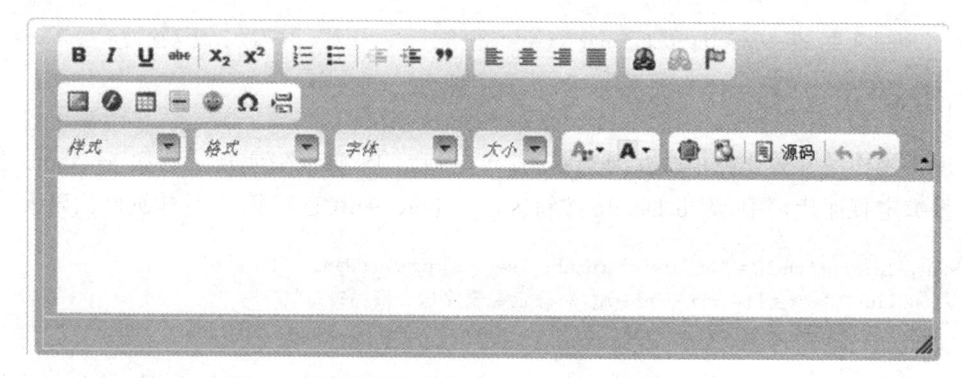

图 16-9 商品明细介绍 CKEditor 编辑框浏览效果

2) 商品图片处理

商品的图片文件保存在 Images/Goods 下,如果采购员没有为商品指定图片,就采用默认的 Images/noimage.jpg 图片,因此最好在 Consts 类中定义好相应的常量,代码为:

```
public const string EmptyID = "0";
public const string DefPhoto = "~/Images/noimage.jpg";
public const string GoodsPhotoPath = "~/Images/Goods/";
```

同时在 Utils 自定义工具类中准备好保存文件和删除文件的处理方法：

```
/// <summary>
/// 保存文件,错误的话抛出异常
/// </summary>
/// <param name = "fu">文件上传控件.</param>
/// <param name = "fullPath">文件保存的文件夹,网站绝对路径形式.</param>
/// <returns>返回带路径的文件名.如果没有文件,返回空.</returns>
public static string SaveUploadFile(FileUpload fu, string fullPath)
{
  string fileName = null;
  if (fu.HasFile)
  {
    fileName = Path.GetFileName(fu.FileName);
    string ext = Path.GetExtension(fileName);          //获取扩展名
    //生成文件名,通过生成随机文件名后缀来避免重复
    fileName = string.Format("{0}{1}_{2}{3}", fullPath,
        Path.GetFileNameWithoutExtension(fileName), Path.GetRandomFileName(), ext);
    //生成带服务器路径的文件名
    HttpServerUtility server = HttpContext.Current.Server;
    string osFileName = Path.Combine(server.MapPath(fileName));
    fu.SaveAs(osFileName);                              //保存文件
  }
  return fileName;
}
/// <summary>
/// 删除通过网站绝对路径形式指定的文件.失败不会抛出异常
/// </summary>
/// <returns>是否成功.</returns>
public static bool DeleteFile(string fileName)
{
  try
  {
    HttpServerUtility server = HttpContext.Current.Server;
    string osFileName = server.MapPath(fileName);
    File.Delete(osFileName);                            //删除,文件不存在表示删除成功
    return true;
  }
  catch
  {
    return false;
  }
}
```

前台页面中一共有 3 个控件和图片有关，一个隐藏控件用于保存商品原来的图片 URL，一个 Image 控件用于显示当前的图片，一个文件上传控件用于上传新的图片文件。

新增商品图片的处理较简单，如果没有上传图片就直接采用默认图片，GoodsService 类

中新增商品的 Create()方法详细定义如下：

```
public bool Create(int catId, string title, string tag, FileUpload filePhoto,
  decimal price, int stock, int weight, bool isOff, string desc)
{
  bool isOk = false;
  try
  {
    string fileName = Consts.DefPhoto;                //设置文件名为默认图片路径
    if (filePhoto != null && filePhoto.HasFile)       //有上传文件
    {                                                 //保存上传文件并更新文件名
        fileName = Utils.SaveUploadFile(filePhoto, Consts.GoodsPhotoPath);
    }
    //新增 Good 对象
    Good goods = new Good () {CategoryID = catID, Title = title, Tag = tag,
      Photo = fileName,                               //记录图片文件名
      Price = price, Stock = stock, Weight = weight, IsOff = isOff,
      Description = desc, OnTime = DateTime.Now};
    db.Goods.Add(goods);                              //加入 DbContext 中
    db.SaveChanges();                                 //更新数据库
    isOk = true;
  }
  catch (Exception exp)
  {
    SetError(exp);
  }
  return isOk;
}
```

为了在 LSS.BLL 项目中使用 Utils 类，需要将该类文件从 LSS.Web 移动到 LSS.BLL 项目中，同时为 LSS.BLL 项目添加对 System.Web 和 System.Drawing 程序集的引用。

修改商品的图片处理略复杂一些，如果没有上传图片，应该保留原来图片；如果上传了，则需要删除原来的图片，但注意不要删除默认图片。GoodsService 类中修改商品的 Update()方法定义如下：

```
/// <summary>
/// 更新商品
/// </summary>
/// <param name = "id">商品 ID</param>
/// <param name = "oldPhoto">原图片文件名</param>
/// <param name = "filePhoto">上传图片文件.如果有,说明要替换成新的图片.</param>
public bool Update(long id, int catId, string title, string tag, string oldPhoto, FileUpload
filePhoto, decimal price, int stock, int weight,
bool isOff, string desc)
{
  bool isOk = false;
  try
  {
    string fileName = oldPhoto;                      //设置文件名为原图片文件名
    if (filePhoto != null && filePhoto.HasFile) //上传了新的图片文件
```

```
    {
      fileName = Utils.SaveUploadFile(filePhoto, Consts.GoodsPhotoPath);
      if (oldPhoto != Consts.DefPhoto)          //原图片文件不是默认图片文件
          Utils.DeleteFile(oldPhoto);           //删除原图片文件
    }
    //更新数据库
    Good goods = db.Goods.Find(id);             //Find()为根据主关键字获取对象的 LINQ 方法
    goods.CategoryID = catId;
    goods.Title = title;
    goods.Tag = tag;
    goods.Photo = fileName;
    goods.Price = price;
    goods.Stock = stock;
    goods.Weight = weight;
    goods.IsOff = isOff;
    goods.Description = desc;
    db.SaveChanges();
    isOk = true;
  }
  catch (Exception exp)
  {
     SetError(exp);
  }
  return isOk;
}
```

3）界面交互设计

界面交互设计是否合理是应用系统是否实用的先决条件。考虑一下采购员的工作场景：修改商品时采购员打开列表查找这款商品，然后单击“修改”按钮；修改完成后，关闭修改页面，继续修改其他商品。添加商品通常需要一次性添加多个，采购员切换到添加商品页面，添加完成后，如果需要继续添加则应该停留在添加页面。

为此，将编辑（新增或修改）商品页面设计为单独的页面。用户通过在商品列表单击某行的“修改”按钮在新窗口中打开修改页面，这样可以不影响商品列表，便于继续修改其他商品。用户通过单击菜单“添加商品”命令在原窗口中打开添加商品页面，添加成功后停留在添加商品页面并初始化输入控件，以便继续添加新的商品。具体的 Back/GoodsAdd.aspx 编辑页面中的“保存”按钮处理方法代码如下：

```
protected void btSave_Click(object sender, EventArgs e)
{
  //从页面控件收集数据
  long id = Utils.ParseInt64(hiddenID.Value);
  …
  GoodsService svr = new GoodsService();
  if (id > 0)                                   //如果是修改操作
  {
    svr.Update(id, catId, title, tag, oldPhoto, filePhoto, price,
      stock, weight, isOff, desc);              //修改数据库
  }
```

```
    else                                                    //如果是新增操作
    {
      svr.Create(catId, title, tag, filePhoto, price, stock, weight, isOff, desc);
    }
    if (svr.HasError)                                       //修改或新增操作失败
    {
      Utils.ShowPrompt(lbPrompt, svr.ErrorMsg);  //显示错误提示信息
    }
    else
    {
      Utils.ShowPrompt(lbPrompt, "保存成功.");
      … //对于新增操作:清空输入控件中的值,准备新的新增操作
      … //对于修改操作:刷新编辑控件中的值,准备重新编辑该商品明细信息
    }
}
```

4. 订单管理功能

顾客在购物中主要有两件事情需要寻求网站客服的帮助：一是账户处理,主要是核对账户异常情况以及解锁账户；二是订单处理,包括订单发货、退货、取消、确认等处理。

业务后台
订单管理

对于账户处理来说,客服所需要的用户管理功能就是管理员的简化版本,将用户查询范围限制在顾客角色,并将功能限制在审核和解锁就可以了。因此,可以直接复制管理员用户管理的代码,然后进行相应的修改。如果希望让客服和管理员共用用户管理页面,则需要为用户管理页面增加角色判断,根据角色实现操作权限的控制。相关内容书中不再展开。

至于订单处理功能,可以说是网上商城的核心业务功能,其中订单业务流程的设计是核心中的关键。

1）订单状态逻辑

订单业务流程的核心是订单状态的转移,订单状态变化是比较复杂的,不同状态允许进行不同的操作,不同操作导致订单不同的状态,必须有一种工具能够将其清晰地表示出来,这个工具就是状态转移图。状态转移图由状态(其中有开始状态和终止状态)、操作(状态转移条件)组成,LSS 的订单状态转移图如图 16-10 所示。

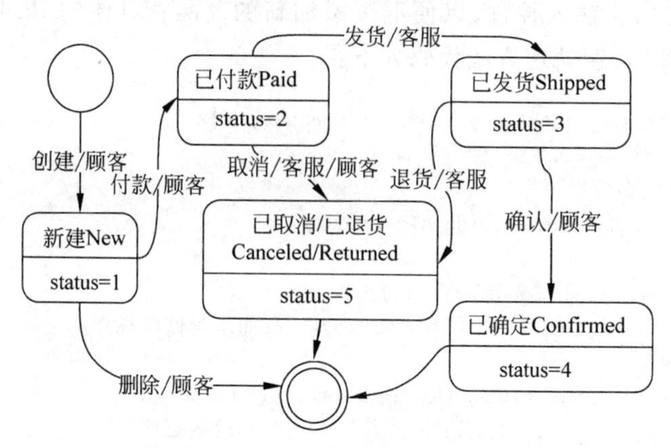

图 16-10 LSS 订单状态转移图

根据状态图可以整理出如表 16-2 所示在不同状态下可以进行的操作，注意 LLS 中为了简化问题并没有考虑库存管理。

表 16-2　LSS 订单状态和操作一览表

当前状态	顾客的操作	客服的操作
New	删除/付款	/
Paid	取消	取消(LSS 中无真正的发货管理，所以可以直接取消)、发货
Shipped	确认	退货(LSS 中无库存管理，所以和取消相同)
Confirmed	/	/
Canceled/Returned	/	/

2）乐观并发处理

订单状态的修改涉及钱的支付，而且客服和用户可能同时对一个订单进行修改(如客服在发货的同时，顾客正在取消该订单)，所以必须进行并发处理。EF 默认启用了乐观并发处理，也就是在更新记录时会检查记录是否已经被其他人更改了。控制字段参与乐观并发检查需要将字段的“并发模式”属性设置为 Fixed，如图 16-11 所示。

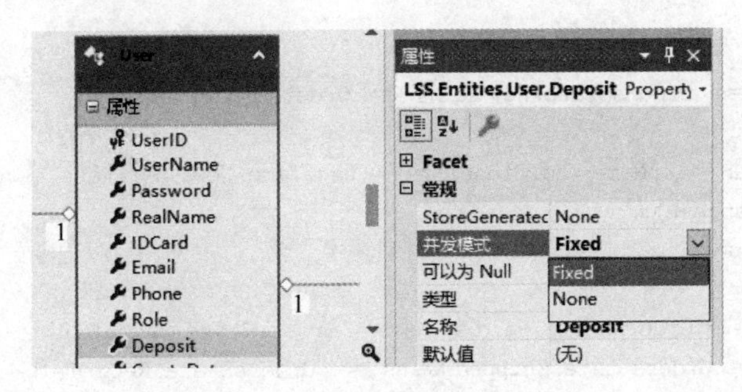

图 16-11　字段乐观并发控制属性

通常情况下并不需要将所有的字段的并发模式属性值设置为 Fixed，因为一些不重要的字段修改，即使冲突覆盖也不会有什么后果。LSS 中，只将 Users. Deposit 字段、Orders. State 字段的并发模式属性值设置为了 Fixed。

在 OrdersService 类中添加 Cancel()、Return()和 Ship() 3 个方法，分别对应取消、退货、发货 3 个订单业务操作。考虑到这 3 个操作以及顾客使用的另外 3 个订单操作实际上是非常相似的，而且可以根据订单状态来确定具体的业务处理动作，因此首先在 OrdersService 类中添加一个 changeState()私有方法，具体的代码如下：

```
/// <summary>
/// 修改订单的状态
/// </summary>
/// <param name = "id">订单 ID</param>
/// <param name = "os">订单原状态.</param>
/// <param name = "ns">新状态</param>
/// <param name = "opName">操作用户名.</param>
private bool changeState(long id, string os, string ns,
  string opUName)
{
```

```
bool isOk = false;                                          //记录操作结果:尚未操作成功
using (TransactionScope ts = new TransactionScope())        //启用事务范围
{
  UsersService userSv = new UsersService();
  Order od = db.Orders.FirstOrDefault(o => o.ID == id && o.State == os);
  if (od == null)
  {
    SetError("指定的订单不存在或状态错误");
    return isOk;
  }
  if (os == OrdersState.New && ns == OrdersState.Paid)      //付款
  {
    od.PayTime = DateTime.Now; od.State = ns;
    db.SaveChanges();
    isOk = true;                              //没有异常,记录第一步操作结果: 操作成功
    if (isOk && !userSv.Deposit(od.UserName, - od.OrderPrice))
    {                                                       //但扣款失败
      isOk = false;                                         //最终操作结果:操作失败
      SetError(null, "付款失败");
    }
  }
  else if (os == OrdersState.New && ns == OrdersState.Canceled)
  {                                                         //关闭
    od.CloseMan = opName; od.CloseTime = DateTime.Now; od.State = ns;
    db.SaveChanges();
    isOk = true;                                            //记录操作结果:操作成功
  }
  else if (os == OrdersState.Paid && ns == OrdersState.Canceled      //取消
      || os == OrdersState.Shipped && ns == OrdersState.Returned)    //退货
  {
    od.CloseMan = opName; od.CloseTime = DateTime.Now; od.State = ns;
    db.SaveChanges();
    isOk = true;                                            //记录操作结果:操作成功
    if (isOk && !userSv.Deposit(od.UserName, od.OrderPrice)) //退款失败
    {
      isOk = false;                                         //记录操作结果:操作失败
      SetError(null, "退款失败");
    }
  }
  else if (os == OrdersState.Paid && ns == OrdersState.Shipped)      //发货
  {
    od.ShipMan = opName; od.ShipTime = DateTime.Now; od.State = ns;
    db.SaveChanges();
    isOk = true;                                            //记录操作结果:操作成功
  }
  else if (os == OrdersState.Shipped && ns == OrdersState.Confirmed)//确认
  {
    od.CloseMan = opName; od.CloseTime = DateTime.Now; od.State = ns;
    db.SaveChanges();
    isOk = true;                                            //记录操作结果:操作成功
  }
```

```
    if (isOk) ts.Complete();                                    //操作成功则提交事务
  }
  return isOk;                                                  //返回操作结果
}
```

上述代码中调用了 UsersService 的 Deposit()方法，该方法允许增加或减少用户账户余额，具体代码为：

```
/// <summary>
/// 增加或减少用户存款.参数 amount 允许为负,表示减少
/// </summary>
public bool Deposit(string userName, decimal amount)
{
    bool isOk = false;
    try
    {
      User usr = db.Users.FirstOrDefault(u => u.UserName == userName);
      if (usr.Deposit + amount < 0)
        SetError(null, "用户存款为负数!");
      else
      {
          usr.Deposit += amount;
          db.SaveChanges();
          isOk = true;
      }
    }
    catch (Exception exp)                                       //捕获异常,包括并发冲突
    {
      SetError(exp);
    }
    return isOk;
}
```

显然，订单付款、取消或退货都需要修改用户的余额，为了确保两个操作(订单状态修改和用户余额修改)成为一个整体操作，需要启用事务范围；另一方面，乐观并发处理在出现并发冲突时会抛出异常，事务范围会取消数据库操作，避免发生并发错误。

事务范围需要 Windows 操作系统的 MSDTC 服务支持，默认情况下这个服务是启用的，如果出现如图 16-12 所示的错误信息，则需要检查一下 MSDTC 服务是否正常启动。

"/"应用程序中的服务器错误。

服务器 'E5570' 上的 MSDTC 不可用。

说明: 执行当前 Web 请求期间，出现未经处理的异常。请检查堆栈跟踪信息，以了解有关该错误以及代码中导致错误的出处的详细信息。

异常详细信息: System.Data.SqlClient.SqlException: 服务器 'E5570' 上的 MSDTC 不可用。

图 16-12　MSDTC 服务不可用异常页面

基于 changeState()方法实现上述的订单操作就变得非常简单。例如，完成订单付款操作的 Pay()方法，具体代码如下：

```
public bool Pay(long id, string userName)
{
  bool isOk = false;
  try
  {                                          //原状态为"新建",现要变成"已付款"
    isOk = changeState(id, OrdersState.New, OrdersState.Paid, userName);
  }
  catch (Exception exp)
  {
    SetError(exp, "订单付款失败.");
  }
  return isOk;
}
```

3）订单列表页面

Back/Orders.aspx 订单列表页面所涉及的开发技术没有新内容,但业务上应考虑一个问题：同一个用户通常有很多订单,如何准确地指定一个订单呢？答案是对订单编号。LSS 中采用订单 ID 字段值作为订单编号,因此订单的 ID 字段不但要出现在列表中,而且应该作为查询条件之一。

在 OrdersService 类中添加获取分页订单的 GetPageOrders()方法,代码如下：

```
/// <summary>
/// 获取分页的订单清单
/// </summary>
/// <param name = "recCnt">返回满足条件的记录总数量。</param>
/// <param name = "pageSize">分页每页记录数。</param>
/// <param name = "currPage">获取的页码(从 1 开始)。</param>
/// <param name = "createTime">查询条件:创建日期,获取> = 创建日期之后。</param>
/// <param name = "key">查询条件:关键字,可以为空。</param>
/// <param name = "state">查询条件:状态。</param>
/// <param name = "id">查询条件:订单号,可以为空.可以仅输入订单号的尾部。</param>
public List<Order> GetPageOrders(out int recCnt, int pageSize,
  int currPage, DateTime? createTime, string key, string state, long? id)
{
   var qry = db.Orders.AsQueryable();                    //Queryable 对象
   //动态查询条件
   if (!string.IsNullOrEmpty(key))
     qry = qry.Where(o => o.UserName.Contains(key)
         || o.Recipient.Contains(key) || o.Phone.Contains(key));
   if (!string.IsNullOrEmpty(state))
      qry = qry.Where(o => o.State == state);
   if (id.HasValue)
   {
      string tid = id.ToString();                        //订单编号以 id 参数值结尾
      qry = qry.Where(q => q.ID.ToString().EndsWith(tid));
   }
   if (createTime.HasValue)
      qry = qry.Where(u => u.CreateTime >= createTime);
   //获取分页数据
   List<Order> list = null;
```

```
        recCnt = 0;
        try
        {
            recCnt = qry.Count();
            list = qry.OrderByDescending(u => u.CreateTime)
              .Skip(pageSize * currPage - pageSize)          //跳过前面 currPage - 1 页的记录数
              .Take(pageSize)                                 //获取最多 pageSize 条记录
              .ToList();
        }
        catch (Exception exp)
        {
            SetError(exp, "获取订单失败.");
        }
        return list;
    }
```

Back/Orders.aspx.cs 中调用上述方法完成载入指定页订单数据的 loadPagedData()方法代码如下：

```
    /// <summary>
    /// 载入当前页的数据
    /// </summary>
    private string loadPagedData(int currentPage)
    {
        OrdersService svr = new OrdersService();
        //提取查询参数
        DateTime? createTime = Utils.ToNullableDate(tbCreateTime.Text);
        string key = Utils.ToNullableString(tbKey.Text);
        string state = Utils.ToNullableString(ddlState.SelectedValue);
        long? orderId = Utils.ToNullableInt64(tbOrderID.Text);
        int totalCnt;
        int pageSize = pagerOrders.PageSize;
        //调用服务方法
        rpOrders.DataSource = svr.GetPageOrders(out totalCnt, pageSize,
                currentPage, createTime, key, state, orderId);
        rpOrders.DataBind();
        pagerOrders.RecordCount = totalCnt;
        return svr.ErrorMsg;
    }
```

基于 loadPagedData()实现查询、翻页等列表所需的功能非常简单，请读者自行完成。

订单的处理涉及钱的问题，所以应该非常谨慎。为此，列表中不提供操作订单的功能，而仅仅提供了一个订单处理超链接，单击该超链接，在新窗口中打开订单处理页面。客服应该在全面掌握订单情况后才决定如何操作，该超链接的页面代码如下：

```
<asp:HyperLink ID = "hlOrder" runat = "server" Target = "_blank"
  NavigateUrl = '<%# Eval("ID","~/Back/Order.aspx?id = {0}") %>'>处理</asp:HyperLink>
```

4）贪婪加载

订单处理 Back/Order.aspx 页面中需要同时展示 Order 记录和相关 OrderDetails 记录

集,两者之间是主从关系,LINQ 中可以通过导航属性一次性载入主从记录。

在 OrdersService 类中添加 FindById()方法,其具体代码如下:

```
/// <summary>
/// 获取指定订单
/// </summary>
/// <param name="incDetails">是否需要包含订单明细,默认为 false.</param>
public Order FindById(long id, bool incDetails = false)
{
    Order order = null;
    try
    {
      if (incDetails)
        order = db.Orders.Include("OrderDetails.Good") //使用 Include()方法
          .FirstOrDefault(o => o.ID == id);            //将指定的导航属性值和对象一起载入
      else
        order = db.Orders.FirstOrDefault(o => o.ID == id);
    }
    catch (Exception exp)
    {
      SetError(exp);
    }
    return order;
}
```

该方法的第二个参数为 incDetails,当其值为 true 时,对应的 LINQ 查询语句中使用了 Include()方法指定 EF 在获取实体对象时同步载入 OrderDetails 属性值和 OrderDetail 对象的 Good 导航属性值。这种用 Include()方法指定同步载入导航属性值的方式称为贪婪加载,开发人员可以根据业务需要决定何时加载导航属性值、加载哪些导航属性。

Include()方法的本质是连接运算,EF 能够根据表之间联系的多重性自动决定使用的连接方式,例如上述使用 Include()方法的 LINQ 语句,经过 EF 翻译后的 SQL 语句大致为:

```
SELECT [Extent1].*,[Extent2].*, [Extent3].*
FROM [Orders] AS [Extent1] LEFT OUTER JOIN
  [OrderDetail] AS [Extent2] ON [Extent1].[ID] = [Extent2].[OrderID]
INNER JOIN [Goods] AS [Extent3] ON [Extent2].[GoodsID] = [Extent3].[ID]
WHERE [Extent1].[ID] = @p__linq__0
```

可以看到 Orders 表和 OrderDetail 表之间用了左外连接,而 OrderDetail 表和 Goods 表之间用了内连接。

和贪婪加载相对应的是延迟加载,也就是在访问导航属性时才加载导航属性值,这是 ADO.NET 实体数据模型的默认选项,使用贪婪加载通常会关闭这个选项,如图 16-13 所示。

5) 订单管理

Order.aspx 页面分成订单信息和订单明细列表的两个展示区域,核心页面代码如下:

```
<table class="insert-tab">
  <tr>
```

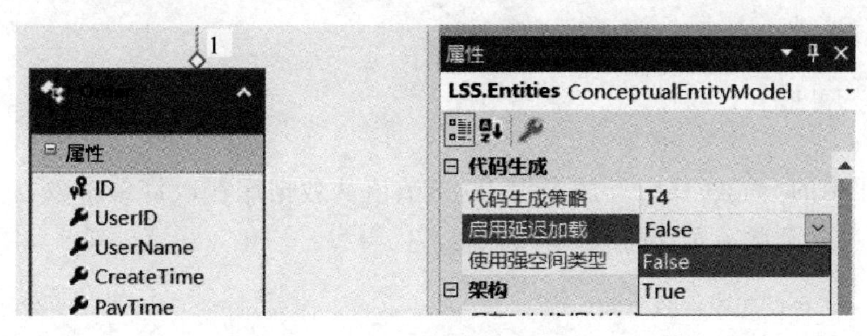

图 16-13　启用延迟加载选项设置

```
    <th>单号:</th>
    <td><asp:Label ID="lbID" runat="server"></asp:Label></td>
    <!--用户、订单日期、状态、付款时间-->
  </tr>
  <tr><!--订单金额、发货时间、发货人--></tr>
  <tr><!--收件人、电话、关闭时间、关闭人--></tr>
  <tr>
    <!--收货地址-->
    <td colspan="2">
      <asp:Button ID="btCancel" CssClass="btn" runat="server"
              Text="取消" OnClick="btCancel_Click" />
      <asp:Button ID="btShip" CssClass="btn" runat="server"
              Text="发货" OnClick="btShip_Click" />
      <asp:Button ID="btReturn" CssClass="btn" runat="server"
              Text="退货" OnClick="btReturn_Click" />
    </td>
  </tr>
  <tr>
    <th>订单明细:</th>
    <td colspan="9">
            <table class="result-tab">
              <tr>
                <th>商品</th><th>价格</th><th>数量</th><th>总价</th>
                <th>上架日期</th><th>已下架</th>
              </tr>
              <asp:Repeater ID="rpGoods" runat="server">
                <itemtemplate>
                  <tr>
                      <!--绑定订单明细的字段-->
                  </tr>
          </itemtemplate>
        </asp:Repeater>
      </table>
    </td>
  </tr>
</table>
```

Back/Order.aspx 页面 Page_Load()方法中的初始化代码如下：

```
if (!IsPostBack)
```

```
{
    long id = Utils.ParseInt64(Request["id"]);
    loadData(id);
}
```

上述代码中的loadData()方法根据ID参数值从数据库获取订单对象,将其展示在页面,并根据订单状态确定允许的操作,具体定义代码为:

```
private void loadData(long id)
{
  if (id > 0)
  {
    OrdersService svr = new OrdersService();
    Entities.Orders order = svr.FindById(id, true);      //获取订单
    if (order != null)                                    //获取成功
    {
      //页面控件赋值,显示订单
      lbID.Text = order.ID.ToString();
      lbPayTime.Text = order.PayTime == null ? string.Empty :
          order.PayTime.ToString();
      … //其他字段的显示(略)
      rpGoods.DataSource = order.OrderDetails;          //订单明细绑定到Repeater控件
      rpGoods.DataBind();
    }

    Utils.ShowPrompt(lbPrompt, svr.ErrorMsg);             //如果有错误,显示错误信息
    //确定可用处理按钮
    btCancel.Visible = btShip.Visible                     //"取消"和"发货"按钮
        = (order != null && order.State == OrdersState.Paid);
    btReturn.Visible = (order != null
        && order.State == OrdersState.Shipped);           //"退货"按钮
  }
  else
  {
    Utils.ShowPrompt(lbPrompt, "非法订单编号.");
    btCancel.Visible = btReturn.Visible = btShip.Visible = false;
  }
}
```

上述代码中的Order类名前面带有Entities命名空间前缀,这是为了避免和同名的Order页面对象混淆。

为Order.aspx页面添加changeOrderState()私有方法,代码如下:

```
private void changeOrderState(string newState)
{
    OrdersService svr = new OrdersService();                   //服务
    long id = Utils.ParseInt64(lbID.Text);                     //获取订单ID
    if (newState == OrdersState.Canceled)
      svr.Cancel(id, HttpContext.Current.User.Identity.Name); //执行取消
    else if (newState == OrdersState.Returned)
      svr.Return(id, HttpContext.Current.User.Identity.Name);
```

```
    else if (newState == OrdersState.Shipped)
      svr.Ship(id, HttpContext.Current.User.Identity.Name);
    if (svr.HasError)                                          //出错
      Utils.ShowPrompt(lbPrompt, svr.ErrorMsg);                //显示错误信息
    else
      loadData(id);                                            //刷新数据
}
```

基于该方法的订单操作非常简单，例如退货处理的 btReturn_Click()方法的代码为：

```
protected void btReturn_Click(object sender, EventArgs e)
{
  changeOrderState(OrdersState.Returned);
}
```

习　题　16

一、选择题

1. 页面代码<asp：TextBox ID="tbPassword" runat="server" ValidationGroup="login" value="密码" TextMode="Password"></asp：TextBox>中的 ValidationGroup 用于(　　)。

A) 表示启用输入校验　　B) 表示该控件负责检查登录密码

C) 表示该控件的校验属于 login 组　　D) 表示需要校验 id=login 的控件

2. 基于表单的 Web 应用身份认证中的表单是指(　　)。

A) HTML Table　　B) HTML Form

C) Windows 登录窗口　　D) Web.config

3. ASP.NET 基于表单的身份认证机制中，通过(　　)可以检查当前用户是否已经登录。

A) HttpContext.Current.User.Identity.IsAuthenticated

B) HttpContext.Current.User ! = null

C) HttpContext.Current.User is RolePrincipal

D) HttpContext.Current.User.ID ＞ 0

4. 下列关于权限角色的说法，错误的是(　　)。

A) 只要使用了表单认证，就等于使用了角色管理

B) 登录时写入的角色信息还需要在每次访问当前用户时提取出来

C) 检查用户所属的角色需要使用 Context.User.IsInRole()方法

D) 权限控制的配置中可以指定需要允许或拒绝访问路径的角色列表

5. 为了在 Web 应用中实现让用户可视化输入 HTML 格式的内容，可以在页面中嵌入(　　)。

A) Word 控件　　B) Visual Studio Express

C) 多行状态的 TextBox　　D) JS 或 jQuery 的 HTML 编辑器

6. LINQ 分页查询所需的两个方法是(　　)。

A) Top()、Bottom()　　B) From()、To()

C) Skip()、Take()　　　　　　　　D) Limit()、By()

7. Repeater 控件 rp 的属性 Items,代表了 RepeaterItem 行的集合,为了获取第 0 行中 ID 为 chkSelect 的 ASP. NET 复选框控件,正确的语句为(　　)。

A) CheckBox chkSelect = rp. Items[0]. chkSelect;

B) CheckBox chkSelect = rp. Items[0]. FindControl("chkSelect") as CheckBox;

C) CheckBox chkSelect = chkSelect;

D) CheckBox chkSelect = rp. Items[0]. Controls["chkSelect"] as CheckBox;

二、填空题

1. 订单实体 Order 的 State 属性,其"并发模式"属性默认设置为 Fixed,这说明修改订单的 SQL 语句中会额外添加相应的________________,这就是采用乐观并发方式处理 State 属性上的并发冲突。

2. 在使用表单身份认证管理中,FormsAuthentication. Redirect FromLoginPage()方法用于完成________________,而 FormsAuthentication. SignOut()方法用于完成________________。

3. 在 ASP. NET 中可以通过 Web. config 文件配置来实现权限控制,配置代码如下所示:

```
<location path = "Profile.aspx">
  <system.web>
    <authorization><deny users = "?"/></authorization>
  </system.web>
</location>
```

其中,path 指定________,deny users 表示________,"?"表示________。

4. 完善下面的代码:

```
private bool payOrder(long id, string orderUserName, decimal orderPrice)
  {
    bool isOk = false;
    using (________ ts = new ________)                    //事务
    {
      UsersService userService = new UsersService();
      Orders order = db.Orders.Single(o => o.ID == id && o.State == oldState);
      order.PayTime = DateTime.Now;
      order.State = newState;
      db.SubmitChanges();
      isOk = true;
      //扣款失败
      if (isOk && userService.Deposit(orderUserName, - orderPrice) == false)
      {
        isOk = false;
        SetError(null, "付款失败");
      }
      if (isOk) ts.________);                             //成功则提交事务
    }
    return isOk;
  }
```

5. ASP.NET 的 Repeater 控件用于展示列表数据，可以在子标签 ItemTemplate 中定义一条数据的________________。

6. 在 Repeater 控件的 ItemTemplate 中定义了如下的控件：

```
<asp:CheckBox ID = "chkIsApproved" ToolTip = '<% # Eval("UserName") %>
runat = "server" Checked = '<% # Eval("IsApproved") %>' AutoPostBack = "true"
oncheckedchanged = "chkIsApproved_CheckedChanged" />
```

其中，oncheckedchanged 用于指定________，ToolTip 用于实现________。

7. LINQ to Entities 中，用________方法指定同步载入导航属性值的数据加载方式称为________。

三、是非题

(　　)1. ASP.NET 表单认证的当前用户基本信息保存在 HttpContext.Current.User 中。

(　　)2. ASP.NET 母版页可以作为另一个母版页的内容页，从而形成嵌套母版页。

(　　)3. CSS 中可以通过 margin 和 padding 定义一个元素的外边距和内边距，其取值范围为非负整数。

(　　)4. CSS 支持使用自定义字体，用于实现图标显示方便高效。

(　　)5. 在 Web 应用中，如果列表页的记录数量过多，则应该采用分页技术来展示。

(　　)6. 假设 ASP.NET 复选框设置了 CssClass 属性为 chkSelect，则 jQuery 可以通过 $(".chkSelect").attr("checked")来获取其选择状态。

(　　)7. ASP.NET 的 Repeater 控件具有和 GridView 完全相同的 ItemCommand 事件，包括事件的参数。

四、实践题

1. 设有图书管理数据库：

```
图书(图书编号 C(6),分类号 C(8),书名 C(16),作者 C(6),出版单位 C(20),单价 N(6,2))
读者(借书证号 C(4),单位 C(8),姓名 C(6),性别 C(2),职称 C(6),地址 C(20))
借阅(借书证号 C(4),图书编号 C(6),借书日期 D(8),还书日期 D(8))
```

对应实体数据模型如图 16-14 所示。

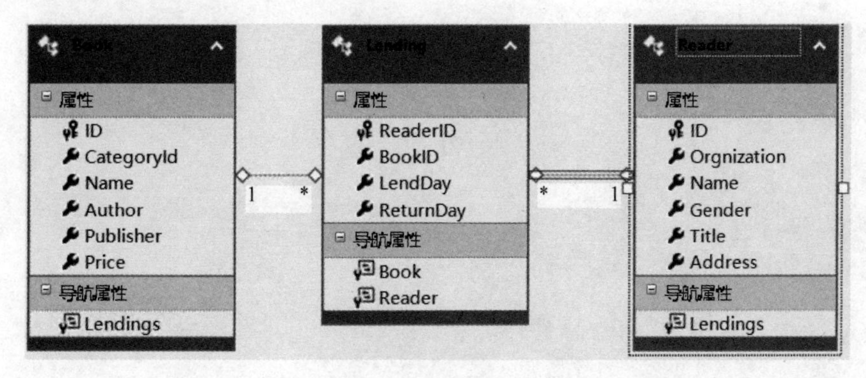

图 16-14　图书管理数据库对应实体数据模型

请完成以下 LINQ 命令(假设 DbContext 对象 db 已经创建):

(1) 求出当前借阅(尚未归还)图书数量;

(2) 求图书馆所有图书的总价和平均价格;

(3) 统计读者所在单位的(非重复)数量;

(4) 找出图书馆中最贵的和最便宜的图书价格。

2. 完成“小明网上书城”系统框架搭建,实现模板页;实现基于 ASP.NET 表单认证的登录页面,并配置好权限控制;实现订单管理为核心的业务后台,注意订单管理中的事务和并发处理,并在必要时使用分页技术来展示列表。

第17章

完成系统

学习目标

- 掌握使用 CSS 实现 Repeater 控件显示内容平铺的技巧；
- 掌握简单查找页面的实现技巧；
- 理解购物车模块在商城应用中的作用，掌握购物车数据结构的设计；
- 理解保存用户购物车的原理，掌握使用 Session 对象保存用户购物车的方法；
- 掌握管理购物车中商品的方法，掌握根据购物车生成订单的方法；
- 掌握分组统计 SQL 语句和 LINQ 语句，深刻理解分组统计结果字段只能是聚合函数或分组依据的理由。

17.1 前台浏览页面

1. 前台首页

实现前台首页

首页 Default. aspx 页面嵌套在 Site. master 母版页中，布局设计和交互参见图 14-4，具体的浏览效果如图 17-1 所示。

1）DIV 布局

图 17-1 的布局总体可以分为 content_left 和 content_right 两个 <div>区块，对应图 14-4 中"商品分类超链接"和"商品清单"。开发时考虑到商品分类内容偏少，因此在其下方添加了一个"推荐商品栏目"，具体的页面框架代码如下：

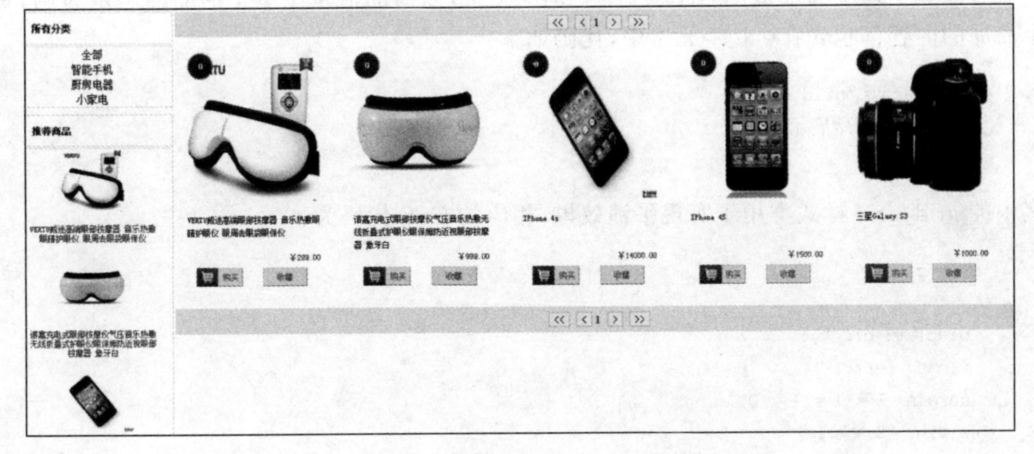

图 17-1　前台首页 Default. aspx 页面浏览效果图

```
<asp:Content ID = "BodyContent" runat = "server"
  ContentPlaceHolderID = "MainContent">
   <div class = "content_left">
     <div class = "content"><!—商品分类超链接 -->
     </div>
     <div class = "content"><! -- 推荐商品栏目 --></div>
   </div>
   <div class = "content_right">
     <div class = "content">
       <! -- 分页器(顶) -->
       <! -- 商品清单 Repeater 控件 -->
       <! -- 分页器(底) -->
     </div>
   </div>
</asp:Content>
```

2) Repeater 平铺

上述代码中的注释部分表示的局部区域也都是通过 DIV 布局实现的,如推荐商品栏目分为头部 content_heading 和清单 grid_box 两个<div>区块,具体页面框架代码如下:

```
<div class = "content">
  <div class = "content_heading">
    <div class = "heading_title">
      <h3>推荐商品</h3>
    </div>
    <div class = "clear"></div>
  </div>
  <div class = "grid_box">
    <! -- 推荐商品清单 -->
    <div class = "clear"></div>
  </div>
</div>
```

各区域中每个商品展示,也是一个<div>元素,以商品清单中单个商品的展示为例,每个商品的内容都包含在<div>元素中,代码如下:

```
<div class = "grid_grid">
  <!—单个商品展示 -->
</div>
```

其中的 grid_grid 样式类用于实现平铺效果,相应的 CSS 代码为:

```
.grid_grid
{
  display: block;
  float: left;
  margin: 1% 1% 1% 0;
  width: 15.8%;
  padding: 1.5%;
  text-align: center;
  position: relative;
```

```
}
```

上述代码中 float 属性实现平铺，通过控制 width 属性占比值，就可以控制一行中平铺的商品数量，如15.8%的效果就是每行展示5个商品。如果将 width 属性调整为22.2%，那么每行展示4个商品，这就是通过 DIV+CSS 实现平铺的灵活之处。

使用 Repeater 控件可以方便地根据商品数量生成相应的商品展示代码，只要将原来使用 Repeater 控件生成列表的表格标记修改成<div>标记，其他数据绑定、命令绑定等全部保留。例如，展示商品清单的 rpGoods 控件具体页面代码为：

```
<asp:Repeater ID = "rpGoods" runat = "server">
  <ItemTemplate>
    <div class = "grid_grid">
      <asp:HyperLink ID = "hlGoods" runat = "server"<! -- 打开商品明细的超链接 -->
        NavigateUrl = '<% # Eval("ID", "~/Goods.aspx?id = {0}") %>'>
        <asp:Image ID = "imgGoods" runat = "server" <! -- 超链接内容为商品图片 -->
          Height = "342px"ImageUrl = '<% # Eval("Photo") %>' />
      </asp:HyperLink>
      <div class = "mark"> <! -- 商品评分 -->
        <asp:Label ID = "lbScore" CssClass = "score" runat = "server"
        Text = '<% # Eval("Score") %>'></asp:Label>
      </div>
      <p class = "intro"> <! -- 商品标题 -->
        <asp:Literal ID = "Literal2" runat = "server"
        Text = '<% # Eval("Title") %>'></asp:Literal>
      </p>
      <p> <!—商品价格 -->
        <asp:Label ID = "lbPrice" CssClass = "price" runat = "server"
        Text = '<% # Eval("Price", "¥{0}") %>'></asp:Label>
      </p>
      <div class = "button"> <!—将商品加入购物车的链接按钮 -->
        <span>
          <img src = "Images/cart.jpg" alt = "" />
          <asp:LinkButton ID = "btAddToCart" CssClass = "cart - button box - shadow"
          runat = "server" CommandName = "AddToCart"
          CommandArgument = '<% # Eval ("ID") %>'>购买
            </asp:LinkButton>
        </span>
      </div>
      <div class = "button"> <!—将商品加入收藏夹的链接按钮 -->
        <span>
          <asp:LinkButton ID = "btBookmark" CssClass = "box - shadow"
          runat =  "server"CommandName = "AddToBookmark"
          CommandArgument = '<% #Eval("ID") %>'>收藏
          </asp:LinkButton>
        </span>
      </div>
    </div>
  </ItemTemplate>
</asp:Repeater>
```

3）绑定数据

从上述页面代码中可以看到，展示内容是通过 Eval()方法绑定数据来提供的。下面是 Default.aspx 页面初始化时为 Repeater 控件绑定数据源的代码：

```
protected void Page_Load(object sender, EventArgs e)
{
  if (!IsPostBack)
  {
    //绑定分类超链接清单数据源
    CategoryService catSvr = new CategoryService();
    rpCategory.DataSource = catSvr.GetData(null);
    rpCategory.DataBind();
    //绑定推荐商品清单数据源
    GoodsService goodsSvr = new GoodsService();
    rpAdGoods.DataSource = goodsSvr.GetTop10();
    rpAdGoods.DataBind();
    //保存查询参数
    hiddenCatId.Value = Request["catid"];
    hiddenKey.Value = Request["key"];
    //绑定所有商品清单(分页)数据源
    pagerGoods.PageSize = 20;
    loadPagedData(pagerGoods.CurrentPageIndex);
  }
}
```

上述代码中的 catSvr.GetData()方法就是前面用于后台商品分类管理的同一个 BLL 方法。获取推荐商品 goodsSvr.GetTop10()方法中使用了 LINQ 降序排序 OrderByDescending()方法和限制获取记录数 Take()方法，具体的 LINQ 语句为：

```
db.Goods.OrderByDescending(g => g.Score).Take(10).ToList()
```

4）商品查找

商品查找分为根据商品分类查找和根据关键字查找两种途径。根据商品分类查找通过单击商品分类超链接进行，商品分类超链接的页面代码如下：

```
<div class="grid_box">
  <div class="grid_list">
    <asp:HyperLink ID="hlCategory" runat="server"
      Text="全部" NavigateUrl="~/Default.aspx"></asp:HyperLink>
  </div>
  <asp:Repeater ID="rpCategory" runat="server">
    <ItemTemplate>
      <div class="grid_list">
        <asp:HyperLink ID="hlCategory" runat="server" Text='<%#Eval("Name")%>'
            NavigateUrl='<%#Eval("ID","~/Default.aspx?catid={0}")%>'>
            </asp:HyperLink>
      </div>
    </ItemTemplate>
  </asp:Repeater>
</div>
```

上述代码中，首先是一个表示取消分类限制的“全部”超链接，然后是用 Repeater 控件生成的商品分类超链接清单。单击某个商品分类超链接，就会请求 Default. aspx 首页，同时通过 URL 传递 catid 查询参数。Default. aspx 页面中的 Page_Load()方法在绑定商品清单时，会试图从查询参数中获取这个参数值，作为商品清单的查询条件。

根据关键字查找的 btSearch 按钮位于 Master. site 母版页中，需要为 btSearch 按钮添加单击事件处理 btSearch_Click()方法，具体的定义代码如下：

```
protected void btSearch_Click(object sender, EventArgs e)
{
  Response.Redirect(string.Format("～/Default.aspx?key = {0}",tbSearchKey.Text));
}
```

btSearch_Click()方法中就只有重定向到 Default. aspx 首页的一条语句，同时通过 URL 查询变量传递 key 参数。在 Default. aspx 的 Page_Load()方法中，同样会试图从查询参数中获取 key 参数，然后用于商品清单的查询条件。

根据 catid 和 key 两个参数获取分页商品清单，并绑定到 Repeater 控件的代码封装成 Default. aspx 页面的私有方法 loadPagedDagta()，具体的定义代码如下：

```
private string loadPagedData(int currentPage)
{
  GoodsService svr = new GoodsService();
  int totalCnt;
  int pageSize = pagerGoods.PageSize;
  int? catId = Utils.ToNullableInt32(hiddenCatId.Value);          //商品分类参数 catid
  string key = Utils.ToNullableString(hiddenKey.Value);           //关键字查找参数 key
  //调用 BLL 层的分页查找商品方法，该方法和后台商品管理页面调用的 BLL 方法是同一个
  rpGoods.DataSource = svr.GetPagedGoods(out totalCnt, pageSize, currentPage,
      null, key, false, catId);
  rpGoods.DataBind();
  pagerGoodsBottom.RecordCount = pagerGoods.RecordCount = totalCnt;
  return svr.ErrorMsg;
}
```

pagerGoods 和 pagerGoodsBottom 上下两个页码器在切换页码事件处理中，也都需要调用 loadPagedData()方法实现新页码商品清单的载入。例如，pagerGoods 的切换页码事件处理 pageGoods_PageChanged()方法，具体的代码为：

```
protected void pagerGoods_PageChanged(object sender, EventArgs e)
{
  loadPagedData(pagerGoods.CurrentPageIndex);
  pagerGoodsBottom.CurrentPageIndex = pagerGoods.CurrentPageIndex;
}
```

2. 商品明细

1) DIV 布局

网站项目根目录文件夹下的商品明细 Goods. aspx 页面也嵌套在 Site. master 母版页中，布局设计参见图 14-5，浏览效果如图 17-2 所示。

实现商品详情页

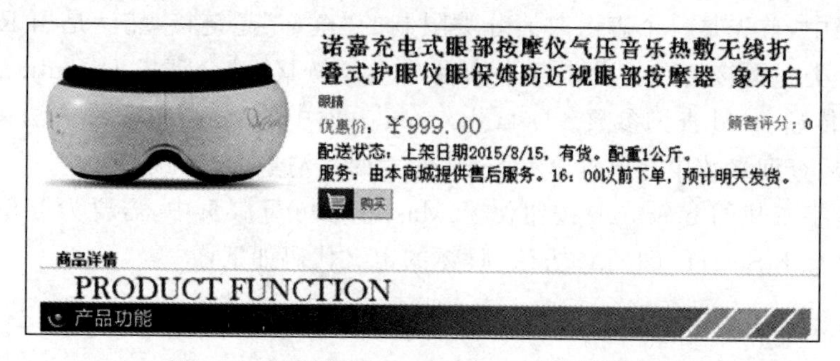

图 17-2　商品明细 Goods.aspx 页面浏览效果

图 17-2 所示页面分为 photo、binfo 和 intro 三个< div >块，分别用于展示商品图片、商品信息和商品详细描述，具体的页面布局代码如下：

```
<asp:Content ID = "Content2" ContentPlaceHolderID = "MainContent" runat = "server">
  <div class = "grid - detail">
    <div class = "photo">
      <! -- 商品图片 Photo -->
    </div>
    <div class = "binfo">
      <h2><! -- 商品标题 Title --></h2>
      <! -- 商品其他信息 -->
    </div>
    <div class = "clear"></div>
    <div class = "intro">
      <h2>商品明细</h2>
      <! -- 商品详细描述 Description -->
    </div>
  </div>
</asp:Content>
```

上述代码所用的样式类没有什么特殊之处，读者可根据自己的需求对其调整。

2）显示商品信息

详情页面通过代码为控件显示属性赋值的方法，实现商品信息的展示。注意商品明细页面需要提供一个“加入购物车”的按钮，用于购买该商品，为此需要为页面保持商品 ID 字段值，建议采用隐藏控件技术。Goods.aspx 页面初始化详细代码如下：

```
protected void Page_Load(object sender, EventArgs e)
{
  if (!IsPostBack)
  {
    long id = Utils.ParseInt64(Request["id"]);          //获取请求参数中的商品 ID 字段值
    if (id > 0)
    {
      GoodsService svr = new GoodsService();
      Entities.Goods goods = svr.FindById(id);          //获取商品
      if (goods != null)                                 //获取商品成功
      {
        hiddenId.Value = id.ToString();                  //保存当前商品的 ID 字段值
```

```
            imgGoods.ImageUrl = goods.Photo;
            litTitle.Text = goods.Title;
            litTag.Text = goods.Tag == null ? string.Empty : goods.Tag;
            litPrice.Text = goods.Price.ToString();
            litScore.Text = goods.Score.ToString();
            litOnTime.Text = goods.OnTime.ToShortDateString();
            litStock.Text = goods.Stock > 0 ? "有货" : "无货";
            litWeight.Text = goods.Weight.ToString();
            litDescription.Text = goods.Description;
        }
    }
  }
}
```

17.2　购物车模块

购物车功能方便用户管理单次购物的所有商品,是网上商城的核心功能之一。购物车主要功能可以分解为 3 部分:将打算购买的商品加入购物车,查看和调整当前购物车,根据购物车生成订单。每个顾客都拥有自己的购物车,考虑将购物车设计成一个类。

实现购物车——添加到购物车和购物车展示页面

1. 数据结构

1）商品项类

首先定义购物车中保存单件商品信息和数量的类,在 LSS. Entities 项目根目录文件夹下添加购物车商品项类定义文件 CartItem. cs,其中的代码如下:

```
public class CartItem                                          //购物车商品项
{
  public long ID { get; set; }                                 //商品 ID
  public string Photo { get; set; }                            //商品图片
  public string Title { get; set; }                            //商品名称
  public int Weight { get; set; }                              //商品运输重量
  public decimal Price { get; set; }                           //单价
  public int Qty { get; set; }                                 //购买商品数量
  public decimal TotalPrice                                    //获取总价
  {
    get { return Price * Qty; }
  }
  public int TotalWeight                                       //获取总重量
  {
    get { return Weight * Qty; }
  }
  // 构造函数。数量默认为 1
  public CartItem(long id, string photo, string title,
    int weight, decimal price, int qty = 1)
  {
    this.ID = id;
```

```
        this.Photo = photo;
        this.Title = title;
        this.Weight = weight;
        this.Price = price;
        this.Qty = qty;
    }
}
```

CartItem 类基本上只定义了一些属性，注意其中的 TotalPrice 和 TotalWeight 两个属性为只读计算属性。为了便于创建 CartItem 对象，还为其定义了一个构造函数。

2）购物车类

接下来在 LSS. Entities 项目的根目录文件夹中添加购物车类的定义文件 ShoppingCart. cs，其中的框架定义代码如下：

```
public class Cart //购物车类
{
    //内部保存商品清单用的字典数据结构,以商品 ID 字段作为键,商品对象为值
    private Dictionary<long, CartItem> _items = new Dictionary<long, CartItem>();
    #region 管理商品的方法
    public void AddItem(CartItem item) {}                //将商品添加到购物车
    public bool ChangeQty(long id, int qty) {}           //修改商品数量。数量 0 表示移除商品
    public bool AddQty(long id, int qty) {}              //增加商品数量。数量为负,表示减少商品数量
    #endregion
    #region 查询方法
    public ICollection CartItems { get { return _items.Values; } } //获取所有商品
    //判断是否包含指定 ID 字段值的商品
    public bool Contains(long id) { return _items.ContainsKey(id); }
    public decimal TotalPrice { get { } }                //获取购物车中所有商品的合计价
    public int TotalWeight { get { } }                   //获取运输总重量
    public decimal ShipFee { get; set; }                 //设置运费或获取运费
    public int Count { get { return _items.Count; } }//获取商品种类数
    #endregion
}
```

为了方便对购物车中的商品进行检索，购物车内部使用了强类型的字典(Dictionary<>)数据结构来记录商品。购物车类具有一些关于总体情况的属性和一些对于购物车中商品的管理方法，这些都是基于字典类和商品项类来完成的。

例如，添加商品到购物车的 AddItem()方法，利用_items. ContainsKey()方法判断购物车中是否已经存在该商品，利用_items. Add()方法添加商品，而获取商品则是通过索引属性_items[key]的方式，具体代码为：

```
public void AddItem(CartItem item)
{
    if (!_items.ContainsKey(item.ID))                //购物车中尚无该商品
    {
        _items.Add(item.ID, item);                   //添加这个商品
    }
    else                                             //否则,只需要增加该商品的购买数量
    {
```

```
        CartItem sameItem = _items[item.ID];           //取出该商品对象
        sameItem.Qty += item.Qty;                      //增加数量
    }
}
```

修改商品数量的 ChangeQty()方法和增加或减少商品数量的 AddQty()方法同样使用了_items.ContainsKey()方法检查对应商品是否存在。当修改后的商品数量为 0 时，还使用了_items.Remove()方法从字典中移除该商品。AddQty()方法的代码为：

```
public bool AddQty(long id, int qty)
{
    if (_items.ContainsKey(id))
    {
        CartItem item = (CartItem)_items[id];          //获取对应商品
        item.Qty += qty;                               //修改数量,注意 qty 可正可负
        if (item.Qty <= 0)                             //如果修改后数量小于或等于 0
        {
            _items.Remove(id);                         //从商品清单(字典)中移除
        }
        return true;                                   //返回 true,说明添加数量成功
    }
    return false;                                      //返回 false,说明无此商品,添加数量失败
}
```

查询方法中的 Contains()方法用于判断购物车中是否存在指定商品，直接调用了_items.ContainsKey()方法来实现。其他查询方法是通过属性方式提供的，如只读的 CartItems、TotalPrice、TotalWeight 和 Count 属性，通过直接返回_items 字典对象的相应属性值或简单计算后的值。以 TotalWeight 属性为例，通过遍历累加_items 字典对象中商品重量的方法来得到运输总重量，具体的代码如下：

```
public int TotalWeight
{
    get
    {
        int sum = 0;
        foreach (CartItem item in _items.Values)       //遍历字典中的商品对象
        {
            sum += item.TotalWeight;                   //累加当前商品的重量
        }
        return sum;
    }
}
```

考虑到运费计算一般来说比较复杂，不太适合直接定义在购物车类中，因此将运费计算放到 BLL 层的方法中，由订单服务 OrdersService 类负责。相应地，购物车类中运费 ShipFee 属性是一个读写属性，可以记录订单服务的运费计算结果。

2. 购物车处理逻辑

1）保存购物车

购物车属于每个用户独立的一个状态，但其数据量相对于 Cookie 来说偏大，因此考虑

用 Session 状态存储技术。使用 Session 的缺点是需要消耗内存,对服务器来说是比较重的负载。同时 Session 不能跨浏览器会话周期,关闭浏览器后重新访问网站,保存在 Session 中的购物车就会消失。为了解决 Session 保存购物车的问题,可以用数据库来保存用户的购物车,对此读者可以自行查阅资料。

LSS 中将购物车直接保存到 Session 中,考虑到很多页面都有访问购物车的需要,因此将保存和获取购物车的方法定义在 LSS. BLL 项目中的 OrdersService 类中。例如,获取购物车的 GetCart()方法详细定义代码如下:

```
public Cart GetCart()
{
  //尝试从 Session 中获取购物车
  Cart cart = HttpContext.Current.Session[Consts.ShoppingCartKey] as Cart;
  if (cart == null)                //如果购物车不存在,则可以理解为是一个空购物车
  {
    cart = new Cart();             //创建这个空购物车
    HttpContext.Current.Session[Consts.ShoppingCartKey] = cart; //保存到 Session 中
  }
  return cart;                     //返回从 Session 获取或者新建的购物车
}
```

注意:为了能在 LSS. BLL 项目中使用 Session,需要为其引用 System. Web. dll 程序集,然后通过 HttpContext. Current. Session 属性来访问,它和 ASPX 页面的 Session 属性指向同一个 Session 对象。

另外,作为存取 Session 中对象的基本规范,上述代码使用了 Consts. ShoppingCartKey 字符串常量作为购物车的存取标识,因此需要在 LSS. Entities 项目的 Consts. cs 文件中添加如下代码:

```
public static class Consts
{
  ...
  /// <summary>
  /// 购物车保存到 Session 的 Key
  /// </summary>
  public static string ShoppingCartKey = "ShoppingCart";
}
```

2)添加商品到购物车

Default. aspx 页面中为每个商品设置了一个“购买”按钮,这是一个 Repeater 控件的命令按钮,相应定义的页面代码如下:

```
<asp:Repeater ID = "rpGoods" runat = "server">
<ItemTemplate>
    ...
    <asp:LinkButton ID = "btAddToCart" CssClass = "cart - button box - shadow"
        runat = "server"CommandName = "AddToCart"CommandArgument = '<% #Eval("ID") %>'>
        购买</asp:LinkButton> <!--将商品加入购物车的 Repeater 命令按钮 -->
    ...
  </ItemTemplate>
```

```
</asp:Repeater>
```

为 rpGoods 控件绑定 OnItemCommand 事件处理 rpGoods_ItemCommand()方法，页面代码为：

```
<asp:Repeater ID = "rpGoods" runat = "server" OnItemCommand = "rpGoods_Item Command">
```

相应的页面后台 Default. aspx. cs 文件中添加如下事件处理代码：

```
protected void rpGoods_ItemCommand(object source, RepeaterCommandEventArgs e)
{
  if (e.CommandName == "AddToCart")
  {
    long id = Utils.ParseInt64(e.CommandArgument);          //从事件参数提取商品 ID 字段值
    GoodsService svr = new GoodsService();
    Entities.Good goods = svr.FindById(id);                 //调用商品服务获取商品
    if (goods != null)                                      //如果获取商品成功
    {
      OrdersService ordSvr = new OrdersService();
      Cart cart = ordSvr.GetCart();                         //调用订单服务获取购物车
      //根据商品创建购物车商品项
      CartItem ci = new CartItem(goods.ID, goods.Photo, goods.Title,
        goods.Weight, goods.Price, 1);
      cart.AddItem(ci);                                     //调用购物车的添加商品项方法
    }
  }
}
```

商品详情 Goods. aspx 页面也有一个针对页面展示商品的购买按钮控件，页面代码为：

```
<asp:LinkButton ID = "btAddToCart" CssClass = "cart - button box - shadow" runat = "server"
  OnClick = "btAddToCart_Click">购买</asp:LinkButton>
```

在页面后台代码 Goods. aspx. cs 文件中，按钮单击事件处理 btAddToCart_Click()方法的代码和 rpGoods_ItemCommand()方法大同小异，最关键的区别在于获取商品 ID 字段值的途径不同，具体代码如下：

```
protected void btAddToCart_Click(object sender, EventArgs e)
{
  long id = Utils.ParseInt64(hiddenId.Value);          //从页面隐藏字段获取商品 ID 字段值
  GoodsService svr = new GoodsService();
  Entities.Goods goods = svr.FindById(id);             //调用商品服务获取商品
  if (goods != null)                                   //如果获取商品成功
  {
    OrdersService ordSvr = new OrdersService();
    Cart cart = ordSvr.GetCart();                      //调用订单服务获取购物车
    //根据商品创建购物车商品项,并调用购物车的添加商品项方法
    cart.AddItem(new CartItem(goods.ID, goods.Photo, goods.Title,
      goods.Weight, goods.Price, 1));
  }
}
```

3. 购物车页面

ShoppingCart.aspx 页面用于展示购物车中的商品，并提供用户修改购物车中的商品，操作界面如图 17-3 所示。

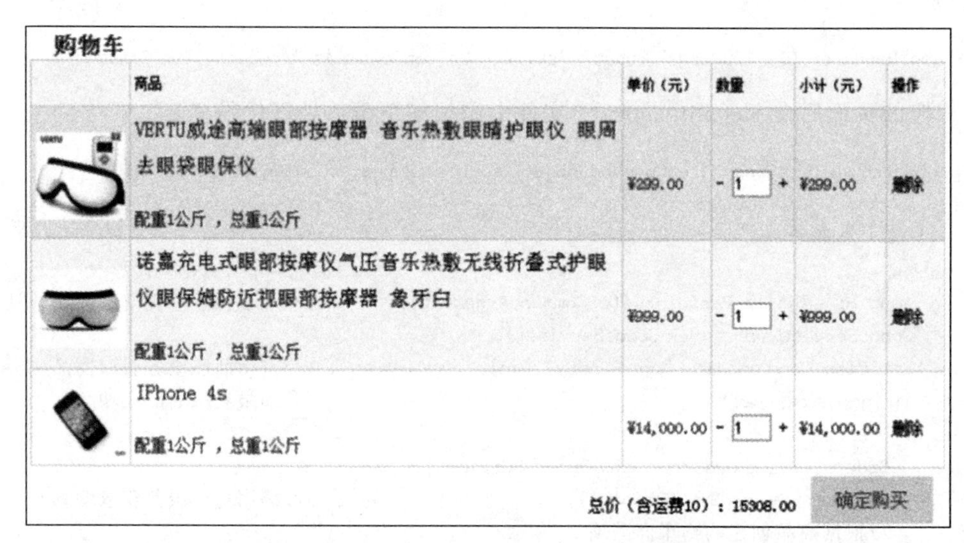

图 17-3　购物车 ShoppingCart.aspx 页面浏览效果

1）页面布局

ShoppingCart.aspx 页面使用了的 Cart.css 样式文件，其布局框架代码如下：

```
<%@ Page Title = "" Language = "C#" MasterPageFile = "~/Site.Master"
AutoEvent Wireup = "true"CodeBehind = "ShoppingCart.aspx.cs
"Inherits = "LSS.Web.ShoppingCart" %>
<asp:Content ID = "Content1" ContentPlaceHolderID = "HeadContent" runat = "server">
  <link href = "Styles/Cart.css" rel = "stylesheet" type = "text/css" />
</asp:Content>
<asp:Content ID = "Content2" ContentPlaceHolderID = "MainContent" runat = "server">
  <div class = "cart - list">
    <h2>购物车</h2>
    <! -- 购物车中商品列表 -->
    <br />
    <table>
      <tr>
        <td><! -- 购物车中总价和运费信息 --></td>
        <td><! -- 确定购买超链接,链接到 CartOrder.aspx --></td>
      </tr>
    </table>
  </div>
</asp:Content>
```

上述代码中“确定购买超链接”就是一个连接到 CartOrder.aspx 页面的 HyperLink 控件，页面定义代码为：

```
<asp:HyperLink ID = "hlOrder" runat = "server" NavigateUrl = "~/CartOrder.aspx">
确定购买</asp:HyperLink>
```

“购物车总价和运费信息”则是两个 Label 控件，页面定义代码为：

```
总价(含运费<asp:Label ID="lbShipFee" runat="server"></asp:Label>)
:<asp:Label ID="lbOrderPrice" runat="server"></asp:Label>
```

“购物车中商品列表”仍然使用 Repeater 控件，但布局采用表格方式，页面框架代码为：

```
<table class="result-tab">
  <tr><!--表头标题--></tr>
        <asp:Repeater ID="rpGoods" runat="server"
        OnItemCommand="rpGoods_Item Command"OnItemDataBound=
        "rpGoods_ItemDataBound">
        <itemtemplate>
         <tr>
          <td><!--商品图片超链接--></td>
          <td><!--商品名称超链接--></td>
          <td><asp:Label ID="lbPrice" CssClass="price" runat="server"
                 Text='<%# Eval("Price", "¥{0:N2}")%>'></asp:Label></td>
          <td><!--数量和数量修改操作--></td>
          <td><asp:Label ID="lbTotalPrice" CssClass="price" runat="server"
               Text='<%# Eval("TotalPrice", "¥{0:N2}")%>'></asp:Label></td>
          <td><!--删除购物车中商品的链接按钮--></td>
        </tr>
      </itemtemplate>
  </asp:Repeater>
</table>
```

上述代码中的“商品图片超链接”或“商品名称超链接”用于在新浏览器窗口中打开商品详情页面，以商品图片超链接为例，页面定义代码为：

```
<asp:HyperLink ID="hlDetail" runat="server" Target="_blank"
  NavigateUrl='<%#Eval("ID","~/Goods.aspx?id={0}")%>'>
  <asp:Image ID="imgGoods" runat="server" ImageUrl='<%# Eval("Photo")%>' />
</asp:HyperLink>
```

上述代码中的图片 ImageUrl 和超链接的 NavigateUrl 属性值都通过数据绑定的方式提供。

购物车中商品数量的修改通过两个 LinkButton 控件来实现，商品数量则用 TextBox 控件来展示，且不允许用户直接修改，相应的页面定义代码如下：

```
<asp:LinkButton ID="lbSub" runat="server" Text="-" CommandName="Sub"
    CommandArgument='<%# Eval("ID")%>'/>
<asp:TextBox ID="tbQty" runat="server" Width="30px" ReadOnly="true"
    Text='<%# Eval("Qty")%>'></asp:TextBox>
<asp:LinkButton ID="lbAdd" runat="server" Text="+"
    CommandName="Add" CommandArgument='<%# Eval("ID")%>'/>
```

单击购物车页面的移除商品的按钮时，需要在浏览器中弹出“确认”对话框，具体的页面定义代码为：

```
<asp:LinkButton ID="btDelete" runat="server" CommandName="Delete"
```

```
OnClientClick = "return confirm('您确定要从购物车移除该商品?');"
CommandArgument = '<%# Eval("ID") %>'Text = "删除" CausesValidation = "False"/>
```

2) 购物车展示

购物车的展示可以分为购物车商品清单和购物车总体信息两部分,将其定义为一个 ShoppingCart.aspx 页面的私有方法。在 ShoppingCart.aspx.cs 文件中添加如下的代码:

```
/// <summary>
/// 显示购物车内容
/// </summary>
/// <param name = "cart">购物车对象</param>
private void showCart(Cart cart)
{
  rpGoods.DataSource = cart.CartItems;                 //为 Repeater 控件绑定购物车商品清单
  rpGoods.DataBind();
  OrdersService svr = new OrdersService();
  cart.ShipFee = svr.GetShipFee(cart.TotalWeight);     //调用 BLL 层的方法计算运费
  lbShipFee.Text = cart.ShipFee.ToString();            //显示运费
  lbOrderPrice.Text = (cart.TotalPrice + cart.ShipFee).ToString(); //显示总价
}
```

在 ShoppingCart.aspx 页面 Page_Load()方法中,调用 showCart()方法完成购物车页面初始显示,具体代码如下:

```
protected void Page_Load(object sender, EventArgs e)
{
  if(!IsPostBack)
  {
    OrdersService svr = new OrdersService();
    Cart cart = svr.GetCart();                         //调用 BLL 层方法获取购物车
    showCart(cart);                                    //显示购物车
  }
}
```

3) 修改购物车商品

购物车页面的各种操作除了那些简单的超链接功能外,都是通过触发 Repeater 控件的 ItemCommand 事件来完成的,对应的事件处理 rpGoods_ItemCommand()方法,详细代码如下:

```
/// <summary>
/// Repeater 的行命令事件:购物车操作
/// </summary>
protected void rpGoods_ItemCommand(object source, RepeaterCommandEventArgs e)
{
  long id = Utils.ParseInt64(e.CommandArgument);       //获取商品 ID 字段值
  OrdersService svr = new OrdersService();
  Cart cart = svr.GetCart();                           //获取购物车
  if (e.CommandName == "Sub")                          //是否为减少商品数量按钮
  {
    cart.AddQty(id, -1);                               //减少商品数量
```

```
    }
    else if (e.CommandName == "Add")                    //是否为增加商品数量按钮
    {
      cart.AddQty(id, 1);                               //增加商品数量
    }
    else if (e.CommandName == "Delete")                 //是否为移除商品按钮
    {
      cart.ChangeQty(id, 0);                            //通过数量设置为 0 来表示移除商品
    }
    showCart(cart);                                     //刷新购物车的展示
}
```

上述代码中也调用了 showCart()方法来显示更新后的购物车。

为了避免通过减少数量按钮将购物车商品数量减少到 0 的情况，需要对该按钮进行控制，使其在对应商品数量为 1 时进入无效状态，这需要在 Repeater 控件的 OnItemDataBound 事件中进行处理，处理方法 rpGoods_ItemDataBound()的代码为：

```
/// <summary>
/// 行数据绑定后的事件处理:购物车减少数量按钮控制
/// </summary>
protected void rpGoods_ItemDataBound(object sender, RepeaterItemEventArgs e)
{
  if (e.Item.ItemType == ListItemType.Item
      || e.Item.ItemType == ListItemType.AlternatingItem)        //正常的数据行?
  {
      //注意:只在行数据绑定事件中才能获取行对应数据
    CartItem ci = e.Item.DataItem as CartItem;                  //行对应数据
    LinkButton lk = e.Item.FindControl("lbSub") as LinkButton;  //行对应按钮
    lk.Enabled = ci.Qty > 1; //只有够减的时候,该按钮的 Enabled 属性才能设置为 true
  }
}
```

4. 生成订单

实现购物车——确认生成订单页面

单击图 17-3 所示购物车页面的“确定购买”按钮，跳转到 CartOrder.aspx 订单确认页面，如图 17-4 所示，该页面负责生成订单。

1）页面布局

订单确认页面由 3 部分构成：送货地址选择输入、付款方式选择和订单明细，页面同样使用 Cart.css 样式文件，相应的页面框架代码如下：

```
<div class="cart-list" id="cartList" runat="server">
  <h2>订单确认</h2>
  <h3>请选择送货地址</h3>
  <!--送货地址单选按钮组,新地址输入。-->
  <h3>请选择付款方式</h3>
  <!--付款方式选择单选按钮组。-->
  <h3>订单明细</h3>
  <!--购物车页面类似的订单明细,去掉调整数量的按钮。-->
  <asp:LinkButton ID="btPlaceOrder" runat="server"
```

```
OnClick = "btPlaceOrder_Click">确认订单</asp:LinkButton>
</div>
```

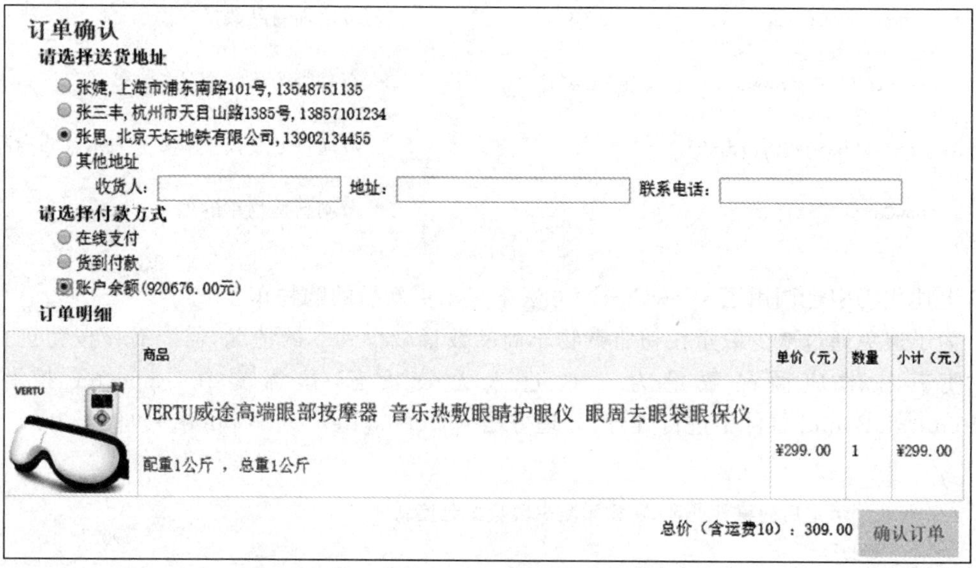

图 17-4 订单确认 CartOrder.aspx 页面浏览效果

上述代码中的订单明细部分和购物车页面的商品清单基本相同，只需将修改商品的按钮删除即可。

送货地址的选择通过单选按钮组来实现，如果需要输入新的送货地址，可以选择其他地址选项，并直接输入送货地址的详情，具体的页面代码如下：

```
<div class = "add - card">
  <asp:RadioButtonList ID = "rblAddress" runat = "server">
  </asp:RadioButtonList>
  <div class = "newadd">
    收货人:<asp:TextBox ID = "tbRecipient" MaxLength = "20" runat = "server"/>
    地址:<asp:TextBox ID = "tbAddress" MaxLength = "100" Width = "400px"
    runat = "server"/>
    联系电话:<asp:TextBox ID = "tbPhone" MaxLength = "50" runat = "server"/>
  </div>
</div>
```

上述代码使用了 ASP.NET 的 RadioButtonList 单选按钮组控件，具体单选选项通过后台代码设置。付款方式选择采用类似方法，不过本书中只实现账户余额支付，所以不具体展开。

CartOrder.aspx 页面同时负责订单生成结果的反馈，为此需要在页面中添加一个结果反馈<div>元素，根据是否回发请求确定显示哪个<div>元素。如果是通过单击 ShoppingCart.aspx 页面“确定购买”超链接发出的非回发请求，则需要显示订单确认<div>元素；如果是用户单击“确认订单”按钮发出的回发请求，则需要显示结果反馈<div>元素。

为了能通过后台代码控制这两个<div>元素的现实，需要添加 runat="server"属性，同

时还需要指定 ID 属性,具体的页面代码如下:

```
<div class = "cart - list" id = "cartList" runat = "server">
  <!—订单确认 DIV. -->
</div>
<div class = "cart - list" id = "cartResult" runat = "server">
  <h2>订单结果</h2>
  <h3><asp:Literal ID = "litResult" runat = "server"></asp:Literal></h3>
  <div class = "button">
    <span>
      <asp:HyperLink ID = "hlGoShop" runat = "server"
      NavigateUrl = "~/Default.aspx">继续购物</asp:HyperLink>
      <asp:HyperLink ID = "hlGoMyOrder" runat = "server"
      NavigateUrl = "~/My/MyOrder.aspx">
      查看订单
      </asp:HyperLink>
    </span>
  </div>
</div>
```

上述代码的第一个<div>元素,ID 属性值为 cartList,也就是本小节最初给出的订单确认<div>元素;第二个<div>元素,ID 属性值为 cartResult,就是用于结果反馈的<div>元素。

2) 显示处理代码

CartOrder.aspx 页面中的详细内容需要由对应后台代码负责填充,其 Page_Load()方法的具体代码如下:

```
protected void Page_Load(object sender, EventArgs e)
{
  if (!IsPostBack)                        //非回发,说明是进入"订单确认"界面
  {
    cartList.Visible = true;              //显示订单确认<div>元素
    showAddress();                        //显示送货地址选项
    showPayment();                        //显示付款方式选项
    showShoppingCart();                   //显示订单明细
    cartResult.Visible = false;           //隐藏结果反馈<div>元素
  }
  else                                    //回发,说明是提交"确认订单"的结果
  {
    cartList.Visible = false;             //隐藏订单确认<div>元素
    cartResult.Visible = true;            //显示结果反馈<div>元素
  }
}
```

上述代码中的 showAddress()方法通过调用地址服务类的 GetAddressForCurrentUser()方法获取用户地址清单,生成地址选项,具体代码为:

```
private void showAddress()
{
  AddressService svr = new AddressService();
```

```
    List<Address> list = svr.GetAddressForCurrentUser(); //获取当前用户的地址
    foreach (Address addr in list)
    {
      ListItem li = new ListItem(string.Format("{0},{1},{2}", addr.Recipient, addr.Address1,
addr.Phone), addr.ID.ToString());          //根据地址创建选项
      li.Selected = addr.IsDefault;          //这是一个默认地址,则选中它
      rblAddress.Items.Add(li);              //添加到单选列表中
    }
    //添加一个即时输入地址的其他地址选项
    rblAddress.Items.Add(new ListItem("其他地址", Consts.EmptyID));
}
```

其中 AddressService.GetAddressForCurrentUser()方法的具体代码为：

```
/// <summary>
/// 获取当前用户的所有地址
/// </summary>
public List<Address> GetAddressForCurrentUser()
{
    List<Address> list = null;
    try
    {
      string userName = HttpContext.Current.User.Identity.Name; //用户名
      list = db.Addresses.Where(a => a.User.UserName == userName).ToList();
    }
    catch (Exception exp)
    {
        SetError(exp, "获取用户地址失败.");
    }
    return list;
}
```

其通过 HttpContext.Current.User 对象获取当前用户用户名后，在 LINQ 查询语句的 Where()方法中用 Address 实体类的导航属性 User 的 UserName 属性进行比较，这是导航属性的重要用法之一。注意，Where()方法中使用导航属性进行比较并不会导致导航属性值的载入，载入导航属性值还是要通过贪婪加载的 Include()方法来实现①。

showPayment()方法负责生成付款选项，其中账户余额支付方式需要显示当前用户账户余额，其值通过调用用户服务的 FindUser()方法获取用户对象来得到，具体的代码如下：

```
private void showPayment()
{
    rbPay.Items.Add(new ListItem("在线支付", "0"));
    rbPay.Items.Add(new ListItem("货到付款", "1"));
    UsersService svr = new UsersService();
    User usr = svr.FindUser();
    if (usr != null) //获取用户成功,显示用户的当前账户余额
    {
      ListItem li = new ListItem(string.Format("账户余额({0}元)", usr.Deposit), "3");
```

① 导航属性值的载入有3种模式，本书不展开讨论。

```
    rbPay.Items.Add(li);
  }
}
```

showShoppingCart()方法显示订单明细，其代码和 ShoppingCart.aspx.cs 中显示购物车商品清单的代码基本相同。考虑到此时商品清单不再变化，所以可以直接使用购物车页面保存在购物车中的运费，具体的代码为：

```
private void showShoppingCart()
{
  OrdersService svr = new OrdersService();
  Cart cart = svr.GetCart();                          //调用 BLL 层服务获取购物车
  rpGoods.DataSource = cart.CartItems;                //绑定购物车中的商品清单
  rpGoods.DataBind();
  lbShipFee.Text = cart.ShipFee.ToString();           //显示运费
  lbOrderPrice.Text = cart.OrderPrice.ToString();     //显示总价
}
```

3）订单创建方法

用户选择送货地址和付款方式后，单击“确认订单”按钮 btPlaceOrder 执行订单创建操作：首先收集用户选择的送货地址，然后处理付款方式，最后生成订单并完成付款。相应的事件处理 btPlaceOrer_Click()方法的具体定义如下：

```
protected void btPlaceOrder_Click(object sender, EventArgs e)
{
  //1.收集地址数据
  Address shipInfo = null;
  long addressId = Utils.ParseInt64(rblAddress.SelectedValue); //地址 ID 字段值
  if (addressId > 0)                              //界面选择的地址 ID 字段值解析成功且有效
  {
    AddressService svr = new AddressService();
    shipInfo = svr.FindById(addressId);           //从数据库获取指定地址的实体对象
  }
  else                                            //选择了即时输入地址的方式，创建输入地址
                                                  //的实体对象
  {
    shipInfo = new Address {Address1 = tbAddress.Text,
        Recipient = tbRecipient.Text, Phone = tbPhone.Text };
  }
  //2.付款方式，目前仅支持余额付款方式(略)
  String payMethod = rbPay.SelectedValue;
  //3.创建订单
  OrdersService ordSvr = new OrdersService();
  if (ordSvr.CreateOrderFromCart(shipInfo, payMethod))//成功
    ordSvr.ClearCart();                           //清空购物车
  if (ordSvr.HasError)
    litResult.Text = ordSvr.ErrorMsg;             //给出服务方法返回的错误信息
  else
    litResult.Text = "成功创建订单，并完成付款。";
    }
```

根据 ASP. NET 页面生命周期，btPlaceOrer_Click()方法在 Page_Load()方法之后执行。因为是回发请求，所以 Page_Load()方法会隐藏 cartList 元素，显示 cartResult 元素，然后 btPlaceOrder_Click()方法执行订单创建操作，并在创建订单成功时执行如下语句：

```
litResult.Text = "成功创建订单,并完成付款。";
```

创建订单失败时执行如下语句：

```
litResult.Text = ordSvr.ErrorMsg;
```

即通过 carList 元素中的 litResult 控件反馈创建订单的结果。

btPlaceOrder_Click()方法创建订单成功后，还执行了清空购物车的 ClearCart()方法，该方法定义在 OrdersService 服务类中，代码为：

```
public void ClearCart()
{
  HttpContext.Current.Session[Consts.ShoppingCartKey] = null;
}
```

OrdersService 类的 CreateOrderFromCart()方法负责根据购物车创建订单并保存到数据库中，该方法接受两个参数，即 shipInfo 和 payMethod，它们分别提供送货地址和付款方式。因为购物车是用户全局对象，所以无须传递购物车参数。该方法的具体定义如下：

```
public bool CreateOrderFromCart(Address shipInfo, string payMethod)
{
  string userName = HttpContext.Current.User.Identity.Name; //当前用户名
  UsersService usrSvr = new UsersService();
  long ordId = Consts.NullID;                        //新建订单的 ID 字段值,假设失败,为空
  try
  {
    User user = usrSvr.FindUser();                   //获取用户
    Cart cart = GetCart();                           //获取购物车
    //1.根据送货地址信息创建订单(头),状态为新建
    Order order = new Order { UserID = user.UserID,   //关联订单所属的用户
      UserName = userName, Address = shipInfo.Address1,
      Recipient = shipInfo.Recipient, Phone = shipInfo.Phone,
      TotalPrice = cart.TotalPrice, ShipFee = cart.ShipFee,
      OrderPrice = cart.OrderPrice, State = OrdersState.New, //新建
      CreateTime = DateTime.Now,                     //创建时间
    };
    db.Orders.Add(order);                            //添加到数据库上下文中
    //2.根据购物车商品清单创建订单明细
    OrderDetail orderDetail = null;
    foreach (CartItem ci in cart.CartItems)          //依次添加每件商品为订单明细项
    {
        orderDetail = new OrderDetail { Order = order, //关联订单明细所属订单
          GoodsID = ci.ID, Price = ci.Price, Amount = ci.Qty,
          TotalPrice = ci.TotalPrice
        };
        order.OrderDetails.Add(orderDetail);         //添加到数据库上下文中
```

```
        }
        db.SaveChanges(); //提交到数据库(隐含事务)
        ordId = order.ID;                           //提交成功后 EF 会返回数据库生成的
                                                    //ID 属性值
        //3.执行到这里说明订单成功创建,则付款(目前仅支持余额付款)
        changeState(ordId, OrdersState.New, OrdersState.Paid, userName);
    }
    catch (Exception exp)
    {
        if (ordId > 0)                              //订单成功,付款失败的错误信息
            SetError(exp, string.Format("成功创建订单{0},但付款失败。", ordId));
                    }
        else
            SetError(exp, "创建订单失败.");          //失败,设置错误信息
    }
    return ordId > 0;                               //订单创建成功?扣款是否成功要看服
                                                    //务类的 HasError 属性
}
```

上述方法中的付款操作调用的 changeState()方法具体参见 16.3 节。

注意 CreateOrderFromCart()方法在关联订单明细所属订单时,通过 Order=order 的赋值方式来实现,也就是通过导航属性赋值来关联父子对象,这是导航属性的重要用法之一。实际上通过 OrderID=order.ID 的方式也可以建立两者的关联,但是订单 ID 字段值是自增长字段,在上述代码执行时 order.ID 字段值尚未生成,这样赋值是否合理呢? 答案是 EF 具备保障自增外键 ID 字段值一致性的机制,这样赋值是合理的。

17.3　我的商城

对顾客而言,“我的商城”就是顾客管理个人信息和订单的后台模块,下面主要介绍实现该模块的一些关键问题。

顾客我的商城后台管理——母版页和个人信息管理页面

1. 母版页

在 LSS.Web 项目中添加 My/My.master 母版页,将其嵌套在 Site.Master 母版页中。可以从 Admin/Admin.master 母版页中复制页面布局代码,然后对其中的菜单项进行修改,具体修改成如下代码:

```
<ul class="sidebar-list">
  <li runat="server"><a href="#"><i class="icon-font">&#xe014;
</i>我的账户</a>
    <ul class="sub-menu">
      <li><a href="Default.aspx">
        <i class="icon-font">&#xe003;</i>个人信息</a></li>
      <li><a href="MyAddress.aspx">
        <i class="icon-font">&#xe004;</i>我的地址</a></li>
    </ul>
  </li>
  <li runat="server"><a href="MyOrders.aspx">
```

```
    <i class = "icon - font"> &#xe05f;</i>我的订单</a></li>
</ul>
```

菜单项中的个人信息链接到 My/Default.aspx 页面，我的地址链接到 My/Address.aspx 页面，我的订单链接到 My/MyOrders.aspx 页面。

2. 个人信息

个人信息管理完成用户个人信息的修改、密码修改和余额充值 3 项功能，全部功能在 My/Default.aspx 页面中完成，该页面嵌套在 My.master 母版页中，图 17-5 所示为顾客用户后台个人信息维护页面。

user1
姓名 张三　　身份证 尚未身份认证
电子邮件 user1@lssu.edu 修改
旧密码　　新密码
密码确认　修改
余额 8802.00元，充值　元 确定

图 17-5　顾客用户后台个人信息维护页面

1) 页面代码

My/Default.aspx 页面的框架可以参考 Admin/Default.aspx 页面。个人信息需要进行修改操作，因此需要使用 TextBox 控件并添加“修改”按钮。例如，修改密码部分的页面代码如下：

```
<li><label class = "res - lab">旧密码</label>
  <asp:TextBox ID = "tbOldPasswd" runat = "server" TextMode = "Password">
  </asp:TextBox>
  <asp:RequiredFieldValidator ID = "rvOldPasswd" runat = "server" ErrorMessage = " * "
      ForeColor = "Red" ControlToValidate = "tbOldPasswd" Display = "Dynamic"
      ValidationGroup = "vpasswd"></asp:RequiredFieldValidator>
</li>
<li><label class = "res - lab">新密码</label>
  <asp:TextBox ID = "tbNewPasswd" runat = "server" TextMode = "Password">
  </asp:TextBox>
  <asp:RequiredFieldValidator ID = "rvNewPasswd" runat = "server"
    ControlToValidate = "tbNewPasswd" Display = "Dynamic" ErrorMessage = " * "
    ForeColor = "Red" ValidationGroup = "vpasswd"></asp:RequiredFieldValidator>
</li>
<li><label class = "res - lab">密码确认</label>
  <asp:TextBox ID = "tbNewPasswd2" runat = "server" TextMode = "Password">
  </asp:TextBox>
  <asp:CompareValidator ID = "cvPasswd" runat = "server" Display = "Dynamic"
    ControlToCompare = "tbNewPasswd" ControlToValidate = "tbNewPasswd2"
    ErrorMessage = " * " ForeColor = "Red" ValidationGroup = "vpasswd">
  </asp:CompareValidator>
  <asp:LinkButton ID = "btChangePasswd" runat = "server"
      ValidationGroup = "vpasswd" OnClick = "btChangePasswd_Click">
        修改</asp:LinkButton>
</li>
```

上述代码包含 3 个密码输入框以及 3 个校验控件，分别用于新、旧密码必输校验和密码确认匹配校验。btChangePasswd 链接按钮用于触发修改密码事件的处理，它和密码校验控件的 ValidationGroup 属性值都为 vpasswd。该页面中一共有 3 个按钮，分别用于修改密码、修改电子邮件和余额充值，因此按钮和校验控件需要根据用途分组。

另外，如果需要控制文本框仅输入数字内容，可以将文本框的 TextMode 属性值设置为 Number，例如图 17-5 中的充值文本框的页面代码为：

```
<asp:TextBox ID = "tbDeposit" runat = "server" Width = "61px" TextMode = "Number">
</asp:TextBox>
```

2）显示个人信息

在 My/Default.aspx 页面的 Page_Load()方法完成个人信息的显示，具体代码如下：

```
protected void Page_Load(object sender, EventArgs e)
{
  if (!IsPostBack)
  {
    UsersService svr = new UsersService();
    User usr = svr.FindUser();                              //获取当前用户
    litUserName.Text = usr.UserName;                        //显示用户名
    lbRealName.Text = usr.RealName;                         //显示真名
    if (usr.IDCard == null)                                 //检查身份证是否设置
      lbID.Text = "尚未身份认证";
    else
    {
      string id = usr.IDCard;
      lbID.Text = id.Substring(0, 3).PadRight(id.Length - 5, '*')
        + id.Substring(id.Length - 3, 2);                   //保密方式显示身份证号码
    }
    tbEmail.Text = usr.Email?? string.Empty;                //显示电子邮件
    lbDeposit.Text = usr.Deposit.ToString();                //显示余额
  }
}
```

3）修改个人信息

修改电子邮件的方法没有特别之处，修改密码时需要核对原密码，并对新的密码进行 MD5 加密处理，请读者自行完成。

充值基于前述 UsersService.Deposit()方法，LSS 并没有实现和银行或支付宝等的对接，为了方便测试，目前只要用户输入金额，单击“确定”按钮就可以增加存款，具体 btDeposit_Click()方法代码如下：

```
protected void btDeposit_Click(object sender, EventArgs e)
{
  UsersService svr = new UsersService();
  decimal amount = Utils.ParseInt64(tbDeposit.Text);
  if (amount > 0)                                           //如果输入的充值金额大于 0
  {
     string userName = HttpContext.Current.User.Identity.Name;
```

```
        if (svr.Deposit(userName, amount))                    //调用增加存款的服务方法成功
        {
          Utils.ShowPrompt(lbPrompt, "存款成功。", false);//显示成功信息
          tbDeposit.Text = "0";                               //刷新充值金额
          User usr = svr.FindUserByUserName(userName);
          lbDeposit.Text = usr.Deposit.ToString();            //刷新存款余额的显示
        }
        else                                                  //存款失败,则显示错误信息
          Utils.ShowPrompt(lbPrompt, svr.ErrorMsg);
    }
  }
```

3. 我的地址

顾客我的商城后台管理——我的地址管理页面

"我的地址"管理少量的用户地址,因此无须搜索、分页等功能,而且每条地址记录只有 3 个字段需要输入,因此采用类似于商品分类管理的界面交互方式。

添加嵌套在 My/My.master 母版页中的 My/MyAddress.aspx 页面,页面的 Content 元素的内容可以从 Admin/Category.aspx 中复制。删除其中的搜索区域,修改文本使其符合收货地址的特点。

用户地址和商品分类管理在实现技术上也基本相同,下面仅介绍 BLL 层 AddressService 类中的关键方法。

添加用户地址的 AddAddressForCurrentUser()方法,需要进行默认地址的处理,具体代码如下:

```
public bool AddAddressForCurrentUser(string address, string recipient,
    string phone,bool isDefault)
{
    bool isOK = false;
    string userName = HttpContext.Current.User.Identity.Name;
    try
    {
      User usr = db.Users.FirstOrDefault(u => u.UserName == userName);
      if (usr == null)
          SetError(null, "获取用户失败。");
      else
      {
          Address add = new Address { UserID = usr.UserID, Address1 = address,
            Recipient = recipient, Phone = phone, IsDefault = isDefault
          };
          db.Addresses.Add(add);
          clearDefault(usr.UserID, address, isDefault);              //设置默认地址
          db.SaveChanges();
          isOK = true;
      }
    }
    catch (Exception exp)
    {
      SetError(exp);
```

```
    }
    return isOK;
}
```

其中 clearDefault()方法用清除原有地址的默认地址设置,具体代码为:

```
private void clearDefault(long userId, string address, bool isDefault)
{
  if (isDefault) //如果是默认地址,则需要把其他默认地址设置为非默认
  {
        List < Address > otherAddressList = db.Addresses.Where(a =>
          a.UserID == userId && a.Address1 != address && a.IsDefault == true)
          .ToList();
        foreach (var otherAddress in otherAddressList)
          otherAddress.IsDefault = false;
      }
    }
```

修改用户地址的 Edit()方法和新增 AddAddressForCurrentUser ()方法比较类似,具体代码如下:

```
public bool Edit(long id, string address, string recipient,
  string phone, bool isDefault)
{
    bool isOK = false;
    try
    {
      Address add = db.Addresses.FirstOrDefault(a => a.ID == id);
      if (add != null)
      {
          add.Recipient = recipient;
          add.Address1 = address;
          add.Phone = phone;
          add.IsDefault = isDefault;
          clearDefault(add.UserID, address, isDefault);          //设置默认地址
          db.SaveChanges();
          isOK = true;
      }
      else
        SetError(null, "指定的地址不存在.");
    }
    catch (Exception exp)
    {
      SetError(exp, "修改地址失败.");
    }
    return isOK;
}
```

删除用户地址的 Delete()方法请读者自行完成。

4. 我的订单

“我的订单”模块包括 My/MyOrders.aspx 订单列表页面和 My/MyOrder.aspx 订单详

情页面,其界面和业务都和业务后台的订单管理相同,可以考虑用同一套页面实现不同的管理,也可以复制 Back/Orders. aspx 订单列表页面和 Back/Order. aspx 订单详情页面,然后进行修改。下面简单介绍采用复制后修改时需要注意的事项。

顾客我的商城后台管理——我的订单管理页面

1) 获取指定用户订单

我的订单和客服管理订单的第一个区别是前者需要将订单限制在当前用户的范围内。调整获取分页订单的 OrdersService. GetPageOrders()方法,使其能够指定订单所属的用户,修改部分的代码如下:

```
public List < Order > GetPageOrders(out int recCnt, int pageSize,
  int currPage, DateTime? createTime, string key, string state,
  long? id, string userName = null)
{
    ...
    if (!string.IsNullOrEmpty(userName))                    //指定订单用户?
        qry = qry.Where(o => o.UserName == userName);
    ...
}
```

上述代码添加了一个 userName 参数,并指定其默认值为 null,这样就无须修改原后台客服订单管理模块中调用该方法的代码。

因为“我的订单”必然是当前用户的订单,所以在 My/MyOrders. aspx 页面中移除订单列表中的用户列,并修改页面的 loadPagedData()方法,为 GetPageOrders()方法的调用添加当前用户名参数,修改后的代码如下:

```
private string loadPagedData(int currentPage)
{
  ...
  string userName = HttpContext.Current.User.Identity.Name;      //获取当前用户名
  ...
  rpOrders.DataSource = svr.GetPageOrders(out totalCnt, pageSize,
    currentPage, createTime,key,state, orderId, userName);       //传递用户名参数
  ...
}
```

2) 顾客订单操作

My/MyOrder. aspx 页面实现顾客订单操作,包括付款、取消、退货和确认,这些操作的业务逻辑都已在 OrdersService. changeState()方法实现,具体参见 16.3 节。

对于付款和确认操作实现和客服的几个操作基本相同,对应 OrdersService 类中 Pay()和 Confirm()方法,请读者自行完成。

对于退货操作,实际上需要经过退货申请、退货确认等不同环节。顾客负责退货申请,客服负责退货确认。但在 LSS 中为了简化问题,将两步合并在了一起,所以顾客退货也直接调用 OrdersService. Return()方法即可。

对于取消操作,和客服取消操作不同是订单在新建或已付款状态下都可以执行取消操作,但两者的处理逻辑是不同的,其中新建订单的取消不需要退款。为此,在 OrdersService

中新增 Close()方法用于新建状态下的订单取消，具体代码如下：

```
public bool Close(long id, string userName)
{
  bool isOk = false;
  try
  {
    isOk = changeState(id, OrdersState.New, OrdersState.Canceled, userName);
  }
  catch (Exception exp)
  {
     SetError(exp, "取消订单失败。");
  }
  return isOk;
}
```

页面无须用户信息标签，但要调整可用操作按钮，如下面的代码所示：

```
<asp:Button ID = "btPay" CssClass = "btn" runat = "server" Text = "付款"
OnClick = "btPay_Click" />
<asp:Button ID = "btCancel" CssClass = "btn" runat = "server" Text = "取消"
  OnClick = "btCancel_Click" />
<asp:Button ID = "btClose" CssClass = "btn" runat = "server" Text = "取消"
  OnClick = "btClose_Click" />
<asp:Button ID = "btReturn" CssClass = "btn" runat = "server" Text = "退货"
  OnClick = "btReturn_Click" />
<asp:Button ID = "btConfirm" CssClass = "btn" runat = "server" Text = "确认"
  OnClick = "btConfirm_Click" />
```

相应地修改 My/MyOrder.aspx.cs 文件中 loadData()方法对按钮显示控制的代码为：

```
private void loadData(long id)
{
  if (id > 0)
  {
     …
    //确定可用处理按钮
    btPay.Visible = btClose.Visible =                          //新建订单可付款/可取消
      order != null && order.State == OrdersState.New;
    btCancel.Visible =                                         //付款订单(未发货)可取消
      order != null && order.State == OrdersState.Paid;
    btReturn.Visible = btConfirm.Visible =                     //退货/确认只能在发货后
      order != null && order.State == OrdersState.Shipped;
  }
  else
  {
      Utils.ShowPrompt(lbPrompt, "非法订单编号。");
      btPay.Visible = btCancel.Visible = btReturn.Visible =
        btClose.Visible = btConfirm.Visible = false;         //不允许操作
  }
}
```

为了能区分两种不同的取消操作，修改页面 changeOrderState()方法，代码如下：

```
private void changeOrderState(string newState, string oldState)
{
    OrdersService svr = new OrdersService();                    //服务
    long id = Utils.ParseInt64(lbID.Text);                      //获取订单 ID
    if (newState == OrdersState.Paid)                           //付款
      svr.Pay(id, HttpContext.Current.User.Identity.Name);
    else if (newState == OrdersState.Returned)                  //退货
      svr.Return(id, HttpContext.Current.User.Identity.Name);
    else if (newState == OrdersState.Confirmed)                 //确认收货
      svr.Confirm(id, HttpContext.Current.User.Identity.Name);
    else if (oldState == OrdersState.New)
      svr.Close(id, HttpContext.Current.User.Identity.Name);
    else
      svr.Cancel(id, HttpContext.Current.User.Identity.Name);
    if (svr.HasError)                                           //出错
      Utils.ShowPrompt(lbPrompt, svr.ErrorMsg);                 //显示错误信息
    else
      loadData(id);                                             //刷新数据
}
```

上述代码增加了一个 oldState 参数，通过该参数就可以确定取消操作类型，由此两个“取消”按钮的单击事件处理代码为

```
protected void btCancel_Click(object sender, EventArgs e)
{
    changeOrderState(OrdersState.Canceled, OrdersState.Paid);
}
protected void btClose_Click(object sender, EventArgs e)
{
    changeOrderState(OrdersState.Canceled, OrdersState.New);
}
```

5. 商品评分

顾客对确认收货订单的商品可进行评分，分值为 1～5 分。商品评分记录在订单明细行，商品表中记录的商品评分是所有顾客对这个商品评分的平均值。

顾客我的商城后台管理——商品评价

1）记录评分

在 BLL 层的 OrdersService 类中添加一个设置订单明细商品评分的方法，先提交订单明细评分，然后进行统计计算，再将计算结果记录到商品表中，三者属于原子操作，需要启用事务范围。具体代码如下：

```
/// <summary>
/// 设置订单明细的商品评分和订单明细商品的评分
/// </summary>
public bool SetScoreForOrderDetails(int score, long orderDetailID)
{
    bool isOk = false;
```

```
    using (TransactionScope ts = new TransactionScope())      //启用事务
    {
      try
      {
          //1.设置明细评分
          OrderDetail od = db.OrderDetails.Single(o => o.ID == orderDetailID);
          od.Score = score;
          db.SaveChanges();
          //2.计算商品评分 == 所有订单明细中该商品评分的平均值
          int avgScore = 0;
          double? avgScoreDouble = db.OrderDetails
            .Where(o => o.GoodsID == od.GoodsID).Average(o => o.Score);
          avgScore = (int)(avgScoreDouble ?? 0 + 0.5);       //四舍五入取整
          //3.设置商品的评分分值
          Good goods = db.Goods.FirstOrDefault(g => g.ID == od.GoodsID);
          if (goods != null)                                  //获取订单明细商品成功
          {
            goods.Score = avgScore;                           //记录商品评分
            db.SaveChanges();                                 //提交到数据库
          }
          ts.Complete();                                      //4.提交事务
          isOk = true;
      }
        catch (Exception exp)
      {
          SetError(exp);
      }
    }
    return isOk;
}
```

2）展示和设置

评分展示和输入的界面效果如图 17-6 所示。超链接图标"☆"表示还没有评分，单击就可以对其进行评分，图标"★"表示具体得分。例如，图 17-6 中第 1 件商品的得分为 4 分，第 2 件商品尚未评分，由于订单状态为"已确认"，所以可以单击图标"☆"进行评分。

商品	价格	数量	总价	评分
VERTU威途高端眼部按摩器 音乐热敷眼睛护眼仪 眼周去眼袋眼保仪	￥299.00	1	￥299.00	★★★★☆
诺嘉充电式眼部按摩仪气压音乐热敷无线折叠式护眼仪眼保姆防近视眼部按摩器 象牙白	￥999.00	1	￥999.00	☆☆☆☆☆

图 17-6　订单商品评价

在 My/MyOrder.aspx 页面中为订单明细列表添加一列设置评分的按钮列，页面代码为：

```
<table class="result-tab">
  <tr>
```

```
        <th>商品</th><th>价格</th><th>数量</th><th>总价</th><th>评分</th>
    </tr>
<asp: Repeater ID = " rpGoods" runat = " server" OnItemCommand = " rpGoods _ ItemCommand"
OnItemDataBound = "rpGoods_ItemDataBound">
        <ItemTemplate>
            ...
            <td>
                <asp:LinkButton ID = "btScore1" runat = "server" CommandName = "1"
                CommandArgument = '<%# Eval("ID") %>' Enabled = "False">☆</asp:LinkButton>
                ...
                <asp:LinkButton ID = "btScore5" runat = "server" CommandName = "5"
                CommandArgument = '<%# Eval("ID") %>' Enabled = "False">☆</asp:LinkButton>
            </td>
        </ItemTemplate>
    </asp:Repeater>
</table>
```

5 个评分按钮的 ID 属性值分别为 btScore1,btScore2,…,CommandName 属性值分别是 1,2,…,对应评分 1～5 分。这种根据每一行数据单独设置的按钮,需要通过 Repeater 控件的行数据绑定事件进行控制,rpGoods 控件的行数据绑定事件处理程序代码为:

```
protected void rpGoods_ItemDataBound(object sender, RepeaterItemEventArgs e)
{
    if (e.Item.ItemType == ListItemType.Item
        || e.Item.ItemType == ListItemType.AlternatingItem)
    {
        OrderDetail od = (OrderDetail)e.Item.DataItem;                      //行绑定数据
        LinkButton lk1 = e.Item.FindControl("btScore1") as LinkButton;  //评分按钮 1
        LinkButton lk2 = e.Item.FindControl("btScore2") as LinkButton;  //评分按钮 2
        LinkButton lk3 = e.Item.FindControl("btScore3") as LinkButton;  //评分按钮 3
        LinkButton lk4 = e.Item.FindControl("btScore4") as LinkButton;  //评分按钮 4
        LinkButton lk5 = e.Item.FindControl("btScore5") as LinkButton;  //评分按钮 5
        if (hfState.Value == OrdersState.Confirmed)                         //只有确认订单,才能评价
        {
            if (!od.Score.HasValue)          //尚未评价,允许评价(页面代码默认 Enabled = False)
                lk1.Enabled = lk2.Enabled = lk3.Enabled = lk4.Enabled = lk5.Enabled = true;
            else                             //已经评价,保持不允许评价,根据得分"点亮"对应按钮
            {
                int score = od.Score.Value;
                if (od.Score >= 5) lk5.Text = "★";                            //5 分点亮第 5 颗星
                if (od.Score >= 4) lk4.Text = "★";                            //4 分以上点亮第 4 颗星
                if (od.Score >= 3) lk3.Text = "★";                            //3 分以上点亮第 3 颗星
                if (od.Score >= 2) lk2.Text = "★";                            //2 分以上点亮第 2 颗星
                if (od.Score >= 1) lk1.Text = "★";                            //1 分以上点亮第 1 颗星
            }
        }
    }
}
```

上述代码中通过 hfState.Value 值来获取当前订单的状态,这是一个 HiddenField,需要添加到页面中,并在 loadData()方法中将订单状态值保存到这个隐藏控件中。

用户单击“评分”按钮触发 rpGoods 控件的行命令事件，事件处理方法的代码如下：

```
protected void rpGoods_ItemCommand(object source, RepeaterCommandEventArgs e)
{
    long odId = Utils.ParseInt64(e.CommandArgument);        //提取评分订单详情 ID 字段值
    string score = e.CommandName;                    //从事件按钮的 CommandName 中提取对应评分
    int sc = Utils.ParseInt32(score);
    if (sc > 0)                                      //提取评分成功
    {
      OrdersService svr = new OrdersService();
      if (svr.SetScoreForOrderDetail(sc, odId))      //设置评分成功
      {
        long id = Utils.ParseInt64(lbID.Text);       //获取订单 ID 字段值
        loadData(id);                                //刷新订单显示
      }
      else
        Utils.ShowPrompt(lbPrompt, "评价失败。" + svr.ErrorMsg);
    }
}
```

17.4 分组统计分析

一个管理软件中的数据可以分为两类：一类是业务数据，反映业务运作具体情况的数据；另一类则是在业务数据基础上进行分析得到的分析数据。业务人员主要负责业务数据的处理，但是决策者更关心分析数据，这也是大数据概念受到广泛关注的原因之一。

1. 分组统计

1）基本概念

以管理员首页显示统计数据中有对不同状态订单的数量和金额统计数据，如图 16-5 所示，这些数据采用 LINQ 查询来获取。例如，获取指定状态订单数量的 LINQ 语句为：

```
cnt = db.Orders.Where(o => o.State == os).Count();
```

为了得到不同状态订单的数量，需要为每个状态单独执行上述 LINQ 语句，其本质是将订单按照状态分组，然后分别统计每组中的订单数量，这就是分组统计。LINQ 和 SQL 都支持分组统计，EF 实际上会将 LINQ 语句翻译成对应的 SQL 语句，所以首先理解 SQL 的分组统计功能。SQL 分组统计的具体语法为：

```
SELECT <目标字段清单>
FROM <表名>
  [WHERE <条件>]
GROUP BY <分组依据字段清单>
  [HAVING <分组过滤条件表达式>]]
[ORDER BY <排序规则>]
```

(1) 分组依据字段：可将分组统计理解为先使用“SELECT * FROM… WHERE…”语句获取查询结果，然后按照分组依据字段清单对查询结果进行横向切分，也就是根据分组依据字段值判定查询结果记录所属的分组，值相同的结果记录属于同一分组。

(2) 目标字段清单：记录分组后，对每一组中的记录使用集合函数求出统计结果，形成分组结果的一条记录。目标字段清单指定最终记录中包含的字段，只能指定集合函数或者分组依据字段。

(3) 分组过滤条件表达式：WHERE 条件用于指定分组统计涉及的记录范围，如果想要对分组统计结果进行过滤，可以通过 HAVING 子句来指定。HAVING 条件表达式中涉及的字段同样只能是集合函数或者分组依据字段。

2) 订单分组统计

假设数据库中订单数据如表 17-1 所示，求各状态订单数量和总金额。

表 17-1　订单表中的订单数据

ID	UserName	State	TotalPrice	ShipFee	OrderPrice
1	user1	5	10 000	90	10 090
5	user1	3	1298	10	1308
6	user2	2	15 000	10	15 010
7	user2	2	2298	10	2308
8	user2	1	5298	10	5308
9	user2	1	2499	10	2509

使用 Group By 子句来实现订单分组统计，相应的 SQL 语句为：

```
SELECT COUNT( * ), SUM(OrderPrice) FROM Orders
GROUP BY State
```

执行上述 SQL 语句可得到如表 17-2 所示的结果。

表 17-2　订单状态分组统计结果

(无名列)	(无名列)	(无名列)	(无名列)
2	7817	1	1308
2	17 318	1	10 090

表 17-2 的统计结果有两个问题，首先是缺少列名，其次是不知道每一行(分组统计结果行)对应的订单状态是什么。将上述 SQL 语句修改为：

```
SELECT State, COUNT( * ) AS Amount, SUM(OrderPrice) AS TotalPrice
FROM Orders
GROUP BY State
```

上述 SQL 语句的执行结果如表 17-3 所示。

表 17-3　订单状态分组统计结果(带状态信息)

State	Amount	TotalPrice
1	2	7817.00
2	2	17 318.00
3	1	1308.00
5	1	10 090.00

对应的 LINQ 语句为

```
db.Orders.GroupBy(o => o.State).Select(g => new { State = g.Key, Amount = g.Count(),
TotalPrice = g.Sum(o => o.OrderPrice) });
```

上述语句中的 GroupBy()方法指定分组依据，其结果就是分组集合。分组集合的 Select()方法中，用 g 代表分组，所以可以用集合函数对分组进行统计。需要获取多个统计结果时，要通过 new {}语法构造匿名对象来返回。另外，还可以通过分组的属性 Key 来访问分组依据属性，上述代码的分组依据为 State 单属性，所以分组的 Key 属性值就等于 State 属性值。

匿名对象在 LINQ 中是非常常见的。例如，如果分组依据字段有多个，SQL 中只要用“,”分隔各字段就可以了，在 LINQ 中则需要用构造匿名对象的方式来指定，相应分组的 Key 属性值也是一个匿名对象。例如根据订单状态和订单用户名分组的 LINQ 语句为：

```
db.Orders.GroupBy(o => new { o.State, o.UserName }).Select(g => new {State = g.Key.State,
UserName = g.Key.UserName, Amount = g.Count()});
```

如果希望在表 17-3 的结果中排除取消状态订单，可以通过 WHERE 语句在分组统计之前过滤取消状态的订单，即 State 字段值为"5"的订单，这些订单根本就不参与分组统计，具体的 SQL 语句为：

```
SELECT State, COUNT( * ) AS Amount ,SUM(OrderPrice) AS TotalPrice
FROM Orders
WHERE State <> "5"  -- 注意:WHERE 子句必须在 GROUP BY 子句之前
GROUP BY State
```

对应的 LINQ 语句为：

```
db.Orders.Where(o => o.State != "5").GroupBy(o => o.State).Select(...);
```

通过 HAVING 子句可以在分组统计完成后过滤不满足条件的结果，取消状态的订单首先参与分组统计，最后被丢弃(显然是一种浪费)，具体的 SQL 语句为：

```
SELECT State, COUNT( * ) AS Amount ,SUM(OrderPrice) AS TotalPrice
FROM Orders
GROUP BY State
HAVING State <> 5  -- 注意:HAVING 子句必须在 GROUP BY 子句之后
```

对应的 LINQ 语句为：

```
db.Orders.GroupBy(o => o.State).Where(g => g.Key != "5").Select(...);
```

如果希望排除统计数据中汇总金额小于或等于 10 000 元的状态，只能通过 HAVING 子句，因为 WHERE 子句不涉及统计结果，具体的 SQL 语句为：

```
SELECT State, COUNT( * ) AS Amount ,SUM(OrderPrice) AS TotalPrice
FROM Orders
GROUP BY State
HAVING SUM(OrderPrice)> 10000
```

需要注意的是，HAVING 子句中无法引用目标统计字段，如上述 SQL 语句中的 SUM

(OrderPrice)函数不能替换成 TotalPrice 目标字段,即下面的 SQL 语句是错误的:

```
SELECT State, COUNT( * ) AS Amount ,SUM(OrderPrice) AS TotalPrice
FROM Orders
GROUP BY State
HAVING TotalPrice > 10000 -- 错误,无法引用 TotalPrice 目标字段
```

对应 LINQ 语句的分组过滤仍然用 Where()方法即可,且 Where()方法可以放在 Group()方法之后,也可以放在 Select()方法之后,区别是后者可以直接引用目标统计字段。实际上,EF 使用嵌套查询来实现分组后过滤,并没有使用 HAVING 子句,所以不受 HAVING 子句的限制。

如果要将分组统计结果按照汇总订单金额从大到小排序,那么采用下面 SQL 语句是否正确?

```
SELECT State, COUNT( * ) AS Amount ,SUM(OrderPrice) AS TotalPrice
FROM Orders
ORDER BY OrderPrice DESC
GROUP BY State
```

即使把上述语句中 ORDER BY 后的 OrderPrice 字段替换成 TotalPrice 字段,该 SQL 语句也还是错误的。因为先排序后分组是没有意义的,所以 ORDER BY 子句只能出现在 GROUP BY 子句之后。正确的 SQL 语句为:

```
SELECT State, COUNT( * ) AS Amount ,SUM(OrderPrice) AS TotalPrice
FROM Orders
GROUP BY State
ORDER BY TotalPrice DESC
```

ORDER BY 子句中既可以引用目标字段,也可以直接使用聚合函数(包括没有出现在目标字段中的聚合函数),因此下面的 SQL 语句也是正确的:

```
SELECT State, COUNT( * ) AS Amount
FROM Orders
GROUP BY State
ORDER BY SUM(OrderPrice) DESC
```

LINQ 语句,使用 OrderBy()、ThenBy()、OrderByDescending ()和 ThenByDescending()等方法实现排序。和 SQL 不同的是既可以用在 GroupBy()方法之前也可以用在之后,相同的是用在 GroupBy()方法之前是没有意义的。

注意:以下的分组统计 SQL 语句是常见的错误表达:

SELECT UserName, State, COUNT(*) AS Amount FROM Orders

GROUP BY State

执行上述 SQL 语句会收到下面的错误提示信息:

消息 8120,级别 16,状态 1,第 1 行

选择列表中的列 'Orders. UserName'无效,因为该列没有包含在聚合函数或 GROUP BY 子句中。

因为分组的依据是 State 字段,而属于同一个状态组中的订单可以有不同的 UserName

字段值,但一个状态组的订单汇总成一条结果记录,那么这条结果记录的 UserName 字段该取什么值呢？请读者思考该如何修改上述 SQL 语句,使其保留 UserName 字段且能够正确执行,其结果的含义是什么？

2. 管理员统计模块

分组统计分析——实现管理员销售分析页面

利用 LINQ 分组统计可以方便地实现统计功能,下面就来实现 Admin/Stat. aspx 页面。

1）页面代码

为了让管理员能够一目了然地看出每类商品之间的销售金额差异,以及商品每天销售金额的变化趋势,采用如图 17-7 所示的折线图是比较合适的。

图 17-7 中所示折线图使用 MSChart 控件的服务端图表技术,其所在的 Admin/Stat. aspx 页面嵌套在 Admin/Admin. master 母版页中,页面框架代码如下：

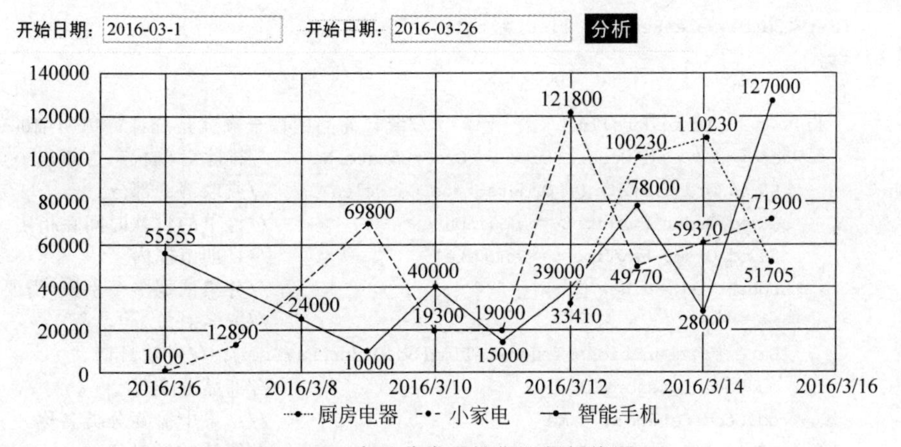

图 17-7　商品分类日销售金额折线图

```
<div class = "crumb - wrap"><! -- 提示区,提示标签 --></div>
<div class = "search - wrap"><! -- 查询日期输入区 --></div>
<div class = "result - wrap"><! -- MSChart -->
  <asp:Chart ID = "Chart1" runat = "server" Width = "800px" Height = "350px">
    <chartareas>
      <asp:chartarea name = "ChartArea1"></asp:chartarea>
    </chartareas>
    <legends>
      < asp: legend alignment = "Center" docking = "Bottom" name = "Legend1" > </asp:
legend>
    </legends>
  </asp:Chart>
</div>
```

上述代码中的提示区和查询日期输入区请读者参考其他后台页面自行设置。这里图表控件没有使用页面数据绑定技术,而是通过页面后台代码来绑定数据,包括图表中的折线序列(Series)也是由代码动态生成的。

另外,为了方便访问统计页面,需修改 Admin/Admin. master 母版页,添加如下菜单项：

```
<a href = "Stat.aspx"><i class = "icon - font">&#xe005;</i>销售分析</a></li>
```

2）获取统计数据

在 LSS. Entities 项目中添加 CatDaySalesResult 类作为保存商品分类统计信息的数据结构，统计服务类 StatService 具体代码如下：

```
public class StatService : BaseService
{
  /// <summary>
  /// 统计商品分类日销售金额
  /// </summary>
  public List<CatDaySalesResult> GetCatDaySales(DateTime beginDate,
        DateTime endDate)
  {
      List<CatDaySalesResult> list = null;
      try
      {
        list = db.OrderDetails                   //统计商品销售金额就是统计订单明细的成交金额
          Where(od => od.Order.State != OrdersState.New    //排除订单状态为新建
            && od.Order.State != OrdersState.Canceled      //或取消的部分
            && od.Order.PayTime >= beginDate               //订单的付款时间在指定统计
            && od.Order.PayTime <= endDate)                //日期范围内
          .GroupBy(od => new {                             //分组依据多个字段,需要构造
                                                           //匿名对象
            Date = DbFunctions.TruncateTime(od.Order.PayTime), //付款日期
            od.Good.CategoryID,                            //商品分类
            od.Good.Category.Name                          //结果中需要分类名称
          }).Select(g => new CatDaySalesResult {           //统计结果对象
            PayDay = g.Key.Date.Value,                     //分组依据中的付款时间
            CatName = g.Key.Name,                          //分组依据中的商品分类名
            TotalPrice = g.Sum(od => od.TotalPrice)        //集合函数,实现分组统计
          })
          .ToList();
      }
      catch (Exception exp)
      {
        SetError(exp, "统计商品分类销售金额失败。");
      }
      return list;
  }
}
```

上述代码分组统计的是订单明细表，利用导航对象可以直接访问 OrderDetail 订单明细对象所属的 Order 订单对象，对应的 Good 商品对象，以及商品对象所属的 Categroy 商品分类对象。在 SQL 中，这些需要通过复杂的连接运算才能达成同样的目的。

上述代码中的 DbFunctions 类提供了在 LINQ 中使用 SQL 函数的方法。Order 对象的 PayTime 属性值由日期和时间两部分构成，但统计分组依据只需要精确到日期即可。由

于 EF 会将 LINQ 翻译成 SQL，所以不能在 LINQ 中直接使用日期时间型对象的 Date 属性（如 od. Order. PayTime. Value. Date），必须使用 DbFunctions. TruncateTime()方法，上述 LINQ 的 TruncateTime()方法翻译后的 SQL 函数为：

```
CONVERT(DATETIME2, CONVERT(VARCHAR(255), [Filter1].[PayTime], 102) , 102)
```

3）生成多序列折线图

调用 StatService. GetCatDaySales()可以获取每个商品分类指定日期范围的日销售金额，例如，可能的结果如表 17-4 所示。

表 17-4 商品分类日销售金额示例表

PayDay	CatName	TotalPrice
2016—03—12	厨房电器	33 410.00
2016—03—13	厨房电器	100 230.00
2016—03—06	小家电	10 000.00
2016—03—07	小家电	129 800.00
2016—03—06	智能手机	55 555.00
2016—03—08	智能手机	24 000.00

表 17-4 中不同记录代表不同商品分类在某个日期的日销售金额，也就是说不同商品分类的数据是混在一起的。需要将这些数据按照商品分类分离，并为每个商品分类在图表中创建一个序列(Serie)，绑定对应商品分类的日销售金额。为此，为 Admin/Stat. aspx 页面中的 btSearch 按钮绑定如下的单击事件处理 btSearch_Click()方法，详细代码如下：

```
protected void btSearch_Click(object sender, EventArgs e)
{
    StatService svr = new StatService();                        //统计服务
    DateTime beginDate = Utils.ParseDate(tbBeginDate.Text,
        DateTime.Today.AddDays(-7));                            //默认 7 天前开始
    DateTime endDate = Utils.ParseDate(tbEndDate.Text, DateTime.Today);
    //获取统计结果列表
    List<CatDaySalesResult> list = svr.GetCatDaySales(beginDate, endDate);
    if (list == null)                                           //如果获取失败,显示错误消息
    {
      Utils.ShowPrompt(lbPrompt, "获取统计数据失败." + svr.ErrorMsg);
      return;
    }
    //根据统计结果列表,生成(不重复)Name 字段值清单,每个 Name 值就是一个商品分类
    List<string> names = list.Select(r => r.CatName).Distinct().ToList();
    List<CatDaySalesResult> nameList = null;
    //用于记录某个商品分类的数据列表
    foreach (string name in names)                              //为每个商品分类生成一条折线
    {
      Chart1.Series.Add(name); //添加名称为 name 字段值的图表序列
      Chart1.Series[name].Legend = "Legend1";                   //指定图表序列的图例
      Chart1.Series[name].ChartType = SeriesChartType.Line;    //使用折线
      Chart1.Series[name].MarkerStyle = MarkerStyle.Circle;    //数据点用小圈
      Chart1.Series[name].XValueType = ChartValueType.Date;    //X 轴为日期型
```

```
            //使用 LINQ to Object 获取当前商品分类(name)的销售金额统计数据
            nameList = list.Where(l => l.CatName == name).ToList();
            Chart1.Series[name].Points.DataBind(nameList, "PayDay", //将当前分类
              "TotalPrice", "Label = TotalPrice");                  //的统计数据绑定到当前图
                                                                    //表序列上
        }
    }
```

上述代码一次性获得所有商品分类的统计数据,然后通过 LINQ to Object 查询将数据按商品分类分解。相对于单独从数据库获得每个商品分类统计结果,该运行效率会提高很多,因为频繁访问数据库会严重影响程序运行效率。

习 题 17

一、选择题

1. 关于购物车设计原则的描述,正确的是(　　)。

   A) 购物车可以追踪用户订单的处理状态
   B) 用户不同会话阶段中选择的商品信息应存储于不同的购物车
   C) 购物车应显示于页面最醒目位置,方便顾客了解购物车中的信息
   D) 当用户完成购物生成订单后,购物车中相应的信息应该自动清除

2. 以下(　　)不属于购物车中应该包含的信息。

   A) 商品信息　B) 购买数量　C) 送货地址　D) 商品单价

3. 以下可用于保存用户购物车数据的技术有(　　)和(　　)。

   A) Application　B) Session　C) Cookie　D) Database

4. 采用面向对象的方式设计购物车,则(　　)不是购物车类的方法。

   A) 上架商品　B) 查找商品　C) 增加商品　D) 删除商品

二、填空题

1. Repeater 控件可以利用 DIV+CSS 技术的________实现平铺展示数据清单的效果。
2. 分组统计 SQL 语句中的目标字段只能是________。

三、实践题

1. 请根据习题 16 第四大题第 1 小题所给的图书管理数据库和实体数据模型完成以下 LINQ 语句(假设 DbContext 对象 db 已经创建):

(1) 求出各单位当前借阅图书的读者人次,列出单位和人次。

(2) 求图书馆各分类的总价,按总价从高到低列出分类号和总价。

(3) 统计不同职称人员的平均借阅次数,排除单位='图书馆'的人员,列出职称和平均借阅次数。

(4) 找出借书次数超过 100 的读者借书证号、单位、姓名、性别、职称和借书次数。

2. 完成“小明网上书城”前台商品展示页面;实现购物车功能,实现订单生成、发货和确认功能;最后完成各类图书每天的销量变化情况分析图。

附 录

部分习题参考答案

习 题 1

一、选择题

1. B 2. C 3. D 4. A

习 题 2

一、选择题

1. C 2. D 3. C 4. B 5. D 6. C

二、填空题

1. 标题 2. 美工设计,交互设计 3. 页面前台文件,页面后台文件

三、是非题

1. F 2. T 3. F

习 题 3

一、选择题

1. C 2. C 3. D

二、填空题

1. 数据高度结构化 2. 面向对象模型 3. 概念模型,数据模型 4. 候选码

三、是非题

1. T 2. T

习 题 4

一、选择题

1. C 2. C 3. D 4. C 5. A

二、填空题

1. 非空,唯一性 2. 外层的每条记录

三、是非题

1. T 2. F 3. T

习　题　5

一、选择题

1. B　2. A　3. B　4. C　5. C　6. A　7. D

二、填空题

1. 连接串　2. Close()　3. 可以在不同的页面共享

三、是非题

1. T　2. T　3. F

习　题　6

一、选择题

1. C　2. B　3. C　4. C　5. B

二、填空题

1. Update　2. 单步执行，程序断点　3. 母版页

4. Update SC SET 成绩=成绩+5 WHERE 课号=1

5. SELECT @@IDENTITY / SELECT SCOPE_IDENTITY()

三、是非题

1. F　2. F　3. T

四、实践题

1. 第7、21行有错误，正确代码是 lbPrompt. Text="…"；

第11行有错误，正确代码是 String sql = "DELETE FROM Category WHERE ID="+catId；

第12行有错误，正确代码是 SqlCommand cmd = new SqlCommand(dbConn,sql)；

第16行有错误，正确代码是 cmd. ExecuteNonQuery()；

第25行有错误，正确代码是 dbConn. Close()；

2. IsPostBack,Request["id"],Request["id"],new SqlCommand(dbConn, sql),Read(),catId,new SqlCommand(dbConn, sql),ExcuteNonQuery(),Close()

习　题　7

一、选择题

1. C　2. B

二、填空题

1. 非功能性需求　2. 前景

三、是非题

1. T　2. T

习　题　8

一、选择题

1. B　2. D　3. A　4. C　5. A　6. D　7. A　8. C　9. D

二、填空题

1. 选择器　2. 另起一行　3. Class/类　4. 不再拥有自己的空间　5. link

三、是非题

1. T　2. F　3. T　4. T

四、实践题

1.（1）应用样式类 hf（2）应用样式类. hf . Con 于 ul li（3）去掉所有元素的内外边距（4）背景图片上居中（5）背景颜色（6）上外边距 200px，下外边距 0px，左右居中（7）边界线粗 2px，实线，蓝色（8）去掉前面的列表符（9）靠左浮动（10）上内边距 10px

习　题　9

一、选择题

1. D　2. C　3. A　4. C　5. D　6. D　7. A　8. D　9. B

二、填空题

1. 迭代　2. 第一范式，1NF　3. 参照完整性，用户自定义完整性

4. 冗余、更新异常、插入异常　5. 关系模式分解　6. 外

7. $R(D_1, D_2, \cdots, D_n)$

三、是非题

1. F　2. F　3. F　4. T　5. T　6. T　7. T　8. T　9. T　10. T

习　题　10

一、选择题

1. A　2. D　3. C　4. D　5. B　6. D　7. C　8. A　9. B

10. B　11. C　12. D　13. B　14. A　15. C　16. C

二、填空题

1. app. config，web. config　2. 表　3. Session，Cookie（或 Cookie，Session）

4. 身份认证，权限控制　5. InsertOnSubmit

三、是非题

1. F　2. T　3. T　4. F　5. T　6. F　7. F

四、问答题

答：网站应用本质上是“无状态”的，每次请求都会被独立处理。也就是说，每次请求的页面对象都是一个新实例，其中的属性都会初始化。

实现状态管理的方法有很多，根据状态信息保存的位置，可以分为客户端和服务端两大

类。书中表 10-4 给出了 ASP.NET 中支持的常用状态管理方法。

习　题　11

一、选择题

1. D　2. C　3. D　4. A　5. B　6. D　7. A　8. D　9. B

二、填空题

1. Control/控件　2. TreeNode ChildNodes,SelectedNode　3. OrderBy(),ThenBy()
4. JOIN/INNER JOIN,ID　5. 都成功,都失败

三、是非题

1. F　2. F　3. T　4. T　5. F　6. T

四、实践题

1. (1) CommandArgument (2)idxID (3)CommandName (4)true (5)Text
2. 答:

(1) 根据数据库中根部门记录,生成部门树的根节点;
(2) 生成以指定节点为根的树的方法 BuildSubTree():
　　(2.1) 获取根部门的所有直接下级部门
　　(2.2) 为每个下级部门
　　　　(2.2.1) 生成部门对应的节点,作为指定根节点的子节点;
　　　　(2.2.2) 递归调用 BuildSubTree(),构造该子节点为根的子树。

习　题　12

一、选择题

1. B　2. A　3. D　4. D　5. B　6. D　7. C　8. B　9. A
10. B

二、填空题

1. 服务端动态技术,客户端动态技术(可交换)　2. onclick
3. new Array()/[]　4. join(), 连接两个数组,sort()
5. $("p"),$("p")[0]/ $("p").get(0)/ $("p")[1]/ $("p").get(1)
6. 后

三、是非题

1. T　2. T　3. F　4. T　5. F　6. F　7. T

四、实践题

1. 答:对象:window, document, location
　　方法:window.alert(),window.confirm(),window.prompt(),
　　　　window.open(),window.close()

习　题　13

一、选择题

B

二、是非题

1. F　2. T

习　题　14

一、选择题

1. D　2. D

二、是非题

1. T　2. T

习　题　15

一、选择题

1. A　2. C　3. D　4. D　5. C　6. D　7. C　8. C　9. C
10. C

二、填空题

1. 数据库可编程性　2. ＃　3. 触发器　4. 数据库备份
5. 一致性，持续性，隔离性，ACID　6. 乐观

三、是非题

1. F　2. F　3. T　4. T

习　题　16

一、选择题

1. C　2. B　3. A　4. A　5. D　6. C　7. B

二、填空题

1. State = @Original_State（值改变检查）

2. 登录/签发身份认证票签/保存用户标识并返回请求页面，登出/注销/身份认证票签的删除

3. 权限控制的对象，拒绝用户访问，匿名用户

4. TransactionScope，TransactionScope()，Complete()

5. 展示模板

6. 复选状态改变时触发的服务器端事件，在事件中获取触发控件携带的参数

7. Inclue()，贪婪加载

三、是非题

1. T 2. T 3. F 4. T 5. T 6. F 7. T

四、实践题

1. (1) db. Lendings. Where(l => l. ReturnDay == null). Count();

或 db. Lendings. Count(l => l. ReturnDay == null);

(2) db. Books. Sum(b => b. Price); db. Books. Average(b => b. Price);

(3) db. Readers. Select(r => r. Orgnization). Distinct(). Count();

(4) db. Books. Max(b => b. Price); db. Books. Min(b => b. Price);

习 题 17

一、选择题

1. D 2. C 3. B,D 或 D,B 4. A

二、填空题

1. Float 2. 集合函数字段或者分组依据字段

三、实践题

1. (1) db. Readers. Where(d => d. Lendings. Any()). GroupBy(d => d. Orgnization)
    . Select(g => new { Count = g. Count(), Orgnization = g. Key });

(2) db. Books. GroupBy(t => t. CategoryId)
    . Select(g => new { CategoryId = g. Key, SumPrice = g. Sum(t => t. Price) })
    . OrderByDescending(g => g. SumPrice);

(3) db. Readers. Where(d => d. Orgnization != "图书馆"). GroupBy(d => d. Title)
    . Select(g => new { LendCount = g. Average(t => t. Lendings. Count()), Title = g. Key });

(4) db. Lendings. GroupBy(l => new { l. ReaderID, l. Reader. Orgnization, l. Reader. Name, l. Reader. Gender, l. Reader. Title })
    . Select(g => new { g. Key, LCount = g. Count() })
    . Where(g => g. LCount > 0);

图书资源支持

感谢您一直以来对清华版图书的支持和爱护。为了配合本书的使用，本书提供配套的资源，有需求的读者请扫描下方的“书圈”微信公众号二维码，在图书专区下载，也可以拨打电话或发送电子邮件咨询。

如果您在使用本书的过程中遇到了什么问题，或者有相关图书出版计划，也请您发邮件告诉我们，以便我们更好地为您服务。

我们的联系方式：

地　　址：北京市海淀区双清路学研大厦 A 座 701

邮　　编：100084

电　　话：010-83470236　010-83470237

资源下载：http://www.tup.com.cn

客服邮箱：tupjsj@vip.163.com

QQ：2301891038（请写明您的单位和姓名）

书圈

扫一扫，获取最新目录

课 程 直 播

用微信扫一扫右边的二维码，即可关注清华大学出版社公众号“书圈”。